Alexandre Vargas Grillo

Química na EsPCEX com professor Grillo

EDITORA CIÊNCIA MODERNA

Química na EsPCEx com o Professor Grillo

Editor: Paulo André P. Marques
Produção Editorial: Dilene Sandes Pessanha
Capa: Daniel Jara
Diagramação: Daniel Jara
Copidesque: Equipe Ciência Moderna

FICHA CATALOGRÁFICA

GRILLO, Alexandre Vargas.

Química na EsPCEx com o Professor Grillo

Rio de Janeiro: Editora Ciência Moderna Ltda., 2023.

1. Química
I — Título

ISBN: 978-65-5842-244-0 CDD 542

Editora Ciência Moderna Ltda.
R. Alice Figueiredo, 46 – Riachuelo
Rio de Janeiro, RJ – Brasil CEP: 20.950-150
Tel: (21) 2201-6662/ Fax: (21) 2201-6896
E-MAIL: LCM@LCM.COM.BR
WWW.LCM.COM.BR **02/23**

Apresentação do Autor

Alexandre Vargas Grillo é Doutor em Engenharia de Materiais e Processos Químicos e Metalúrgicos pela PUC-Rio, mestre na mesma área pela própria instituição - PUC-Rio e graduado em Engenharia Química também pela PUC-Rio. Atualmente atua como Professor do Instituto Federal do Rio de Janeiro – IFRJ, no departamento de Química, mais especificamente na Físico-Química em Nanotecnologia, ministrando aulas para a graduação em físico-química e Física. Atua como professor colaborador em pesquisas na área de Síntese de Nanopartículas pelo Departamento de Engenharia Química e de Materiais – PUC-Rio, além de fazer parte da coordenação das Olimpíadas de Química do Rio de Janeiro (OQRJ) e da Olimpíada Brasileira de Química (OBQ).

Apresentação da Obra

O principal objetivo de realizar esta obra foi compilar os principais tópicos da Química (Geral, Físico-Química e Orgânica), a partir de exercícios voltados para o concurso da Escola Preparatória de Cadetes do Exército (ESPCEX). A obra contempla exercícios com gabarito comentado, questões discursivas e principalmente objetivas, contemplando os mais variados tópicos da química. Cabe ressaltar que o livro apresenta mais de **690** questões, escolhidas e retiradas de outros concursos do acervo particular do autor, sendo a maioria totalmente resolvida, passo a passo, as questões objetivas, algumas e grande parte, comentada passo a passo. Ela pode e deve ser utilizada tanto por alunos que estão cursando o segundo grau, como também para candidatos que desejam uma vaga na tão sonhada Escola Preparatória de Cadetes do Exército - ESPCEX. A obra é completa e os capítulos abordados estão em consonância com o edital da ESPCEX, nada sendo esquecido, conforme apresentado no sumário da obra. Trata-se de um material de extrema importância para a sua vitória, para a sua aprovação, apresentando os fundamentos desta disciplina fascinante que se trata da Química.

Fevereiro de 2023
Professor Alexandre Vargas Grillo

Agradecimentos

Dedico este trabalho primeiramente a Deus, pai do meu destino e meu grande guia. Meus guias espirituais presentes em todos os momentos da minha vida. Minha mãe Estela Vargas Grillo, meus pais Vincenzo Grillo e Jorge Luiz Zaupa, in memoriam e minha irmã Denise Vargas Grillo. Dedico este trabalho ao meu grande mestre, "In Memorian", por ter sido meu amigo, companheiro e mestre da vida e da química, MSc. JOÃO ROBERTO DA PACIÊNCIA NABUCO. Dedico também ao meu mestre e amigo, PROFESSOR DSc. FRANCISCO JOSÉ MOURA, meu eterno orientador. Aos meus amigos mestres e irmãos, Professor Álvaro de Jesus Netto, Professor Eduardo Campos França dos Santos e Professor Roberto de Andrade Lota.

O meu muito obrigado.

Sumário

CAPÍTULO 01. ASPECTOS MACROSCÓPICOS – CONCEITOS PRELIMINARES

Questão 01

(EsPCEx) A temperatura de determinada mistura se manteve constante durante sua passagem do estado sólido para o líquido, apesar de ter variado durante a ebulição. Essa mistura se classifica como:

a) eutética
b) alotrópica
c) azeotrópica
d) isotérmica

Questão 02

(EsPCEx) O gráfico a seguir representa o aquecimento de uma:

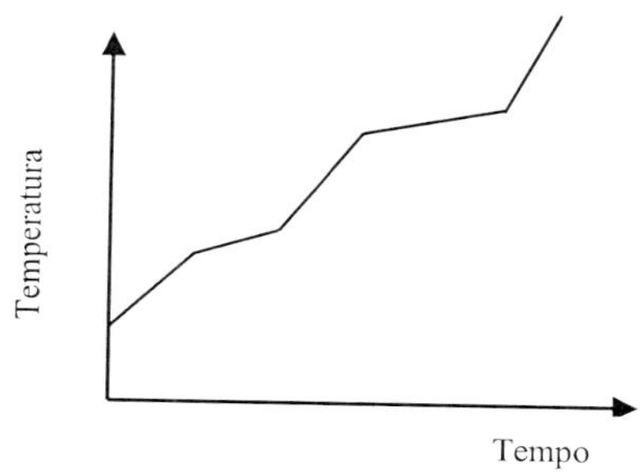

a) mistura
b) mistura eutética
c) mistura azeotrópica
d) substância pura
e) forma alotrópica

Questão 03

(EsPCEx) Considere os seguintes fenômenos:
I) condensação do metanol
II) fusão do chumbo
III) dissolução do açúcar
IV) combustão da madeira
V) queima do papel
São transformações química e física, respectivamente:

a) IV e V
b) III e I
c) III e II
d) II e I
e) V e II

Questão 04

(EsPCEx) Uma boa opção para separar uma mistura de cloreto de sódio, areia e iodo é:

a) adicionar água, decantar, sifonar, destilar e sublimar
b) adicionar água, sublimar, filtrar e destilar
c) adicionar água, filtrar e destilar
d) sublimar, adicionar água, filtrar e destilar
e) não é possível separar essa mistura

Questão 05

(EsPCEx) A fim de separar todos os componentes de uma mistura contendo areia, ferro em pó e uma solução salina aquosa, foi proposto o seguinte esquema:

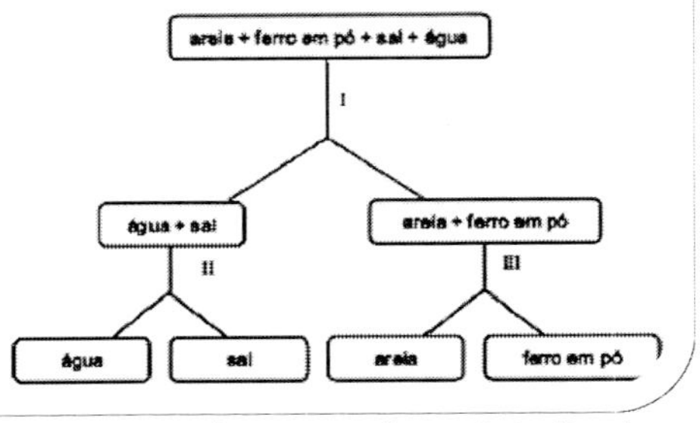

Os processos de separação mais indicados em I, II e III são, respectivamente:

a) filtração, destilação e imantação
b) filtração, evaporação e decantação
c) destilação, levigação e filtração
d) catação, evaporação e imantação
e) imantação, catação e evaporação

Questão 06

(EsPCEx) Considere os processos abaixo:
X: gelo $\rightleftarrows$ água
Y: mármore ($CaCO_3$) $\rightarrow$ gesso ($CaSO_4$)
Z: ferro $\rightarrow$ ferrugem
Sobre estes processos são feitas as seguintes afirmações:
I) x é exotérmico no sentido água $\rightarrow$ gelo;
II) y pode ocorrer por ação da chuva ácida;
III) y é um fenômeno puramente físico;
IV) z é uma reação de decomposição. É correto o que se afirma apenas em:

a) I e II
b) I e IV
c) II e IV
d) I, II e III
e) II, III e IV

Questão 07

(EsPCEx) "Raspamos os grânulos de tungstênio do cadinho, depois os lavamos cuidadosamente com água destilada, os examinamos com uma lupa e os pesamos. Meu tio trouxe um minúsculo cilindro graduado de 0,5 mililitro, encheu-o com água destilada até a marca de 0,4 mililitro e então colocou lá dentro os grânulos de tungstênio. A água subiu um vigésimo de mililitro. Escrevi os números exatos e fiz o cálculo". Adaptado de SACKS, Oliver W. Tio Tungstênio: memórias de uma infância química. (São Paulo: Companhia das letras, 2002). Considerando os dados acima e admitindo que a massa obtida na medição dos grânulos foi de 0,95 g, pode-se afirmar que, ao efetuar o cálculo referenciado, a variável encontrada pelo autor e seu respectivo valor são:

a) Massa molar e 5u
b) Densidade e 10 g/mL
c) Quantidade de matéria e 13 mol
d) Densidade e 19 g/cm^3
e) Massa molar e 25 g/mol

Questão 08

(EsPCEx) Considerando três recipientes distintos que possuem, no seu interior, exclusivamente, água mineral, etanol e soro fisiológico, é correto afirmar que os conteúdos são, respectivamente:

a) mistura heterogênea, substância composta e substância simples
b) mistura homogênea, mistura homogênea e mistura homogênea
c) substância composta, substância composta e mistura heterogênea
d) mistura homogênea, substância composta e mistura homogênea
e) substância composta, substância simples e mistura homogênea

Questão 09

(EsPCEx) Considere as substâncias X e Y na forma de dois cubos de 1 dm de aresta. As massas X e Y são 300 g e 3 kg, respectivamente. Se, num balde contendo 10 litros de água, colocarmos o cubo de X e um pedaço de Y com um décimo do tamanho original:

a) X chegará ao fundo mais rápido do que Y
b) Ambos chegarão ao fundo no mesmo tempo
c) Y não chegará ao fundo
d) Nenhum dos dois chegará ao fundo
e) X não chegará ao fundo

Questão 10

(EsPCEx) O fenômeno da alotropia só existe em substâncias simples. Por isso, quando os átomos de diferentes variedades alotrópicas de um mesmo elemento se combinam com quantidades idênticas do gás oxigênio, para formar compostos, originam moléculas:

a) Iguais de substâncias compostas
b) Diferentes de substâncias compostas
c) Iguais de substâncias simples
d) Diferentes de substâncias simples
e) Diferentes de substâncias simples e/ou compostas

Questão 11

O gráfico representa a curva de resfriamento da água pura à pressão constante de 1 atm.

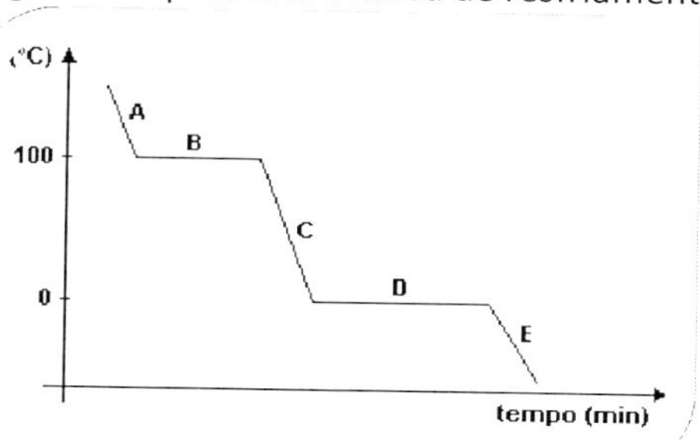

Assinale verdadeira (V) ou falsa (F) em cada uma das seguintes afirmativas:

( ) O fenômeno que ocorre na região D da curva é a solidificação = liquefação;
( ) Na região C da curva, há duas fases em equilíbrio.
( ) As regiões A e E da curva devem ser representadas por paralelas.
( ) Na região D da curva, coexistem em equilíbrio as fases sólida e líquida. A sequência correta é

a) V – V – F – V
b) V – F – V – F
c) F – F – F – V
d) F – V – V – V
e) F – F – V – V

Questão 12

Considere que sejam feitas as seguintes afirmações a respeito das formas cristalinas do carbono:
I) As formas polimórficas do carbono são: diamante, grafite e fulerenos.
II) O monocristal de grafite é bom condutor de corrente elétrica em uma direção, mas não o é na direção perpendicular a ela.
III) O diamante é uma forma polimórfica metaestável do carbono nas condições normais de temperatura e pressão.
IV) Na grafite, as ligações químicas entre os átomos de carbono são tetraédricas.
Então, das afirmações acima, está(ão) correta(s):
a) apenas I, II e III
b) apenas I e III
c) apenas II e IV
d) apenas IV
e) todas

Questão 13

Uma maneira rápida e correta de separar uma mistura com limalha de ferro, sal de cozinha e arroz, é, na sequência:
a) filtrar, aproximar um imã, adicionar água e destilar
b) adicionar água e destilar
c) aproximar um imã, adicionar água, filtrar e destilar
d) destilar, adicionar água, aproximar um imã
e) impossível de separá-la

Questão 14

Ao nível do mar, a água ferve a 100^0C. No alto do Evereste, a 8 846 m de altitude, a água ferve acima ou abaixo dessa temperatura? Justifique a resposta.

Questão 15

São características comuns dos compostos orgânicos:
I) Alta solubilidade em água, como o álcool e o açúcar, por exemplo, ilustram;
II) Maus condutores da corrente elétrica quando fundidos;
III) Todos têm o elemento carbono;
IV) Todos os que não têm o elemento carbono têm o elemento silício, como ilustram os silicones;
V) Os que não são solúveis em água são solúveis em ácidos e em bases. Dessas afirmativas, são verdadeiras:
a) Apenas I e II
b) Apenas II e III
c) Apenas III e IV
d) Apenas IV e V
e) Todas, menos II e V

Questão 16

Dentre as afirmativas abaixo, são verdadeiras:
I) A temperatura de fusão de um eutético está entre as temperaturas de fusão dos seus constituintes;
II) Um azeótropo tanto pode ser de máxima quanto de mínima;
III) É o efeito coligativo que explica o fato de um eutético de chumbo e estanho (liga de solda) fundir abaixo da temperatura de fusão do chumbo;
IV) Durante a ebulição sob pressão constante, a temperatura de ebulição do azeótropo se mantém constante;
V) Um eutético tem patamar de fusão, mas faixa de ebulição.
a) I, II e III
b) II, III e IV
c) III, IV e V
d) todas, menos I
e) todas, menos V

Questão 17

Assinale a opção que contém a afirmação errada relativa à curva de resfriamento apresentada abaixo.

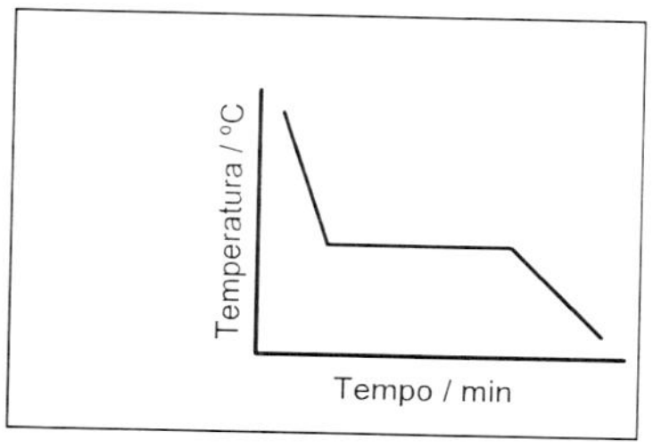

a) A curva pode representar o resfriamento de uma mistura eutética.
b) A curva pode representar o resfriamento de uma substância sólida, que apresenta uma única forma cristalina.
c) A curva pode representar o resfriamento de uma mistura azeotrópica.
d) A curva pode representar o resfriamento de um líquido constituído por uma substância pura.
e) A curva pode representar o resfriamento de uma mistura líquida de duas substâncias que são completamente miscíveis no estado sólido.

Questão 18

Partindo da água do mar, o processo mais aconselhável para se obter água pura é:
a) a centrifugação.
b) a filtração comum.
c) a decantação.
d) a destilação.
e) a filtração a vácuo.

Questão 19

Uma mistura de água, álcool e benzeno em determinadas proporções foi submetida à destilação. Com o aquecimento, a temperatura subiu rapidamente a 64,8°C e manteve-se invariável até o fim do processo. Trata-se de:
a) combinação química
b) mistura eutética
c) solução azeotrópica
d) liga eutética
e) nenhuma das respostas anteriores

Questão 20

A mistura de água e acetona pode ser desdobrada pela:
a) decantação
b) destilação
c) filtração
d) centrifugação
e) nenhuma das respostas anteriores

Questão 21

Quando uma substância composta sofre um fenômeno físico, podemos afirmar que:
a) suas moléculas se alteram
b) seus átomos se alteram
c) a substância se transformará em outras mais simples
d) a transformação poderá ser repetida com a mesma substância
e) a substância se transformará em outra substância composta.

Questão 22

Quais os processos são utilizados para separar os componentes sólidos em uma mistura heterogênea?
a) Catação e destilação
b) Peneiração, catação, levigação, fusão e ventilação
c) Levigação, catação e destilação
d) Catação, levigação, peneiração e filtração
e) Destilação, levigação e peneiração

Questão 23

Para separar uma mistura de açúcar comum e sal de cozinha recomenda-se empregar:
a) Destilação fracionada
b) Sublimação
c) Água e filtração
d) Solvente que não seja a água
e) Decantação

Questão 24

O fato de um sólido, nas condições ambientes, apresentar um único valor de massa específica em toda sua extensão é suficiente para afirmar que este sólido:
I) É homogêneo
II) É monofásico
III) É uma solução sólida
IV) É uma substância simples
V) Funde a uma temperatura constante
Das afirmações feitas estão corretas:
a) Apenas I e II
b) Apenas I, II e III
c) Apenas II, III e V
d) Apenas IV e V
e) todas

Questão 25

Entre as opções abaixo, assinale aquela que contém a afirmação certa:
a) Tanto oxigênio gasoso como ozônio gasoso são exemplos de substâncias simples.
b) Substância pura é aquela que não pode ser decomposta em outras mais simples.
c) A conceituação de elemento só foi possível depois que Dalton propôs sua teoria atômica.
d) Uma mistura de água e etanol, nas condições ambientais, pode ser decomposta em seus componentes por decantação.
e) A substituição do hidrogênio por deutério não altera as propriedades da água.

Questão 26

Entre as opções a seguir, assinale aquela que contém a afirmação errada:
a) Um sistema monofásico tanto pode ser uma substância pura quanto uma solução.
b) Existem tanto soluções gasosas, como líquidas, como ainda soluções sólidas.
c) Temperatura de fusão constante não implica em que a amostra seja de uma substância pura.
d) A transição $H_2O_{(s)}$ ⍰ $H_2O_{(g)}$ ocorre somente na temperatura de ebulição da água.
e) Dispersões coloidais situam-se no limiar entre o que se costuma chamar de mistura heterogênea e o que se costuma chamar de mistura homogênea.

Questão 27

Considere as seguintes frases relativas à mistura de substâncias:
I) os componentes podem estar presentes em quaisquer proporções;
II) o volume da mistura é a soma dos volumes dos componentes;
III) as misturas são sistemas polifásicos. Das três frases, somente:
a) I é sempre verdadeira
b) II é sempre verdadeira
c) III é sempre verdadeira
d) I e II são sempre verdadeiras
e) I e III são sempre verdadeiras

Questão 28

(UERJ) Dentre os sistemas abaixo, aquele cujos componentes podem ser separados por centrifugação é:
a) petróleo
b) álcool hidratado
c) solução de sacarose em água
d) suspensão de leite de magnésia

Questão 29

Determinada indústria trata, preliminarmente, seus efluentes com sulfato de alumínio e cal. A formação do hidróxido de alumínio permite que haja a eliminação de materiais:
a) em solução, por meio de destilação simples
b) em suspensão, por meio de decantação e filtração
c) sólidos, utilizando cristalização fracionada
d) sólidos, por meio de fusão e filtração
e) líquidos, utilizando a sifonação e a evaporação

Questão 30

Uma maneira rápida e correta de separar uma mistura com limalha de ferro, sal de cozinha e arroz, é, na sequência:
a) filtrar, aproximar um imã, adicionar água e destilar.
b) adicionar água e destilar.
c) aproximar um imã, adicionar água, filtrar e destilar.
d) destilar, adicionar água, aproximar um imã.
e) impossível de separá-la.

Questão 31

A obtenção do álcool etílico hidratado, a partir da cana-de-açúcar, pode ser representada pelo esquema a seguir. Em I e IV, que envolvem processos de fracionamento, são realizadas, resɔectivamente,

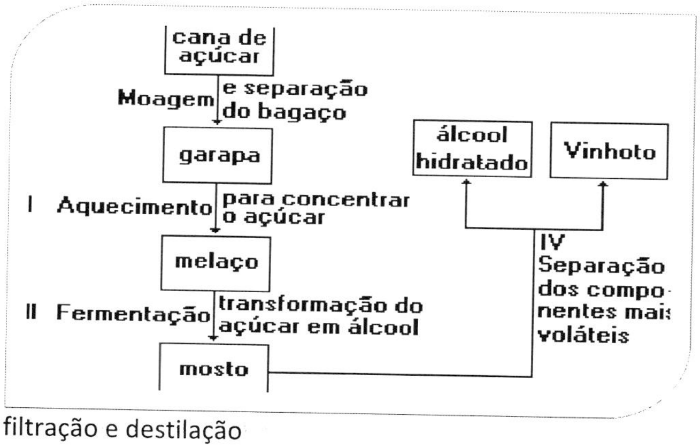

a) filtração e destilação

b) destilação e decantação
c) filtração e decantação
d) destilação e filtração
e) decantação e decantação

Questão 32

(EsPCEx) "No fenômeno físico, a composição da matéria é preservada, ou seja, permanece a mesma antes e depois da ocorrência do fenômeno". "Reação química é toda transformação que modifica a natureza da matéria (fenômenos químicos)". "No fenômeno químico, a composição da matéria é alterada: sua composição antes de ocorrer o fenômeno é diferente da que resulta no final". FONSECA, Martha Reis Marques da, Química Geral, São Paulo, Ed FTD, 2007, pág. 24 e 61. Considere os conceitos supracitados e as transformações representadas pelas equações químicas a seguir:

I – $CaCO_{3(s)} \rightarrow CaO_{(s)} + CO_{2(g)}$
II – $H_2O_{(l)} \rightarrow H_2O_{(g)}$
III – $H_{2(g)} + O_{2(g)} \rightarrow H_2O_{(g)}$
IV – $C_{(grafite)} + O_{2(g)} \rightarrow CO_{2(g)}$

Correspondem a reações químicas apenas as transformações:
a) I e III
b) II e IV
c) II, III e IV
d) I, III e IV
e) I, II e III

Questão 33

"Sempre que uma substância muda de fase de agregação, a temperatura permanece constante enquanto a mudança se processa, desde que a pressão permaneça constante". O gráfico abaixo representa a mudança de fase de agregação de uma substância pura com o passar do tempo, em função da variação de temperatura, observada ao se aquecer uma substância X durante algum tempo, sob pressão constante.

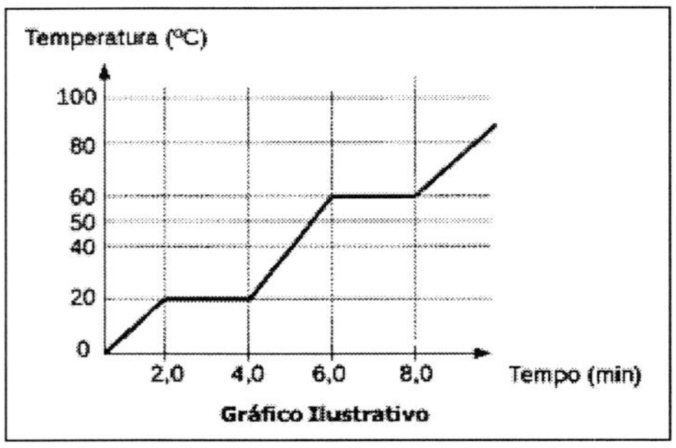

Gráfico Ilustrativo

Tomando-se como base o gráfico, analise as seguintes afirmativas:
I – Entre 0^0C e 19^0C, a substância X encontra-se na fase sólida.
II – O intervalo de 2,0 min a 4,0 min corresponde à condensação da substância X.
III – A temperatura de 60^0C corresponde à temperatura de ebulição da substância X.
IV – No intervalo de 40°C a 50°C, a substância X encontra-se na fase líquida. Estão corretas apenas as afirmativas:
a) I e II
b) II e IV
c) I, II e III
d) II, III e IV
e) I, III e IV

Questão 34

(EsPCEx) Considere a tabela de temperaturas de fusão (TF) e temperaturas de ebulição (TE) de algumas substâncias hipotéticas, todas sujeitas às mesmas condições de pressão.

Material	TF(°C)	TE(°C)
Alpha	-101	-34
Bravo	-116	35
Charlie	41	182
Delta	3550	4827
Echo	-95	110

Acerca desta tabela e de seus dados, são feitas as seguintes afirmativas:
I – À temperatura de 25ºC, o material Alpha está no estado sólido.
II – À temperatura de 50ºC, os materiais Bravo e Delta estão no estado líquido.
III – À temperatura de 30ºC, os materiais Charlie e Echo estão no estado gasoso.
IV – À temperatura de 145ºC, os materiais Alpha, Bravo e Echo estão no estado gasoso.
V – À temperatura de 1450ºC, o material Delta está no estado sólido. Das afirmativas feitas, estão corretas apenas:
a) I e II
b) III e IV
c) IV e V
d) II, III e IV
e) I, IV e V

Questão 35

O diagrama abaixo é definido como sendo um diagrama de fases de uma substância hipotética. Observando o diagrama de fase (pressão versus temperatura) mostrado a seguir, pode-se concluir, corretamente, que uma substância que passou pelo processo de sublimação segue a trajetória:

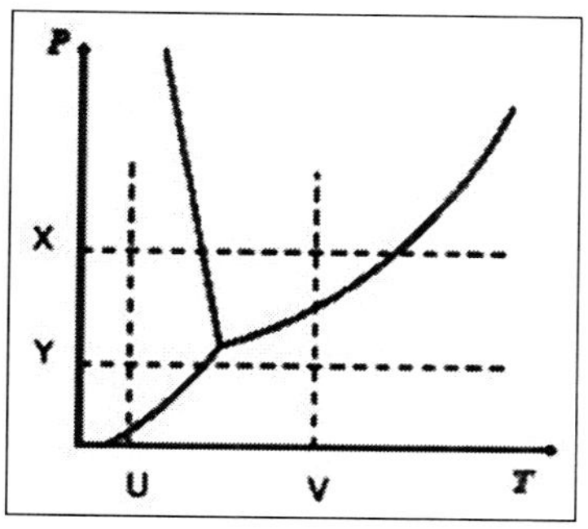

a) X para o Y
b) X para o V
c) Y para o X
d) Y para o V
e) V para o X

Questão 36

(EsPCEx) Diagramas de fases são gráficos construídos para indicar uma condição de temperatura e pressão de uma substância e suas mudanças de estado. Cada uma das curvas do diagrama indica as condições de temperatura e pressão nas quais as duas fases de estado estão em equilíbrio. Modificado de USBERCO, João e SALVADOR, Edgard, Físico-química, São Paulo, Ed Saraiva, 2009, Pág. 98 Considere o diagrama de fases da água, representado na figura a seguir:

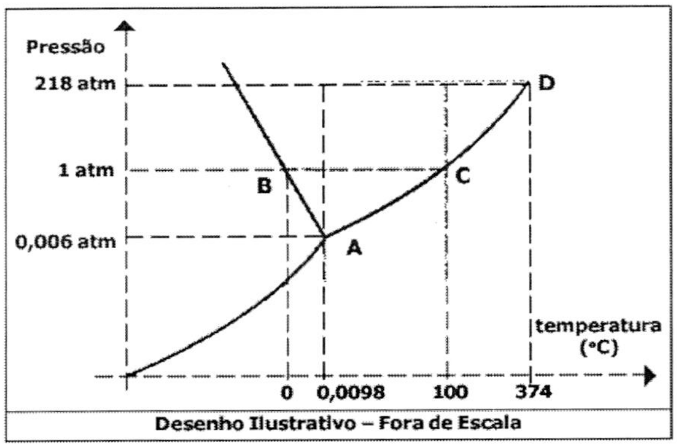

Baseado no diagrama e nos processos químicos envolvidos, são feitas as seguintes afirmativas:

I – A temperatura de fusão da água aumenta com o aumento da pressão.

II – Na temperatura de 100ºC e 218 atm a água é líquida.

III – A água sólida (gelo) sublima a uma pressão de vapor superior a 1 atm.

IV – Na temperatura de 0ºC e pressão de 0,006 atm, a água encontra-se na fase sólida. Das afirmativas feitas, estão corretas apenas:

a) I, II e IV

b) I e II

c) II e IV

d) II e III

e) III e IV

Questão 37

(VUNESP) O naftaleno, comercialmente conhecido como naftalina, empregado para evitar baratas em roupas, funde em temperaturas superiores a 80ºC. Sabe-se que bolinhas de naftalina, a temperaturas ambientes, têm suas massas constantemente diminuídas, terminando por desaparecer sem deixar resíduos. Esta observação pode ser explicada pelo fenômeno da:

a) fusão

b) sublimação

c) solidificação

d) liquefação

e) ebulição

Questão 38

(FEEVALLE – RS) De acordo com a tabela, podemos dizer que o estado físico a 25°C para cloro, hidróxido de sódio e naftaleno é, respectivamente,

Substância	Temperatura de fusão(°C)	Temperatura de ebulição (°C)
Cl_2	- 101,60	- 34,5
NaOH	318,40	1390
Naftaleno	80,55	218

a) gasoso, líquido e sólido

b) gasoso, sólido e sólido

c) líquido, gasoso e sólido

d) sólido, sólido e sólido

e) sólido, líquido e gasoso

Questão 39

(EsPCEx) O critério utilizado pelos químicos para classificar as substâncias é baseado no tipo de átomo que as constitui. Assim, uma substância formada por um único tipo de átomo é dita simples e a formada por mais de um tipo de átomo é dita composta. Baseado neste critério, a alternativa que contém apenas representações de substâncias simples é:

a) HCl, CaO e MgS
b) Cl_2, CO_2 e O_3
c) O_2, H_2 e I_2
d) CH_4, C_6H_6 e H_2O
e) NH_3, NaCl e P_4

Exercícios de fixação – Gabarito

Questão 01 – (EsPCEx) Alternativa A.
Questão 02 – (EsPCEx) Alternativa A.
Questão 03 – (EsPCEx) Alternativa C.
Questão 04 – (EsPCEx) Alternativa D.
Questão 05 – (EsPCEx) Alternativa A.
Questão 06 – (EsPCEx) Alternativa A.
I) Verdadeiro. O processo de resfriamento da água ocorre com a saída de calor, o que caracteriza um processo denominado como exotérmico.
II) Verdadeiro. O processo da chuva ácida que se trata de um fenômeno que apresenta o ácido sulfúrico como "personagem principal" reage quimicamente com o carbonato de cálcio, apresentando uma reação de dupla troca, conforme pode ser observado pela seguinte equação química: $H_2SO_{4(aquoso)} + CaCO_{3(sólido)} \rightarrow CaSO_{4(aquoso)} + H_2CO_{3(aquoso)}$.
III) Falso.
IV) Falso.
Questão 07 – (EsPCEx) Alternativa D.
Questão 08 – (EsPCEx) Alternativa B.
Questão 09 – (EsPCEx) Alternativa E.
Questão 10 – (EsPCEx) Alternativa A.
Questão 11 – Alternativa C.
Questão 12 – (INSTITUTO TECNOLÓGICO DA AERONÁUTICA) Alternativa A.
Questão 13 – Alternativa C.
Questão 14 – Abaixo, porque a pressão ambiente é menor do que a pressão ao nível do mar.
Questão 15 – Alternativa D.
Questão 16 – Alternativa D. A temperatura de fusão do eutético é sempre mais baixa do que a temperatura de fusão dos seus componentes.
Questão 17 – Alternativa B. O resfriamento de um sólido não produz mudança para uma fase ainda mais agregada.
Questão 18 – Alternativa D.
Questão 19 – Alternativa C.
Questão 20 – Alternativa B.
Questão 21 – Alternativa D.
Questão 22 – Alternativa B.
Questão 23 – Alternativa D.
Questão 24 – Alternativa A.
Questão 25 – Alternativa A. Tanto oxigênio gasoso quanto ozônio gasoso são exemplos de substâncias simples, uma vez que são formadas apenas por um único tipo de fórmula e não podem ser desdobradas em outras substâncias mais simples.
Questão 26 – Alternativa D. Pode ocorrer evaporação da água abaixo da temperatura de ebulição, por exemplo, evaporação da água do solo após a chuva.
Questão 27 – Alternativa A.
Questão 28 – Alternativa D.
Questão 29 – Alternativa B.
Questão 30 – Alternativa C.
Questão 31 – Alternativa A.
Questão 32 – (EsPCEx) Alternativa D.
As reações químicas estão regidas pelas transformações químicas e não físicas (mudança de fase). Logo, as reações químicas são as seguintes: I, III e IV.
Questão 33 – Alternativa E
I) Verdadeiro.
II) Falso. Corresponde à fusão da substância.
III) Verdadeiro.
IV) Verdadeiro.
Questão 34 – (EsPCEx) Alternativa C.

I) Falso. O material alpha está no estado vapor.
II) Falso. O material bravo está no estado vapor enquanto o material delta está no estado sólido.
III) Falso. O material echo está no estado líquido enquanto o material Charlie está no estado sólido.
IV) Verdadeiro.
V) Verdadeiro.
Questão 35 – Alternativa D.
Questão 36 – (EsPCEx) Alternativa C.
I) Falso. Para uma pressão constante há um aumento da temperatura e consequentemente passa do estado líquido para o estado vapor.
II) Verdadeiro.
III) Falso. A água sólida (gelo) sublima a uma pressão de vapor inferior a 1 atm.
IV) Verdadeiro.
Questão 37 – (VUNESP) Alternativa B. A passagem do estado sólido para o estado vapor é definida como sublimação.
Questão 38 – (FEEVALLE – RS) Alternativa B.
Analisando para o cloro gasoso: gás
Analisando para a solução de hidróxido de sódio: sólido
Analisando para o naftaleno: sólido
Questão 39 – (EsPCEx) Alternativa C.

CAPÍTULO 02 – ESTUDO DA ATOMÍSTICA

Exemplos Aplicativos

Exemplo aplicativo I

(MESTRE JOÃO ROBERTO DA PACIÊNCIA NABUCO) Identifique e agrupe as espécies isoeletrônicas, e mostre a configuração eletrônica do estado fundamental, dos seguintes átomos e íons: Na^+, H, H^-, Ne, Be^{2+}, K^+, S^{2-}, F, He, N^{3-}, Ca^{2+} e He^+.

Resolução:

Espécies isoeletrônicas são espécies químicas que apresentam o mesmo número de elétrons. Cálculo do número de elétrons para cada espécie química:

${}_{11}Na^+$ = 11 – 1 = 10 elétrons
H = 1 elétron
H^- = 1 + 1 = 2 elétrons
${}_{10}Ne$ = 10 elétrons
${}_{4}Be^{2+}$ = 4 – 2 = 2 elétrons
${}_{19}K^+$ = 19 – 1 = 18 elétrons
${}_{16}S^{2-}$ = 16 + 2 = 18 elétrons
F = 9 elétrons
${}_{2}He$ = 2 elétrons
${}_{7}N^{3-}$ = 7 + 3 = 10 elétrons
${}_{20}Ca^{+2}$ = 20 – 2 = 18 elétrons
${}_{2}He^+$ = 2 – 1 = 1 elétron

Espécies isoeletrônicas: ${}_{11}Na^+$, ${}_{10}Ne$ e ${}_{7}N^{3-}$; H^-, ${}_{2}He$ e ${}_{4}Be^{2+}$; H e ${}_{2}He^+$; ${}_{19}K^+$, ${}_{16}S^{2-}$ e ${}_{20}Ca^+$.

Distribuição eletrônica por subnível para os íons apresentados a seguir:
${}_{11}Na^+$ = 10 elétrons ($1s^2\ 2s^2\ 2p^6$)
H = 1 elétron ($1s^1$)
H^- = 2 elétrons ($1s^2$)
${}_{10}Ne$ = 10 elétrons ($1s^2\ 2s^2\ 2p^6$)
${}_{4}Be^{2+}$ = 2 elétrons ($1s^2$)
${}_{19}K^+$ = 18 elétrons ($1s^2\ 2s^2\ 2p^6\ 3s^2\ 3p^6$)
${}_{16}S^{2-}$ = 18 elétrons ($1s^2\ 2s^2\ 2p^6\ 3s^2\ 3p^6$)
F = 9 elétrons ($1s^2\ 2s^2\ 2p^5$)
${}_{2}He$ = 2 elétrons ($1s^2$)
${}_{7}N^{3-}$ = 7 + 3 = 10 elétrons ($1s^2\ 2s^2\ 2p^6$)
${}_{20}Ca^{+2}$ = 20 – 2 = 18 elétrons ($1s^2\ 2s^2\ 2p^6\ 3s^2\ 3p^6$)
${}_{2}He^+$ = 2 – 1 = 1 elétron ($1s^1$)

Distribuição eletrônica por subnível para os átomos:
${}_{11}Na$ = 11 elétrons ($1s^2\ 2s^2\ 2p^6\ 3s^1$)
H = 1 elétron ($1s^1$)
${}_{10}Ne$ = 10 elétrons ($1s^2\ 2s^2\ 2p^6$)
${}_{4}Be$ = 4 elétrons ($1s^2\ 2s^2$)
${}_{19}K$ = 19 elétrons ($1s^2\ 2s^2\ 2p^6\ 3s^2\ 3p^6\ 4s^1$)
${}_{16}S$ = 16 elétrons ($1s^2\ 2s^2\ 2p^6\ 3s^2\ 3p^4$)

F = 9 elétrons ($1s^2$ $2s^2$ $2p^5$)
$_2He$ = 2 elétrons ($1s^2$)
$_7N$ = 7 elétrons ($1s^2$ $2s^2$ $2p^3$)
$_{20}Ca$ = 20 elétrons ($1s^2$ $2s^2$ $2p^6$ $3s^2$ $3p^6$ $4s^2$)
$_2He$ = 2 1 elétron ($1s^2$)

Exemplo aplicativo II

(MESTRE JOÃO ROBERTO DA PACIÊNCIA NABUCO) Determine os quatro números quânticos do elétron diferenciador do cátion trivalente do ferro, sabendo que o número atômico do ferro é 26.

Resolução:

Distribuição eletrônica do ferro no estado fundamental: $_{26}Fe$ = $1s^2$ $2s^2$ $2p^6$ $3s^2$ $3p^6$ $4s^2$ $3d^6$
Distribuição eletrônica do ferro na forma trivalente: $_{26}Fe^{+3}$ = $1s^2$ $2s^2$ $2p^6$ $3s^2$ $3p^6$ $3d^5$
Elétron diferenciador, $3d^5$: n = 3; l = 2; m = +2 e spin = -1/2

Exemplo aplicativo III

(MESTRE JOÃO ROBERTO DA PACIÊNCIA NABUCO) O elétron diferenciador de um átomo do elemento hipotético **E** tem os números quânticos n = 4, l = 0 e m_s= +½.
a) Faça a representação desse elétron, segundo o modelo de orbitais.
b) Determine o número atômico de E.

Resolução:

Item a) Elétron diferenciador: $4s^2$

Distribuição eletrônica por subníveis do átomo: $1s^2$ $2s^2$ $2p^6$ $3s^2$ $3p^6$ $4s^2$

Item b) Número atômico: Z = 20 (2 + 2 + 6 + 2 + 6 + 2)

Exemplo aplicativo IV

(MESTRE JOÃO ROBERTO DA PACIÊNCIA NABUCO) Um elemento X, de número de massa 100, é isótono de Y, de número atômico 50; Y, por sua vez é isóbaro de Z, de número atômico 40. Sabendo-se que X e Z são isótopos, qual o número de nêutrons de X, Y e Z.

Resolução:

Informações do problema: X e Y são isótonos; X e Z são isótopos, Y e Z são isóbaros.

$^{100}_{x}X$ $\quad$ $^{y}_{50}Y$ $\quad$ $^{y}_{40}Z$

$^{100}_{40}X$ $\quad$ $^{110}_{50}Y$ $\quad$ $^{110}_{40}Z$

Cálculo do número de nêutron para cada espécie química:
X: 100 – 40 = 60 nêutrons
Y: 110 – 50 = 60 nêutrons
Z: 110 – 40 = 70 nêutrons

Exemplo aplicativo V

(MESTRE JOÃO ROBERTO DA PACIÊNCIA NABUCO) Considere três átomos, A, B e C. Os átomos A e C são isótopos; os átomos B e C são isóbaros e os átomos A e B são isótonos. Sabendo que o átomo A tem 20 prótons e número de massa 41, e que o átomo C tem 22 nêutrons. Os números quânticos do elétron mais energético do átomo B são:

a) n = 3; l = 0; m_l = 2; s = −1/2
b) n = 3; l = 2; m_l = 0; s = −1/2
c) n = 3; l = 2; m_l = −2; s = −1/2
d) n = 3; l = 2; m_l = −1; s = ½

Resolução: Alternativa C.

Informações do problema: A e C são isótopos, B e C são isóbaros e A e B são isótonos. $^{41}_{20}a$ $^{42}_{21}B$ $^{42}_{20}C$
Distribuição eletrônica por subníveis do átomo B (Z = 21): $1s^2\ 2s^2\ 2p^6\ 3s^2\ 3p^6\ 4s^2\ 3d^1$. Subnível mais energético: $\mathbf{3d^1}$
Números quânticos: n = 3; l = 2; m = -2 e spin = -1/2.

Exemplo aplicativo VI

(MESTRE JOÃO ROBERTO DA PACIÊNCIA NABUCO) Determine os quatro números quânticos do elétron diferenciador do cátion trivalente do ferro, sabendo que o número atômico do ferro é 26.

Resolução:

Distribuição eletrônica do átomo de ferro:
$1s^2\ 2s^2\ 2p^6\ 3s^2\ 3p^6\ 4s^2\ 3d^6$
Distribuição eletrônica do cátion trivalente do ferro:
$1s^2\ 2s^2\ 2p^6\ 3s^2\ 3p^6\ 3d^5$
Subnível mais energético: $\mathbf{3d^5}$
Números quânticos: n = 3; l = 2; m = +2 e spin = -1/2.

Exemplo aplicativo VII

(GRILLO) O átomo A possui os seguintes números quânticos para seu último elétron; n = 3; l = 2; m = +2; s = -½. Sabendo que ele possui 28 nêutrons, qual seu número de massa?

Resolução:

Para n = 3, corresponde que o nível está no M. Para o número quântico l = 2 representa o subnível d e o número quântico magnético igual a m = +2 corresponde que o último elétron está neste orbital com a direção apontada para cima (s = -½). Realizando a distribuição eletrônica: $1s^2\ 2s^2\ 2p^6\ 3s^2\ 3p^6\ 4s^2\ 3d^5$. Este átomo refere-se ao Manganês (Mn).

Exemplo aplicativo VIII

(GRILLO) Certo átomo possui 25 nêutrons e número de massa 56, quais os quatro números quânticos de seu antepenúltimo elétron?

Resolução:

Realizando a distribuição eletrônica por subníveis: $1s^2\ 2s^2\ 2p^6\ 3s^2\ 3p^6\ 4s^2\ 3d^{10}\ 4p^1$
Antepenúltimo elétron: $3d^9$
Números quânticos do antepenúltimo elétron: n = 3; l = 2; m = +1 e spin = +1/2.

Exemplo aplicativo IX

(GRILLO) Considere que dois átomos A e B são isóbaros. A tem número de massa 4x + 5 e número atômico 2x + 2, e B tem número de massa 5x – 1. O número atômico, número de massa, número de nêutrons e número de elétrons do átomo A correspondem, respectivamente, a:

a) 14, 29, 14 e 15
b) 29, 15, 14 e 14
c) 29, 14, 15 e 14
d) 14, 29, 15 e 14
e) 29, 14, 15 e 15

Resolução: Alternativa B.

Informações do problema: A e B são isóbaros. ${}^{4x+5}_{2x+2}\text{ª}$; ${}^{5x-1}_{Z}\text{B}$.

Determinação de x: 4x + 5 = 5x – 1

x = 6

${}^{29}_{14}\text{ª}$; $p^+ = e^- = 14$; $n^0 = 29 - 14 = 15$

Exercícios de Fixação

Questão 01

(EsPCEx) Abaixo temos os conjuntos de números quânticos de 4 elétrons identifique a alternativa cujo conjunto é impossível.

a) n = 2, l = 1, m = - 1, s = - ½
b) n = 3, l = 3, m = + 2, s = + ½
c) n = 4, l = 2, m = 0, s = + ½
d) n = 5, l = 0, m = 0, s = - ½

Questão 02

(EsPCEx) O átomo A tem 45 nêutrons, sendo isóbaro de B, seu sucessor no mesmo período da tabela periódica. O átomo B é isótono de C que tem 3 prótons a mais do que B e número de massa igual a 83. Portanto, o número atômico de A é:

a) 34
b) 35
c) 36
d) 38
e) 41

Questão 03

(EsPCEx) O elétron mais energético do átomo $_{21}X^{45}$ tem os seguintes números quânticos, secundário e magnético, respectivamente:

a) zero e zero
b) 3 e zero
c) 2 e – 2
d) 4 e + 1
e) 3 e – 1

Questão 04

(EsPCEx) Um átomo de número de massa 86 apresenta oito orbitais em subnível d. Portanto, o seu número de nêutrons é:

a) 42
b) 44
c) 45
d) 47
e) 64

Questão 05

(EsPCEx) Considere a distribuição energética crescente, pelos orbitais, dos elétrons de um átomo representativo de elemento de número atômico 26. O último elétron distribuído terá o número quântico magnético igual a:

a) zero
b) -1
c) -2
d) +1
e) +2

Questão 06

(ESPCEX) Considere que:

I. O cátion tetravalente de um isótopo possui 78 elétrons e 128 nêutrons.

II. A massa nuclear relativa desse mesmo cátion é 1,44% maior do que a massa nuclear relativa de seu isótopo mais comum. Com base nesses dados, pode-se afirmar que o número de nêutrons do isótopo mais comum é:
a) 81
b) 125
c) 129
d) 133
e) 137

Questão 07

(EsPCEx) Considere as seguintes informações sobre três átomos genéricos diferentes: X,Y e Z.
I) O cátion bivalente de X possui 18 elétrons e número de massa 42.
II) O número de nêutrons de Y é igual a seu número de prótons, sendo também isótopo de X.
III) Z é isóbaro de X e isótono de Y. Portanto, o número atômico de Z é:
a) 16
b) 18
c) 20
d) 22
e) 42

Questão 08

(EsPCEx) Quando o elétron excitado do átomo de hidrogênio retorna ao estado fundamental, a maior liberação de energia ocorre quando esse elétron passa da camada:
a) L para M
b) O para N
c) P para K
d) Q para P
e) M para K

Questão 09

(EsPCEx) Considere três átomos cujos símbolos são M, X e Z, e que estão nos seus estados fundamentais. Os átomos M e Z são isótopos, isto é, pertencem ao mesmo elemento químico; os átomos X e Z são isóbaros e os átomos M e X são isótonos. Sabendo que o átomo M tem 23 prótons e número de massa 45 e que o átomo Z tem 20 nêutrons, então os números quânticos do elétron mais energético do átomo X são: Observação: Adote a convenção de que o primeiro elétron a ocupar um orbital possui o número quântico de spin igual a spin = - ½
a) n = 3; l = 0; m= 2; s = -1/2
b) n = 3; l = 2; m= 0; s = -1/2
c) n = 3; l = 2; m= -2; s = -1/2
d) n = 3; l = 2; m= -2; s = ½
e) n = 4; l = 1; m= 0; s = -1/2

Questão 10

(EsPCEx) A seguir são apresentadas as configurações eletrônicas, segundo o diagrama de Linus Pauling, nos seus estados fundamentais, dos átomos representados, respectivamente, pelos algarismos I, II, III e IV:
I – $1s^2\ 2s^2\ 2p^4$
II – $1s^2\ 2s^2\ 2p^6\ 3s^1$
III – $1s^2\ 2s^2\ 2p^6\ 3s^2$
IV – $1s^2\ 2s^2\ 2p^6\ 3s^1\ 3p^5$
Com base nessas informações. A alternativa correta é:
a) O ganho de um elétron pelo átomo IV ocorre com absorção de energia.
b) Dentre os átomos apresentados, o átomo I apresenta a menor energia de ionização.
c) O átomo III tem maior raio atômico que o átomo II.
d) O cátion monovalente oriundo do átomo II é isoeletrônico em relação ao átomo III.

e) A ligação química entre o átomo II e o átomo IV é iônica.

Questão 11

(EsPCEx) O luminol ($C_8H_7O_3N_3$) é um reagente de quimiluminescência utilizado pela polícia para detectar vestígios de sangue. Em relação aos elementos químicos C, H, O e N que compõem o luminol, pode-se afirmar que:

	Dados			
Elemento químico	N = Nitrogênio	H = Hidrogênio	O = Oxigênio	C = Carbono
Número Atômico	Z = 7	Z = 1	Z = 8	Z = 6

a) O ânion trivalente do nitrogênio (N^{-3}), que se origina do átomo do nitrogênio, possui 16 elétrons.
b) O átomo de nitrogênio (N) é isoeletrônico em relação a um cátion bivalente que se origina de um átomo de número atômico igual a 12.
c) O átomo de carbono NÃO tem 12 prótons.
d) O átomo de oxigênio (O) tem configuração eletrônica (segundo o diagrama de Linus Pauling) $2s^2\ 2p^4$ na camada de valência.
e) O átomo de hidrogênio (H) apresenta número de oxidação (N_{OX}) igual a -1 (menos um) ao formar um ácido, ligando-se a um halogênio.

Questão 12

(EsPCEx) Considere as seguintes informações:
I. A configuração eletrônica, segundo o diagrama de Linus Pauling, do ânion trivalente de nitrogênio ($_7N^{-3}$). Que se origina do átomo nitrogênio, é $1s^2\ 1s^2\ 2s^6$;.
II. Num mesmo átomo, não existem dois elétrons com os quatro números quânticos iguais.
III. O íon $^{39}_{19}K^+$ possui 19 nêutrons.
IV. Os íons Fe^{+2} e Fe^{+3} do elemento químico ferro diferem somente quanto ao número de prótons. Das afirmações feitas, está(ão) correta(s)
a) apenas I e II
b) apenas I, II e III
c) apenas IV
d) apenas III e IV
e) todas

Questão 13

(EsPCEx) O Pb é um metal de transição no grupo 14 (antigo 4A), podendo, quando forma compostos, apresentar dois números de oxidação (nox). Considere a equação abaixo, que representa a reação ocorrida no interior dos acumuladores: $Pb + PbO_2 + 2\ H_2SO_4 \rightarrow 2\ PbSO_4 + 2\ H_2O$. O chumbo, nas substâncias Pb, PbO_2 e $PbSO_4$, apresenta Nox, respectivamente, iguais a:
a) 0,-4,2
b) 0,4,4
c) -4,-4,2
d) 2,2,2
e) 0,4,2

Questão 14

(EsPCEx) A distribuição eletrônica do átomo de ferro (Fe), no estado fundamental, segundo o diagrama de Linus Pauling, em ordem energética, é $1s^2\ 2s^2\ 2p^6\ 3s^2\ 3p^6\ 4s^2$. Sobre esse átomo, considere as seguintes afirmações:
I. O número atômico do ferro (Fe) é 26.
II. O nível/subnível $3p^6$ contém os elétrons mais energéticos do átomo de ferro (Fe), no estado fundamental.
III. O átomo de ferro (Fe), no nível/subnível $3d^6$, possui 3 elétrons desemparelhados, no estado fundamental.
IV. O átomo de ferro (Fe) possui 2 elétrons de valência no nível 4 ($4s^2$), no estado fundamental.
Das afirmações feitas, está(ão) correta(s):

a) apenas I
b) apenas II e III
c) apenas III e IV
d) apenas I, II e IV
e) todas

Questão 15

(EsPCEx) A seguir são apresentadas as configurações eletrônicas, segundo o diagrama de Linus Pauling, nos seus estados fundamentais, dos átomos representados, respectivamente, pelos algarismos I, II, III e IV.

I. $1s^2\ 2s^2\ 2p^6$
II. $1s^2\ 2s^2\ 2p^6\ 3s^1$
III. $1s^2\ 2s^2\ 2p^6\ 3s^2$
IV. $1s^2\ 2s^2\ 2p^6\ 3s^2\ 3p^5$

Com base nessas informações, a alternativa correta é:
a) O ganho de um elétron pelo átomo IV ocorre com absorção de energia.
b) Dentre os átomos apresentados, o átomo I apresenta a menor energia de ionização.
c) O átomo III tem maior raio atômico que o átomo II.
d) O cátion monovalente oriundo do átomo II é isoeletrônico em relação ao átomo III.
e) A ligação química entre o átomo II e o átomo IV é iônica.

Questão 16

(EsPCEx) Considere as seguintes informações, referentes à evolução dos modelos atômicos:
I) No modelo de Dalton, o átomo é dividido em prótons e elétrons;
II) No modelo de Rutherford, os átomos são constituídos por um núcleo muito pequeno e denso e carregado positivamente. Ao redor do núcleo estão distribuídos os elétrons, como planetas em torno do Sol.
III) O físico inglês Thomson afirma, em seu modelo atômico, que um elétron, ao passar de uma órbita para outra, absorve ou emite um quantum (fóton) de energia. Das afirmações feitas, está(ão) correta(s):
a) Apenas III
b) Apenas I e II
c) Apenas II e III
d) Apenas II
e) todas

Questão 17

(EsPCEx) Um átomo neutro do elemento genérico A, ao perder 2 elétrons forma um cátion bivalente, contendo 36 elétrons. O número atômico deste átomo A é:
a) 36
b) 42
c) 34
d) 40
e) 38

Questão 18

(EsPCEx) Considere dois elementos químicos cujos átomos fornecem íons bivalentes isoeletrônicos, o cátion X^{2+} e o ânion Y^{2-}. Pode-se afirmar que os elementos químicos dos átomos X e Y referem-se, respectivamente, a:
a) $_{20}Ca$ e $_{34}Se$
b) $_{38}Sr$ e $_{8}$º
c) $_{38}Sr$ e $_{16}S$
d) $_{20}Ca$ e $_{8}$º
e) $_{20}Ca$ e $_{16}S$

Questão 19

(ESPCEX) No final do século XIX e início do século XX muitas mudanças foram propostas para os modelos atômicos então vigentes. Três grandes cientistas, Rutherford, Bohr e Sommerfelf, estão entre os que propuseram alterações nos modelos. Uma característica de cada modelo proposto por esses cientistas está mencionada abaixo:

Modelo	Característica
I	Para cada camada eletrônica (n), há uma órbita circular (n-1) órbitas elípticas.
II	O átomo assemelha-se ao sistema solar, já que os elétrons se distribuem ao redor do núcleo, como os planetas ao redor do Sol.
III	Os elétrons movem-se em órbitas circulares em torno de um número atômico central.

Assinale a alternativa que relaciona corretamente o modelo com o seu autor:

a) I – Rutherford; II – Bohr; III – Sommerfeld
b) I – Sommerfeld;; II – Bohr; III – Rutherford
c) I – Sommerfeld; II – Rutherford; III – Bohr
d) I – Rutherford; II – Sommerfeld; III – Bohr
e) I – Bohr; II – Rutherford; III – Sommerfeld

Questão 20

(EsPCEx) Munições traçantes são aquelas que possuem um projétil especial, contendo uma carga pirotécnica em sua retaguarda. Essa carga pirotécnica, após o tiro, é significada, gerando um traço de luz colorido, permitindo a visualização de tiros noturnos a olho nu. Essa carga pirotécnica é uma mistura química que pode possuir, dentre vários ingredientes, sais cujos íons emitem radiação de cor característica associada ao traço luminoso. Um tipo de munição traçante usada por um exército possui na sua composição química uma determinada substância, cuja espécie química ocasiona um traço de cor correspondente bastante característico. Com relação à espécie química componente da munição desse exército sabe-se: I. A representação do elemento químico do átomo da espécie responsável pela coloração pertence à família dos metais alcalinos-terrosos da tabela periódica. II. O átomo da espécie responsável pela coloração do traço possui massa de 137 u e número de nêutrons 81. Sabe-se também que uma das espécies apresentadas na tabela do item III (que mostra a relação de cor emitida característica conforme a espécie química e sua distribuição eletrônica) é a responsável pela cor do traço da munição desse exército. III. Tabela com espécies químicas, suas distribuições eletrônicas e colorações características:

Sal	Espécie química	Distribuição eletrônica espécie química no estado fundamental	Coloração característica
Cloreto de cálcio	Cálcio	$1s^2\ 2\ s^2\ 2p^6\ 3s^2\ 3p^6\ 4s^2$	Vermelha-alaranjada
Cloreto de bário	Bário	$1s^2\ 2s^2\ 2p^6\ 3s^2\ 3p^6\ 4s^2\ 3d^{10}\ 4p^6\ 5s^2\ 4d^{10}\ 5p^6\ 6s^2$	Verde
Nitrato de estrôncio	Estrôncio	$1s^2\ 2s^2\ 2p^6\ 3s^2\ 3p^6\ 4s^2\ 3d^{10}\ 4p^6\ 5s^2$	Vermelha
Cloreto de cobre II	Cobre	$1s^2\ 2s^2\ 2p^6\ 3s^2\ 3p^6\ 4s1\ 3d^{10}$	Azul
Nitrato de magnésio	Magnésio	$1s^2\ 2\ s^2\ 2p^6\ 3s^2$	branca

Considerando os dados contidos, nos itens I e II, atrelados às informações da tabela do item III, a munição traçante, descrita acima, empregada por esse exército possui traço de coloração

a) vermelho-alaranjada
b) verde
c) vermelha
d) azul

e) branca

Questão 21

(EsPCEx) Quando um átomo, ou um grupo de átomos, perde a neutralidade elétrica, passa a ser denominado de íon. Sendo assim, o íon formado quando o átomo (ou grupo de átomos) ganha ou perde elétrons. Logicamente, esse fato interfere na distribuição eletrônica da espécie química. Todavia, várias espécies químicas podem possuir a mesma distribuição eletrônica. Considere as espécies químicas listadas na tabela a seguir:

I	II	III	IV	V	VI
$_{20}Ca^{+2}$	$_{16}S^{-2}$	$_{9}F^{-}$	$_{17}Cl^{-1}$	$_{38}Sr^{+2}$	$_{24}Ca^{+3}$

A distribuição eletrônica $1s^2\ 2s^2\ 2p^6\ 3s^2\ 3p^6$ (segundo o diagrama de Linus Pauling) pode corresponder, apenas, à distribuição eletrônica das espécies:

a) I, II III e VI
b) II, III, IV e V
c) III, IV e V
d) I, II e IV
e) I, V e VI

Questão 22

(EsPCEx) Considere as seguintes afirmações:

I) O último nível de energia de um átomo, cujo número quântico é igual a 4, pode ter, no máximo, 32 elétrons.
II) No estado fundamental, o átomo de fósforo possui três elétrons desemparelhados.
III) O átomo de nitrogênio é mais eletronegativo que o átomo de flúor.
IV) A primeira energia de ionização do átomo de nitrogênio é menor que a primeira energia de ionização do átomo de fósforo.
V) A configuração eletrônica $1s^2\ 2s^1\ 2p_x^1\ 2p_y^1\ 2p_z^1$, representa um estado ativado (ou excitado) do átomo de carbono.

Das afirmações feitas. Estão corretas:

a) Apenas I, II, IV, V
b) Apenas III, IV, V
c) Apenas I, II, V
d) Apenas IV, V
e) todas

Questão 23

(INSTITUTO MILITAR DE ENGENHARIA) A soma dos números de nêutrons de três átomos J, L e M é 88, enquanto a soma dos números de prótons é 79. Sabe-se ainda que L tem 30 nêutrons, J e L são isótopos, L e M são isóbaros e J e M são isótonos. Calcule o número atômico e o número de massa de cada um deles.

Questão 24

(INSTITUTO MILITAR DE ENGENHARIA) Sejam os elementos $_{63}a^{150}$, B e C, de números atômicos consecutivos e crescentes na ordem dada. Sabendo-se que A e B são isóbaros e que B e C são isótonos, determine:

a) o número de massa do elemento C;
b) os números quânticos dos elétrons desemparelhados da camada mais externa do elemento C.

Questão 25

(MESTRE JOÃO ROBERTO DA PACIÊNCIA NABUCO) Quais das seguintes configurações eletrônicas são válidas para átomos no estado fundamental, no estado excitado e aquelas que são impossíveis?

a) $1s^1 2s^1$
b) $1s^2 2s^2 2p^3$

c) $[Ne]3s^2 3p^3 4s^1$
d) $[Ne]3s^2 3p^6 4s^2 3d^2$
e) $[Ne]3s^2 3p^6 4f^4$
f) $1s^2 2s^2 2p^4$
g) $[Ne]3s^2 3p^8$

Questão 26

(GRILLO) Faça a distribuição eletrônica do Ti^{+4} e dê os quatro números quânticos do subnível mais energético.

Questão 27

(INSTITUTO TECNOLÓGICO DA AERONÁUTICA) Considere as seguintes afirmações:
I) O nível de energia de um átomo, cujo número quântico principal é igual a 4, pode ter, no máximo 32 elétrons.
II) A configuração eletrônica $1s^2 2s^2 2p_x^2 2p_y^2$ representa um estado excitado do átomo de oxigênio.
III) O estado fundamental do átomo de fósforo contém três elétrons desemparelhados.
IV) O átomo de nitrogênio apresenta o primeiro potencial de ionização menor que o átomo de flúor.
V) A energia necessária para excitar um elétron do estado fundamental do átomo de hidrogênio para o orbital 3s é igual àquela necessária para excitar este mesmo elétron para o orbital 3d. Das afirmações feitas, estão CORRETAS:
a) apenas I, II e III
b) apenas I, II e V
c) apenas III e IV
d) apenas III, IV e V
e) todas

Questão 28

(MESTRE JOÃO ROBERTO DA PACIÊNCIA NABUCO) Por que Thomson concluiu que o átomo, tendo elétrons, devia também ter um componente positivamente carregado?

Questão 29

(MESTRE JOÃO ROBERTO DA PACIÊNCIA NABUCO) Considere o texto: "Numa ampola de Crookes (antepassada da moderna lâmpada fluorescente), gases rarefeitos conduzem a eletricidade. Qualquer que seja o gás dentro do tubo, a luz é devida a um fluxo de elétrons, que migram do catodo para o polo positivo da lâmpada". Com base nesse texto:
a) Explique por que essa experiência mostra que o modelo de Dalton é falho.
b) Explique como a experiência mostra que o elétron é um constituinte universal da matéria.

Questão 30

(INSTITUTO MILITAR DE ENGENHARIA) Examine os átomos: ${}^{102}_{45}X_a$; ${}^{103}_{46}X_b$; ${}^{106}_{45}X_c$; ${}^{104}_{47}Y_a$; ${}^{107}_{44}Y_b$; ${}^{106}_{46}Y_c$. Identifique, colocando na folha de respostas, os isótopos, os isóbaros e os isótonos.

Questão 31

Determine os quatro números quânticos da camada mais externa de um elemento químico que apresenta número atômico igual a 20.

Questão 32

Com relação a estrutura extranuclear, assinale a alternativa incorreta:
a) O orbital 4d é preenchido após o preenchimento do orbital 5s;
b) A elipse formada pela trajetória dos orbitais f é mais achatada do que a formada pelos orbitais d;
c) O pareamento de elétrons somente ocorre depois que todos os orbitais idênticos de um número quântico tiverem um elétron.
d) Os futuros subníveis terão por simbologia h^{18}, g^{22}, etc.
e) Teoricamente, o nível energético O pode comportar 50 elétrons.

Questão 33

(INSTITUTO MILITAR DE ENGENHARIA) Determine a configuração eletrônica no estado fundamental do elemento com número atômico Z = 79. Determine o período e o grupo da tabela periódica a que pertence o elemento.

Questão 34

(INSTITUTO MILITAR DE ENGENHARIA) Sabendo-se que ${}_{22}Ti^{48}$ e ${}_{23}V^{51}$ e são, respectivamente, isóbaro e isótono de um nuclídeo **X**, determine para o íon hipotético $\mathbf{X}^{-1}$:

a) a configuração eletrônica;
b) a camada de valência;
c) todos os números quânticos do elétron mais energético.

Questão 35

Os elétrons localizados num mesmo orbital possuem em comum somente os seguintes números quânticos:

a) principal e secundário
b) principal e magnético
c) principal, secundário e do spin
d) principal, secundário e magnético
e) principal, magnético e do spin

Questão 36

Assinale a alternativa apresentada no quadro abaixo, a que representa o arranjo dos números quânticos impossíveis?

	N	l	m	spin
a)	3	2	-2	+ ½
b)	4	0	0	+ ½
c)	3	2	-3	+ ½
d)	5	3	0	- ½
e)	1	0	0	- ½

Questão 37

(UNIVERSIDADE FEDERAL RURAL DO RIO DE JANEIRO) O carbono apresenta diferentes formas cristalinas alotrópicas. O diamante, de ocorrência natural rara, tem a mesma estrutura cristalina do silício e do germânio, os quais podem ser empregados na fabricação de dispositivos semicondutores. Recentemente, foi descoberto como produzir diamante com pureza suficiente para, também, ser utilizado na fabricação de semicondutores.

a) Identifique, entre os três elementos químicos mencionados, aquele que pertence ao terceiro período da tabela periódica. Escreva seu símbolo e o número total de elétrons do seu nível energético.

b) Também existem substâncias compostas com propriedades semicondutoras, como, por exemplo, SiC. Identifique o caráter da ligação química presente nesta substância justificando a sua resposta com base nos valores de eletronegatividade.

Questão 38

(UNIVERSIDADE FEDERAL DO RIO DE JANEIRO) Observe o esboço da tabela periódica:

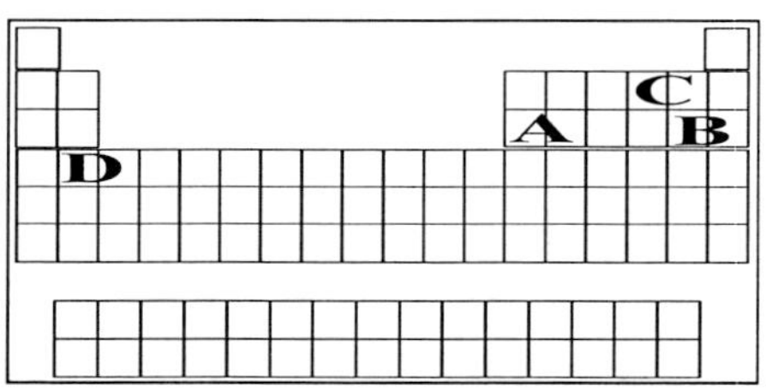

Item a) Qual a fórmula molecular da substância resultante da ligação de A com C?
Item b) Identifique o tipo de ligação química presente na molécula D e B. Justifique sua resposta.

Questão 39

(UNIVERSIDADE FEDERAL DO RIO DE JANEIRO) O elemento cloro apresenta dois isótopos mais abundantes na natureza, um com 18 nêutrons e o outro com 20 nêutrons.
a) Determine os números de massa desses dois isótopos do cloro.
b) Selecione, na tabela periódica, o metal mais eletronegativo que pertence ao mesmo período que o cloro. Escreva a fórmula química e o nome do composto formado pelo cloro e por esse metal.

Questão 40

(MESTRE JOÃO ROBERTO DA PACIÊNCIA NABUCO) Determine os valores dos quatro números quânticos do último elétron do chumbo (Z = 82).

Questão 41

Átomos do elemento químico estrôncio, que possuem 35 nêutrons, estão no quinto período da tabela periódica, na família dos metais alcalinos terrosos. Em relação a seus íons, é incorreto afirmar que:
a) têm Z = 38
b) têm 36 elétrons e A = 73
c) têm 38 elétrons e A = 73
d) são cátions bivalentes
e) têm 38 prótons

Questão 42

(EsPCEx)
I – Dois átomos de elementos químicos diferentes, com o mesmo número de elétrons, são chamados de _______________.
II – Dois átomos que possuem o mesmo número de _____________ pertencem ao mesmo elemento químico.
III – Dois átomos com iguais número de massa são _______________.

A sequência de palavras que, na ordem, completa corretamente as frases acima é:

a) alótropos, prótons, isóbaros
b) isomorfos, elétrons, isótopos
c) isoeletrônicos, prótons, isóbaros
d) isoeletrônicos, nêutrons, isóbaros
e) alótropos, prótons, isótopos

Questão 43

(EsPCEx) Considerando a distribuição eletrônica do átomo de bismuto ($_{83}Bi$) no seu estado fundamental, conforme o diagrama de Linus Pauling, pode-se afirmar que seu subnível mais energético e o período em que se encontra na tabela periódica são, respectivamente:
a) $5d^5$ e 5º período
b) $5d^9$ e 6º período
c) $6s^2$ e 6º período
d) $6p^5$ e 5º período
e) $6p^3$ e 6º período

Questão 44

(EsPCEx) A elaboração de representações científicas é muito importante para organizar observações e conclusões resultantes do trabalho de pesquisa dos cientistas. Na química, um dos mais emblemáticos exemplos dessa prática são os modelos atômicos. Cada um reúne a contribuição de diversos estudiosos, apesar de geralmente ser atribuído a apenas um deles. Nas alternativas abaixo, são apresentados alguns dos modelos atômicos (por meio da referência nominal aos seus respectivos elaboradores) e os nomes de alguns cientistas cujos trabalhos, citados entre parênteses, contribuíram para a elaboração de alguns desses modelos. Podemos afirmar que a relação entre o modelo atômico e o estudioso cujo trabalho contribuiu para a construção do respectivo modelo está corretamente apresentada na alternativa:

a) Modelo de Dalton – Plucker (comprovação da existência dos raios catódicos)
b) Modelo de Thomson – Becquerel (observação do fenômeno da radioatividade)
c) Modelo de Rutherford – Heisenberg (Princípio da Incerteza)
d) Modelo de Bohr – Planck (propôs o conceito de quantização da energia)
e) Modelo de Sommerfeld – Chadwick (descoberta da partícula nêutron)

Exercícios de Fixação – Gabarito

Questão 01

(EsPCEx) Alternativa B.

Questão 02

(EsPCEx) Alternativa D.

Questão 03

(EsPCEx) Alternativa D.

Para a referida questão será necessário primeiramente realizar a distribuição eletrônica por subníveis.

Distribuição eletrônica por subníveis: $1s^2\ 2s^2\ 2p^6\ 3s^2\ 3p^6\ 4s^2\ 3d^1$

Determinação dos números quânticos: n (principal) = 3; l (secundário) = 2 e m (magnético) = -2.

Questão 04

(EsPCEx) Alternativa C.

Distribuição eletrônica por subníveis: $1s^2\ 2s^2\ 2p^6\ 3s^2\ 3p^6\ 4s^2\ 3d^{10}\ 4p^6\ 5s^2\ 4d^3$

Número atômico = 2 + 2 + 6 + 2 + 6 + 2 + 10 + 6 + 2 + 3 = 41.

Logo, o número de nêutrons (n^0) é igual a: $n^0 = 86 - 41 = 45$.

Questão 05

(EsPCEx) Alternativa A.

Distribuição eletrônica por subníveis: $1s^2\ 2s^2\ 2p^6\ 3s^2\ 3p^6\ 4s^2\ 3d^6$

Camada mais externa: $4s^2$

Para o subnível s, o número quântico magnético é igual a zero (0).

Questão 06

(EsPCEx) Alternativa D.

Questão 07

(EsPCEx) Alternativa D.

Questão 08

(EsPCEx) Alternativa C.

a) L para M = processo de absorção
b) O para N = processo de emissão
c) P para K = processo de emissão
d) Q para P = processo de emissão
e) M para K = processo de emissão

Questão 09

(EsPCEx) Alternativa C.

Questão 10

(EsPCEx) Alternativa E.

Questão 11

(EsPCEx) Alternativa D.

Questão 12

(EsPCEx) Alternativa A.
Item I) Verdadeiro, pois o íon N^{-3} apresenta três elétrons a mais que o $_7N$, apresentando a seguinte distribuição eletrônica por subníveis: $1s^2\ 2s^2\ 2p^6$.
Item II) Verdadeiro.
Item III) Falso, pois o número de nêutrons será n° = A – Z = 39 – 19 = 20.
Item IV) Falso, pois os cátions diferem somente em relação ao número de elétrons.

Questão 13

(EsPCEx) Alternativa E.
Para o elemento simples presente na reação química, o número de oxidação é igual a zero.
$PbO_2 \rightarrow x - 2\ .(2) = 0 \rightarrow x = +4$
$PbSO_4 \rightarrow$ Sendo o sulfato apresentando número de oxidação igual a -2, o número de oxidação do chumbo será igual a +2.

Questão 14

(EsPCEx) Alternativa D.

Questão 15

(EsPCEx) Alternativa E.

Questão 16

(EsPCEx) Alternativa D.
Item I) Falso. Dalton considerava um modelo de esferas que eram indivisíveis e maciças.
Item II) Verdadeiro.
Item III) Falso. Todas essas afirmativas foram realizadas por Bohr.

Questão 17

(EsPCEx) Alternativa E. Para um átomo bivalente (excesso de duas cargas positivas em relação ao número de elétrons), $_{36e\text{-}}X^{+2}$, em que ficou com 36 elétrons, o número atômico será: Z = 36 + 2 = 38.

Questão 18

(EsPCEx) Alternativa E. Elementos químicos isoeletrônicos são elementos químicos que apresentam o mesmo número de elétrons. Analisando cada alternativa, temos:
a) $_{20}Ca$ = 20 – 2 = 18 elétrons e $_{34}Se$ = 34 + 2 = 36 elétrons.
b) $_{38}Sr$ = 38 – 2 = 36 elétrons e $_8$º = 8 + 2 = 10 elétrons.
c) $_{38}Sr$ = 38 – 2 = 36 elétrons e $_{16}S$ = 16 + 2 = 18 elétrons.
d) $_{20}Ca$ = 20 – 2 = 18 elétrons e $_8$º = 8 + 2 = 10 elétrons.
e) $_{20}Ca$ = 20 – 2 = 18 elétrons e $_{16}S$ = 16 + 2 = 18 elétrons.

Questão 19

(EsPCEx) Alternativa C.

Questão 20

(EsPCEx) Alternativa B.

Questão 21

(EsPCEx) Alternativa D.

Questão 22

(EsPCEx) Alternativa C.
Item I) Verdadeiro.
Item II) Verdadeiro.
Item III) Falso.
Item IV) Falso
Item V) Verdadeiro.

Questão 23

(INSTITUTO MILITAR DE ENGENHARIA) Considere os seguintes átomos apresentados a seguir: $J_{Z_J}^{A_J}\ L_{Z_L}^{A_L}\ M_{Z_M}^{A_M}$

Soma do número de nêutrons: 88 = $N_J + N_L + N_M$ □ Como N_1 = 30 e como os elementos J e M são isótonos: $N_J = N_M$, temos:

$$88 = N_J + 30 + N_J \Rightarrow N_J = \frac{58}{2} \Rightarrow N_J = 29\ (N_M = 29)$$

Soma do nº de prótons: $Z_J + Z_L + Z_M = 79$

Como J e L são isótopos: $Z_J = Z_L$, teremos: $Z_L + Z_L + Z_M = 79$ (Equação 1)

$Z_M = A_M - N_M = A_M - 29$ (Equação 2)

$Z_L = A_L - N_L = A_L - 30$ (Equação 3)

Substituindo (2) e (3) em (1): $79 = A_L - 30 + A_L - 30 + A_M - 29$

Como os elementos L e M são isóbaros $A_L = A_M$, temos: $79 = A_L - 30 + A_L - 30 + A_L - 29 \rightarrow$ $\mathbf{A_L = 56} \rightarrow \mathbf{A_M = 56}$

$Z_M = A_M - N_M \rightarrow Z_M = 56 - 29 = 27 \rightarrow \mathbf{Z_M = 27}$

$Z_L = A_L - N_L \rightarrow Z_L = 56 - 30 = 26 \rightarrow \mathbf{Z_L = 26}$

$A_J = Z_J - N_J \rightarrow A_J = 26 + 29 = 55 \rightarrow \mathbf{A_J = 55}$

Logo o número de massa e o número atômico de cada um deles são iguais a: $_{26}J^{55}$; $_{26}L^{56}$ e $_{27}M^{56}$.

Questão 24

(INSTITUTO MILITAR DE ENGENHARIA) Sendo A e B isóbaros, ou seja, apresentam o mesmo número de massa e B e C são isótonos, que apresentam o mesmo número de nêutrons, os elementos químicos estarão dispostos da seguinte forma: $_{63}a^{150}$ $_{64}B^{150}$ $_{65}C^{151}$

Item a) Para o cálculo do número de massa do elemento químico C, será necessário primeiramente calcular o número de nêutrons do elemento B.

Cálculo do número de nêutrons do elemento B: $n_B = 150 - 64 = 86$. Com isso, o número de massa do elemento C (A_C), será:

$A_C = Z + n° = 65 + 85 = 151$.

Item b) Para a determinação dos números quânticos da camada mais externa, será necessário realizar a distribuição eletrônica por subníveis:

$_{65}C \rightarrow 1s^2\ 2s^2\ 2p^6\ 3s^2\ 3p^6\ 4s^2\ 3d^{10}\ 4p^6\ 5s^2\ 4d^{10}\ 5s^6\ 6s^2\ 4f^9$. A camada mais externa refere-se ao $6s^2$. Os números quânticos são os seguintes: n = 6; l = 0; m = 0 e spin = + ½.

Questão 25

(MESTRE JOÃO ROBERTO DA PACIÊNCIA NABUCO)
a) Excitado
b) Fundamental
c) Excitado

d) Fundamental
e) Excitado
f) Fundamental
g) Impossível

Questão 26

Distribuição eletrônica por subníveis do elemento Titânio no seu estado fundamental: $_{22}Ti \rightarrow 1s^2\ 2s^2\ 2p^6\ 3s^2\ 3p^6\ 4s^2\ 3d^2$

Distribuição eletrônica do Ti^{+4}: $_{22}Ti^{+4} \rightarrow 1s^2\ 2s^2\ 2p^6\ 3s^2\ 3p^6$

Números quânticos do subnível mais energético para o cátion tetravalente do titânio: $3p^6$ (n = 3; s = 1; m = +1 e spin = +1/2).

Questão 27

(INSTITUTO TECNOLÓGICO DA AERONÁUTICA) Alternativa E.

Questão 28

(MESTRE JOÃO ROBERTO DA PACIÊNCIA NABUCO) Porque, sendo a matéria formada por átomos e sendo eletricamente neutra, era forçoso que houvesse equilíbrio elétrico em cada átomo.

Questão 29

(MESTRE JOÃO ROBERTO DA PACIÊNCIA NABUCO)

Item a) Porque mostra que o átomo é formado, pelo menos, por duas partes, uma carga sendo positiva e outra sendo negativa

Item b) Porque os raios catódicos formavam-se com qualquer gás dentro do tubo.

Questão 30

(INSTITUTO MILITAR DE ENGENHARIA) Isóbaros são átomos que apresentam o mesmo número de massa. Os átomos que apresentam esta característica são: X_c e Y_c.

Isótopos são átomos que apresentam o mesmo número atômico. Os átomos que apresentam esta característica são: X_a e X_c.

Isótonos são átomos que apresentam o mesmo número de nêutrons. Cálculo do número de nêutrons para cada átomo:

$n(X_a) = A - Z = 102 - 45 = \mathbf{57}$
$n(X_b) = A - Z = 103 - 46 = \mathbf{57}$
$n(X_C) = A - Z = 106 - 45 = 61$
$n(Y_a) = A - Z = 104 - 47 = \mathbf{57}$
$n(Y_b) = A - Z = 107 - 44 = 63$
$n(Y_C) = A - Z = 106 - 46 = 60$

Logo, os átomos que apresentam esta característica são: X_a; X_b e Y_a.

Questão 31

Distribuição eletrônica por subníveis do elemento que apresenta número igual a 20 (Z = 20):

$_{20}X \rightarrow 1s^2\ 2s^2\ 2p^6\ 3s^2\ 3p^6\ \mathbf{4s^2}$

Camada mais externa: $4s^2$.

Números quânticos: n = 4. L = 0, m = 0 e spin = + ½.

Questão 32

Alternativa C.

Questão 33

(INSTITUTO MILITAR DE ENGENHARIA) Distribuição eletrônica por subníveis do elemento com número atômico 79:
$_{79}X \rightarrow 1s^2\ 2s^2\ 2p^6\ 3s^2\ 3p^6\ 4s^2\ 3d^{10}\ 4p^6\ 5s^2\ 4d^{10}\ 5p^6\ 6s^2\ 4f^{14}\ 5d^9$ (configuração instável)
$_{79}X \rightarrow 1s^2\ 2s^2\ 2p^6\ 3s^2\ 3p^6\ 4s^2\ 3d^{10}\ 4p^6\ 5s^2\ 4d^{10}\ 5p^6\ 6s1\ 4f^{14}\ 5d^{10}$ (configuração estável)
O elemento encontra-se no sexto período no grupo 11, se tratando do ouro (Au).

Questão 34

(INSTITUTO MILITAR DE ENGENHARIA)

Item a) Cálculo do número de nêutrons do elemento químico Vanádio (V): n = A – Z = 51 – 23 = 28.
Sabendo que o titânio é isóbaro do elemento hipotético X, ou seja Ti e X apresentam o mesmo número de massa, logo o elemento X apresenta a seguinte estrutura eletrônica: 48 = Z + 28
Z = 20
$_{20}X^{48}$

Item b) Para um número atômico igual a 20, este elemento X refere-se ao átomo de cálcio (Ca).
Distribuição eletrônica por níveis do elemento X: $_{20}X \rightarrow 2\ )\ 8\ )\ 8\ )\ 2$
Distribuição eletrônica para o elemento $_{20}X^{-1}$: 2) 8) 8) 2) 1
Número de elétrons na camada de valência: 1 elétron.
$_{20X}^{-1} \rightarrow 1s^2\ 2s^2\ 2p^6\ 3s^2\ 3p^6\ \mathbf{4s^2}\ 3d^1$
Camada de valência: n = 4.
Item c) Distribuição eletrônica por subníveis do $_{20X}^{-1}$: $_{20X}^{-1} \rightarrow 1s^2\ 2s^2\ 2p^6\ 3s^2\ 3p^6\ 4s^2\ \mathbf{3d^1}$
Subnível mais energético: $3d^1$ Números quânticos: n = 3, l = 2, m = -2 e spin = - ½.

Questão 35

Alternativa D.

Questão 36

Alternativa C. Para l = 2, m(máximo) = +2.

Questão 37

(UNIVERSIDADE FEDERAL RURAL DO RIO DE JANEIRO)
Item a) Os três elementos químicos mencionados no item a) são os seguintes: Carbono I, Silício (Si) e Germânio (Ge). O químico que pertence ao terceiro período da tabela periódica é o Silício (Si).
- Distribuição eletrônica por nível do silício: $_{14}Si$ = 2) 8) **4**.
- Número de elétrons no nível mais energético: 4 (quatro elétrons).
Item b) Através da tabela periódica, tem as seguintes informações:
- Eletronegatividade do elemento Silício = 1,8
- Eletronegatividade do elemento Carbono = 2,5
- Cálculo da variação de eletronegatividade: ΔE = 2,5 – 1,8 = 0,7. Fara uma variação de eletronegatividade menor que 1,7 (ΔE < 1,7), trata-se de uma ligação química do tipo covalente.

Questão 38

(UNIVERSIDADE FEDERAL DO RIO DE JANEIRO)
Item a)
Elemento químico A (Z = 13; metal) = alumínio (Al)
Elemento químico C (Z = 8; ametal) = Oxigênio (O)
Fórmula química: A^{+3} e C^{-2} = A_2C_3 (Al_2O_3).
Item b)
Elemento químico B (Z = 17; ametal) = Cloro
Elemento químico D (Z = 20; metal) = Cálcio

Determinação da fórmula molecular: Metal + ametal = ligação química do tipo iônica, pelo fato da variação de eletronegatividade ser maior que 1,7 ($\Delta E > 1,7$).
Íons: D^{+2} e B^{-1}.
Fórmula química: DB_2 ($CaCl_2$, cloreto de cálcio).

Questão 39

(UNIVERSIDADE FEDERAL DO RIO DE JANEIRO)
Item a) ^{35}Cl e ^{37}Cl.
Sabendo que o número atômico do elemento cloro é igual a 17. Então:
Cl_{17} → Para um número de nêutrons igual a 18, o número de massa será: $A = p^+ + n° = 17 + 18 = 35$.
Cl_{17}→ Para um número de nêutrons igual a 20, o número de massa será: $A = p^+ + n° = 17 + 20 = 37$.

Item b) O elemento metálico mais eletronegativo que pertence ao mesmo período que o cloro, trata-se do alumínio (Al).
Determinação da fórmula molecular: Al^{+3} e Cl^- → $AlCl_3$.

Questão 40

(MESTRE JOÃO ROBERTO DA PACIÊNCIA NABUCO) Distribuição eletrônica átomo de chumbo – Pb: $1s^2\ 2s^2\ 2p^6\ 3s^2\ 3p^6\ 4s^2\ 3d^{10}\ 4p^6\ 5s^2\ 4d^{10}\ 5p^6\ 6s^2\ 4f^{14}\ 5d^{10}\ \mathbf{6s^2}$
Os quatro números quânticos para o último elétron do chumbo – $6s^2$: n = 6; l = 0; m = 0 e spin = + ½.

Questão 41

Alternativa C.
Átomo de estrôncio: $^{a}_{38}Sr^{+2}$
Número de massa = 38 + 35 = 73; Número atômico = 38; Número de prótons = 38; Número de elétrons = 38 – 2 = 36.

Questão 42

(EsPCEx) Alternativa C.
I) isoeletrônicos; II) prótons; III) isóbaros.

Questão 43

(EsPCEx) Alternativa E.
Distribuição eletrônica por subníveis: $_{83}Bi = 1s^2\ 2s^2\ 2p^6\ 3s^2\ 3p^6\ 4s^2\ 3d^{10}\ 4p^6\ 5s^2\ 4d^{10}\ 5p^6\ 6s^2\ 4f^{14}\ 5d^{10}\ 6p^3$
Para a determinação do subnível mais energético, é necessário somar o número quântico principal com o número quântico secundário (n + l).
$5d^{10}$ → 5 + 2 = 7
$6p^3$ → 6 + 1 = 7

Questão 44

(EsPCEx) Alternativa D.
Bohr-Planck = A ideia de Bohr foi estudar e "tentar" quantizar a ideia de Planck e de Albert Einstein, relacionada ao modelo experimental de Rutherford.

CAPÍTULO 03. ESTUDO DA TABELA PERIÓDICA

Exemplos Aplicativos

Exemplo aplicativo I

(MESTRE JOÃO ROBERTO DA PACIÊNCIA NABUCO) Por que todas as tabelas modernas têm apenas sete períodos?

Resolução: Porque, para os elementos conhecidos, só são necessários sete níveis para abrigar todos os seus elétrons. Como o período é determinado pelo número de níveis, haverá sete períodos enquanto trabalharmos com sete níveis.

Exemplo aplicativo II

(MESTRE JOÃO ROBERTO DA PACIÊNCIA NABUCO) A discussão sobre a posição do hidrogênio é relativa ao período ou ao grupo que ele deve ocupar?

Resolução:

A discussão é relativa exclusivamente ao grupo. Sobre o período não há discussão, visto que, por apresentar apenas um elétron, ele tem apenas o nível eletrônico K ($1s^1$), localizado no primeiro período. Quanto ao grupo, ocorre que o hidrogênio apresenta propriedades semelhantes à alcalinos (grupo 1) e halogênios (grupo 17), daí a polêmica.

Exemplo aplicativo III

(MESTRE JOÃO ROBERTO DA PACIÊNCIA NABUCO) Por que os elementos de maior potencial de ionização têm, em geral, as mais altas eletronegatividades?

Resolução:

Pelo fato de o alto potencial de ionização ser um forte indicativo de que é necessário alta quantidade de energia para se retirar um elétron. Diante disso, este elemento tende a não perder elétrons e sim a compartilhar, tornando um íon negativo, apresentando alta eletronegatividade.

Exemplo aplicativo IV

(MESTRE JOÃO ROBERTO DA PACIÊNCIA NABUCO) Quem é maior, o cátion ou o átomo correspondente? Por quê?

Resolução:

O cátion apresenta menor raio atômico, uma vez que há perda de elétrons. Portanto, a atração do núcleo será maior, tornando seu raio atômico menor.

Exemplo aplicativo V

(MESTRE JOÃO ROBERTO DA PACIÊNCIA NABUCO) Por que o flúor tem maior eletronegatividade que o oxigênio, se ambos apresentam o mesmo número de níveis?

Resolução:

Pelo fato do Flúor (F) apresentar sete elétrons no último nível e o átomo de oxigênio apresentar seis. A eletronegatividade é diretamente proporcional ao número de elétrons do último nível.

Exemplo aplicativo VI

(MESTRE JOÃO ROBERTO DA PACIÊNCIA NABUCO) Por que o segundo potencial de ionização é maior que o primeiro?

Resolução:

Porque os elétrons restantes sofrem agora maior atração do núcleo, tornando mais difícil sua retirada, ou seja, exigindo maior quantidade de energia.

Exemplo aplicativo VII

(MESTRE JOÃO ROBERTO DA PACIÊNCIA NABUCO) Qual é a relação entre a propriedade periódica do raio atômico com o potencial de ionização ou também conhecido como energia de ionização?

Resolução:

A relação é que quanto maior o raio atômico, mais afastados do núcleo estão os elétrons mais externos e, portanto, menor a atração. Logo, a energia necessária para arrancarmos esses elétrons não precisa ser muito alta, o que significa dizer que o potencial de ionização (energia de ionização) é baixo.

Exemplo aplicativo VIII

(MESTRE JOÃO ROBERTO DA PACIÊNCIA NABUCO) Quais são as propriedades periódicas que nos permitem saber que um ametal tende a receber elétrons?

Resolução:

Os altos potenciais de ionização, pois são indicativos das altas quantidades de energia que devem ser usadas para se retirar elétrons. As altas afinidades eletrônicas, pelo fato da grande quantidade de energia liberada quando recebe elétrons e, finalmente a altas eletronegatividades.

Exercícios de Fixação

Questão 01

(EsPCEx) Um átomo que contém 2 elétrons no subnível 4f representa elemento químico do:
a) grupo 4 do 2ºperíodo.
b) grupo 4B do 4º período.
c) grupo 2B do 4º período.
d) grupo 3B do 6º período.

Questão 02

(EsPCEx) Na tabela periódica, a série dos lantanídeos se localiza no:
a) grupo 2B de 6º período
b) grupo 2B do 7º período
c) grupo 1B do 7º período
d) grupo 4B do 7º período
e) grupo 3B do 6º período

Questão 03

(EsPCEx) O átomo representativo do elemento de número atômico 28 tem a seguinte quantidade de elétrons na camada de valência:
a) 2
b) 8
c) 16
d) 18
e) 20

Questão 04

(EsPCEx) As afirmações abaixo dizem respeito à classificação periódica:
I – Em um mesmo período, os elementos apresentam o mesmo número de níveis.
II – Os elementos do grupo 2ª terminam em s^2.
III – Quando o subnível mais energético é do tipo s ou p, o elemento é de transição.
IV – Em uma mesma família, os elementos apresentam o mesmo número de níveis.
São verdadeiras as afirmações.
a) I, II e III
b) I, II
c) II, III
d) II, IV
e) III, IV

Questão 05

(EsPCEx) O átomo X, isótono de ${}^{41}_{19}K$ K e isóbaro de ${}^{40}_{20}Ca$, representa um elemento químico da família dos:
a) alcalinos
b) alcalinos-terrosos
c) calcogêneos
d) halogêneos
e) gases nobres

Questão 06

(EsPCEx) Na classificação periódica dos elementos químicos, considerando-se a ordem crescente dos números atômicos, o quarto elemento sucessor de um alcalino terroso:

a) pode ser um calcogêneo
b) pode ser um halogêneo
c) pode ser um gás nobre
d) é sempre um elemento de transição
e) tem 6 prótons a mais

Questão 07

(EsPCEx) O sódio está situado no grupo I da classificação periódica. Ao ser aquecido a altas temperaturas sofre as transformações a seguir: $Na_{(s)} \xrightarrow{E_I} Na_{(l)} \xrightarrow{E_{II}} Na_{(g)} \xrightarrow{E_{III}} Na^+_{(g)} + e^-$. Pode-se afirmar que:

a) E_I é a energia de liquefação e o processo é químico
b) E_I é a energia de condensação e o processo é físico
c) E_{III} é a energia de ionização e o processo é químico
d) E_{II} é a energia de vaporização e o processo é químico
e) E_{III} é a energia de ionização e o processo é físico

Questão 08

(EsPCEx) Em 1997, a WEA Music Brasil lançou o álbum acústico do grupo Titãs. Uma das faixas desse álbum apresenta a música Família. O texto a seguir reproduz um trecho da música:

"Família, Família.
Papai, mamãe, titia.
Família, família.
Almoça junto todo dia.
Nunca perde essa mania".

Estabelecendo um paralelo com a Química, pode-se dizer que o trecho citado está relacionado com o fato dos elementos:

a) Do mesmo período possuírem o mesmo número de massa
b) Do mesmo grupo apresentarem as mesmas propriedades físicas
c) Do mesmo período apresentarem o mesmo número de elétrons de valência
d) Do mesmo grupo possuírem propriedades químicas semelhantes
e) Do mesmo grupo possuírem o mesmo número de camadas

Questão 09

(EsPCEx) No século XIX, eram conhecidos cerca de 50 elementos químicos. Ao longo do tempo muitos outros elementos foram sendo descobertos e os cientistas sentiram necessidade de elaborar uma classificação que facilitasse seu estudo. Foram realizadas várias tentativas para se classificar os elementos.

I) Berzelius dividiu os elementos em metais e não metais.
II) Mendeleev organizou os elementos dispondo-os em linhas em ordem crescente de massa atômica.
III) Henry Moseley determinou a carga do núcleo, tornando possível estabelecer o conceito de número atômico e, então, se pôde elaborar a atual Tabela Periódica dos Elementos. Das afirmativas acima, é correto afirmar que:

a) I é verdadeira e II é falsa
b) II é verdadeira e III é falsa
c) I, II e III são verdadeiras
d) I, II e III são falsas
e) I e III são verdadeiras e II é falsa.

Questão 10

(EsPCEx) Analise as afirmações I, II e III referentes aos metais, cujas posições na tabela Periódica estão representadas no esquema abaixo:

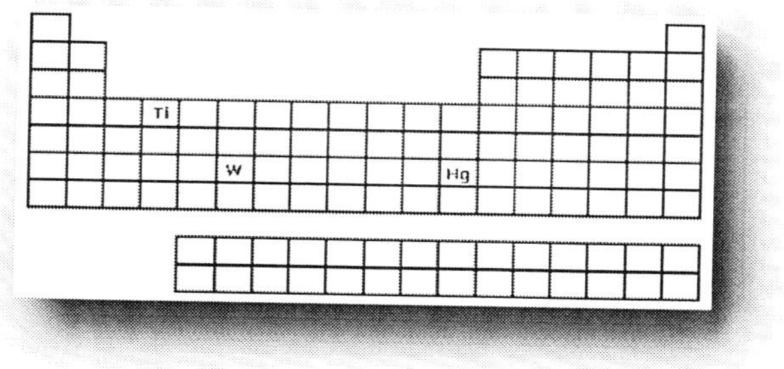

I) É frequentemente usado em lâmpadas incandescentes, tem elevado ponto de fusão e número atômico igual a 74;
II) É líquido nas condições ambientes (25°C e 1 atm) e utilizado em barômetros, em lâmpadas especiais e em odontologia;
III) Possui número atômico 22 e está na família 4 da Tabela Periódica. Algumas de suas utilizações podem ser assim exemplificadas: aplicação de próteses em joelhos e quadris; colocação de pinos para fixação entre a mandíbula e a prótese dentária. Os metais descritos em I, II e III são respectivamente:
a) Tungstênio, mercúrio e titânio
b) Titânio, mercúrio e tungstênio
c) Tungstênio, titânio e mercúrio
d) Mercúrio, tungstênio e titânio
e) Titânio, tungstênio e mercúrio

Questão 11

(EsPCEx) Considere as seguintes afirmações:
I) o último nível de energia de um átomo, cujo número quântico principal é igual a 4, pode ter, no máximo, 32 elétrons;
II) no estado fundamental, o átomo de fósforo possui três elétrons desemparelhados;
III) o átomo de nitrogênio é mais eletronegativo que o átomo de flúor;
IV) a primeira energia de ionização do átomo de nitrogênio é menor que a primeira energia de ionização do átomo de fósforo.
V) A configuração eletrônica $1s^2\ 2s^1\ 2p^1_x\ 2p^1_y\ 2p^1_z$, representa um estado ativado (ou excitado) do átomo de carbono.

Elemento Químico	C	F	P	N
Número Atômico	Z = 6	Z = 9	Z = 15	Z = 7

Das afirmações feitas, estão corretas:
a) Apenas I, II, IV e V
b) Apenas III, IV e V
c) Apenas I, II e V
d) Apenas IV e V
e) Todas

Questão 12

(EsPCEx) Observe o esquema da Tabela Periódica (suprimidas a série dos Lantanídeos e a série dos actinídeos), no qual estão destacados os elementos químicos.

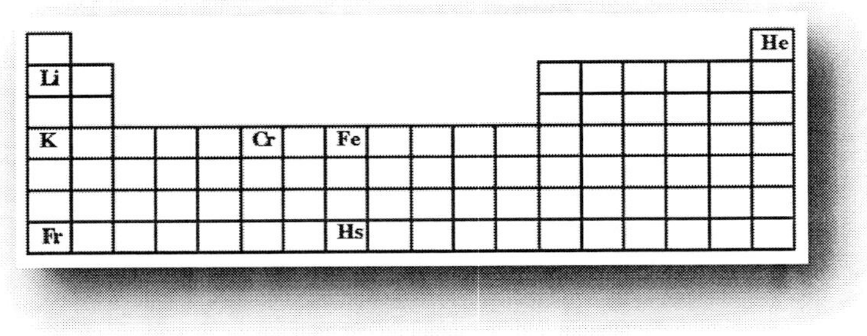

Sobre tais elementos químicos, assinale a alternativa correta.

a) He (hélio) é um calcogênio

b) Cr (Crômio pertence à família 6 ou VIB e ao 4° período

c) O raio atômico do Fr (Frâncio) é menor que o raio atômico do Hs (hássio)

d) Fe (ferro) e Hs (hássio) pertencem ao mesmo período e a mesma família

e) Li (lítio), K (potássio) e Fr (frâncio) apresentam o seu elétron mais energético situado no subnível p

Questão 13

(EsPCEx) Considerando a classificação periódica dos elementos químicos, analise as seguintes afirmativas:

I) Neônio é um gás nobre, muito usado na iluminação para propaganda, e tem número atômico 18.

II) O cátion $_{19}K$ (potássio), usado na fabricação de pólvora, apresenta na camada de valência a seguinte distribuição eletrônica: $3s^2\ 3p^6$.

III) Se o subnível mais energético de um elemento no estado fundamental for $5p^4$, seu número atômico e posição na tabela são, respectivamente, 56 e 6ª / quinto período. Pode-se afirmar que está(ão) correta(s) a(s) afirmativa(s):

a) I e II

b) II e III

c) I e III

d) II somente

e) III somente

Questão 14

(EsPCEx) São dadas as seguintes afirmativas:

I) Joseph J. Thomson, em seu modelo atômico, descrevia o átomo como uma estrutura na qual a carga positiva permanecia no centro, constituindo o núcleo, enquanto as cargas negativas giravam em torno desse núcleo;

II) Um átomo, no estado fundamental, que possui 20 elétrons na sua eletrosfera, ao perder dois elétrons, gerará um cátion bivalente correspondente, com configuração eletrônica – segundo o diagrama de Linus Pauling – igual a $1s^2\ 2s^2$ 2p6 $3s^2\ 3p^6$;

III) A afinidade eletrônica (eletroafinidade) aumenta conforme o raio atômico diminui. Dessa forma, devido ao seu menor raio atômico, o oxigênio (Z = 8) possui maior afinidade eletrônica do que o enxofre (Z = 16), ambos pertencentes à mesma família da Tabela Periódica;

IV) O raio de um íon negativo (ânion) é sempre menor que o raio do átomo que lhe deu origem. Das afirmações feitas, utilizando os dados acima, estão corretas apenas:

a) I e II

b) I e III

c) II e III

d) I e IV

e) II e IV

Questão 15

(EsPCEx) Os elementos químicos Be, Mg e Sr, de números atômicos 4, 12 e 38, respectivamente, situam-se no grupo 2 da Tabela Periódica dos Elementos Químicos. Supondo-se as seguintes transformações:

$Be_{(g)} + E_1 \rightarrow Be^+_{(g)} + e^-$

$Mg_{(s)} + E_2 \rightarrow Mg^{+}_{(g)} + e^-$
$Sr_{(s)} + E_3 \rightarrow Sr^{+}_{(g)} + e^-$
Sabendo-se que:
E_1 representa o valor da primeira energia de ionização (primeira energia de ionização) do átomo de Be;
E_2 representa o valor da primeira energia de ionização (primeira energia de ionização) do átomo de Mg;
E_3 representa o valor da primeira energia de ionização (primeira energia de ionização) do átomo de Sr.
Pode-se afirmar que, ocorridas as transformações, a relação entre os valores E_1, E_2, E_3 será:
a) $E_1 > E_2 > E_3$
b) $E_3 > E_2 > E_1$
c) $E_3 > E_1 > E_2$
d) $E_2 > E_1 > E_3$
e) $E_2 < E_3 < E_1$

Questão 16

(INSTITUTO MILITAR DE ENGENHARIA) Considerando os elementos químicos Be, B, F, Ca e Cs, classifique-os em ordem crescente de acordo com as propriedades periódicas indicadas:
a) raio atômico;
b) primeira energia de ionização.

Questão 17

(INSTITUTO TECNOLÓGICO DA AERONÁUTICA) Qual das opções abaixo apresenta a comparação errada relativa aos íons?
a) raio do Na^+ < raio do Na
b) raio do Na^+ < raio do F^-
c) raio do Mg^{2+} < raio do O^{2-}
d) raio do F^- < raio do O^{2-}
e) raio do F^- < raio do Mg^{2+}

Questão 18

Os elementos em um período na tabela periódica estão colocados em ordem crescente de seus números atômicos, da esquerda para a direita. A partir desta afirmativa, explique como varia:
a) a energia de ionização;
b) a eletronegatividade;
c) o raio atômico.

Questão 19

(QUÍMICA GERAL E INORGÂNICA – NABUCO – BARROS, RIO DE JANEIRO – EDITORA AO LIVRO TÉCNICO, 1978) Qual dos elementos abaixo possui menor ponto de fusão?
a) Na
b) K
c) Ca
d) Sr
e) Rb

Questão 20

(QUÍMICA GERAL E INORGÂNICA – NABUCO – BARROS, RIO DE JANEIRO – EDITORA AO LIVRO TÉCNICO, 1978) Qual dos elementos abaixo possui a melhor condutividade térmica?
a) Ge
b) Sn
c) Pb
d) Bi

e) Po

Questão 21

(QUÍMICA GERAL E INORGÂNICA – NABUCO – BARROS, RIO DE JANEIRO – EDITORA AO LIVRO TÉCNICO, 1978) Dados os átomos apresentados: Cl, S, P, Al, Mg e Na, o seu arranjo em ordem crescente de caráter metálico será:
a) Cl, S, P, Si, Na, Mg e Al
b) S, Cl, P, Si, Na, Mg e Al
c) Cl, S, P, Si, Al, Mg e Na
d) S, P, Cl, Si, Al, Na e Mg
e) Cl, Si, P, S, Mg, Na e Al

Questão 22

(QUÍMICA GERAL E INORGÂNICA – NABUCO – BARROS, RIO DE JANEIRO – EDITORA AO LIVRO TÉCNICO, 1978) As alternativas abaixo apresentam várias afirmações sobre os elementos situados no primeiro grupo da classificação periódica. Assinale a única falsa:
a) São designados metais alcalinos
b) Seus óxidos reagem com a água formando bases fortes, os hidróxidos alcalinos
c) São bons condutores de eletricidade no estado sólido
d) São mais eletronegativos do que os elementos correspondentes do quarto grupo
e) Cada elemento apresenta um elétron a mais que uma configuração de gás nobre

Questão 23

(QUÍMICA GERAL E INORGÂNICA – NABUCO – BARROS, RIO DE JANEIRO – EDITORA AO LIVRO TÉCNICO, 1978) Sobre os elementos:
I – [Ne] $3s^2$ $3p^5$
II – [Ar] $4s^1$
III – [Ne] $3s^2$ $3p^6$
IV – [He] $2s^2$ $2p^4$
V – [Ar] $4s^2$
São feitas abaixo diversas afirmações. Indique a única alternativa falsa:
a) Dentre os elementos citados, o elemento I é o que apresenta a maior eletroafinidade
b) Dentre os elementos citados, o elemento II é o que apresenta o menor raio atômico
c) Dentre os elementos citados, o elemento III é o único gás nobre
d) Dentre os elementos citados, o elemento IV é o mais eletronegativo
e) Dentre os elementos citados, o elemento V é o único metal alcalino-terroso

Questão 24

Analise a tabela abaixo, com a primeira e segunda energias de ionização do sódio e do magnésio:

	1ª EI ($kJ.mol^{-1}$)	2ª EI ($kJ.mol^{-1}$)
Sódio	491,5	4 526,3
Magnésio	31,6	1 438,6

a) Por que a primeira energia de ionização magnésio é maior do que a primeira energia de ionização do sódio?
b) Por que a segunda energia de ionização sódio é maior do que a segunda energia de ionização do magnésio?

Questão 25

Assinale a alternativa que apresenta a ordem correta de raio atômico.
a) N < Be < B
b) $F^- < O^{2-} < N^{3-}$
c) Na < Li < K

d) $Fe^{3+} < Fe^{3+} < Fe^{4+}$
e) N < O < F

Questão 26

Através da distribuição eletrônica dos átomos dos metais no estado fundamental, assinale a alternativa correta:
a) K, Ca, V, Cr, Mn, Fe, Co e Ni são elementos que apresentam o elétron mais energético em orbitais d e e são por isso conhecidos como metais de transição.
b) Mg e Ca pertencem ao mesmo grupo ou família da Tabela Periódica.
c) A camada de valência de K possui a configuração $3s^2\,3p^6\,3d^1$.
d) Mo e Sn possuem elétrons em subnível f.
e) Todos os elementos citados possuem subníveis preenchidos parcialmente.

Questão 27

(INSTITUTO TECNOLÓGICO DA AERONÁUTICA) Dadas as configurações eletrônicas dos seguintes átomos no seu estado fundamental:
I) $1s^2\,2s^2\,2p^6\,3s^2\,3p^6$
II) $1s^2\,2s^2\,2p^6\,3s^2$
III) $1s^2\,2s^2\,2p^6\,3s^2\,3p^6\,4s^1$
IV) $1s^2\,2s^2\,2p^6\,3s^2\,3p^5$
é errado afirmar que:
a) Dentre os átomos anteriores, o átomo I tem o maior potencia de ionização.
b) A perda de dois elétrons pelo átomo II leva à formação do cátion Mg^{2+}.
c) Dentre os átomos anteriores, o átomo III tem a maior afinidade eletrônica.
d) O ganho de um elétron pelo átomo IV ocorre com a liberação de energia.
e) O átomo IV é o mais eletronegativo.

Questão 28

Qual a alternativa correta quando as substâncias O_2, H_2O, OF_2, and H_2O_2 estão organizadas em ordem crescente do número de oxidação para o átomo de oxigênio?
a) O_2, H_2O, OF_2, H_2O_2
b) H_2O, H_2O_2, O_2, OF_2
c) H_2O_2, O_2, H_2O, OF_2
d) OF_2, O_2, H_2O_2, H_2O

Questão 29

Assinale a alternativa que apresenta de forma correta a distribuição eletrônica de um elemento localizado no grupo 17 (halogênio) que se encontra no terceiro período.
a) 2) 8) 3
b) 2) 8) 8) 7
c) 2) 8) 6
d) 2) 8) 8) 6
e) 2) 8) 7

Questão 30

(GRILLO) Defina:
a) Eletronegatividade
b) Eletropositividade
c) Potencial de ionização
d) Raio atômico
e) Afinidade eletrônica

Questão 31

(INSTITUTO TECNOLÓGICO DA AERONÁUTICA) Na elaboração das primeiras classificações periódicas, um dos critérios mais importantes para agrupar elementos numa mesma coluna foi observar:

a) O último subnível eletrônico ser igualmente ocupado.
b) Mesma(s) valência(s) na combinação com elementos de referência.
c) Mesma estrutura cristalina dos próprios elementos.
d) Número atômico crescente.
e) Número de massa crescente.

Questão 32

(INSTITUTO TECNOLÓGICO DA AERONÁUTICA) Considere as seguintes substâncias: NaCl, $MgCl_2$, $AlCl_3$, $SiCl_4$, PCl_3, SCl_2, Cl_2. A respeito delas são feitas as seguintes afirmações:

I – o caráter covalente das substâncias aumenta da esquerda para a direita;
II – no NaCl e no $MgCl_2$ o diâmetro do cloro é maior do que no $SiCl_4$ e no SCl_2;
III – no princípio, deve-se esperar que as temperaturas de fusão das substâncias diminuam da esquerda para a direita;
IV – no $SiCl_4$ o silício possui quatro orbitais de hibridação sp^3. Dessas afirmações estão erradas:

a) apenas I e III
b) apenas II e IV
c) apenas III
d) apenas II
e) nenhuma das afirmações está errada.

Questão 33

(UNIVERSIDADE FEDERAL FLUMINENSE) Dão-se as configurações eletrônicas dos seguintes átomos neutros:

Elemento	Configuração eletrônica
A	$1s^2\ 2s^2\ 2p^6\ 3s^2$
B	$1s^2\ 2s^2\ 2p^6\ 3s^1$
C	$1s^2\ 2s^2\ 2p^6$
D	$1s^2\ 2s^2\ 2p^5$
E	$1s^2\ 2s^2\ 2p^3$

Identifique nominalmente:

a) os elementos químicos simbolizados de A até E;
b) o de maior raio atômico;
c) o de maior potencial de ionização;
d) o gás nobre.

Questão 34

(UNIVERSIDADE ESTADUAL DO RIO DE JANEIRO) As fotocélulas são dispositivos largamente empregados para acender lâmpadas, abrir portas, tocar campainhas etc. O seu mecanismo baseia-se no chamado "efeito fotoelétrico", que é facilitado quando se usam metais com energia de ionização baixa. Os metais que podem ser empregados para esse fim são: sódio, potássio, rubídio e césio.

a) De acordo com o texto acima, cite o metal mais eficiente para fabricação das fotocélulas, indicando o nome da família a que ele pertence, de acordo com a Tabela de Classificação Periódica.
b) Escreva a fórmula mínima e o nome do composto formado pelo ânion O^{2-} e o cátion potássio.

Questão 35

(UNIVERSIDADE FEDERAL DO RIO DE JANEIRO) As tintas são feitas com base na combinação de pigmentos inorgânicos, materiais formadores de películas e solventes. A mistura de diferentes pigmentos é responsável pela grande mistura de tons e cores existentes. Na composição dos pigmentos, podemos encontrar diversos elementos químicos, tais como Pb, Fe, Al, Si, Hg, Cr e Ba.

Item a) Qual dentre esses elementos, apresenta menor potencial de ionização?

Item b) Quais desses elementos são metais de transição?

Questão 36

(UNIVERSIDADE FEDERAL DO RIO DE JANEIRO) Os elementos químicos que apresentam a última camada eletrônica incompleta podem alcançar uma estrutura mais estável unindo-se uns aos outros.
Item a) De que forma se podem ligar dois átomos que precisam ganhar elétrons?
Item b) Dois elementos situam-se: um no segundo período e subgrupo 4ª (4); e o outro, no terceiro período e subgrupo 7ª (17) da tabela periódica. Qual será a fórmula provável do composto por eles formado?

Questão 37

(UNIVERSIDADE FEDERAL DO RIO DE JANEIRO) Baseado na localização dos elementos da tabela periódica, o químico pode correlacionar os dados referentes aos elementos e predizer logicamente propriedades e reações.
Item a) O elemento que é um metal alcalino-terroso e tem a maior eletronegatividade de seu grupo;
Item b) O elemento que forma composto iônico com os elementos do grupo 1A (I) com fórmula X_2Y e tem o menor raio atômico de seu grupo.

Exercícios de Fixação – Gabarito

Questão 01

(EsPCEx) Alternativa D.
Realizando a distribuição eletrônica do átomo que contém 2 elétrons no subnível 4f, sabendo que a ordem crescente de distribuição por subníveis é dada pela seguinte sequência:
$1s^2\ 2s^2\ 2p^6\ 3s^2\ 3p^6\ 4s^2\ 3d^{10}\ 4p^6\ 5s^2\ 4d^{10}\ 5p^6\ 6s^2\ 4f^{14}\ 5d^{10}\ 6p^6\ 7s^2\ 5f^{14}6d^{10}\ 7p^6$.
Distribuição eletrônica: $1s^2\ 2s^2\ 2p^6\ 3s^2\ 3p^6\ 4s^2\ 3d^{10}\ 4p^6\ 5s^2\ 4d^{10}\ 5p^6\ 6s^2\ 4f^2$
Número atômico: Z = 58. Este elemento químico corresponde ao Cério. Trata-se de um lantanídeo, localizado no grupo 3 (antigo 3B) e no sexto período.

Questão 02

(EsPCEx) Alternativa D.
A série dos lantanídeos se localiza no sexto período e no grupo 3 (antigo 3B).

Questão 03

(EsPCEx) Alternativa A.
O elemento químico de número atômico 28 é o níquel (Ni)>
Distribuição eletrônica por subníveis: $1s^2\ 2s^2\ 2p^6\ 3s^2\ 3p^6\ 4s^2\ 3d^8$.
Na última camada (camada de valência) há 2 elétrons.

Questão 04

(EsPCEx) Alternativa B
I – Verdadeiro, pois os elementos que têm o mesmo nível encontram-se num mesmo período da Tabela Periódica,
II – Verdadeiro;
III – Falso. Tendo os subníveis s ou p como subnível mais energético, o elemento é Representativo. Os de Transição Externa terminam em "d" e os elementos de transição interna terminam no subnível "f" na configuração eletrônica.
IV – Falso, pois os grupos são os grupos (ou colunas). Os níveis aumentam de cima para baixo.

Questão 05

(EsPCEx) Alternativa E.
Sendo o átomo X, isótono de ${}^{41}_{19}K$ (n° = A – Z = 41 – 19 = 22) e isóbaro de ${}^{40}_{20}Ca$, logo o átomo X vai representar número de massa igual a 40 e número de nêutrons igual a 22. Logo, o seu número atômico será igual a: A = Z + n°
n° = A – Z = 40
n° = 22 = 18 (Gás nobre Argônio)

Questão 06

(EsPCEx) Alternativa A.

Questão 07

(EsPCEx) Alternativa E.

Questão 08

(EsPCEx) Alternativa D. Os elementos químicos que estão dispostos no mesmo grupo ou também conhecido como família, apresentam propriedades químicas semelhantes.

Questão 09

(EsPCEx) Alternativa C.

Questão 10

(EsPCEx) Alternativa A.
O elemento W representa o tungstênio (Z = 74)
O elemento Hg representa o mercúrio (Z = 80)
O elemento Ti representa o titânio (Z = 22)

Questão 11

(EsPCEx) Alternativa C.

Questão 12

(EsPCEx) Alternativa B. Cr é o cromo, que se apresenta no quarto período e no grupo seis.

Questão 13

(EsPCEx) Alternativa D.
Item I) Verdadeiro.
Item II) Falso. Distribuição eletrônica por subníveis do átomo de potássio: $1s^2$ $2s^2$ 2p6 $3s^2$ 3p6 $4s^1$. Camada de valência = $4s^1$.
Item III) Verdadeiro. Realizando a distribuição eletrônica por subníveis até o 5p4, o número atômico é igual a 56. Logo, observando a distribuição eletrônica, este elemento pertence à família 6ª (calcogênios) e está no quinto período da tabela periódica.

Questão 14

(EsPCEx) Alternativa C.

Questão 15

(EsPCEx) Alternativa A. Os três elementos pertencem à mesma família, colocados pela seguinte ordem: Berílio (Be), Magnésio (Mg) e Estrôncio (Sr). Nessa ordem, o raio do átomo aumenta, com isso, a energia de ionização diminui, logo, será a menor energia necessária (menor a energia de ionização).

Questão 16

(IME) Os elementos citados estão assim localizados na Tabela Periódica:

Be	2º período	grupo 2 ou IIA
B	2º período	grupo 13 ou IIIA
F	2º período	grupo 17 ou VIIA
Ca	4º período	grupo 2 ou IIA
Cs	6º período	grupo 1 ou IA

a) A ordem crescente do raio atômico é a seguinte: F < B < Be < Ca < Cs.
b) A primeira energia de ionização cresce nos períodos, da esquerda para a direita. No entanto, a primeira energia de ionização do B é menor que a do Be, porque este apresenta o último subnível completo ($2s^2$). Assim, o último elétron do boro é mais facilmente retirável que o último elétron do berílio e a ordem é: Cs < Ca < B < Be < F.

Questão 17

(INSTITUTO TECNOLÓGICO DA AERONÁUTICA) Alternativa E.

Questão 18

Item a) A energia de ionização aumenta da esquerda para a direita, ou seja, do grupo dos metais alcalinos até o grupo dos gases nobres.
Item b) A eletronegatividade aumenta da esquerda para a direita, ou seja, do grupo dos metais alcalinos até o grupo dos halogênios.
Item c) O raio atômico diminui da esquerda para a direita, ou seja, do grupo dos metais alcalinos até o grupo dos halogênios.

Questão 19

(MESTRE JOÃO ROBERTO DA PACIÊNCIA NABUCO) Alternativa E.

Questão 20

(MESTRE JOÃO ROBERTO DA PACIÊNCIA NABUCO) Alternativa C.

Questão 21

(MESTRE JOÃO ROBERTO DA PACIÊNCIA NABUCO) Alternativa C.

Questão 22

(MESTRE JOÃO ROBERTO DA PACIÊNCIA NABUCO) Alternativa D.

Questão 23

(MESTRE JOÃO ROBERTO DA PACIÊNCIA NABUCO) Alternativa B.

Questão 24

Item a) O raio do sódio é maior do que o do magnésio;
Item b) Na^+ é muito estável, porque tem todos os orbitais completos.

Questão 25

Alternativa B.
No período, o raio atômico cresce da direita para a esquerda. Porém F^-, O^{2-} e N^{3-} são isoeletrônicos e a carga nuclear efetiva é dada pela razão Z/e. Assim, tem-se, para F^-, Z/e = 9/10 = 0,90; para O^{2-} = 0,8; e para N^{3-} = 0,7.

Questão 26

Alternativa B.

Questão 27

(ITA) Alternativa C. A afinidade eletrônica cresce normalmente da esquerda para a direita no período.

Questão 28

Alternativa B.

Questão 29

Alternativa E.

Questão 30

(GRILLO)
Item a) Eletronegatividade = É a tendência que um átomo tem de atrair elétrons.
Item b) Eletropositividade = propriedade que é a inversa da eletronegatividade. É a tendência que um átomo tem de liberar elétrons.

Item c) Potencial de ionização = também conhecido como energia de ionização, é a energia necessária para arrancar elétrons de um átomo isolado no estado gasoso.
Item d) Raio atômico = As nuvens de elétrons não apresentam fronteiras definidas, por esta ocasião não é possível medir com exatidão o raio de um determinado átomo. Mas, quando os átomos estão na fase sólida, seus centros encontram-se em distâncias muito bem determinadas. Logo, o raio atômico de um elemento químico é a metade da distância entre os núcleos dos átomos vizinhos.
Item e) Afinidade eletrônica = é a energia liberada quando se adiciona um elétron a um átomo isolado no estado gasoso.

Questão 31

Alternativa B. Na elaboração das primeiras classificações periódicas, os critérios usados para agrupar os elementos em uma mesma coluna foram suas propriedades químicas semelhantes. Entre essas propriedades está a valência constante na combinação com elementos de referência.

Questão 32

(INSTITUTO TECNOLÓGICO DA AERONÁUTICA) Alternativa E.

I) Quanto menor a diferença de eletronegatividade entre o metal e o não metal maior será o caráter covalente da substância. Portanto, I está correto.

II) II está correto pois para o mesmo elemento químico, o diâmetro do anion sempre é maior do que o diâmetro do átomo neutro.

III) III está correto porque o ponto de fusão aumenta com o aumento do caráter iônico e diminui na medida que aumenta o caráter covalente

IV) IV está correto porque o Silício na tabela periódica está na mesma família do carbono, portanto, carbono e silício formando compostos com 4 ligantes apresentam hibridação do tipo sp^3 e a geometria é tetraédrica, por exemplo, metano (CH_4) e o silicano (SiH_4). Em analogia, a geometria do $SiCl_4$ é tetraédrica e a hibridação do silício (Si) é sp^3.

Questão 33

(UNIVERSIDADE FEDERAL FLUMINENSE)

Item a) Cálculo do número atômico (Z) de cada elemento químico:

Elemento	Configuração eletrônica por subníveis	Z	Nome do elemento químico	Símbolo
A	$1s^2\ 2s^2\ 2p^6\ 3s^2$	12	Magnésio	Mg
B	$1s^2\ 2s^2\ 2p^6\ 3s^1$	11	Sódio	Na
C	$1s^2\ 2s^2\ 2p^6$	10	Neônio	Ne
D	$1s^2\ 2s^2\ 2p^5$	9	Flúor	F
E	$1s^2\ 2s^2\ 2p^3$	7	Nitrogênio	N

Distribuição eletrônica das espécies químicas por nível:

$_{12}A$: 2) 8) 2
$_{11}B$: 2) 8) 1
$_{10}C$: 2) 8
$_{9}D$: 2) 7
$_{7}E$: 2) 5

Quando houver o empate em níveis, o desempate será da seguinte maneira: "Maior número atômico → menor raio".

Ordem crescente de raio atômico: C < D < E < A < B.

Elemento de maior raio atômico = elemento químico B (sódio).

Item b) "Menor raio atômico → maior potencial de ionização".
Maior raio atômico (menor potencial de ionização) = elemento C – Neônio (gás nobre).

Item c) O elemento químico que representa o gás nobre trata-se do elemento representado pela letra C, que é o Neônio (Ne).

Questão 34

(UNIVERSIDADE ESTADUAL DO RIO DE JANEIRO)

Item a) Metais citados no texto: sódio (Na), potássio (K), rubídio (Rb) e césio (Cs).
"Maior raio atômico → menor potencial de ionização".

Considere a tabela a seguir:

	Número atômico	Distribuição eletrônica por níveis
Sódio (Na)	11	2) 8) 1
Potássio (K)	19	2) 8) 8) 1
Rubídio (Rb)	37	2) 8) 18) 8) 1
Césio (Cs)	55	2) 8) 18) 18) 8) 1

Ordem crescente de raio atômico: Na < K < Rb < Cs.

"Maior raio atômico → elemento químico Césio (Cs) → menor potencial de ionização".

Item b) Determinação da fórmula mínima do composto formado pelo ânion O^{2-} e o cátion potássio (K^+):
K^+ e O^{2-} = K_2O (óxido de potássio).

Questão 35

(UNIVERSIDADE FEDERAL DO RIO DE JANEIRO)

Item a) Através da tabela de distribuição eletrônica por nível e subnível a seguir, podemos concluir que:

Elemento	Z	Distribuição eletrônica – subníveis	Distribuição eletrônica (níveis)
Pb	82	$1s^2\ 2s^2\ 2p^6\ 3s^2\ 3p^6\ 4s^2\ 3d^{10}\ 4p^6\ 5s^2\ 4d^{10}\ 5p^6\ 6s^2\ 4f^{14}\ 5d^{10}\ 6p^2$	2) 8) 18) 32) 18) 4
Fe	26	$1s^2\ 2s^2\ 2p^6\ 3s^2\ 3p^6\ 4s^2\ 3d^6$	2) 8) 14) 2
Al	13	$1s^2\ 2s^2\ 2p^6\ 3s^2\ 3p^1$	2) 8) 3
Si	14	$1s^2\ 2s^2\ 2p^6\ 3s^2\ 3p^2$	2) 8) 4
Hg	80	$1s^2\ 2s^2\ 2p^6\ 3s^2\ 3p^6\ 4s^2\ 3d^{10}\ 4p^6\ 5s^2\ 4d^{10}\ 5p^6\ 6s^2\ 4f^{14}\ 5d^{10}$	2) 8) 18) 32) 18) 2
Cr	24	$1s^2\ 2s^2\ 2p^6\ 3s^2\ 3p^6\ 4s^2\ 3d^4$	2) 8) 12) 2
Ba	56	$1s^2\ 2s^2\ 2p^6\ 3s^2\ 3p^6\ 4s^2\ 3d^{10}\ 4p^6\ 5s^2\ 4d^{10}\ 5p^6\ 6s^2$	2) 8) 18) 18) 8) 2

Quando houver o empate em níveis, o desempate vai obedecer ao seguinte critério: "Maior número atômico → menor raio".

Ordem crescente de raio atômico: Si < Al < Fe < Cr < Pb < Hg < Ba

Ordem decrescente de potencial de ionização: Si > Al > Fe > Cr > Pb > Hg > Ba

Menor potencial de ionização = elemento Bário (Ba)

Item b) Os elementos químicos de transição são os seguintes: Pb (chumbo), Fe (Ferro), Hg (Mercúrio) e Cr (Cromo)

Questão 36

(UNIVERSIDADE FEDERAL DO RIO DE JANEIRO)

Item a) Por ligação do tipo covalente (compartilhamento de elétrons).
Item b) Determinação da Fórmula molecular: Através da tabela periódica, temos:
Elemento químico situado no segundo período e subgrupo 4ª (grupo 4) = Carbono.
Elemento químico situado no terceiro período e subgrupo 7ª (grupo 17) = Cloro
Íons: C^{+4} e Cl^{-1}
Fórmula molecular: CCl_4 (Tetracloreto de carbono)

Questão 37

(UFRJ)

Item a) Sabendo que a eletronegatividade é uma propriedade periódica que refere-se à força de atração exercida sobre elétrons de uma ligação. Quanto menor o raio atômico, maior a força de atração que o núcleo do átomo exerce sobre seus elétrons. Logo, o metal alcalino-terroso (grupo 2) que apresenta menor raio atômico trata-se do Berílio (Be), então apresenta a maior eletronegatividade.

Item b) Determinação da Fórmula molecular: X_2Y (metal + ametal = ligação química do tipo iônica).
Íons: X^{+1} e Y^{-2}.
Elemento químico X (grupo 1; metal)
Elemento químico Y (grupo 16; ametal). O elemento químico de menor raio atômico do grupo 16 trata-se do oxigênio (O).

CAPÍTULO 04. ESTUDO DAS LIGAÇÕES QUÍMICAS

"JULGO TRATAR DE UM DOS CAPÍTULOS MAIS IMPORTANTES PARA A PROVA DA ESPCEX"

MUITA ATENÇÃO E DESEJO BONS ESTUDOS.

Exemplos Aplicativos

Exemplo Aplicativo I

Representar as fórmulas moleculares dos compostos a seguir:
Item a) Magnésio e oxigênio
Item b) Cálcio e nitrogênio
Item c) Potássio e oxigênio
Item d) Alumínio e enxofre
Item e) Magnésio e cloro
Item f) Bário e nitrogênio
Item g) Cálcio e bromo

Resolução:
Item a) MgO
Item b) Ca_3N_2
Item c) K_2O
Item d) Al_2S_3
Item e) $MgCl_2$
Item f) Ba_3N_2
Item g) $CaBr_2$

Exemplo Aplicativo II

(OLIMPÍADA DE QUÍMICA DO RIO DE JANEIRO) Após a neutralização total do ácido fosforoso com hidróxido de sódio obtém-se uma solução aquosa de fosfito de sódio. Sabe-se que o íon fosfito possui geometria tetraédrica. A fórmula química do fosfito de sódio é:
a) Na_2HPO_3
b) Na_3PO_3
c) Na_3PO_4
d) Na_2HPO_4
e) NaH_2PO_3

Resolução: Alternativa B.
O íon fosfito é proveniente do íon fosforoso, ou seja: PO_3^{-3}. Sabendo que o sódio apresenta número de oxidação igual a +1, a fórmula molecular do fosfito de sódio é: Na_3PO_3.

Exercícios de Fixação I

Questão 01

(EsPCEx) Conversores catalíticos de automóveis são utilizados para reduzir a emissão de poluentes. Os gases resultantes da combustão do motor e o ar passam por substâncias catalisadoras que aceleram a transformação de monóxido de carbono (CO) em dióxido de carbono (CO_2) e a decomposição de óxidos de nitrogênio (genericamente (N_xO_y) em gás nitrogênio (N_2) e gás oxigênio (O_2). Em relação ao uso de catalisadores e as substâncias citadas no texto, são feitas as seguintes afirmações:

I – As reações de decomposição dos óxidos de nitrogênio a gás oxigênio e a gás nitrogênio ocorrem com variação no número de oxidação das espécies.

II – O CO_2 é um óxido ácido que quando reage com a água forma o ácido carbônico.

III – Catalisadores são substâncias que iniciam as reações químicas que seriam impossíveis sem eles, aumentando a velocidade e também a energia de ativação da reação.

IV – O monóxido de carbono é um óxido básico que ao reagir com a água forma uma base.

V – A molécula do gás carbônico apresenta geometria espacial angular.

Das afirmativas feitas estão corretas apenas:

a) I e II
b) II e V
c) III e IV
d) I, III e V
e) II, IV e V

Questão 02

(EsPCEx) Um elemento metálico molecular Me forma um sulfato de fórmula $MeSO_4$. A fórmula de seu fosfato.

a) $MePO_4$
b) $Me(PO_4)_2$
c) $Me_3(PO_4)_2$
d) $Me_2(PO_4)_3$

Questão 03

(EsPCEx) Compostos contendo enxofre estão presentes, em certo grau, em atmosferas naturais não poluídas, cuja origem pode ser: decomposição de matéria orgânica por bactérias, incêndio de florestas, gases vulcânicos etc. No entanto, em ambientes urbanos e industriais, como resultado da atividade humana, as concentrações desses compostos são alta. Dentre os compostos de enxofre, o dióxido de enxofre (SO_2) é considerado o mais prejudicial à saúde, especialmente para pessoas com dificuldade respiratória. (Adaptado de BROWN, T.L. et al, Química a Ciência Central. 9ª edição, Ed. Pearson, São Paulo, 2007). Em relação ao composto SO_2 e sua estrutura molecular, pode-se afirmar que se trata de um composto que apresenta:

a) ligações covalentes polares e estrutura com geometria espacial angular
b) ligações covalentes apolares e estrutura com geometria espacial linear
c) ligações iônicas polares e estrutura com geometria espacial trigonal plana
d) ligações covalentes apolares e estrutura com geometria espacial piramidal
e) ligações iônicas polares e estrutura com geometria espacial linear

Questão 04

(EsPCEx) O carvão e os derivados do petróleo são utilizados como combustíveis para gerar energia para maquinários industriais. A queima destes combustíveis libera grande quantidade de gás carbônico como produto. Em relação ao gás carbônico, são feitas as seguintes afirmativas:

I) É um composto covalente de geometria molecular linear;

II) Apresenta geometria molecular angular e ligações triplas, por possuir um átomo de oxigênio ligado a um carbono;

III) É um composto apolar. Das afirmativas apresentadas está(ão) correta(as):

a) Apenas II
b) Apenas I e II

c) Apenas I e III
d) Apenas II e III
e) todas

Questão 05

(EsPCEx) Compostos iônicos são aqueles que apresentam ligação iônica. A ligação iônica é a ligação entre íons positivos e negativos, unidos por forças de atração eletrostática. (Texto adaptado de: Usberco, João e Savador, Edgard, Química: Química Geral, vol 1, pág 225, Saraiva, 2009). Sobre as propriedades e características de compostos iônicos são feitas as seguintes afirmativas:
I) Apresentam brilho metálico
II) Apresentam elevadas temperaturas de fusão e ebulição
III) Apresentam boa condutibilidade elétrica quando em solução aquosa
IV) São sólidos nas condições ambientes (25°C e 1 atm)
V) São pouco solúveis em solventes polares como a água.
Das afirmativas apresentadas estão corretas apenas:
a) II, IV e V
b) II, III e IV
c) I, III e V
d) I, IV e V
e) I, II e III

Questão 06

(EsPCEx) São dadas as tabelas abaixo. A Tabela I apresenta a correspondência entre as substâncias representadas pelas letras x, m, r e z e suas respectivas temperaturas de ebulição. A Tabela II mostra os elementos químicos (H, F, Cl, Br e I) e suas respectivas massas atômicas.
TABELA I

Substância	Temperatura de ebulição (°C)
x	20
m	-35
r	-67
z	-85

TABELA II

Elemento	Massa Atômica (u)
H – Hidrogênio	1
F – Flúor	19
Cl – Cloro	35,5
Br – Bromo	80
I – Iodo	127

Com base na tabela acima, são feitas as seguintes afirmações:
I) As substâncias correspondentes a x, m, r e z são, respectivamente, HF, HI, HBr e HCl.
II) As moléculas de HCl, HBr e HI são unidas por forças do tipo pontes ou ligações de hidrogênio
III) Das substâncias em questão, o HI apresenta a maior temperatura de ebulição, tendo em vista possuir a maior massa molar Das afirmações feitas, está(ão) correta(s) apenas:
a) I
b) II
c) III
d) I e III
e) II e III

Questão 07

(EsPCEx) Quimicamente o carbono é o único elemento capaz de formar muitos compostos contendo cadeias e anéis apenas de átomos de carbono. Apresenta três formas alotrópicas: diamantes, grafite e fulereno (C60). As figuras a seguir ilustram as estruturas destas formas.

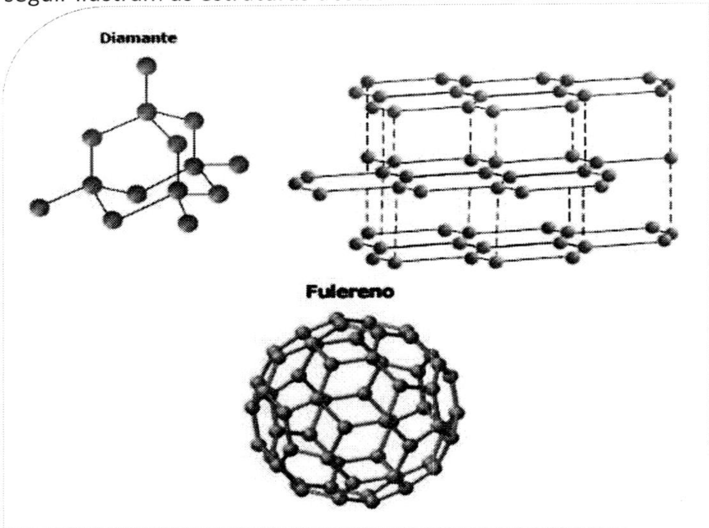

Observando as estruturas, é correto afirmar que:

a) O diamante é um bom condutor de eletricidade por possuir átomos de C com geometria tetraédrica, enquanto, no fulereno, o C tem a geometria trigonal.

b) O diamante e o grafite são bons condutores de eletricidade por apresentarem elétrons livres.

c) O grafite possui átomos rearranjados em camadas e cada um está circundado por outros três originando elétrons livres, o que o torna um bom condutor de eletricidade, enquanto que, no diamante, o C tem a geometria tetraédrica.

d) No diamante, os átomos estão ligados covalentemente a outros quatro, originando elétrons livres, tornando-o um condutor de eletricidade, enquanto que, no fulereno, o C tem a geometria piramidal.

e) O fulereno possui em sua estrutura átomos ligados entre si formando pentágonos e hexágonos, e o grafite é um mau condutor de eletricidade.

Questão 08

(EsPCEx) O pirofosfato de potássio ($K_4P_2O_7$), proveniente da neutralização do ácido pirofosfórico, apresenta para o fósforo o número de oxidação:

a) –5

b) –2

c) + 2

d) + 5

e) + 9

Questão 09

(EsPCEx) O carbonato de cálcio, "in natura", é o principal componente da rocha calcária. A substância citada é muito utilizada na pavimentação de passeios públicos e na obtenção de cal viva (CaO), que é aplicada em pinturas (caiação). A fórmula estrutural do carbonato de cálcio apresenta no seu ânion:

a) Duas ligações duplas e uma simples

b) Duas ligações simples e uma dupla

c) Duas ligações sigma e duas pi

d) Uma ligação simples e uma dupla

e) Duas ligações simples e uma dupla

Questão 10

(EsPCEx) Uma interessante propriedade da água (H_2O) é o fato de ela ser, em sua maior parte, um líquido à temperatura ambiente, e apresentar um ponto de ebulição (P.E.) em torno de 100°C. Este valor é bastante elevado quando comparado aos P.E. de substâncias de composição similar à água, formadas por elementos do grupo VIA, como o H_2S, o H_2Se e o H_2Te, que normalmente são gases à temperatura ambiente. Essa diferença no valor do P.E. da água em relação ao P.E. das demais substâncias deve-se à existência de interações do tipo:

a) Ponte de hidrogênio na água
b) "dipolo-dipolo induzido" na água
c) Ponte de hidrogênio no H_2S, no H_2Se e no H_2Te
d) Forças de London na água
e) "dipolo induzido-ponte de hidrogênio" no H_2S, no H_2Se e no H_2Te

Questão 11

(EsPCEx) Sabendo-se que, nas substâncias H_2S, H_2Se e H_2Te, as interações moleculares são do mesmo tipo, a ordem crescente do ponto de ebulição é:

a) H_2S, H_2Se e H_2Te
b) H_2Se, H_2S e H_2Te
c) H_2Se, H_2Te e H_2S
d) H_2Te, H_2S e H_2Se
e) H_2Te, H_2Se e H_2S

Questão 12

(EsPCEx) Sabendo-se que o dióxido de carbono é uma substância apolar, podemos afirmar que isso se deve ao fato de as ligações intramoleculares entre seus átomos serem:

a) Iônicas, exclusivamente
b) Covalentes apolares, exclusivamente
c) Covalentes polares, exclusivamente
d) Covalentes apolares, mas a soma vetorial dos momentos dipolares das ligações ser diferente de zero
e) Covalentes polares, mas a soma vetorial dos momentos dipolares das ligações ser igual a zero

Questão 13

(EsPCEx) As variadas maneiras pelas quais os diferentes átomos se ligam permitem a formação dos milhões de substâncias químicas, que se comportam distintamente quanto à condução de calor e eletricidade. A tabela a seguir mostra o comportamento de três substâncias A, B e C, quanto à condução da corrente elétrica.

Substância	Condutividade elétrica
A	Alta, no estado sólido e líquido
B	Alta, fundida ou em solução aquosa
C	Praticamente nula quando pura, ou condutora quando em soluções adequadas

É correto afirmar que o tipo de ligação existente em cada uma dessas substâncias A, B e C, respectivamente, é:

a) Metálica, covalente apolar e iônica
b) Iônica, metálica e covalente polar
c) Covalente apolar, metálica e iônica
d) Iônica, covalente polar e metálica
e) Metálica, iônica e covalente polar

Questão 14

(EsPCEx) Os tipos de ligações químicas existentes nas substâncias cloreto de sódio (NaCl), gás cloro (Cl_2) e água (H_2O) são, respectivamente:

a) iônica, covalente apolar e covalente polar
b) iônica, covalente polar e covalente apolar
c) iônica, covalente apolar e covalente apolar
d) covalente apolar, iônica e covalente polar
e) covalente polar, iônica e covalente apolar

Questão 15

(EsPCEx) O dissulfeto de carbono CS_2, é um líquido incolor, volátil, que pode ser produzido em erupções vulcânicas. Sobre essa substância, considere as seguintes afirmações:

I. A geometria da molécula do dissulfeto de carbono é igual à geometria da molécula de água.
II. O dissulfeto de carbono é um líquido totalmente solúvel em água, nas condições ambientes.
III. As interações entre as moléculas do dissulfeto de carbono são do tipo dipolo induzido – dipolo induzido. Dados:

Elemento químico	C (Carbono)	H (Hidrogênio)	O (Oxigênio)	S (Enxofre)
Número Atômico	Z = 6	Z = 1	Z = 8	Z = 16

Das afirmações feitas, está(ão) correta(s):

a) Apenas III
b) Apenas II e III
c) Apenas I e II
d) Apenas II
e) todas

Questão 16

(EsPCEx) Assinale a alternativa correta:

a) a condutividade elétrica dos metais é explicada admitindo-se a existência de nêutrons livres
b) o nitrato de sódio é um composto iônico, mas que apresenta ligações covalentes entre o átomo de nitrogênio e os átomos de oxigênio
c) uma molécula com ligações polares pode somente ser classificada, quanto à sua polaridade, como uma molécula polar
d) não existe força de atração entre moléculas apolares
e) as forças de atração entre as moléculas do ácido bromídrico são denominadas ligações de hidrogênio

Questão 17

(EsPCEx) A seguir são apresentadas as configurações eletrônicas, segundo o diagrama de Linus Pauling, nos seus estados fundamentais, dos átomos representados, respectivamente, pelos algarismos I, II, III e IV.

I) $1s^2\ 2s^2\ 2p^6$
II) $1s^2\ 2s^2\ 2p^6\ 3s^1$
III) $1s^2\ 2s^2\ 2p^6\ 3s^2$
IV) $1s^2\ 2s^2\ 2p^6\ 3s^2\ 3p^5$

Com base nessas informações, a alternativa correta é:

a) O ganho de um elétron pelo átomo IV ocorre com absorção de energia
b) Dentre os átomos apresentados, o átomo I apresenta menor energia de ionização
c) O átomo III tem maior raio atômico que o átomo II
d) O cátion monovalente oriundo do átomo II é isoeletrônico em relação ao átomo III
e) A ligação química entre o átomo II e o átomo IV é iônica.

Questão 18

(EsPCEx) O íon nitrato (NO_3^-); a molécula de amônia (NH_3), a molécula de dióxido de enxofre (SO_2) e a molécula de ácido bromídrico (HBr) apresentam, respectivamente, a seguinte geometria:

Elemento	N	O	H	S	Br
Z	Z = 7	Z = 8	Z = 1	Z = 16	Z = 35

a) piramidal; trigonal plana; linear; angular
b) trigonal plana; piramidal; angular; linear
c) piramidal; trigonal plana; angular; linear
d) trigonal plana; piramidal; trigonal plana; linear
e) piramidal; linear; trigonal plana; tetraédrica

Questão 19

(EsPCEx) Assinale a alternativa correta. Dados:

Elemento químico	C (Carbono)	N (Nitrogênio)	Cl (Cloro)	H (Hidrogênio)
Número Atômico	Z = 6	Z = 7	Z = 17	Z = 1

a) a fórmula estrutural N≡N indica que os átomos de nitrogênio estão compartilhando três pares de prótons;
b) a espécie química NH_4^+ (amônio) possui duas ligações covalentes (normais) e duas ligações covalentes dativas (coordenadas);
c) o raio de um cátion é maior que o raio do átomo que lhe deu origem;
d) na molécula de CCl_4, a ligação entre o átomo de carbono e os átomos de cloro é do tipo iônica;
e) Se em uma substância existir pelo menos uma ligação iônica, essa substância será classificada como um composto iônico.

Questão 20

(EsPCEx) As substâncias ozônio (O_3); dióxido de carbono (CO_2); dióxido de enxofre (SO_2); água (H_2) e cianeto de hidrogênio (HCN) são exemplos que representam moléculas triatômicas. Dentre elas, as que apresentam geometria molecular linear são apenas: Dados: $_1H^1$; $_6C^{12}$; $_8O^{16}$; $_{16}S^{32}$; $_7N^{14}$.
a) Cianeto de hidrogênio e dióxido de carbono
b) Água e cianeto de hidrogênio
c) Ozônio e água
d) Dióxido de enxofre e dióxido de carbono
e) Ozônio e dióxido de enxofre

Questão 21

(EsPCEx) Quando ocorre a combustão completa de quaisquer hidrocarbonetos, há a produção dos compostos gás carbônico (CO_2) e água (H_2O). Acerca dessas substâncias afirma-se que:
I – As moléculas CO_2 e H_2O apresentam a mesma geometria molecular.
II – A temperatura de ebulição da água é maior que a do CO_2, pois as moléculas de água na fase líquida se unem por ligação de hidrogênio, interação intermolecular extremamente intensa.
III – A molécula de CO_2 é polar e a de água é apolar.
IV – A temperatura de fusão do CO_2 é maior que a da água, pois, diferentemente da água, a molécula de CO_2 apresenta fortes interações intermoleculares por apresentar geometria angular.
V – O número de oxidação (Nox) do carbono na molécula de CO_2 é +4. Estão corretas apenas as afirmativas
a) I, II e IV
b) II, III e IV
c) I, III e V
d) III e IV
e) II e V

Questão 22

Assinale a alternativa correta que apresenta o par de moléculas polares:

a) HCl e CH_4
b) H_2O e NH_3
c) O_2 e $CHCl_3$
d) CO_2 e H_2O_2
e) Nenhuma das respostas anteriores

Questão 23

Assinale a alternativa que apresenta o composto iônico:

a) BCl_3
b) CsCl
c) Cl_2
d) Icl
e) HCl

Questão 24

No composto brometo de potássio, assinale a alternativa que apresenta a ligação química correta:

a) Ligação metálica
b) Ligação iônica
c) Ligação covalente
d) Ligação covalente dativa
e) Ligação de hidrogênio

Questão 25

Explique por que o álcool (C_2H_5OH) apresenta temperatura de ebulição maior que o éter comum ($C_4H_{10}O$).

Questão 26

(UFF) Com base nas diferenças de eletronegatividade apresentadas no quadro seguinte classifique as ligações conforme sejam iônicas, covalentes polares ou covalentes apolares, justifique sua classificação:

Elemento químico	Eletronegatividade
Rb	0,8
Al	1,5
H	2,1
Cl	3,0
N	3,0
F	4,0

a) ligação Al – F no fluoreto de alumínio
b) ligação H – Cl no ácido clorídrico
c) ligação N – Cl no cloreto de nitrogênio
d) ligação Rb – Cl no cloreto de rubídio

Questão 27

(UNIVERSIDADE FEDERAL DO RIO DE JANEIRO) Entre os gases poluentes que compõem a atmosfera das grandes cidades, destaca-se o anidrido sulfúrico (SO_3). Ele se combina facilmente com a água, formando um ácido muito forte, que se precipita na forma de "chuva ácida".

a) Escreva a equação química da reação do anidrido sulfúrico com a água;
b) Identifique o tipo de ligação química presente na molécula do anidrido sulfúrico. Justifique sua resposta.

Questão 28

Assinale a alternativa falsa:

a) C_6H_6 é pouco solúvel em água

b) NH_3 é uma substância covalente apolar

c) A molécula H_2O tem um dipolo elétrico permanente

d) A molécula de Cl_2 é apolar

e) Naftaleno é bastante solúvel em benzeno

Questão 29

(ESPCEX) Na estrutura molecular do ácido fosforoso (H_3PO_3) encontramos:

a) 5 ligações covalentes normais simples e uma dupla.

b) 5 ligações covalentes normais simples e uma ligação covalente coordenada (dativa).

c) 3 ligações covalentes normais simples e duas ligações dativas.

d) 6 ligações covalentes normais simples.

Questão 30

(EsPCEx) Dado o quadro abaixo:

Substância e fase de agregação	$CO_{2(s)}$	$H_2O_{(l)}$	$NH_{3(l)}$	$CCl_{4(l)}$	$I_{2(s)}$
Momento dipolar resultante da molécula ($\vec{\gamma}$)	$\gamma = 0$	$\gamma \neq 0$	$\gamma \neq 0$	$\gamma = 0$	$\gamma = 0$
Ângulo de ligação	180°	104°5′	107°	109°28′	180°

A alternativa que relaciona corretamente a molécula da substância, a polaridade dessa molécula, a forma geométrica dessa molécula e o tipo de força intermolecular dessa substância, nessa ordem, é:

a) CO_2, apolar, linear e dipolo permanente-dipolo permanente

b) H_2O, polar, linear e ligações de hidrogênio

c) NH_3, polar, piramidal e ligações de hidrogênio

d) CCl_4, apolar, tetraédrica e ligações de hidrogênio

e) I_2, polar, angular e dipolo induzido-dipolo induzido

Questão 31

(EsPCEx) No estado sólido, o dióxido de carbono é conhecido como gelo seco. Em condições ambientes (25ºC e 1 atm), ele passa do estado sólido para o estado de vapor. Acerca do dióxido de carbono, são feitas as seguintes afirmativas:

I – O dióxido de carbono é classificado como uma substância simples.

II – O dióxido de carbono é uma substância que sublima em condições ambientes.

III – A molécula do dióxido de carbono apresenta geometria angular.

IV – O dióxido de carbono é um óxido ácido que, em condições adequadas, pode reagir com água e produzir o ácido carbônico.

V – Quando se borbulha dióxido de carbono em uma solução aquosa de hidróxido de cálcio, sob condições adequadas, produz-se carbonato de cálcio e água.

VI – A hibridização do átomo de carbono na molécula do dióxido de carbono é sp^2. Das afirmativas feitas, estão corretas apenas:

a) I, II e IV

b) II, III e VI

c) IV, V e VI

d) II, IV e V

e) I, III e VI

Questão 32

(EsPCEx) Em algumas operações militares, grupos especiais utilizam artefatos explosivos, como granadas de mão, denominadas de Luz e Som (ou atordoantes). Após sua deflagração, a granada gera como efeitos um estampido muito alto e um intenso flash de luz, que atordoam o oponente. Algumas granadas deste tipo podem possuir como reagente componente principal o magnésio metálico em pó. Considerando a luz emitida por esta granada como resultado da reação química entre o magnésio metálico pulverizado e o oxigênio do ar, tem-se a equação da reação: $Mg_{(s)} + O_{2(g)} \rightarrow MgO_{(s)}$ + luz. Acerca do magnésio e da reação descrita acima, são feitas as seguintes afirmativas:

I – Essa é uma reação de simples troca.

II – Nesta reação ocorre a oxidação do magnésio metálico.

III – Após a deflagração da granada com reação do magnésio metálico (conforme a equação da reação descrita acima), há formação de um sal de magnésio.

IV – Conforme o diagrama de Linus Pauling, a distribuição eletrônica do cátion magnésio (Mg^{2+}) é: $1s^2$, $2s^2$, $2p^6$.

V – Após a deflagração da granada com reação do magnésio metálico (conforme a equação da reação descrita acima), ocorre a formação de óxido de magnésio e gás hidrogênio como produtos.

VI – As ligações químicas existentes entre os átomos de magnésio metálico são denominadas de metálicas e as ligações químicas existentes entre os átomos no óxido de magnésio são denominadas de iônicas. Assinale a alternativa que apresenta todas as afirmativas corretas, dentre as listadas acima.

a) I, III, IV e VI

b) II, IV e V

c) II, IV e VI

d) I, II, III e IV

e) I, II e VI

Exercícios de Fixação – Gabarito

Questão 01

(EsPCEx) Alternativa A.

Item I) Verdadeiro.

Item II) Verdadeiro.

Item III) Falso, pois o monóxido de carbono é classificado como um óxido neutro.

Item IV) Falso, pois a molécula de dióxido de carbono apresenta geometria linear.

Questão 02

(EsPCEx) Alternativa C.

Para a fórmula $MeSO_4$ o número de oxidação do elemento metálico (Me) é igual a (+2), Me^{+2}. Para o fosfato $[PO_4^{-3}]$ a fórmula com este metal é igual a $Me_3(PO_4)_2$.

Questão 03

(EsPCEx) Alternativa A.

Tanto os átomos de enxofre quanto os de oxigênio apresentam tendência em receber dois elétrons para que atinjam a estabilidade, através da regra de octeto. Assim, estabelecem entre si ligações interatômicas definidas como ligação covalente. Através da diferença de eletronegatividade entre os átomos citados (enxofre e oxigênio) é diferente de zero, o que caracteriza uma ligação covalente polar. As moléculas que apresentam três átomos podem apresentar dois tipos de geometria, podendo ser a angular ou a linear.

Questão 04

(EsPCEx) Alternativa C.

Questão 05

(EsPCEx) Alternativa B.

Questão 06

(EsPCEx) Alternativa A.

Questão 07

(EsPCEx) Alternativa C.

Questão 08

(EsPCEx) Alternativa D.

Sabendo que o número de oxidação do potássio é igual a mais um (+1) e o do átomo de oxigênio é igual a menos 2 (-2), então o número de oxidação do átomo de fósforo será igual a: $4.(+1) + 2.x + [7.(-2)] = 0$

$2x = 10$

$x = +5$

Questão 09

(EsPCEx) Alternativa B.

Questão 10

(EsPCEx) Alternativa A. A molécula de água apresenta em sua estrutura as ligações de hidrogênio, que são moléculas que têm o átomo de hidrogênio ligado a flúor (F), o oxigênio (O) ou o nitrogênio (N). A ligação é realizada através do hidrogênio de uma molécula e o flúor, oxigênio ou nitrogênio de outra molécula.

Questão 11

(ESPCEX) Alternativa A. A ordem crescente do ponto de ebulição neste caso está ligada em relação as massas moleculares, ou seja, quanto maior a massa molar, maior o ponto de ebulição (°C).

Questão 12

(EsPCEx) Alternativa E. A molécula de dióxido de carbono é uma molécula apolar, apresentando geometria linear com os seus vetores se anulando, $\mu = 0$.

Questão 13

(EsPCEx) Alternativa E.

Questão 14

(EsPCEx) Alternativa A.

Analisando o cloreto de sódio (NaCl): A ligação entre um metal e um ametal resulta em uma ligação do tipo iônica.

Analisando o gás cloro (Cl_2): A ligação entre dois ametais iguais em que a variação da eletronegativa será nula, trata-se de uma ligação covalente apolar.

Analisando a água (H_2O): A ligação entre o átomo de hidrogênio com o átomo de oxigênio (ametal) resulta em uma ligação covalente polar.

Questão 15

(EsPCEx) Alternativa A.

Questão 16

(EsPCEx) Alternativa B.

Questão 17

(EsPCEx) Alternativa E.

Item I) $1s^2\ 2s^2\ 2p^6$ → representa o neônio (gás nobre)

Item II) $1s^2\ 2s^2\ 2p^6\ 3s^1$ → representa o sódio (metal alcalino)

Item III) $1s^2\ 2s^2\ 2p^6\ 3s^2$ → representa o magnésio (metal alcalino terroso)

Item IV) $1s^2\ 2s^2\ 2p^6\ 3s^2\ 3p^5$ → representa o cloro (halogênio)

Questão 18

(EsPCEx) Alternativa B.

Questão 19

(EsPCEx) Alternativa E.

Item a) Falso. A fórmula estrutural N≡N apresenta o compartilhamento de três pares de elétrons.

Item b) Falso; A espécie química NH_4^+ (amônio) possui quatro ligações covalentes simples.

Item c) Falso. O raio de um determinado cátion será menor que o raio do átomo de mesma origem.

Item d) Falso. A molécula de CCl_4 apresenta ligação covalente.

Item e) Verdadeiro.

Questão 20

(EsPCEx) Alternativa A.

O_3 = molécula angular com ângulo de 180°;

CO_2 = molécula apolar, linear com ângulo de 180°

SO_2 = molécula angular com ângulo de 118°;

HCN = molécula linear com ângulo de 180°.

Questão 21

(EsPCEx) Alternativa E.
Item I) Falso. A molécula de dióxido de carbono apresenta geometria linear enquanto a da água é angular.
Item II) Verdadeiro.
Item III) Falso. A molécula de dióxido de carbono é apolar enquanto da água é polar.
Item IV) Falso.
Item V) Verdadeiro.

Questão 22

Alternativa B.
Item a) HCl = molécula polar e CH_4 = molécula apolar
Item b) Ambas as moléculas são polares. A molécula polar se caracteriza pelo fato de o momento dipolo ser igual a zero. Diante disso as moléculas de água e amônia são polares.
Item c) O_2 = molécula apolar e $CHCl_3$ = molécula polar
Item d) CO_2 = molécula apolar e H_2O_2 = molécula polar

Questão 23

Alternativa B.
Item a) BCl_3 = tricloreto de boro (ametal + ametal = ligação covalente polar)
Item b) CsCl = cloreto de césio (metal + ametal = ligação iônica)
Item c) Cl_2 = cloro gasoso (ametal + ametal = ligação covalente apolar)
Item d) Icl = cloreto de iodo (ametal + ametal = ligação covalente polar)
Item e) HCl = ácido clorídrico (hidrogênio + ametal = ligação covalente polar)

Questão 24

Alternativa B.
Fórmula molecular do brometo de potássio = KBr (metal + ametal) = ligação iônica

Questão 25

Por apresentar maior força intermolecular do tipo ligação hidrogênio.

Questão 26

(UNIVERSIDADE FEDERAL FLUMINENSE) Com base nas diferenças de eletronegatividade apresentadas no quadro seguinte classifique as ligações conforme sejam iônicas, covalentes polares ou covalentes apolares, justifique sua classificação:
Item a) ligação Al – F = ligação iônica
Item b) ligação H – Cl = ligação covalente polar
Item c) ligação N – Cl = ligação covalente apolar
Item d) ligação Rb – Cl = ligação iônica

Questão 27

(UNIVERSIDADE FEDERAL DO RIO DE JANEIRO)
Item a) Equação química: $SO_{3(gás)} + H_2O_{(líquido)} \rightarrow H_2SO_{4(aquoso)}$
Item b) Fórmula molecular do anidrido sulfúrico = SO_3 (ametal + ametal) = ligação covalente polar.

Questão 28

Alternativa B.
Item a) Verdadeiro.
Item b) Falso. A amônia é uma substância covalente polar.
Item c) Verdadeiro.
Item d) Verdadeiro. A molécula de Cl_2 é apolar

Item e) Verdadeiro, pelo fato de ambas as moléculas serem apolares.

Questão 29

(EsPCEx) Alternativa D.

Questão 30

(EsPCEx) Alternativa C.
a) Falso. Dióxido de carbono, molécula apolar, geometria linear e dipolo-induzido.
b) Falso. Água, molécula polar, geometria angular e ligações de hidrogênio
c) Verdadeiro.
d) Falso. Tetracloreto de amônio. Molécula apolar, geometria tetraédrica e dipolo-dipolo.
e) Falso Iodo molécula, molécula apolar, geometria linear e dipolo-induzido.

Questão 31

(EsPCEx) Alternativa D.
Item I) Falso.
Item II) Verdadeiro.
Item III) Falso. A molécula de dióxido de carbono apresenta geometria linear.
Item IV) Verdadeiro.
Item V) Verdadeiro. Equação química balanceada: $Ca(OH)_2 + CO_2 \rightarrow CaCO_3 + H_2O$
Item VI) Falso. A hibridização do carbono nesta molécula é do tipo sp.

Questão 32

(EsPCEx) Alternativa C.
Item I) Falso. Trata-se de uma reação de adição ou também conhecido como síntese.
Item II) Verdadeiro.
Item III) Falso. Há a formação de um óxido básico.
Item IV) Verdadeiro.
Distribuição eletrônica do magnésio: ${}_{12}Mg = 1s^2\ 2s^2\ 2p^6\ 3s^2$
Distribuição eletrônica do cátion divalente: ${}_{12}Mg^{+2} = 1s^2\ 2s^2\ 2p^6$
Item VI) Verdadeiro.

CAPÍTULO 05. NÚMERO DE OXIDAÇÃO

Regras para a determinação do número de oxidação (nox)

a) Toda substância simples apresenta número de oxidação igual a zero.
b) O elemento químico de uma substância simples apresenta número de oxidação igual a zero.
c) A soma algébrica do número de oxidação de uma substância composta é igual a zero.
d) A soma algébrica dos números de oxidação dos elementos que formam um radical (agregado iônico) é igual a sua carga do radical.
e) Nos metais alcalinos e a prata (Ag), o número de oxidação é igual a +1.
f) Nos metais alcalinos terrosos, o zinco e o cádmio (Zn e Cd), o número de oxidação é igual a +2.
g) O alumínio apresenta número de oxidação igual a +3.
h) O Hidrogênio geralmente apresenta número de oxidação igual a +1. Mas, nos **H**idretos **Me**tálicos (Hme) seu valor é igual −1.
i) Os halogênios em geral apresentam nox igual a −1 em compostos não oxigenados. No entanto, o Cloro, o Bromo e o Iodo quando ligados ao Oxigênio apresentarão o nox positivo.
j) O flúor apresenta sempre nox igual a −1.
k) Estudo do nox para o Oxigênio: Em compostos com três ou mais elementos, o nox do oxigênio será igual a -2. Em compostos binários o número de oxidação do oxigênio varia, podendo apresentar os valores -1/2, -1, -2 e +2. O oxigênio só apresentará nox = +2 quando ligado ao elemento flúor.
Para os demais compostos vamos aprender da seguinte forma:
- Se o elemento ligado ao oxigênio apresentar número de oxidação fixo, devemos calcular o número de oxidação do oxigênio.
- Se o elemento ligado ao oxigênio não apresentar número de oxidação fixo, podemos afirmar que o número de oxidação será igual a -2.

Tabela do número de oxidação para outros elementos químicos

Elemento Metálico	Carga	Cátion
Alcalinos	+1	Fr^+; Ce^+; Rb^+; K^+; Li^+; Na^+
Alcalinos terrosos	+2	Mg^{+2}; Ca^{+2}; Sr^{+2}; Ba^{+2}; Ra^{+2}
Prata (Ag)	+1	Ag^+
Zinco (Zn)	+2	Zn^{+2}
Alumínio (Al)	+3	Al^{+3}
Cobre (Cu)	+1	Cu^+
	+2	Cu^{+2}
Mercúrio (Hg)	+1	Hg^+
	+2	Hg^{+2}
Ouro (Au)	+1; +3	Au^+; Au^{+3}
Ferro (Fe)	+2	Fe^{+2}
	+3	Fe^{+3}
Níquel (Ni)	+2	Ni^{+2}
	+3	Ni^{+3}
Cromo (Cr)	+2	Cr^{+2}
	+3	Cr^{+3}
Cobalto (Co)	+2	Co^{+2}
	+3	Co^{+3}

Estanho (Sn)	+2	Sn^{+2}
	+4	Sn^{+4}
Chumbo (Pb)	+2	Pb^{+2}
	+4	Pb^{+4}
Manganês (Mn)	+3	Mn^{+3}
	+4	Mn^{+4}

Exemplo Aplicativo I

Calculo o número de oxidação do fósforo no seguinte composto inorgânico: $K_4\underline{P}_2O_7$.

Resolução

Sabendo que o número de oxidação do potássio (grupo 1) é igual a +1 e do oxigênio (grupo 16) é igual a -2, temos:
4 . (+1) + w. (+ 2) + (-2) . 7 = 0, em que w corresponde ao número de oxidação do potássio.
+ 4 + w. (+ 2) + - 14 = 0
W = + 5

Exemplo Aplicativo II

(GRILLO) Determine o número de oxidação das seguintes espécies em negrito:

a) H**mn**O_4
b) H_2**B**O_3^-
c) **I**O_4^-
d) Ca_{10}(**P**O_4)$_6$$(OH)_2$
e) **Cr**$_2O_7^{2-}$
f) Ca**C**O_3
g) Ca**Cr**O_4
h) K**mn**O_4
I) Ca**Ti**O_3 (mineral perovskita)
j) Na**I**O_4
k) Al**I**$_3$
l) não$_2$
m) H_2**S**$_2O_8$
n) **Ni**$(CO)_4$
o) **U**$_3O_8$
p) **Cr**$_2O_7^{-2}$
q) Calcule x: $Ca_{\mathbf{x}}(PO_4)_3OH$
r) H_4**P**$_2O_7$
s) Fe(**N**O_3)$_2$

Resolução:

a) H**mn**O_4 → + 1 + x – 8 = 0 → x = +7
b) H_2**B**O_3^- → + 2 + x – 6 = -1 → x = +3
c) **I**O_4^- → + x – 8 = -1 → x = +7
d) Ca_{10}(**P**O_4)$_6$$(OH)_2$ → + 20 + 6x – 48 – 2 = 0 → x = +5
e) **Cr**$_2O_7^{2-}$ → + 2x – 14 = -2 → x = +6
f) Ca**C**O_3 → + 2 + x – 6 = 0 → x = +4
g) Ca**Cr**O_4 → + 2 + x – 8 = 0 → x = +6
h) K**mn**O_4 → + 1 + x – 8 = 0 → x = +7
I) Ca**Ti**O_3 (mineral perovskita) → + 2 + x – 6 = 0 → x = +4
j) Na**I**O_4 → + 1 + x – 8 = 0 → x = +7
k) Al**I**$_3$ → + 3 – 3x = 0 → x = +1
l) não$_2$ → **por ser um superóxido, o átomo de oxigênio é igual a – ½**

m) $H_2\mathbf{S}_2O_8$ → + 2 + 2x – 16 = 0 → x = +7
n) $\mathbf{Ni}(CO)_4$ → x = +4
o) $\mathbf{U}_3O_8$ → + 3x – 16 = 0 → x = +16/3
p) $\mathbf{Cr}_2O_7^{-2}$ → + 2x – 14 = -2 → x = +6
q) Calcule x: $Ca_{\mathbf{x}}(PO_4)_3OH$ → 2x – 9 – 1 = 0 → x = +5
r) $H_4\mathbf{P}_2O_7$ → + 4 + 2x – 14 = 0 → x = +5
s) $Fe(\mathbf{N}O_3)_2$ → + 2 + x – 6 = 0 → x = +4

Exercícios de Fixação

Questão 01

(CESGRANRIO) Dado o grupo de compostos clorados apresentados a seguir, os números de oxidação do Cl são, respectivamente: $KclO_4$; $Mg(ClO_3)_2$; NaClO; $AlCl_3$; Cl_2

a) +7, +6, +2, +1, 0
b) +7, +5, +1, -1, 0
c) +7, +5, -1, -1, -1
d) +5, +3, +1, -3, 0
e) +3, -3, +1, -1, 0

Questão 02

Determinando o número de oxidação do elemento central do ácido sulfuroso (H_2SO_3), ácido carbônico (H_2CO_3), ácido silícico (H_2SiO_3), ácido pirofosfórico ($H_4P_2O_7$) e ácido perclórico ($HclO_4$), os valores são, respectivamente.

a)	+2	+4	+5	+5	+7
b)	+1	+1	+1	+2	+3
c)	+4	+4	+4	+5	+7
d)	+3	+3	+3	+7	+4
e)	–2	+4	+5	-5	+7

Questão 03

(MACKENZIE) Considere a equação: $Cu + HNO_3 \rightarrow Cu(NO_3)_2 + NO + H_2O$. Após o balanceamento, os menores coeficientes inteiros do agente oxidante e do agente redutor são, respectivamente:

a) 8 e 3
b) 2 e 3
c) 3 e 2
d) 3 e 8
e) 8 e 1

Questão 04

(INSTITUTO MILITAR DE ENGENHARIA) Marque a resposta certa, correspondente aos números de oxidação dos elementos sublinhados em cada fórmula, na ordem em que estão apresentados a seguir: AgO; $não_2$; $H_2S_2O_8$; $Ni(CO)_4$; U_3O_8

a) +2; -1; +7; +2 e + 8/3
b) +1; -1; +7; 0 e +16/3
c) +2; -1/2; +6; 0 e +16/3
d) +1; -1/2; +7; +2 e +16/3
e) +2; -1; +6; +2 e + 8/3

Questão 05

(INSTITUTO TECNOLÓGICO DA AERONÁUTICA) O número de oxidação do halogênio nas espécies químicas HF, $HbrO_3$, HIO_3, ClO_3 e ClO_4^- é, respectivamente:

a) -1, -4, -6, -6, -7
b) -1, +5, +5, +6, +7
c) +1, +2, +3, +3, +4
d) +1, -3, -5, -6, -7
e) -1, +3, +6, +6, +7

Questão 06

A substância na qual o manganês apresenta maior número de oxidação é:

a) K_2MnO_4
b) $KmnO_4$
c) MnO_2
d) Mn
e) $MnSO_4$

Questão 07

Assinale, entre as opções abaixo, a fórmula do composto no qual o fósforo (P) está no maior estado de oxidação:

a) H_3PO_3;
b) H_2PO_3
c) H_3PO_2
d) $H_4P_2O_5$
e) HPO_3

Questão 08

(ITA) Assinale a opção relativa aos números de oxidação corretos do átomo de cloro nos compostos $KclO_2$, $Ca(ClO)_2$, $Mg(ClO_3)_2$ e $Ba(ClO_4)_2$, respectivamente.

a) −1, −1, −1 e −1
b) +3, +1, +2 e +3
c) +3, +2, +4 e +6
d) +3, +1, +5 e +6
e) +3, +1, +5 e +7

Questão 09

No mineral perovskita, de fórmula mínima $CaTiO_3$, o número de cxidação do titânio é:

a) +4
b) +2
c) +1
d) −1
e) −2

Questão 10

Os números de oxidação do enxofre nas espécies SO_2 e SO_4^{2-} são respectivamente:

a) 0 e +4
b) +1 e −4
c) +2 e +8
d) +4 e +6
e) −4 e −8

Questão 11

(GRILLO) Assinale o composto que o átomo de cromo apresenta número de oxidação +3 na espécie:

a) Cr_2O_3
b) CrO
c) Cr
d) CrO_4^{2-}
e) $Cr_2O_7^{2-}$

Questão 12

(EsPCEx) O teor de ferro na hemoglobina pode ser determinado através da conversão de todo o ferro presente na amostra de sangue a Fe^{3+}, seguida de reação do material com permanganato, conforme pode ser observado na equação não balanceada a seguir: **t**H^{+} + **u**MnO_4^{-} + **v**Fe^{2+} ⍰ **x**Fe^{3+} + **y**Mn^{2+} + **z**H_2O. Após o balanceamento da equação com os menores coeficientes inteiros possíveis, os valores de **t, u, v, x, y** e **z** serão, respectivamente, iguais a:

a) 4, 2, 3, 3, 2, 2
b) 4, 2, 2, 2, 2, 2
c) 8, 1, 5, 5, 1, 4
d) 8, 2, 4, 4, 1, 4
e) 8, 1, 3, 3, 2, 4

Questão 13

(CESGRANRIO) Nas espécies químicas HF, HIO_3, HclO, ClO_4^{-} e BrO_3^{-}, os números de oxidação dos halogênios são, respectivamente:

a) +1, +5, +1, +4, +3
b) +1, +5, +1, –5, –1
c) –1, +5, +1, +7, +5
d) –1, –5, +1, –7, –3
e) 0, +6, –1, +7, –5

Questão 14

(PONTIFÍCIA UNIVERSIDADE CATÓLICA) Alumínio metálico reage com ácido sulfúrico produzindo sulfato de alumínio e gás hidrogênio, conforme a seguinte equação não balanceada: $Al_{(s)}$ + $H_2SO_{4(aq)}$ → $Al_2(SO_4)_{3(aq)}$ + $H_{2(g)}$. Com relação ao processo e com base em seus conhecimentos, assinale a afirmativa correta:

a) O alumínio sofre uma oxidação
b) O hidrogênio sofre uma redução
c) O estado de oxidação do enxofre no ácido sulfúrico é +6
d) Após o balanceamento da equação, a soma dos coeficientes mínimos e inteiros das espécies envolvidas é igual a 8

Questão 15

(EsPCEx) Conhecendo-se a fórmula do ácido oxálico ($H_2C_2O_4$), conclui-se que o número de oxidação do níquel no complexo $K_2[Ni(C_2O_4)_4]$ é:

a) – 1
b) zero
c) + 1
d) + 2
e) + 3

Questão 16

Os coeficientes da equação Mn^{2+} + BiO_3^{-} + H^{+} ⍰ MnO_4^{-} + Bi^{3+} + H_2O são:

a) 1, 3, 7, 1, 2 e 4
b) 2, 3, 9, 1, 3 e 5
c) 1, 3, 10, 1, 4 e 6
d) 2, 4, 12, 2, 5 e 7
e) 2, 5, 14, 2, 5 e 7

Questão 17

(GRILLO) Considere os seguintes compostos que apresenta o enxofre em todas as espécies presentes: H_2S, H_2SO_3, H_2SO_4 e S_8. Assinale a alternativa que apresenta de forma correta o número de oxidação do enxofre, respectivamente:

a) + 2, +3, -4, 0
b) -2, -4, +6, +8
c) -2, +4, +6, 0

d) +2, -4, -6, 0
e) -2, -4, -6, -8

Questão 18

(FUVEST) Considere os íons: Ca^{2+}, PO_4^{3-} e OH^-. A combinação desses íons pode resultar na hidroxiapatita, mineral presente em ossos e dentes. Determine o valor de x nesta fórmula $Ca_x(PO_4)_3OH$.
a) 1
b) 2
c) 3
d) 4
e) 5

Questão 19

Nas substâncias: Cl_2, KCl, $NaClO_4$, $AlCl_3$, os números de oxidação do cloro são respectivamente:
a) 0, −1, +7, −3
b) 0, −1, +7, −1
c) −1, +1, −1, +7
d) −1, 0, −7, +1
e) 0, +1, −7, +3

Questão 20

(UNIVERSIADDE FEDERAL RURAL DO RIO DE JANEIRO) No sulfato de chumbo II ($PbSO_4$), no sulfito de sódio (Na_2SO_3) e no sulfeto de cálcio (CaS) o número de oxidação do enxofre é, respectivamente,
a) + 6; + 4; – 2
b) + 5; + 2; – 1
c) + 6; + 4; – 1
d) + 4; + 4; + 2
e) + 6; + 2; – 2

Questão 21

(EsPCEx) O pirofosfato de potássio (K4P2O7), proveniente da neutralização do ácido pirofosfórico, apresenta para o fósforo o número de oxidação.
a) -5
b) -2
c) + 2
d) +5
e) +9

Exercícios de Fixação – Gabarito

Questão 01 – Alternativa B.
Questão 02 – Alternativa C.
Questão 03 – Alternativa A.
Questão 04 – Alternativa C.
Questão 05 – Alternativa B.
Questão 06 – Alternativa E.
Questão 07 – Alternativa E.
Questão 08 – Alternativa E.
Questão 09 – Alternativa A.
Questão 10 – Alternativa D.
Questão 11 – Alternativa A.
Questão 12 – Alternativa C.
Questão 13 – Alternativa C.
Questão 14 – Alternativa D.
Questão 15 – Alternativa D.
Questão 16 – Alternativa E.
Questão 17 – Alternativa C.
Questão 18 – Alternativa E.
Questão 19 – Alternativa B.
Questão 20 – Alternativa A.
Questão 21 – Alternativa D.
4. (+1) + 2x + 7. (-2) = 0
X = +5

CAPÍTULO 06. ESTUDO DAS FUNÇÕES INORGÂNICAS

Exemplos Aplicativos

Exemplo Aplicativo I

Nomear e classificar os seguintes compostos inorgânicos:

a) Na_2O
b) MgO
c) Al_2O_3
d) FeO
e) Fe_2O_3
f) SO_2
g) N_2O_5
h) K_2O_2
i) LiOH
j) CuOH
k) $Ba(OH)_2$
l) $Mg(OH)_2$
m) $Fe(OH)_3$
n) NH_4OH
o) HBr
p) HCl
q) HNO_2
r) H_2CO_3
s) H_3PO_4
t) H_2SO_3
u) $HbrO_3$
w) HclO
x) HF
y) $HclO_3$
z) HbrO

Resolução

a) Na_2O = óxido básico; óxido de sódio
b) MgO = óxido básico; óxido de sódio
c) Al_2O_3 = óxido anfótero; trióxido de dialumínio
d) FeO = óxido misto; óxido de ferro II
e) Fe_2O_3 = trióxido de diferro; óxido misto
f) SO_2 = dióxido de enxofre ou óxido sulfuroso; óxido ácido
g) N_2O_5 = pentóxido de dinitrogênio; óxido ácido
h) K_2O_2 = peróxido de potássio; peróxido
i) LiOH = hidróxido de lítio; hidróxido forte
j) CuOH = hidróxido de cobre II; hidróxido fraco
k) $Ba(OH)_2$ = hidróxido de bário; hidróxido forte; muito solúvel
l) $Mg(OH)_2$ = hidróxido de magnésio ou comercialmente conhecido como leite de magnésia; hidróxido fraco; pouco solúvel
m) $Fe(OH)_3$ = hidróxido; hidróxido fraco; hidróxido férrico ou hidróxido de ferro III
n) NH_4OH = hidróxido de amônio; hidróxido fraco
o) HBr = ácido do tipo hidrácido; ácido forte; ácido bromídrico
p) HCl = ácido do tipo hidrácido; ácido forte; ácido clorídrico
q) H_2CO_3 = ácido do tipo oxiácido; ácido fraco; ácido carbônico
r) H_3PO_4 = ácido do tipo oxiácido; ácido fraco; ácido fosfórico
t) H_2SO_3 = ácido do tipo oxiácido; ácido fraco; ácido sulfuroso
u) $HbrO_3$ = ácido do tipo oxiácido; ácido forte; ácido brômico
v) HclO = ácido do tipo oxiácido; ácido fraco; ácido hipocloroso
w) HF = ácido do tipo hidrácido; ácido fraco; ácido fluorídrico
x) $HclO_3$ = ácido do tipo oxiácido; ácido forte; ácido clórico
y) HbrO = ácido do tipo oxiácido; ácido fraco; ácido hipobromoso

Exemplo Aplicativo II

(GRILLO) Dê os nomes das seguintes espécies químicas:

1. $Al(OH)_3$ →
2. NaOH →
3. KCN →
4. KNC →
5. $CuCl_2$ →
6. CdS →
7. HBr →
8. H_2S →
9. HPO_3 →
10. $Hg_2(OH)_2$ →
11. $K_2Cr_2O_7$ →
12. $Fe_2(CrO_4)_3$ →
13. $KHCO_3$ →
14. $(NH_4)NO_3$ →
15. $Ca(ClO)_2$ →
16. $SrSO_4$ →
17. $(NH_4)_3BO_3$ →
18. Au_2CO_3 →
19. $Co(MnO_4)_2$ →
20. LiHS →

Resolução

1. $Al(OH)_3$ → Hidróxido de alumínio
2. NaOH → Hidróxido de sódio
3. KCN → Cianeto de potássio
4. KNC → Isocianeto de potássio
5. $CuCl_2$ → Cloreto de cobre II
6. CdS → Sulfeto de cádmio II
7. HBr → Ácido bromídrico
8. H_2S → Ácido sulfídrico
9. HPO_3 → Ácido metafosfórico
10. $Hg_2(OH)_2$ → Hidróxido de ouro II
11. $K_2Cr_2O_7$ → Dicromato de potássio
12. $Fe_2(CrO_4)_3$ → Cromato de ferro III
13. $KHCO_3$ → Bicarbonato de potássio
14. $(NH_4)NO_3$ → Nitrato de amônio
15. $Ca(ClO)_2$ → Hipoclorito de cálcio
16. $SrSO_4$ → Sulfato de estrôncio
17. $(NH_4)_3BO_3$ → Borato de amônio
18. Au_2CO_3 → Carbonato de ouro I
19. $Co(MnO_4)_2$ → Permanganato de cobalto II
20. LiHS → Sulfeto ácido de lítio

Exemplo Aplicativo III

(GRILLO) Dê as fórmulas químicas das espécies a seguir:

1. Ácido fluorídrico →
2. Ácido cianídrico →
3. Ácido isocianídrico →
4. Ácido telurídrico →
5. Ácido piroantimonioso →
6. Ácido nitroso →
7. Ácido dicrômico →
8. Ácido carbônico →
9. Ácido hipobromoso
10. Ácido fosfórico →
11. Iodeto de césio →
12. Fosfeto de alumínio →
13. Cloreto ferroso →
14. Sulfeto auroso →
15. Sulfito platínico →
16. Hidróxido de lítio →
17. Hidróxido de amônio →
18. Hidróxido platínico →
19. Hidróxido de césio →
20. brometo cobáltico →
21. Bissulfito de estôncio →
22. Dicromato de potássio →
23. Permanganato de potássio →
24. Pirofosfato mercúrico →
25. Perclorato de sódio →
26. Hipobromito cobaltoso →
27. Iodato de zinco →
28. Sulfeto de alumínio →
29. Carbonato de sódio →
30. Dihidrogenofosfato de potássio →
31. Bicarbonato de amônio →
32. Meta-arseniato de prata →
33. Periodato niqueloso →
34. Sulfeto auroso →
35. Hidróxido plumboso →
36. Polióxido de potássio →
37. Óxido de zinco →
38. Monóxido de carbono →
39. Anidrido nítrico →
40. Anidrido perbrômico →
41. Óxido salino de ferro →
42. Peróxido de hidrogênio →
43. Telureto de hidrogênio →
44. Borato de estrôncio →
45. anidrido crômico →
46. anidrido permangânico →
47. peróxido de sódio →
48. Permanganato mercúrico →

Resolução

1. Ácido fluorídrico → HF
2. Ácido cianídrico → HCN
3. Ácido isocianídrico → HNC
4. Ácido telurídrico → H_2Te
5. Ácido piroantimonioso → $H_4Sb_2O_5$
6. Ácido nitroso → HNO_2
7. Ácido dicrômico → H_2CrO_4
8. Ácido carbônico → H_2CO_3
9. Ácido hipobromoso → HbrO
10. Ácido fosfórico → H_3PO_4
11. Iodeto de césio → CsI
12. Fosfeto de alumínio → AlP
13. Cloreto ferroso → $FeCl_2$
14. Sulfeto auroso → Au_2S
15. Sulfito platínico → $Pt(SO_3)_4$
16. Hidróxido de lítio → LiOH
17. Hidróxido de amônio → NH_4OH
18. Hidróxido platínico → $Pt(OH)_4$
19. Hidróxido de césio → CsOH
20. brometo cobáltico → $CoBr_3$
21. Bissulfito de estôncio → $Sr(HSO_3)_2$
22. Dicromato de potássio → $K_2Cr_2O_7$
23. Permanganato de potássio → $KmnO_4$
24. Pirofosfato mercúrico → $Hg_2P_2O_7$
25. Perclorato de sódio → $NaClO_4$
26. Hipobromito cobaltoso → $Co(BrO)_2$
27. Iodato de zinco → $Zn(IO_3)_2$
28. Sulfeto de alumínio → Al_2S_3
29. Carbonato de sódio → Na_2CO_3
30. Dihidrogenofosfato de potássio → KH_2PO_4
31. Bicarbonato de amônio → NH_4HCO_3
32. Meta-arseniato de prata → $AgAsO_4$
33. Periodato niqueloso → $Ni(IO_4)_2$
34. Sulfeto auroso → Au_2S
35. Hidróxido plumboso → $Pb(OH)_2$
36. Superóxido de potássio → K_2O_4
37. Óxido de zinco → ZnO
38. Monóxido de carbono → CO
39. Anidrido nítrico → N_2O_5
40. Anidrido perbrômico → Br_2O_7
41. Óxido salino de ferro → Fe_3O_4
42. Peróxido de hidrogênio → H_2O_2
43. Telureto de hidrogênio → H_2Te
44. Borato de estrôncio → $Sr_3(BO_3)_2$
45. anidrido crômico → CrO_3
46. anidrido permangânico → Mn_2O_7
47. peróxido de sódio → Na_2O_2
48. Permanganato mercúrico → $Hg(MnO_4)_2$

Exemplo Aplicativo IV

(GRILLO) Dê a nomenclatura para cada composto inorgânico apresentado a seguir:

1. AlF_3 →
2. NaBr →
3. CaI_2 →
4. $BaC\ell_2$ →
5. $InC\ell_3$ →
6. CaO →
7. K_2O →
8. CsF →
9. $NiC\ell_4$ →
10. ZnF_2 →
11. PbO_2 →
12. AgBr →
13. Fe_2O_3 →
14. WI_6 →
15. $SnCl_2$ →
16. FeI_2 →
17. CaH_2 →
18. Li_2O_2 →
19. K_2O_2 →
20. RaO_2 →
21. GaH_3 →
22. $TiC\ell_3$ →

148. HBr(g) →
149. PH3 →
150. Óxido de Sódio →
151. Óxido de Lítio →
152. Óxido de Potássio →
153. Óxido de Ferro (II) →
154. Óxido de Magnésio →
155. Óxido de Cálcio →
156. Óxido de Rádio →
157. Óxido de Alumínio →
158. Peróxido de Sódio →
159. Peróxido de Cálcio →
160. Dióxido de Carbono →
161. Monóxido de Nitrogênio →
162. Trióxido de Enxofre →
163. Tetróxido de Difósforo →
164. Monóxido de Carbono →
165. Hexóxido de Diarsênio →
166. Monóxido de Dinitrogênio →
167. Trióxido de Diboro →
168. Trióxido de Dicloro →
169. Dióxido de Silício →

23. $SiC\ell_4$ →
24. NF_3 →
25. CBr_4 →
26. SO_2 →
27. PBr_3 →
28. BF_3 →
29. TeI_2 →
30. TeF_4 →
31. N_2O_4 →
32. SF_4 →
33. PCl_3 →
34. $C\ell_3N$ →
35. $HBr_{(aq)}$ →
36. $HBr_{(g)}$ →
37. PH_3 →
38. ácido carbônico →
39. heptóxido de dicloro →
40. sulfato de alumínio →
41. hipoclorito de sódio →
42. Hidróxido férrico →
43. Monóxido de nitrogênio →
44. Superóxido de sódio →
45. Peróxido de magnésio →
46. $FeCl_2$ →
47. $Pb(NO_3)_2$ →
48. NaF →
49. $Cr_2(SO_4)_3$ →
50. Al_2O_3 →
51. $K_2Cr_2O_7$ →
52. $Al(OH)_3$ →
53. CO_2 →
54. N_2O_3 →
55. N_2O_5 →
56. SO_2 →
57. SO_3 →
58. H_2SO_3 →
59. HNO_3 →
60. AgOH →
61. B_2O_3 →
62. $Fe(OH)_3$ →
63. $Zn(OH)_2$ →
64. $HclO_4$ →
65. N_2O_5 →
66. CO_2 →
67. $Ca(OH)_2$ →
68. HBr →
69. HCN →
70. $Ni(OH)_3$ →
71. HIO_3 →
72. H_2S →
73. BaO →
74. H_2CO_3 →
75. HclO →

170. Pentóxido de Dicloro →
171. Decóxido de Tetrafósforo →
172. Heptóxido de Dicloro →
173. Monóxido de Di-hidrogênio →
174. Trióxido de Difósforo →
175. Peróxido de Hidrogênio →
176. NaCl → Cloreto de sódio
177. Mg(OH)2 →
178. NaHCO3 →
179. CaCO3 →
180. Al(OH)3 →
181. H2SO3 →
182. HCl →
183. HIO2 →
184. HBr →
185. HCN →
186. H2CO3 →
187. HclO4 →
188. HNO2 →
189. HNO3 →
190. H2SO3 →
191. HNO3 →
192. AgOH →
193. Fe(OH)3 →
194. HclO4 →
195. N2O5 →
196. CO2 →
197. Ca(OH)2 →
198. HBr →
199. HCN →
200. Ni(OH)3 →
201. HIO3 →
202. H2S →
203. Cu(OH)2 →
204. BaO →
205. H2CO3 →
206. HclO →
207. Ag2O →
208. Mg(OH)2 →
209. HF →
210. Fe(OH)2 →
211. FeO →
212. NiCl2 →
213. H2SO4 →
214. H3BO3 →
215. HNO2 →
216. HIO2 →
217. HI →
218. NH4OH →
219. HIO4 →
220. HbrO →
221. CaO →
222. CaO2 →

76. Ag_2O →
77. $Mg(OH)_2$ →
78. HF →
79. $Fe(OH)_2$ →
80. FeO →
81. H_2SO_4 →
82. H_3BO_3 →
83. HNO_2 →
84. HIO_2 →
85. HI →
86. NH_4OH →
87. $H_4P_2O_7$ →
88. Hidróxido férrico →
89. Anidrido perclórico →
90. Ácido sulfídrico →
91. Ácido nitroso →
92. Óxido férrico →
93. Ácido fosfórico →
94. Ácido clorídrico →
95. Anidrido bórico →
96. Anidrido sulfúrico →
97. Ácido cianídrico →
98. Ácido carbônico →
99. Hidróxido de prata →
100. Ácido sulfuroso →
101. Óxido de alumínio →
102. Pentóxido de dinitrogênio →
103. Ácido nítrico →
104. Cloreto de sódio →
105. Perclorato de magnésio →
106. Hipoclorito de sódio →
107. Nitrato de amônio →
108. Fosfato de cálcio →
109. Sulfato férrico →
110. Sulfito de potássio →
111. Sulfeto de amônio →
112. Borato de prata →
113. AlF_3 →
114. NaBr →
115. CaI_2 →
116. $BaCl_2$ →
117. $InCl_3$ →
118. CaO →
119. K_2O →
120. CsF →
121. $NiC\ell_4$ →
122. AgBr →
123. $CoBr_3$ →
124. WI_6 →
125. FeI_2 →
126. CaH_2 →
127. OsF_6 →
128. PtI_4 →

223. HbrO2 →
224. NaClO →
225. LiClO3 →
226. K2O →
227. KO2 →
228. Ca(NO3)2 →
229. Al(NO2)3 →
230. AlN →
231. Ca3(PO4)2 →
232. HIO →
233. MgSO3 →
234. MgSO4 →
235. (NH4)2CO3 →
236. HgCl2 →
237. NaHCO3 →
238. KHSO4 →
239. HCl →
240. MgCl2 →
241. Fe2O3 →
242. Zn(NO2)2 →
243. Ba3(PO4)2 →
244. Al(OH)2NO3 →
245. CaCO3 →
246. K2SO4 →
247. KclO4 →
248. CaSO4.5H2O →
249. MgCO3 →
250. KmnO4 →
251. H2O2 →
252. Na2O4 →
253. FeSO4 →
254. KOH →
255. (NH4)2SO4 →
256. NO →
257. TiC →
258. NaOH →
259. Cl2O7 →
260. NaCN →
261. LiNO3 →
262. Rb2O →
263. CaCl2 →
264. Fe2(SO4)3 →
265. NH3 →
266. MgF2 →
267. CaC2 →
268. Cu(NO3)2 →
269. AgCl →
270. Fe(NO2)2 →
271. N_2O_4 →
272. NaH2PO4 →
273. CaOHCl →
274. CH3COONa →
275. NaI →

129. Li_2O_2 →
130. K_2O_2 →
131. RaO_2 →
132. GaH_3 →
133. $TiC\ell_3$ →
134. $SiC\ell_4$ →
135. NF_3 →
136. AsI_3 →
137. CBr_4 →
138. SO_2 →
139. P_2O_5 →
140. PBr_3 →
141. BF_3 →
142. N_2O_4 →
143. SF_4 →
144. $PC\ell_3$ →
145. N_2O_3 →
146. $NC\ell_3$ →
147. $HBr_{(aq)}$ →

276. K3BO3 →
277. BaO2 →
278. BaBr2 →
279. TiN →
280. SO2 →
281. FeCl3 →
282. Mg(OH)Cl →
283. Ca(OH)Br →
284. Mg(OH)ClO2 →
285. FeBr3 →
286. Ni(OH)2 →
287. Sn(OH)2 →
288. Sn(OH)4 →
289. Sr(NO3)2 →
290. KO2 →
291. Ag2O2 →
292. HgSO4 →
293. Fe(NO2)3 →
294. Pb(ClO3)2 →

Exemplo Aplicativo IV – Gabarito

(GRILLO) Resolução:

1. AlF3 → Fluoreto de alumínio
2. NaBr → Brometo de sódio
3. CaI2 → Iodeto de cálcio
4. BaCℓ2 → Cloreto de bário
5. InCℓ3 → Tricloreto de índio
6. CaO → Óxido de cálcio
7. K2O → Óxido de potássio
8. CsF → Fluoreto de césio
9. NiCℓ4 → Tetracloreto de níquel
10. ZnF2 → Fluoreto de zinco II
11. PbO2 → Óxido de chumbo II ou óxido plumboso
12. AgBr → Brometo de prata
13. Fe2O3 → Trióxido de diferro
14. WI6 → Hexaiodeto de tungstênio
15. SnCl2 → Cloreto de estanho II
16. FeI2 → iodeto de ferro II ou Iodeto ferroso
17. CaH2 → Hidreto de cálcio
18. Li2O2 → Peróxido de lítio
19. K2O2 → Peróxido de potássio
20. RaO2 → Dióxido de rádio
21. GaH3 → Hidreto de gálio
22. TiCℓ3 → Tricloreto de titânio
23. SiCℓ4 → tetracloreto de estanho
24. NF3 → Trifluoreto de nitrogênio
25. CBr4 → Tetrabrometo de carbono
26. SO2 → Dióxido de enxofre ou anidrido sulfúrico
27. PBr3 → Tribrometo de fósforo
28. BF3 → Trifluoreto de boro
29. TeI2 → Iodeto de telúrio
30. TeF4 → Tetrafluoreto de telúrio

148. HBr(g) → Ácido bromídrico
149. PH3 → Hidreto de fósforo
150. Óxido de Sódio → Na2O
151. Óxido de Lítio → Li2O
152. Óxido de Potássio → K2O
153. Óxido de Ferro (II) → FeO
154. Óxido de Magnésio → MgO
155. Óxido de Cálcio → CaO
156. Óxido de Rádio → RaO
157. Óxido de Alumínio → Al2O3
158. Peróxido de Sódio → Na2O2
159. Peróxido de Cálcio → CaO2
160. Dióxido de Carbono → CO2
161. Monóxido de Nitrogênio → NO (óxido nítrico)
162. Trióxido de Enxofre → SO3
163. Tetróxido de Difósforo → P2O4
164. Monóxido de Carbono → CO (óxido neutro)
165. Hexóxido de Diarsênio → As2O6
166. Monóxido de Dinitrogênio → N2O (óxido neutro)
167. Trióxido de Diboro → B2O3
168. Trióxido de Dicloro → Cl2O3
169. Dióxido de Silício → SiO2
170. Pentóxido de Dicloro → Cl2O5
171. Decóxido de Tetrafósforo → P4O10
172. Heptóxido de Dicloro → Cl2O7
173. Monóxido de Di-hidrogênio → H2O
174. Trióxido de Difósforo → P2O3
175. Peróxido de Hidrogênio → H2O2
176. NaCl → Cloreto de sódio
177. Mg(OH)2 → Hidróxido de magnésio

31. N2O4 → Tetróxido de dinitrogênio
32. SF4 → Tetrafluoreto de enxofre
33. PCl3 → Tricloreto de fósforo
34. Cℓ3N → Nitreto de cloro
35. HBr(aq) → Ácido bromídrico
36. HBr(g) → Brometo de hidrogênio
37. PH3 → Hidreto de fósforo
38. ácido carbônico → H2CO3
39. heptóxido de dicloro → Cl2O7
40. sulfato de alumínio → Al2(SO4)3
41. hipoclorito de sódio → NaClO
42. Hidróxido férrico → Fe(OH)3
43. Monóxido de nitrogênio → NO
44. Superóxido de sódio → Na2O4
45. Peróxido de magnésio → Mg2O4 ou MgO2
46. FeCl2 → Cloreto de ferro II ou cloreto ferroso
47. Pb(NO3)2 → Nitrato de chumbo II
48. NaF → Fluoreto de sódio
49. Cr2(SO4)3 → Sulfato de cromo III
50. Al2O3 → Trióxido de dialumínio
51. K2Cr2O7 → Dicromato de potássio
52. Al(OH)3 → Hidróxido de alumínio
53. CO2 → Dióxido de carbono
54. N2O3 → Trióxido de dinitrogênio
55. N2O5 → Pentóxido de dinitrogênio
56. SO2 → Dióxido de enxofre ou anidrido sulfuroso
57. SO3 → Trióxido de enxofre ou Anidrido sulfúrico
58. H2SO3 → Ácido sulfuroso
59. HNO3 → Ácido nítrico
60. AgOH → Hidróxido de prata
61. B2O3 → Trióxido de diboro
62. Fe(OH)3 → Hidróxido de ferro III ou hidróxido férrico
63. Zn(OH)2 → Hidróxido de zinco II
64. HclO4 → Ácido perclórico
65. N2O5 → Pentóxido de dinitrogênio
66. CO2 → Dióxido de carbono
67. Ca(OH)2 → Hidróxido de cálcio
68. HBr → Ácido bromídrico
69. HCN → Ácido cianídrico
70. Ni(OH)3 → Hidróxido de níquel III
71. HIO3 → Ácido iódico
72. H2S → Ácido sulfídrico
73. BaO → Óxido de bário
74. H2CO3 → Ácido carbônico
75. HclO → Ácido hipocloroso
76. Ag2O → Óxido de prata
77. Mg(OH)2 → Hidróxido de magnésio
78. HF → Ácido Fluorídrico
79. Fe(OH)2 → Hidróxido de ferro II ou hidróxido ferroso
80. FeO → Óxido de ferro II ou óxido ferroso
81. H2SO4 → Ácido sulfúrico

178. NaHCO3 → Carbonato ácido de sódio ou bicarbonato de sódio
179. CaCO3 → Carbonato de cálcio
180. Al(OH)3 → Hidróxido de alumínio
181. H2SO3 → Ácido sulfuroso
182. HCl → Ácido clorídrico
183. HIO2 → Ácido iodoso
184. HBr → Ácido bromídrico
185. HCN → Ácido cianídrico
186. H2CO3 → Ácido carbônico
187. HclO4 → Ácido perclórico
188. HNO2 → Ácido nitroso
189. HNO3 → Ácido nítrico
190. H2SO3 → Ácido sulfuroso
191. HNO3 → Ácido nítrico
192. AgOH → Hidróxido de prata
193. Fe(OH)3 → Hidróxido de ferro III ou hidróxido férrico
194. HclO4 → Ácido perclórico
195. N2O5 → Pentóxido de dinitrogênio
196. CO2 → Dióxido de carbono
197. Ca(OH)2 → Hidróxido de cálcio
198. HBr → Ácido bromídrico
199. HCN → Ácido cianídrico
200. Ni(OH)3 → Hidróxido de níquel III
201. HIO3 → Ácido iódico
202. H2S → Ácido sulfídrico
203. Cu(OH)2 → Hidróxido de cobre II
204. BaO → òxido de bário
205. H2CO3 → Ácido carbônico
206. HclO → Ácido hipocloroso
207. Ag2O → Óxido de prata
208. Mg(OH)2 → Hidróxido de magnésio
209. HF → Ácido fluorídrico
210. Fe(OH)2 → Hidróxido de ferro II ou hidróxido ferroso
211. FeO → Óxido de ferro II
212. NiCl2 → Cloreto de níquel II
213. H2SO4 → Ácido sulfúrico
214. H3BO3 → Ácido bórico
215. HNO2 → Ácido nitroso
216. HIO2 → Ácido iodoso
217. HI → Ácido iodídrico
218. NH4OH → Hidróxido de amônio
219. HIO4 → Ácido periódico
220. HbrO → Ácido hipobromoso
221. CaO → Óxido de cálcio
222. CaO2 → Peróxido de cálcio ou dióxido de cálcio
223. HbrO2 → Ácido bromoso
224. NaClO → Hipoclorito de sódio
225. LiClO3 → Clorato de lítio
226. K2O → Óxido de potássio
227. KO2 → Superóxido de potássio ou dióxido de potássio
228. Ca(NO3)2 → Nitrato de cálcio

82. H3BO3 → Ácido bórico
83. HNO2 → Ácido nitroso
84. HIO2 → Ácido iodoso
85. HI → Ácido iodídrico
86. NH4OH → Hidróxido de amônio
87. H4P2O7 → Ácido pirofosfórico
88. Hidróxido férrico → Fe(OH)3
89. Anidrido perclórico → Cl2O7
90. Ácido sulfídrico → H2S
91. Ácido nitroso → HNO2
92. Óxido férrico → Fe2O3
93. Ácido fosfórico → H3PO4
94. Ácido clorídrico → HCl
95. Anidrido bórico → H3BO3 ou B(OH)3
96. Anidrido sulfúrico → SO3
97. Ácido cianídrico → HCN
98. Ácido carbônico → H2CO3
99. Hidróxido de prata → AgOH
100. Ácido sulfuroso → H2SO3
101. Óxido de alumínio → Al2O3
102. Pentóxido de dinitrogênio → N2O5
103. Ácido nítrico → HNO3
104. Cloreto de sódio → NaCl
105. Perclorato de magnésio → Mg(ClO4)2
106. Hipoclorito de sódio → NaClO
107. Nitrato de amônio → NH4NO3
108. Fosfato de cálcio → CaF2
109. Sulfato férrico → Fe2(SO4)3
110. Sulfito de potássio → K2SO2
111. Sulfeto de amônio → (NH4)2S
112. Borato de prata → AgBO3
113. AlF3 → Trifluoreto de alumínio
114. NaBr → Brometo de sódio
115. CaI2 → Iodeto de cálcio
116. BaCl2 → Cloreto de bário
117. InCl3 → Tricloreto de índio
118. CaO → Óxido de cálcio
119. K2O → Óxido de potássio
120. CsF → Fluoreto de césio
121. NiCℓ4 → Tetracloreto de níquel
122. AgBr → Brometo de prata
123. CoBr3 → Brometo de cobalto III
124. WI6 → Hexaiodeto de tungstênio
125. FeI2 → Iodeto de ferro II ou Iodeto ferroso
126. CaH2 → Hidreto de cálcio
127. OsF6 → Hexafluoreto de ósmio
128. PtI4 → Tetraiodeto de platina IV
129. Li2O2 → Peróxido de lítio
130. K2O2 → Peróxido de potássio
131. RaO2 → Peróxido de rádio
132. GaH3 → Hidreto de gálio
229. Al(NO2)3 → Nitrito de alumínio
230. AlN → Nitreto de alumínio
231. Ca3(PO4)2 → Fosfato de cálcio
232. HIO → Ácido hipoiodoso
233. MgSO3 → Sulfito de magnésio
234. MgSO4 → Sulfato de magnésio
235. (NH4)2CO3 → carbonato de amônio
236. HgCl2 → Cloreto de mercúrio II
237. NaHCO3 → Bicarbonato de sódio
238. KHSO4 → Bissulfato de potássio
239. HCl → Ácido clorídrico
240. MgCl2 → Cloreto de magnésio
241. Fe2O3 → Trióxido de diferro ou Óxido de ferro III ou Óxido férrico
242. Zn(NO2)2 → Nitrito de zinco
243. Ba3(PO4)2 → Fosfato de bário
244. Al(OH)2NO3 → Nitrato básico de alumínio
245. CaCO3 → Carbonato de cálcio
246. K2SO4 → Sulfato de potássio
247. KclO4 → Perclorato de potássio
248. CaSO4.5H2O → Sulfato de cálcio pentahidratado
249. MgCO3 → Carbonato de magnésio
250. KmnO4 → Permanganato de potássio
251. H2O2 → Peróxido de hidrogênio
252. Na2O4 → Superóxido de sódio
253. FeSO4 → Sulfato de ferro II ou sulfato ferroso
254. KOH → Hidróxido de potássio ou potassa cáustica
255. (NH4)2SO4 → Sulfato de amônio
256. NO → Monóxido de nitrogênio ou óxido nítrico
257. TiC → Carbeto de titânio
258. NaOH → Hidróxido de sódio ou soda cáustica
259. Cl2O7 → Heptóxido de dicloro
260. NaCN → Cianeto de sódio
261. LiNO3 → Nitrato de lítio
262. Rb2O → Óxido de rubídio
263. CaCl2 → Cloreto de cálcio
264. Fe2(SO4)3 →Sulfato de ferro III ou Sulfato férrico
265. NH3 → Amônia ou gás amoníaco
266. MgF2 → Fluoreto de magnésio
267. CaC2 → Carbeto de cálcio
268. Cu(NO3)2 → Nitrato de cobre II
269. AgCl → Cloreto de prata
270. Fe(NO2)2 → Nitrito de ferro II ou Nitrito ferroso
271. N2O4 → Tetróxido de dinitrogênio
272. NaH2PO4 → Fosfato ácido de sódio ou Bifosfato de sódio
273. CaOHCl → Cloreto básico de cálcio
274. CH3COONa → Acetato de sódio
275. NaI → Iodeto de sódio
276. K3BO3 → Borato de potássio
277. BaO2 → Peróxido de bário
278. BaBr2 → brometo de bário
279. TiN → Nitreto de titânio

133. TiCℓ3 → Cloreto de titânio III ou tricloreto de titânio
134. SiCℓ4 → Tetracloreto de silício
135. NF3 → Trifluoreto de nitrogênio
136. AsI3 → Triiodeto de astato
137. CBr4 → Tetrabrometo de carbono
138. SO2 → Anidrido sulfuroso ou dióxido de enxofre
139. P2O5 → Pentóxido de difósforo
140. PBr3 → Tribrometo de fósforo
141. BF3 → Trifluoreto de boro
142. N2O4 → Tetróxido de dinitrogênio
143. SF4 → Tetrafluoreto de enxofre
144. PCℓ3 → Tricloreto de fósforo
145. N2O3 → Trióxido de dinitrogênio
146. NCℓ3 → Tricloreto de níquel I
147. HBr(aq) → Ácido bromídrico

280. SO2 → Dióxido de enxofre ou óxido sulfuroso
281. FeCl3 → Cloreto de ferro III ou cloreto férrico
282. Mg(OH)Cl → Cloreto básico de magnésio
283. Ca(OH)Br → Brometo básico de cálcio
284. Mg(OH)ClO2 → Cloreto básico de magnésio
285. FeBr3 → Brometo férrico ou Brometo de ferro III
286. Ni(OH)2 → Hidróxido de níquel II
287. Sn(OH)2 → Hidróxido de estanho II
288. Sn(OH)4 → Hidróxido de estanho IV
289. Sr(NO3)2 → Nitrato de estrôncio
290. KO2 → Superóxido de potássio
291. Ag2O2 → Peróxido de prata
292. HgSO4 → Sulfato de mercúrio II
293. Fe(NO2)3 → Nitrito de ferro III ou nitrito férrico
294. Pb(ClO3)2 → Clorato de chumbo II

Exercícios de Fixação

Questão 01

De acordo com imagens do Inpe (Instituto Nacional de Pesquisas Espaciais), a fumaça das queimadas que devastam a Amazônia e o Pantanal começou a chegar em meados de setembro de 2021 às regiões Sul e Sudeste do país. Dados do instituto indicam que entre janeiro e agosto deste ano foram registrados 10.153 focos de incêndio no Pantanal – número superior ao total registrado entre 2014 e 2019 (10.048). O fenômeno da chuva com comportamento ácido é causado por reações químicas que ocorrem entre alguns gases liberados na atmosfera de forma antrópica ou natural e o vapor d'água. Como consequência, há a formação de algumas substâncias de comportamento ácido, como por exemplo: ácido carbônico, ácido sulfúrico, ácido sulfuroso, dentre outros, que conferem pH abaixo de 7,0 à água da chuva. As fórmulas moleculares dos ácidos citados no texto são, respectivamente:

a) HCO_3; H_2SO_3; HSO_2
b) H_2CO_4; H_2SO_3; H_2SO_3
c) H_2CO_3; H_2SO_3; H_2SO_4
d) H_2CO_3; H_2SO_4; H_2SO_3
e) H_2CO_4; H_2SO_4; H_2S

Questão 02

Alguns produtos comercializados no mercado têm como principais componentes substâncias inorgânicas, nas quais o elemento químico sódio encontra-se presente. Na tabela abaixo, segue a relação de algumas dessas substâncias.

Produtos comercializados	Substâncias inorgânicas
Água Sanitária	Hipoclorito de sódio
Desentupidores de pia	Hidróxido de sódio
Sal de cozinha	Cloreto de sódio
Fermento químico	Hidrogenocarbonato de sódio
Creme dental	Fluoreto de sódio

Assinale a alternativa na qual encontram-se as fórmulas químicas das substâncias inorgânicas presentes nos produtos comercializados, na ordem que aparecem na tabela, de cima para baixo.

a) $NaHClO$; $NaOH$; $NaClO$, $NaHCO_3$ e NaF
b) $NaClO$; $NaOH$; $NaCl$, $NaHCO_3$ e NaF
c) $NaHClO$; $NaCl$; $NaOH$, $NaHCO_2$ e Na_2F
d) $NaClO$; $NaHO$; $NaCl$, $NaHCO_4$ e Na_2F
e) $NaHClO$; $NaHO$; $NaCl$, $NaHCO_3$ e NaF_2

Questão 03

(EsPCEx) O dióxido de enxofre é um dos diversos gases tóxicos poluentes, liberados no ambiente por fornos de usinas e de indústrias. Uma das maneiras de reduzir a emissão deste gás tóxico é a injeção de carbonato de cálcio no interior dos fornos industriais. O carbonato de cálcio injetado nos fornos das usinas se decompõe formando óxido de cálcio e dióxido de carbono. O óxido de cálcio, então, reage com o dióxido de enxofre para formar o sulfito de cálcio no estado sólido, menos poluente. Assinale a alternativa que apresenta, na sequência em que aparecem no texto (desconsiderando-se as repetições), as fórmulas químicas dos compostos, grifados e em itálico, mencionados no processo.

a) SO_2; $CaCO_2$; CaO_2; $CaSO_2$
b) SO_2; $CaCO_3$; CaO; CO_2; $CaSO_4$
c) SO_2; Ca_2CO_3; Ca_2O; CO_2; $CaSO_3$
d) SO_2; $CaCO_3$; CaO; CO_2; $CaSO_3$
e) SO_3; $CaCO_4$; CaO; CO; $CaSO_4$

Questão 04

(EsPCEx) Um certo elemento químico A forma um óxido metálico. Esse óxido dissolvido em água origina uma solução que adquire coloração rósea, quando tratada com fenolftaleína. O elemento químico A pode ser:

a) carbono
b) boro
c) potássio
d) enxofre
e) neônio

Questão 05

(EsPCEx) Ao preparar doce de abóbora, para se obter a rigidez superficial dos cubos, adiciona-se óxido de cálcio à mistura. Esse óxido reage com a água que existe na abóbora e produz o hidróxido de cálcio, que por sua vez reage com o gás carbônico da atmosfera, produzindo um sal pouco solúvel. Sobre as substâncias químicas citadas no texto, são feitas as seguintes afirmações:

I) o óxido adicionado é classificado como óxido básico;
II) o gás carbônico possui momento dipolar diferente de zero;
III) o hidróxido de cálcio é muito solúvel em água;
IV) o sal formado possui fórmula $CaCO_3$. É correto o que se afirma apenas em:

a) I e II
b) III e IV
c) I e IV
d) II e III
e) I, III e IV

Questão 06

(EsPCEx) Em duas provetas contendo água, isenta de íons, são dissolvidas quantidades suficientes de óxido de cálcio, na proveta 1, e de dióxido de carbono, na proveta 2, para mudar o caráter ácido-base da água. Após a dissolução, as soluções contidas nas provetas 1 e 2 apresentam, respectivamente, caráter:

a) básico e ácido
b) básico e básico
c) ácido e básico
d) ácido e ácido
e) neutro e ácido

Questão 07

(EsPCEx) A composição química do cimento Portland, utilizado na construção civil, varia ligeiramente conforme o que está indicado na tabela abaixo:

Substância	Percentagem (%)
Óxido de cálcio	61 a 67
Dióxido de silício	20 a 23
Óxido de alumínio	4,5 a 7,0
Óxido de ferro III	2,0 a 3,5
Óxido de magnésio	0,8 a 6,0
Trióxido de enxofre	1,0 a 2,3
Óxidos de sódio e potássio	0,5 a 1,3

Dados: Massas atômicas em unidade de massa atômica (u): O (oxigênio) = 16; Fe (Ferro) = 56. Considere: Número de Avogadro = $6{,}0 \times 10^{23}$. Assinale a alternativa correta:

a) O óxido de cálcio (CaO), o óxido de potássio (K_2O) e o óxido de sódio (Na_2O) são classificados como óxidos ácidos;
b) O óxido de ferro III tem fórmula química igual a Fe_2O_3;
c) São classificados como óxidos neutros o óxido de magnésio e o óxido de alumínio;
d) O trióxido de enxofre também é chamado de anidrido sulfuroso;

e) Em 1 kg de cimento para rejuntar azulejos de uma cozinha o valor mínimo do número de átomos de ferro, utilizando a tabela, é $1,5 \times 10^{23}$.

Questão 08

(EsPCEx) Considere os seguintes óxidos: I – MgO; II – CO; III – CO_2; IV – CrO_3; V – Na_2O. Os óxidos que, quando dissolvidos em água pura, reagem produzindo bases são:

a) Apenas II e III
b) Apenas I e V
c) Apenas III e IV
d) Apenas IV e V
e) Apenas I e II

Questão 09

(EsPCEx) Baseado no texto a seguir, responda a(s) questão(ões)
"... Por mais surpreendente que pareça, a desintegração do exército napoleônico pode ser atribuída a algo tão pequeno quanto um botão — um botão de estanho, para sermos mais exatos, do tipo que fechava todas as roupas no exército, dos sobretudos dos oficiais às calças e paletós dos soldados de infantaria. Quando a temperatura cai, o reluzente estanho metálico exposto ao oxigênio do ar começa a se tornar friável e a se esboroar (desfazer) num pó acinzentado e não metálico — continua sendo estanho, mas com forma estrutural diferente". (Adaptado de *Os Botões de Napoleão* — Penny Le Couteur e Jay Burreson — p. 8). O texto acima faz alusão a uma reação química, cujo produto é um pó acinzentado e não metálico. A alternativa que apresenta corretamente o nome e fórmula química dessa substância:

a) cloreto de estanho de fórmula $SnCl_2$
b) estanho metálico de fórmula Sn°
c) óxido de estanho VI de fórmula Sn_2O_3
d) peróxido de estanho de fórmula Sn_3O_2
e) óxido de estanho II de fórmula SnO

Questão 10

(EsPCEx) A tabela abaixo apresenta alguns dos produtos químicos existentes em uma residência.

Produto	Um dos componentes do produto	Fórmula do componente
Sal de cozinha	Cloreto de sódio	$NaCl$
Açúcar	Sacarose	$C_{12}H_{22}O_{11}$
Refrigerante	Ácido Carbônico	H_2CO_3
Limpa-forno	Hidróxido de sódio	$NaOH$

Assinale a alternativa correta:

a) O cloreto de sódio é um composto iônico que apresenta alta solubilidade em água e, no estado sólido, apresenta boa condutividade elétrica.
b) A solução aquosa de sacarose é uma substância molecular que conduz muito bem a corrente elétrica devido à formação de ligações de hidrogênio entre as moléculas de sacarose e a água.
c) O hidróxido de sódio e o cloreto de sódio são compostos iônicos que, quando dissolvidos em água, sofrem dissociação, em que os íons formados são responsáveis pelo transporte de cargas.
d) Soluções aquosas de sacarose e de cloreto de sódio apresentam condutividade elétrica maior que aquela apresentada pela água destilada (pura), pois existe a formação de soluções eletrolíticas, em ambas as soluções.
e) O ácido carbônico é um diácido, muito estável, sendo considerado como ácido forte, não conduz corrente elétrica.

Questão 11

(INSTITUTO TECNOLÓGICO DA AERONÁUTICA) Os óxidos de metais de transição podem ter caráter ácido, básico ou anfótero. Assinale a opção que apresenta o caráter dos seguintes óxidos: CrO, Cr_2O_3 e CrO_3.

a) Ácido, anfótero, básico
b) Ácido, básico, anfótero
c) Anfótero, ácido, básico
d) Básico, ácido, anfótero
e) Básico, anfótero, ácido

Questão 12

(EsPCEx) Estatísticas mostram que ao longo das décadas, os raios são os fenômenos naturais que mais provocam mortes, comparados a fenômenos como tornados, enchentes e vendavais. Embora contraditório, os relâmpagos são essenciais à vida, pois dentre outros benefícios, combinam quim camente o oxigênio e o nitrogênio, que, juntamente com a chuva, forma um excelente adubo natural. Da combinação química mencionada surge um composto que é classificado como:
a) Binário e óxido básico
b) Ternário e óxido anfótero
c) Binário e peróxido
d) Ternário e superóxido
e) Binário e óxido ácido

Questão 13

(EsPCEx) O simples ato de riscar um fósforo contribui para lançar na atmosfera mais dióxido de enxofre. Por esta razão, alguns químicos decidiram fabricar um produto "mais verde", substituindo o sulfeto de fósforo pelo perro-fósforo produzidos, dando óxidos de fósforos que não são voláteis. Dentre os motivos pelos quais os químicos tomaram a atitude de fabricar um produto "mais verde" estão:
I) A combustão do sulfeto de fósforo fornece dióxido de enxofre, que é um dos causadores do efeito estufa.
II) O dióxido de enxofre obtido da combustão do sulfeto de fósforo reage com oxigênio da atmosfera e produz anidrido sulfúrico, um dos causadores da chuva ácida.
III) Os óxidos de fósforo produzidos são todos classificados como óxidos ácidos e são os responsáveis pelo efeito estufa. Em relação as afirmativas está(ão) correta(s) a(s):
a) I e II
b) II
c) I, II e III
d) I
e) III

Questão 14

(EsPCEx) Um certo elemento químico A forma um óxido metálico. Esse óxido dissolvido em água origina uma solução que adquire coloração rósea, quando tratada com fenolftaleína. O elemento químico A pode ser:
a) Carbono
b) Boro
c) Potássio
d) Enxofre
e) Neônio

Questão 15

(EsPCEx) "O tungstênio é encontrado em vários minerais, como óxidos de volframita – (Fe, Mn) WO_4, e a scheelita – $CaWO_4$. É usado em filamentos de lâmpadas incandescentes, em tanques de guerra, balas de revólver e em ferramentas de corte e perfuração". Acerca da espécie química $CaWO_4$ e seus átomos constituintes, são feitas as seguintes afirmativas:
I – No composto $CaWO_4$ o número de oxidação (Nox) do tungstênio é +6.
II – O composto $CaWO_4$ é considerado um peróxido.
III – O $CaWO_4$ é uma substância que possui apenas ligações do tipo covalente.

IV – O tungstênio (Z=74) é um metal de transição externa ("elementos com configuração eletrônica terminando em ns^2 $(n\text{-}1)d^1$ até 10"). Das afirmativas feitas estão corretas apenas FONSECA, Martha Reis Marques da, Química Geral, São Paulo: Ed FTD, 2007, pág 207. FONSECA, Martha Reis Marques da, Química Geral, São Paulo: Ed FTD, 2007, pág 206. Das afirmativas feitas estão corretas apenas:

a) I e II
b) II e III
c) III e IV
d) I e IV
e) I, II e III

Questão 16

(EsPCEx) O quadro a seguir relaciona algumas substâncias químicas e sua(s) aplicação(ões) ou característica (s) frequente (s) no cotidiano.

Ordem	Substâncias	Aplicação(ões) / Característica(s)
I	Hipoclorito de sódio	Alvejante, agente antisséptico
II	Ácido nítrico	Indústria de explosivos
III	Hidróxido de amônio	Produção de fertilizantes e produtos de limpeza
IV	Óxido de cálcio	Controle de acidez do solo e caiação

As fórmulas químicas das substâncias citadas nesse quadro são, na ordem, respectivamente:

a) I – $NaClO$; II – HNO_3; III – NH_4OH; IV – CaO
b) I – $NaClO_4$; II – HNO_3; III – NH_3OH; IV – CaO
c) I – $NaClO$; II – HNO_3; III – NH_3OH; IV – CaO
d) I – $NaClO$; II – HNO_2; III – NH_4OH; IV – CaO_2
e) I – $NaClO_4$; II – HNO_2; III – NH_3OH; IV – CaO_2

Questão 17

(FUNDAÇÃO GETÚLIO VARGAS) Alguns compostos, quando solubilizados em água, geram uma solução aquosa que conduz eletricidade. Dos compostos abaixo:

I – Na_2SO_4 IV – KNO_3
II – O_2 V – CH_3COOH
III – $C_{12}H_{22}O_{11}$ VI – $NaCl$

Formam solução aquosa que conduz eletricidade:

a) apenas I, IV e VI
b) apenas I, IV, V e VI
c) todos
d) apenas I e VI
e) apenas VI

Questão 18

(UNIVERSIDADE FEDERAL DO RIO GRANDE DO NORTE) Ao queimar na atmosfera, o metal (X), pertencente à família dos metais alcalinos, forma uma substância (Y), que reage com água, formando uma substância (Z), que, por sua vez, reage com ácido, formando uma substância (W). As substâncias Y, Z e W são classificadas, respectivamente, como:

a) sal, hidróxido e óxido
b) hidróxido, óxido e sal
c) óxido, sal e hidróxido
d) óxido, hidróxido e sal

Questão 19

(UNIVERSIDADE DO ESTADO DE SÃO PAULO) Recentemente, divulgou-se que a China pretende investir em um programa para transformar carvão mineral em combustível líquido, com o objetivo de diminuir a importação de petróleo. A tecnologia consiste na geração de uma mistura gasosa de H_2 e CO, que se converte em uma mistura de hidrocarbonetos líquidos na presença de um catalisador, em condições adequadas de temperatura e pressão. Para aumentar o teor de H_2 na mistura gasosa, ... tem que ser convertido em CO_2, pela reação com vapor d'água. O CO_2 que é um ...., é separado posteriormente do H_2 por meio de uma reação com determinada substância ....
Os espaços vazios do texto são corretamente preenchidos, na ordem em que aparecem, por:

a) CH_4 ... hidrocarboneto ... neutra
b) CO ... óxido ácido ... neutra
c) CO ... óxido básico ... neutra
d) CO ... óxido básico ... ácida
e) CO ... óxido ácido ... básica

Questão 20

Dê a fórmula dos compostos abaixo:

a) monóxido de monocobre
b) óxido de zinco
c) trióxido de monomanganês
d) monóxido de monocobalto
e) peróxido de potássio

Questão 21

(EsPCEx) A neutralização parcial do ácido carbônico pelo hidróxido de sódio produz:

a) carbeto de sódio
b) carbonito de sódio
c) bicarbonato de sódio
d) carbonato de sódio
e) tiocarbonato de sódio

Questão 22

Os nomes dos ácidos oxigenados abaixo são, respectivamente: $HNO_{2(aq)}$, $HclO_{3(aq)}$, $H_2SO_{3(aq)}$, $H_3PO_{4(aq)}$.

a) nitroso, clórico, sulfuroso, fosfórico
b) nítrico, clorídrico, sulfúrico, fosfórico
c) nítrico, hipocloroso, sulfuroso, fosforoso
d) nitroso, perclórico, sulfúrico, fosfórico
e) nítrico, cloroso, sulfídrico, hipofosforoso

Questão 23

No interior dos motores dos automóveis acontece, além da combustão completa de hidrocarbonetos, também a incompleta, com produção de monóxido de carbono (CO). Assinale a opção que indica a classificação desse gás incolor, inodoro e muito tóxico.

a) Óxido neutro
b) Óxido anfótero
c) Óxido básico
d) Óxido ácido
e) Óxido salino

Questão 24

(EsPCEx) O ácido que dá origem ao sulfito férrico é utilizado como alvejante e conservante de alimentos. A reação de neutralização que produz este sal é proveniente dos seguintes reagentes:

a) ácido sulfídrico e óxido de ferro III

b) ácido sulfídrico e hidróxido de ferro III
c) ácido sulfúrico e hidróxido de ferro III
d) ácido sulfuroso e hidróxido de ferro III
e) ácido sulfuroso e óxido de ferro III

Questão 25

(EsPCEx) Assinale qual das reações abaixo representa a produção de um sal, a partir de um óxido ácido:
a) $Ca(OH)_2 + H_2SO_4 \rightarrow CaSO_4 + 2H_2O$
b) $BaO + H_2SO_4 \rightarrow BaSO_4 + H_2O$
c) $SO_3 + 2NaOH \rightarrow Na_2SO_4 + H_2O$
d) $KclO_3 \rightarrow KCl + 3/2º_2$
e) $Na_2O_2 + H_2SO_4 \rightarrow Na_2SO_4 + H_2O_2$

Questão 26

Escreva as reações de dissociação (em água) das seguintes bases apresentadas a seguir:
a) NaOH:
b) $Ca(OH)_2$:
c) $Al(OH)_3$:
d) $Co(OH)_2$:
e) NH_4OH:

Questão 27

(UNIVERSIDADE FEDERAL FLUMINENSE) Até os dias de hoje e em muitos lares, a dona de casa faz uso de um sal vendido comercialmente em solução aquosa com o nome de água sanitária ou água de lavandeira. Esse produto possui efeito bactericida, fungicida e alvejante. A fabricação dessa substância se faz por meio da seguinte reação: $Cl_2 + NaOH \rightarrow NaClO\ (A) + NaCl\ (B) + H_2O$. Considerando a reação apresentada, os sais formados pelas espécies A e B são denominados, respectivamente:
a) Hipoclorito de sódio e cloreto de sódio
b) Cloreto de sódio e clorato de sódio
c) Clorato de sódio e cloreto de sódio
d) Perclorato de sódio e hipoclorito de sódio
e) Hipoclorito de sódio e perclorato de sódio

Questão 28

(UNIVERSIDADE FEDERAL DO RIO GRANDE DO NORTE) Assinalar a alternativa que apresenta, respectivamente, a nomenclatura correta das substâncias abaixo: $HclO_4$; CuOH; $NaHCO_3$ e $Mg(BrO)_2$.
a) ácido clórico hidróxidode cobre-I; bicarbonato de sódio; bromato de magnésio
b) ácido clórico, hidróxido cúprico; bicabornato de sódio; bromato de magnésio
c) ácido perclórico, hidróxido cuproso; carbonato de sódio; bromato de magnésio
d) ácido perclórico; hidróxido cuproso; bicarbonato de sódio; hipobromito de magnésio
e) ácido cloroso; hidróxido cúprico; carbonato de sódio; perbromato de magnésio

Questão 29

(PONTIFÍCIA UNIVERSIDADE CATÓLICA) As substâncias $MgSO_4$ (sal amargo), NaOH (soda cáustica) e SiO_2 (sílica), de acordo com suas funções químicas são chamadas, respectivamente, de:
a) sulfeto de magnésio, hidróxido de sódio e óxido de silício
b) bissulfato de magnésio, hidreto de sódio e peróxido de silício
c) sulfato de magnésio, hidróxido de sódio e dióxido de silício
d) bissulfito de magnésio, óxido de sódio e dióxido de silício
e) tiossulfato de magnésio, hidróxido de sódio e bióxido de silício

Questão 30

Atualmente, a humanidade depende fortemente do uso de combustíveis fósseis para atender suas necessidades energéticas. No processo de queima desses combustíveis, além dos produtos diretos da reação de combustão – dióxido de carbono e vapor de água -, vários outros poluentes gasosos são liberados para a atmosfera como, por exemplo, dióxido de nitrogênio e dióxido de enxofre. Embora nos últimos anos tenha dado destaque especial ao dióxido de carbono por seu papel no efeito estufa, ele, juntamente com os óxidos de nitrogênio e enxofre, tem um outro impacto negativo sobre o meio ambiente: a propriedade de se dissolver e reagir com a água, produzindo o ácido correspondente, que acarreta a acidificação das águas das chuvas, rios, lagos e mares. Escreva as equações químicas balanceadas das reações de dióxido de carbono e dióxido de enxofre com a água, dando origem aos ácidos correspondentes.

Questão 31

A equação química a seguir representa a reação de hidratação de um óxido molecular X_2O. Equação química: $X_2O + H_2O \rightarrow 2HXO$. Assinale a opção que indica a classificação correta para o óxido mencionado.

a) Óxido básico
b) Óxido ácido
c) Óxido neutro
d) Óxido salino
e) Peróxido

Questão 32

(UNIVERSIDADE FEDERAL DE LAVRAS) O H_2S, também conhecido como gás sulfídrico e gás-do-ovo-podre, é produzido pela decomposição de matéria orgânica vegetal e animal. Na atmosfera, em contato com o oxigênio, o H_2S transforma-se em dióxido de enxofre e água.

a) Escreva a equação que representa a reação completa e balanceada do gás sulfídrico com oxigênio.
b) O trióxido de enxofre reage com água (umidade do ar) e forma um dos ácidos responsáveis pelo fenômeno da chuva ácida. Escreva a fórmula molecular e o nome desse ácido.

Questão 33

(EsPCEx) Assinale a alternativa correta:

a) Ácido é toda substância que, em solução aquosa, sofre dissociação iônica, liberando como único cátion o H^+.
b) O hidróxido de sódio, em solução aquosa, sofre ionização, liberando como único tipo de cátion, H^+
c) Óxidos anfóteros não reagem com ácidos ou com bases
d) Os peróxidos apresentam na sua estrutura o grupo $(O_2)^{-2}$, no qual cada átomo de oxigênio apresenta número de oxidação igual a -4 (menos quatro).
e) Sais são compostos capazes de se dissociar na água liberando íons, mesmo que em pequena porcentagem, dos quais pelo menos um cátion é diferente de H_3O^+ e pelo menos um ânion é diferente de OH^-.

Questão 34

(EsPCEx) O ácido que dá origem ao sulfito férrico é utilizado como alvejante e conservante de alimentos. A reação de neutralização que produz este sal é proveniente dos seguintes reagentes:

a) ácido sulfídrico e óxido de ferro III
b) ácido sulfídrico e hidróxido de ferro III
c) ácido sulfúrico e hidróxido de ferro III
d) ácido sulfuroso e hidróxido de ferro III
e) ácido sulfuroso e óxido de ferro III

Questão 35

(EsPCEx) Em duas provetas contendo água, isenta de íons, são dissolvidas quantidades suficientes de óxido de cálcio, na proveta 1, e de dióxido de carbono, na proveta 2, para mudar o caráter ácido-base da água. Após a dissolução, as soluções contidas nas provetas 1 e 2 apresentam, respectivamente, caráter:

a) básico e ácido

b) básico e básico
c) ácido e básico
d) ácido e ácido
e) neutro e ácido

Questão 36

(EsPCEx) O leite de magnésia é um conhecido antiácido, que contém a base solúvel $Mg(OH)_2$. Se colocarmos esta substância em um béquer e adicionarmos HCl em excesso, após um certo tempo não haverá mais sólido dentro do béquer. A explicação para isso é que o(a):
a) ácido dilui a base
b) produto da reação é um sal solúvel
c) base se torna solúvel no ácido
d) sal formado na reação é volátil
e) produto da reação é Mg(OH)Cl, um sal básico

Questão 37

Escreva as equações balanceadas.
1) ácido carbônico + hidróxido de sódio →
2) ácido nítrico + hidróxido de cálcio →
3) ácido sulfúrico + hidróxido de ferro III →
4) ácido fosfórico + hidróxido de magnésio →
5) ácido bromídrico + hidróxido de cálcio →
6) ácido sulfuroso + hidróxido férrico →
7) ácido fosfórico + hidróxido de amônio →
8) ácido nítrico + hidróxido estanoso →
9) NaOH + HCl →
10) $HCl + Mg(OH)_2 \rightarrow$
11) $Ca(OH)_2 + HCl \rightarrow$
12) $H_3PO_4 + NaOH \rightarrow$
13) $H_2SO_4 + Al(OH)_3 \rightarrow$
14) $HNO_3 + Fe(OH)_2 \rightarrow$
15) $Al(OH)_3 + HBr \rightarrow$

Questão 38

Defina ácidos e bases segundo a teoria de Arrhenius.
Defina ácido e bases segundo a teoria de Bronsted-lowry.

Questão 39

(MESTRE JOÃO ROBERTO DA PACIÊNCIA NABUCO) Identificar os pares conjugados ácido-base:
a) $HNO_3 + H_2O \rightleftharpoons H_3O^+ + NO_3^-$
b) $H_3O^+ + HSO_4^- \rightleftharpoons H_2O + H_2SO_4$
c) $HS^- + H_2O \rightleftharpoons H_3O^+ + S^{-2}$
d) $HCl + NH_3 \rightleftharpoons NH_4^+ + Cl^-$
e) $HCO_3^- + H_2O \rightleftharpoons H_3O^+ + CO_3^{-2}$
f) $CH_3COOH + NH_3 \rightleftharpoons NH_4^+ + CH_3COO^-$
g) $H_2O + CH_3NH_2 \rightleftharpoons CH_3NH_3^+ + OH^-$
h) $NH_3 + H_2O \rightleftharpoons NH_4^+ + OH^-$
i) $HCO_3^- + H_3O^+ \rightleftharpoons H_2CO_3 + H_2O$

Questão 40

(GRILLO) Classifique os óxidos a seguir:
a) Na_2O

b) ZnO
c) PbO_2
d) BaO_2
e) Cs_2O_2
f) Fe_2O_3
g) CuO
h) Cu_2O
i) Fe_3O_4
j) H_2O_2
k) Na_2O_4
l) CO
m) P_2O_3
n) SO_3
o) CO_2
p) Cl_2O
q) Mn_2O_7
r) Mn_2O_5

Questão 41

(EsPCEx) "A grande quantidade de CO_2, lançada diariamente na atmosfera afeta a irradiação de calor para fora da terra potencializando ___________, que provoca alterações no clima".
"O SO_2 liberado na queima de combustíveis fósseis agrava as enfermidades do aparelho respiratório e pode originar __________."
Os termos que completam, correta e respectivamente, as duas lacunas do texto acima, bem como a correta classificação das substâncias CO_2 e SO_2 quanto ao seu comportamento na presença de água constam na alternativa:
a) o efeito estufa – a chuva ácida – óxidos neutros
b) a chuva ácida – o efeito estufa – óxidos básicos
c) o efeito estufa – a chuva ácida – óxidos básicos
d) a chuva ácida – o efeito estufa – óxidos ácidos
e) o efeito estufa – a chuva ácida – óxidos ácidos

Exercícios de Fixação – Gabarito

Questão 01 – Alternativa D.
As fórmulas moleculares são as seguintes, segundo o texto: Ácido carbônico = H_2CO_3; Ácido sulfúrico = H_2SO_4 e Ácido sulfuroso = H_2SO_3
Questão 02 – Alternativa B.
A partir da tabela completada com a fórmula molecular.

Produtos comercializados	Substâncias inorgânicas	Fórmula Molecular
Água Sanitária	Hipoclorito de sódio	$NaClO$
Desentupidores de pia	Hidróxido de sódio	$NaOH$
Sal de cozinha	Cloreto de sódio	$NaCl$
Fermento químico	Hidrogenocarbonato de sódio	$NaHCO_3$
Creme dental	Fluoreto de sódio	NaF

Questão 03 – Alternativa D.
Fórmula molecular do dióxido de enxofre = SO_2 (óxido ácido e também conhecido como anidrido sulfuroso)
Fórmula molecular do carbonato de cálcio = $CaCO_3$ (sal inorgânico proveniente do hidróxido de cálcio e do ácido carbônico)
Fórmula molecular do óxido de cálcio = CaO (óxido básico que reagindo com a água forma hidróxido de cálcio)
Fórmula molecular do dióxido de carbono = CO_2 (óxido ácido que reagindo com a água forma um ácido)
Fórmula molecular do sulfito de cálcio = $CaSO_2$
Questão 04 – Alternativa C.
Equação química de síntese: $K_2O_{(sólido)} + H_2O_{(líquido)} \rightarrow 2\ KOH_{(aquoso)}$
Questão 05 – Alternativa E.
As reações químicas apresentadas para que a alternativa correta seja a C, estão representadas pelas seguintes equações químicas apresentadas a seguir:

Equação Química I: $\underbrace{CaO_{(s)}}_{\text{óxido de cálcio}} + H_2O_{(l)} \rightarrow \underbrace{Ca(OH)_{2(aq)}}_{\text{Hidróxido de cálcio}}$

Equação Química II: $\underbrace{Ca(OH)_{2(aq)}}_{\text{Hidróxido de cálcio}} + \underbrace{CO_{2(s)}}_{\text{dióxido de carbono (óxidoácido)}} \rightarrow \underbrace{CaCO_{3(aq)}}_{\text{Carbonato de cálcio}} + H_2O_{(l)}$

I) Verdadeiro. O óxido de cálcio é um óxido básico, pois na presença de água há a produção do hidróxido de sódio;
II) Falso. O dióxido de carbono apresenta ligação covalente polar, além de ser uma molécula apolar. Diante disso, o momento dipolo é igual a zero.
III) Verdadeiro. Pelo fato do hidróxido de cálcio ser forte e diante disso é uma molécula inorgânica muito solúvel.
IV) Verdadeiro. Conforme apresentado pela equação química II, o sal formado é o carbonato de cálcio.
Questão 06 – Alternativa A.
Proveta (1): $CaO_{(sólido)} + H_2O_{(líquido)} \rightarrow Ca(OH)_{2(aquoso)}$
Proveta (2): $CO_{2(sólido)} + H_2O_{(líquido)} \rightarrow H_2CO_{3(aquoso)}$
Conclusão: A proveta 1 apresenta características básicas enquanto a segunda características ácidas.
Questão 07 – Alternativa B.
Questão 08 – Alternativa B.
I) óxido básico; II) óxido neutro; III) óxido ácido; IV) óxido ácido e V) óxido básico.
Questão 09 – Alternativa E.
Questão 10 – Alternativa C.
Item a) Falso. No estado sólido apresenta baixa condutividade elétrica.
Item b) Falso. A sacarose sendo uma solução molecular não conduz muito bem eletricidade.

Item c) Verdadeiro.
Item d) Falso. A sacarose por ser uma solução molecular (orgânica) conduz baixa eletricidade.
Item e) Falso. O ácido carbônico é um ácido fraco do tipo diácido.
Questão 11 – Alternativa E.
Questão 12 – Alternativa E.
Questão 13 – Alternativa B.
Questão 14 – Alternativa C.
Questão 15 – Alternativa D.
Item I) Verdadeiro.
Item II) Falso. Trata-se de um sal inorgânico.
Item III) Falso. Apresenta ligações covalente e iônica.
Item IV) Verdadeiro.
Questão 16 – Alternativa A.
Questão 17 – Alternativa B.
Questão 18 – Alternativa D.
Questão 19 – Alternativa E.
Questão 20 – a) CuO; b) ZnO; c) MnO_3; d) CoO; e) K_2O_2.
Questão 21 – Alternativa C. Equação de neutralização parcial entre o ácido carbônico e o hidróxido de sódio: $H_2CO_{3(aquoso)} + NaOH_{(aquoso)} \rightarrow NaHCO_{3(aquoso)} + H_2O_{(líquido)}$.
Questão 22 – Alternativa A. Nomenclatura dos ácidos oxiácidos: $HNO_{2(aq)}$ = ácido nitroso; $HclO_{3(aq)}$ = ácido perclórico; $H_2SO_{3(aq)}$ = ácido sulfuroso e $H_3PO_{4(aq)}$ = ácido fosfórico.
Questão 23 – Alternativa A. Tanto o monóxido de carbono (CO), quanto o dióxido de nitrogênio (N_2O) e o monóxido de nitrogênio são classificados como óxidos do tipo neutro.
Questão 24 – Alternativa D.
Fórmula molecular do sulfito férrico ou também conhecido como sulfito de ferro III = $Fe_2(SO_2)_3$
Para a formação deste sal será necessário reagir o ácido sulfuroso (H_2SO_3) com o hidróxido de ferro III [$Fe(OH)_3$]. Equação química entre o ácido e a base: $3H_2SO_3 + 2Fe(OH)_3 \rightarrow Fe_2(SO_3)_3 + 6H_2O$
Questão 25 – Alternativa C. Anidrido sulfúrico + hidróxido de sódio, resultando em sulfito de sódio e água.
Questão 26 – Apresentando as equações de dissociação dos hidróxidos apresentados a seguir.
Item a) $NaOH_{(aquoso)} \rightarrow Na^+_{(aquoso)} + OH^-_{(aquoso)}$
Item b) $Ca(OH)_{2(aquoso)} \rightarrow Ca^{+2}_{(aquoso)} + 2OH^-_{(aquoso)}$
Item c) $Al(OH)_{3(aquoso)} \rightarrow Al^{+3}_{(aquoso)} + 3OH^-_{(aquoso)}$
Item d) $Co(OH)_{2(aquoso)} \rightarrow Co^{+2}_{(aquoso)} + 2OH^-_{(aquoso)}$
Item e) $NH_4OH_{(aquoso)} \rightarrow NH^+_{4(aquoso)} + OH^-_{(aquoso)}$
Questão 27 – Alternativa A. $Cl_2 + NaOH \rightarrow NaClO\ (A) + NaCl\ (B) + H_2O$. Cloro gasoso reagindo com uma solução de hidróxido de sódio resulta na solução de hipoclorito de sódio (A), cloreto de sódio (B) e água.
Questão 28 – Alternativa D.
$HclO_4$ = Ácido perclórico; CuOH = Hidróxido de cobre I; $NaHCO_3$ = Bicarbonato de sódio e $Mg(BrO)_2$ = Hipobromito de magnésio.
Questão 29 – Alternativa C. $MgSO_4$ (sal amargo) = sulfato de magnésio; NaOH (soda cáustica) = hidróxido de sódio e SiO_2 (sílica) = dióxido de silício.
Questão 30 – Equação química (1): $CO_2 + H_2O \rightarrow H_2CO_3$ e Equação química (2): $SO_2 + H_2O \rightarrow H_2SO_3$
Questão 31 – Alternativa B. Para a formação de um ácido será necessário reagir um óxido ácido ou também conhecido como anidrido com a água.
Questão 32 –
Item a) $H_2S_{(gás)} + 3/2º_{2(gás)} \rightarrow SO_{2(gás)} + H_2O_{(líquido)}$
Item b) $SO_{3(gás)} + H_2O_{(líquido)} \rightarrow H_2SO_{4(aquoso)}$
Questão 33 – (EsPCEx) Alternativa E.
Item a) Falso. Segundo Arrhenius é todo composto que na presença de água sofre ionização, havendo sim a liberação do cátion H^+.
Item b) Falso. Segundo Arrhenius é todo composto que sofre dissociação e que na presença de água libera hidroxilas (OH^-).

Item c) Falso. Os óxidos anfóteros são óxidos que apresentam tanto propriedades físicas quanto químicas e, diante disso reagem com ácidos e bases.

Item d) Falso. Os óxidos definidos como anfóteros são óxidos que apresentam em sua estrutura a forma X_2O_2, com o átomo de oxigênio apresentando com número de oxidação aparente igual a -1.

Item e) Alternativa verdadeira.

Questão 34 – (EsPCEx) Alternativa D. O sulfito de férrico ou também conhecido como sulfito de ferro III é um sal inorgânico proveniente do ácido sulfúrico (ácido forte) com uma base fraca (hidróxido férrico ou hidróxido de ferro III). Sua equação química está representada da seguinte maneira: $3H_2SO_{3(aquoso)} + 2Fe(OH)_{3(aquoso)} \rightarrow Fe_2(SO_3)_{3(aquoso)} + 6H_2O_{(líquido)}$

Questão 35 – (EsPCEx) Alternativa A.

Para saber o caráter de suas propriedades químicas para estes dois óxidos, será necessário realizar uma reação química com a presença da água.

Equação química que ocorre na proveta (1): $CaO_{(sólido)} + H_2O_{(líquido)} \rightarrow \underbrace{Ca(OH)_{2(aquoso)}}_{\text{Hidróxido de cálcio}}$

Equação química que ocorre na proveta (2): $CO_{2(gás)} + H_2O_{(líquido)} \rightarrow \underbrace{H_2CO_{3(aquoso)}}_{\text{Ácido carbônico}}$

Questão 36 – (EsPCEx) Alternativa B.

A reação de neutralização entre o ácido clorídrico (ácido forte) e o hidróxido de magnésio (base fraca) está representado pela seguinte equação química: química: $2HCl_{(aquoso)} + Mg(OH)_{2(aquoso)} \rightarrow MgCl_{2(aquoso)} + 2H_2O_{(líquido)}$.

Questão 37 – Apresentando as equações químicas a seguir:

1) $H_2CO_3 + 2NaOH \rightarrow \underbrace{Na_2CO_3}_{\text{carbonato de sódio}} + 2H_2O$

2) $2HNO_3 + Ca(OH)_2 \rightarrow \underbrace{Ca(NO_3)_2}_{\text{nitrato de cálcio}} + 2H_2O$

3) $3H_2SO_4 + 2Fe(OH)_3 \rightarrow \underbrace{Fe_2(SO_4)_3}_{\text{sulfato de ferro III ou sulfato férrico}} + 6H_2O$

4) $2H_3PO_4 + 3Mg(OH)_2 \rightarrow \underbrace{Mg_3(PO_4)_2}_{\text{fosfato de magnésio}} + 6H_2O$

5) $HBr + Ca(OH)_2 \rightarrow \underbrace{CaBr_2}_{\text{brometo de cálcio}} + 2H_2O$

6) $3H_2SO_3 + 2Fe(OH)_3 \rightarrow \underbrace{Fe_2(SO_3)_3}_{\text{sulfito de ferro III ou sulfato férrico}} + 6H_2O$

7) $H_3PO_4 + 3NH_4OH \rightarrow \underbrace{(NH_4)_3PO_4}_{\text{fosfato de amônio}} + 3H_2O$

8) $2HNO_3 + Sn(OH)_2 \rightarrow \underbrace{Sn(NO_3)_2}_{\text{nitrato de estanho II}} + 2H_2O$

9) $HCl + NaOH \rightarrow \underbrace{NaCl}_{\text{cloreto de sódio}} + H_2O$

10) $2HCl + Mg(OH)_2 \rightarrow \underbrace{MgCl_2}_{\text{cloreto de magnésio}} + 2H_2O$

11) $2HCl + Ca(OH)_2 \rightarrow \underbrace{CaCl_2}_{\text{cloreto de cálcio}} + 2H_2O$

12) $H_3PO_4 + 3NaOH \rightarrow \underbrace{Na_3PO_4}_{\text{fosfato de sódio}} + 3H_2O$

13) $3H_2SO_4 + 2Al(OH)_3 \rightarrow \underbrace{Al_2(SO_4)_3}_{\text{sulfato de alumínio}} + 6H_2O$

14) $2HNO_3 + Fe(OH)_2 \rightarrow \underbrace{Fe(NO_3)_2}_{\text{nitrato de ferro II}} + 2H_2O$

15) $3HBr + Al(OH)_3 \rightarrow \underbrace{AlBr_3}_{\text{brometo de alumínio}} + 3H_2O$

Questão 38 –

Definição de ácido segundo Arrhenius: Toda espécie química que na presença de água libera cátions na forma de H+ (íons hidrogeniônicos).

Definição de base segundo Arrhenius: Toda espécie química que na presença de água libera íons na forma OH- (hidroxila).

Definição de ácido segundo Bronsted-lowry: Toda espécie química que doa um próton na forma de H^+.

Definição de base segundo Bronsted-lowry: Toda espécie química que recebe um próton na forma de H^+.

Questão 39 – (MESTRE JOÃO ROBERTO DA PACIÊNCIA NABUCO) BL = Bronsted-Lowry

Item a) HNO_3 (ácido de BL); H_2O (base de BL); H_3O^+ (ácido de BL); NO_3^- (base de BL)

Item b) H_3O^+ (ácido de BL); HSO_4^- (base de BL); H_2O (base de BL); H_2SO_4 (ácido de BL)

Item c) HS^- (ácido de BL); H_2O (base de BL); H_3O^+ (ácido de BL); S^{-2} (base de BL)

Item d) HCl (ácido de BL); NH_3 (base de BL); NH_4^+ (ácido de BL); Cl^- (base de BL)

Item e) HCO_3^- (ácido de BL); H_2O (base de BL); H_3O^+ (ácido de BL); CO_3^{-2} (base de BL)

Item f) CH_3COOH (ácido de BL); NH_3 (base de BL); NH_4^+ (ácido de BL); CH_3COO^- (base de BL)

Item g) H_2O (ácido de BL); CH_3NH_2 (base de BL); $CH_3NH_3^+$ (ácido de BL); OH^- (base de BL)

Item h) NH_3 (base de BL); H_2O (ácido de BL); NH_4^+ (ácido de BL); OH^- (base de BL)

Item i) HCO_3^- (base de BL); H_3O^+ (ácido de BL); H_2CO_3 (ácido de BL); H_2O (base de BL

Questão 40

(GRILLO) Classifique os óxidos abaixo:

a) Na_2O = Óxido básico

b) ZnO = Óxido anfótero

c) PbO_2 = Óxido anfótero

d) BaO_2 = Peróxido

e) Cs_2O_2 = Peróxido

f) Fe_2O_3 = Anfótero

g) CuO = Anfótero

h) Cu_2O = Óxido básico

i) Fe_3O_4 = Óxido salino ou também conhecido como óxido duplo

j) H_2O_2 = Peróxido

k) Na_2O_4 = Superóxido

l) CO = Óxido neutro

m) P_2O_3 = Óxido ácido

n) SO_3 = Óxido ácido

o) CO_2 = Óxido ácido

p) Cl_2O = Óxido ácido

q) Mn_2O_7 = Óxido ácido

r) Mn_2O_5 = Óxido ácido

Questão 41

(EsPCEx) Alternativa E.

CAPÍTULO 07. ESTUDO DOS SISTEMAS GASOSOS

Exercícios de Fixação

Questão 01

(EsPCEx) Certa substância gasosa a 0°C, submetida a uma pressão de 0,334 atm, apresentou uma densidade de 0,656 g/litro. Sua massa molecular é, aproximadamente:

a) 11
b) 15
c) 22
d) 44

Questão 02

(EsPCEx) Que massa de ozônio comporta um frasco que, nas mesmas condições de pressão e temperatura, é ocupado por 10 g de gás oxigênio?

a) 25 g
b) 20 g
c) 15 g
d) 10 g

Questão 03

(EsPCEx) O volume ocupado por 480 g de Ozônio, a 27°C e 2,463 atm de pressão é:

a) 100 L
b) 200 L
c) 300 L
d) 480 L

Questão 04

(EsPCEx) O gás considerado como o principal responsável pelo efeito estufa, que causa aumento na temperatura média da Terra é o:

a) CO_2
b) CO
c) O_3
d) CFC

Questão 05

(EsPCEx) Um recipiente metálico possui um êmbolo numa de suas extremidades e contém um gás no seu interior. A pressão no gás nessas condições é p e a temperatura 200 K. Pressionando-se o êmbolo até a metade do volume do recipiente e aumentando-se a temperatura até 400 K, a pressão do gás ficará:

a) p/4
b) p/2
c) 2p
d) 3p/2
e) 4p

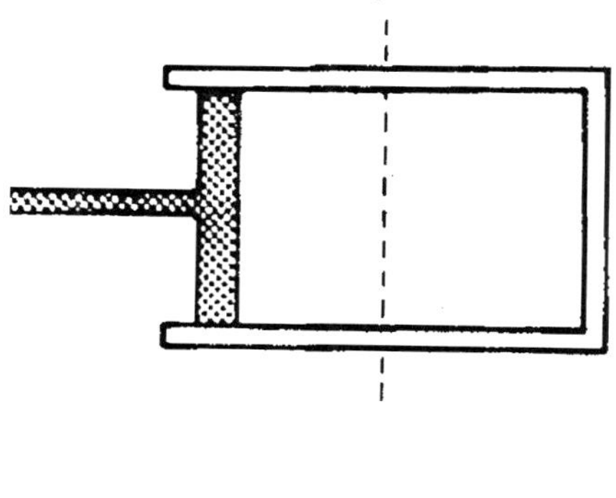

Questão 06

(EsPCEx) A chuva ácida é um dos maiores problemas ecológicos em regiões industrializadas. Resulta da queima de combustíveis fósseis que produzem gases, tais como:

a) CO_2, NO e SO_2
b) CO, CO_2 e O_3
c) CO, NH_3 e H_2S
d) O_3, N_2 e H_2S
e) O_2, N_2 e Ar

Questão 07

(EsPCEx) Um frasco aberto contém um gás à temperatura de 127°C. A que temperatura devemos aquecê-lo para que fiquem no frasco apenas ¼ do número de moléculas do gás original.

a) 400°C
b) 508°C
c) 1327°C
d) 1600°C
e) 1727°C

Questão 08

(EsPCEx) 420 g de um alceno gasoso, cuja molécula contém 6 hidrogênios, encontram-se num recipiente de 41 litros a uma pressão de 5,5 atm e a uma temperatura de aproximadamente:

a) 2°C
b) 27,5°C
c) 275°C
d) 548°C
e) 2477°C

Questão 09

(EsPCEx) A temperatura interna de um recipiente de 164 litros, que contém 400 g de gás carbônico a 2 atm de pressão, é de:

a) 7°C
b) 553°C
c) 280°C
d) 440°C
e) 167°C

Questão 10

(EsPCEx) A massa de CO_2, encerrada num recipiente de 164 mL, a 1520 mmHg, é de $2{,}2 \times 10^{-1}$ g. Nestas condições a sua temperatura é:

a) 327°C
b) 527°C
c) 600°C
d) 800°C
e) 1073°C

Questão 11

(EsPCEx) Qual a pressão a que deve ser submetido um litro de gás, inicialmente a 1atm e $7^{\circ}C$, para ter seu volume reduzido a ¼ de litro, quando a temperatura é $63^{0}C$?

a) 36 atm
b) 4,8 atm
c) 3,6 atm
d) 15 atm

e) 22 atm

Questão 12

(EsPCEx) Após a combustão completa de um hidrocarboneto e a separação de todo o vapor d'água produzido, restou um gás contendo $1,8 \times 10^{24}$ átomos de oxigênio, que foi todo armazenado num recipiente de 4,1 litros e 3 atm, a uma temperatura de aproximadamente:

a) 100°C
b) – 223°C
c) -173°C
d) 227°C
e) 373°C

Questão 13

(EsPCEx) Em um experimento de aquecimento de gases, observa-se que um determinado recipiente totalmente fechado resiste a uma pressão interna máxima de $2,4 \times 10^4$ N/m². No seu interior, há um gás perfeito com temperatura de 230K e pressão de $1,5 \times 10^4$ N/m². Desprezando a dilatação térmica do recipiente, podemos afirmar que a máxima temperatura que o gás pode atingir, sem romper o recipiente, é de:

a) 243 K
b) 288 K
c) 296 K
d) 340 K
e) 368 K

Questão 14

(OLIMPÍADA BRASILEIRA DE QUÍMICA) Um acidente em um laboratório provocou a intoxicação de um grupo de pessoas por inalação de um gás. Um analista coletou uma amostra desse gás e a introduziu em um recipiente inelástico de 1 dm³, à temperatura de 27°C. A amostra de gás contida no recipiente pesou 1,14g e a pressão medida no recipiente foi de 1 atm. Assim, pode-se afirmar que este gás é:

a) CO
b) H_2S
c) NO_2
d) C_2H_2
e) NO

Questão 15

(INSTITUTO TECNOLÓGICO DA AERONÁUTICA) Assumindo um comportamento ideal dos gases, assinale a opção com a afirmação CORRETA:

a) De acordo com a Lei de Charles, o volume de um gás torna-se maior quanto menor for a sua temperatura
b) Numa mistura de gases contendo somente moléculas de oxigênio e nitrogênio, a velocidade média das moléculas de oxigênio é menor do que as de nitrogênio
c) Mantendo-se a pressão constante, ao aquecer um mol de gás nitrogênio sua densidade irá aumentar
d) Volumes iguais dos gases metano e dióxido de carbono, nas mesmas condições de temperatura e pressão, apresentam as mesmas densidades
e) Comprimindo-se um gás a temperatura constante, sua densidade deve diminuir

Questão 16

(INSTITUTO TECNOLÓGICO DA AERONÁUTICA) Numa experiência de eletrólise da água formam-se 3,00 gramas de $H_{2(g)}$. Calcule o volume ocupado por esta massa de hidrogênio suposta isenta de umidade, na temperatura de 300 K e sob a pressão de 684 mmHg.

Questão 17

(GRILLO – GRADUAÇÃO DE QUÍMICA – IFRJ) A uma temperatura de aproximadamente 773 K e 93,2 kPa, a massa específica de vapor de enxofre é 3,710 $kg.m^{-3}$. Determine a fórmula molecular do enxofre nessas condições.

Questão 18

(INSTITUTO TECNOLÓGICO DA AERONÁUTICA) Temos um frasco contendo um gás à temperatura de 127°C. Querendo expulsar do frasco 1/3 do número de moléculas desse gás, devemos aquecê-lo a:

a) 42,5°C
b) 377 K
c) 447°C
d) 42,5 K
e) 600 K

Questão 19

(INSTITUTO MILITAR DE ENGENHARIA) Um gás ideal desconhecido contendo 80% em massa de carbono e 20% em massa de hidrogênio tem massa específica 1,22 $g.L^{-1}$, quando submetido a pressão de uma atmosfera e a temperatura de 27°C. Calcule a massa molecular e escreva a fórmula molecular desse gás.

Questão 20

(INSTITUTO MILITAR DE ENGENHARIA) A que temperatura, em graus Celsius, o etileno, a 800 mmHg, terá a mesma densidade absoluta que o oxigênio, a 700 mmHg e a 20ºC?

Questão 21

(INSTITUTO TECNOLÓGICO DA AERONÁUTICA) Uma amostra de 7,5 gramas de um hidrocarboneto ocupa um volume de 5,6 litros nas CNTP, podemos concluir que esse hidrocarboneto corresponde a um:

a) Alcano
b) Alceno
c) Alcino
d) Ciclano
e) Cicleno

Questão 22

(INSTITUTO MILITAR DE ENGENHARIA) Uma determinada reação química gera um produto gasoso, do qual foi coletada uma amostra para análise. Verificou-se que a amostra, pesando 0,32 g, ocupa 492 cm^3 a 27°C e 1 atm de pressão, obedece à lei dos gases ideais e é formada por 75% em massa de carbono e 25% em massa de hidrogênio. Determine:

a) Qual a massa molecular deste gás?
b) Qual a sua fórmula molecular mínima?

Questão 23

(INSTITUTO MILITAR DE ENGENHARIA) Para se encher um balão de borracha, até certo tamanho, na temperatura de -3°C necessitou-se de 0,20 gramas de hidrogênio. Para se encher o mesmo balão, até o mesmo tamanho, a uma outra temperatura, necessitou-se de 0,18 gramas do mesmo gás. Se a elasticidade do balão não variou nos dois casos, determinar a segunda temperatura.

Questão 24

(INSTITUTO MILITAR DE ENGENHARIA) Determinada quantidade de nitrogênio ocupa um volume de dez litros a uma temperatura de 127°C e a uma pressão de 4,92 atmosferas. Adicionaram-se ao nitrogênio $9,03 \times 10^{23}$ moléculas de oxigênio (O_2). Sabendo-se que a pressão final de equilíbrio do sistema é de 6,15 atmosferas, calcule a temperatura final de equilíbrio.

Questão 25

(INSTITUTO TECNOLÓGICO DA AERONÁUTICA) Calcular a massa de gás hélio, contida num balão, sabendo-se que o gás ocupa um volume igual a 5,0 cm^3 e está a uma temperatura de – 23°C e a uma pressão de 30 cmHg.
a) 0,186 mg
b) 0,46 mg
c) 0,96 mg
d) 0,186 mg
e) 0,385 mg

Questão 26

(INSTITUTO TECNOLÓGICO DA AERONÁUTICA) Certa substância gasosa a 0°C, submetida a uma pressão de 0,333 atm, apresentou uma densidade de 0,656 $g.L^{-1}$. Sua massa molecular é:
a) 132
b) 67
c) 44
d) 22
e) 15

Questão 27

(INSTITUTO TECNOLÓGICO DA AERONÁUTICA) Dois balões esféricos de mesmo volume são unidos por um tubo de volume desprezível, provido de torneira. Inicialmente o balão A contém 1,00 mol de gás ideal, e em B há vácuo. Os dois balões são mantidos às temperaturas indicadas no desenho acima. A torneira é aberta durante certo tempo. Voltando a fechá-la, verifica-se que a pressão em B é 0,81 do valor da pressão em **A**. Quanto do gás deve ter sobrado no balão A?
a) 0,20 mol
b) 0,40 mol
c) 0,50 mol
d) 0,60 mol
e) 0,80 mol

Questão 28

(INSTITUTO TECNOLÓGICO DA AERONÁUTICA) Calcule a densidade do hidrogênio gasoso a 25°C e pressão de 1,5 atmosferas.

Questão 29

(EsPCEx) Gases apresentam um fenômeno chamado de difusão de gases. "Difusão gasosa é o movimento espontâneo das partículas de um gás de se espalharem uniformemente em meio às partículas de um outro gás ou de atravessarem uma parede porosa. Quando gases diferentes (A e B) estão a uma mesma temperatura, para uma quantidade de matéria igual a 1 mol de gás A e 1 mol de gás B, tem-se que a massa do gás A (m_a) será igual à massa molar do gás A (M_a), e a massa do gás B (m_b) será igual à massa molar do gás B (M_b)." FONSECA, Martha Reis Marques da, Química Geral, São Paulo, Ed FTD, 2007, Pág. 110 Considere que, em determinadas condições de temperatura e pressão, a velocidade de difusão de 1 mol do gás hidrogênio (H_2) seja de 28 km/min. Nestas mesmas condições a velocidade (em km/h) de 1 mol do gás metano (CH_4) é de dado:
a) 600 km/h
b) 729 km/h.
c) 1211 km/h
d) 422 km/h
e) 785 km/h

Questão 30

(UNIVERSIDADE FEDERAL DO RIO DE JANEIRO) As figuras, a seguir, mostram dois balões iguais e as condições de temperatura e pressão a que eles estão submetidos. O balão A contém 41 litros de oxigênio puro, e o B contém uma mistura de oxigênio e vapor d'água (oxigênio úmido).

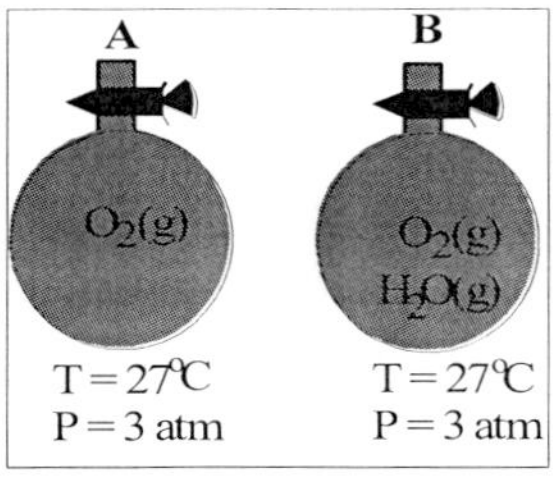

Item a) Quantas moléculas de oxigênio existem no balão A?
Item b) Qual dos dois balões é o mais pesado? Justifique sua resposta

Questão 31

Dois balões estão interligados por uma conexão (tubo cilíndrico) de volume desprezível, que se encontra fechada por uma torneira. O esquema com os balões encontra-se ilustrado na figura a seguir.

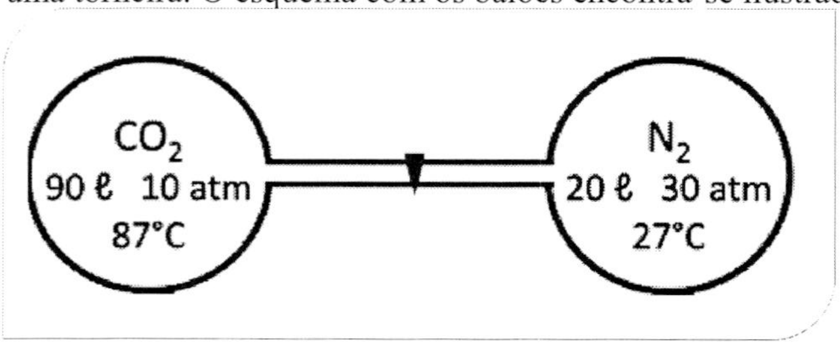

Ao ser aberta a torneira, a mistura gasosa formada foi estabilizada na temperatura de 57°C. Diante dessas informações, determine:

a) A pressão interna final do Sistema apresentado
b) A pressão parcial de cada gás

Gabarito – Exercícios de Fixação

Questão 01

(EsPCEx) Alternativa D.

Dados do problema: T = 0°C; p = 0,334 atm; d = 0,656 g/L

Cálculo da massa molar, aplicando a equação dos gases ideais: $0{,}334 \text{ x} < \text{MM} > = 0{,}656 \text{ x } 0{,}08206 \text{ x } 273$

$< \text{MM} > = 43{,}99 \frac{\text{g}}{\text{mol}}$

Para esta massa molecular, a espécie gasosa trata-se do dióxido de carbono (CO_2).

Questão 02

(EsPCEx) Alternativa C.

O problema afirma que o gás oxigênio e o gás ozônio apresenta a mesma pressão, mesma temperatura e estão em um mesmo frasco, ou seja, o sistema (oxigênio + ozônio) apresenta processo isotérmico (temperatura constante), processo isocórico (volume constante) e isobárico (pressão constante).

Analisando o gás oxigênio: $\text{p.V} = \frac{m_{O_2}}{<\text{MM}>_{O_2}.\text{R.T}}$ (Equação A)

Analisando o gás ozônio: $\text{p.V} = \frac{m_{O_3}}{<\text{MM}>_{O_3}.\text{R.T}}$ (Equação B)

Dividindo a equação A pela equação B, temos: $\frac{\text{p.V}}{\text{p.V}} = \frac{\left(\frac{m_{O_2}}{32}\right)}{\left(\frac{m_{O_3}}{48}\right)} \text{x} \frac{\text{R.T}}{\text{R.T}}$

$$\frac{m_{O_2}}{32} = \frac{m_{O_3}}{48}$$

$$\frac{10}{32} = \frac{m_{O_3}}{48}$$

$$m_{O_3} = 15{,}0\text{g}$$

Questão 03

(EsPCEx) Alternativa A.

Cálculo do número de mol de gás ozônio (O_3): $n = \frac{m_{O_3}}{<\text{MM}>_{O_3} = \frac{480}{48} = 10\text{mol}}$

T = 27 + 273 = 300 K

Cálculo do volume ocupado (V): $2{,}463 \text{ x V} = 10 \text{ x } 0{,}08206 \text{ x } 300$

$\text{V} = 99{,}95\text{L}$

Questão 04

(EsPCEx) Alternativa A. O principal gás responsável pelo aumento do efeito estufa trata-se do dióxido de carbono (CO_2).

Questão 05

(EsPCEx) Alternativa E.

Aplicando a equação combinada dos gases ideais, temos:

Situação I: $p_I = P$; $V_I = V$; $T_I = 200$ K

Situação II: $p_{II} = ?$; $V_{II} = V/2$; $T_{II} = 400$ K

Equação combinada dos gases ideais: $\frac{p_I \text{ x } V_I}{T_I} = \frac{p_{II} \text{ x } V_{II}}{T_{II}}$

$$\frac{\text{pxV}}{200} = \frac{p_{II} \text{ x} \left(\frac{V}{2}\right)}{400}$$

$p_{II} = 4p$

Questão 06

(EsPCEx) Alternativa A.
Nos grandes centros metropolitanos, onde o tráfego é muito intenso, o ar é poluído, particularmente, com CO, SO_2, óxidos de nitrogênio, etc. O SO_2 na atmosfera se oxida a SO_3, que reagindo com a água produz H_2SO_4:
$SO_2 + ½SO_2 \rightarrow SO_3$
$SO_3 + H_2O \rightarrow H_2SO_4$
Os óxidos do nitrogênio, NO e NO_2 gera HNO_3:
$2NO + O_2 \rightarrow 2NO_2$
$3NO_2 + H_2O \rightarrow 2HNO_3 + NO$
Esses ácidos na água da chuva é que correspondem à chuva ácida.

Esses ácidos ocorrem também na atmosfera de regiões fabris, como consequência de despejos gasosos industriais. As chuvas ácidas atacam a vegetação, tornam o solo ácido e causam sérios danos à Agricultura. Os monumentos de mármore também são danificados, conforme as equações:

$H_2SO_4 + CaCO_{3(mármore)} \rightarrow CaSO_4 + H_2O + CO_2$
$2NHO_3 + CaCO_3 \rightarrow Ca(NO_3)_2 + H_2O + CO_2$

A forma de controlar o problema é utilizar nas indústrias, equipamentos especiais para eliminar os poluentes, como precipitador Cotrell nas chaminés. Atualmente, os automóveis têm catalisadores que atuam sobre os gases da descarga, acelerando a transformação dos óxidos de nitrogênio em N_2 e do CO em CO_2.

Questão 07

(EsPCEx) Alternativa C.
Aplicando a equação combinada dos gases ideais:
Situação I: $p_I = P$; $V_I = V$; $n_I = n$; $T_I = 127 + 273 = 400$ K
Situação II: $p_{II} = P$; $V_{II} = V$; $n_I = n/4$; $T_{II} = ?$

Considerando que o processo ocorre a pressão constante (processo isobárico) e isocórico (volume constante), temos:

$$R = \frac{p_I . V_I}{n_I . T_I} = \frac{p_{II} . V_{II}}{n_{II} . T_{II}}$$

$$\frac{p . V}{n . 400} = \frac{p . V}{\left(\frac{n}{4}\right) . T_{II}}$$

$T_{II} = 1600K$, convertendo para a escala Celsius, temos: T = °C + 273
1600 = °C + 273
°C = 1327°C

Questão 08

(EsPCEx) Alternativa A.
A fórmula molecular do alceno (hidrocarboneto) é C_nH_{2n}. Para seis átomos de hidrogênio, n será igual a três. Fórmula molecular: C_3H_6

Utilizando a equação dos gases ideais: $5{,}50 \text{ x } 41 = \frac{420}{42} \text{ x } 0{,}08206 \text{ x } T$
T = 274,80 K, convertendo para a escala Celsius, temos: T = °C + 273
274,80 = °C + 273
°C = 1,80°C

Das alternativas apresentadas, o valor mais aproximado trata-se da alternativa A.

Questão 09

(EsPCEx) Alternativa E.
Gás a ser estudado – Dióxido de carbono (CO_2).

Cálculo do número de mol: $n = \frac{400}{44} = 9{,}09\text{mol}$

Cálculo da temperatura: $2 \text{ x } 164 = 9{,}09 \text{ x } 0{,}08206 \text{ x T}$
T = 440 K

Convertendo para a escala Celsius: 440 = (°C) + 273
(°C) = 167°C

Questão 10

(EsPCEx) Alternativa B.

Convertendo a pressão para atmosferas (atm), temos: $p = \frac{1520}{760} = 2{,}0 \text{ atm}$

Cálculo do número de mol de dióxido de carbono (CO_2): $n = \frac{0{,}22}{44} = 0{,}005 \text{ mol}$

Cálculo da temperatura do gás, aplicando a equação dos gases ideais: $2 \text{ x } 164 \text{ x } 10^{-3} = 0{,}005 \text{ x } 0{,}08206 \text{ x T}$
T = 800 K (527°C)

Questão 11

(EsPCEx) Alternativa B.
Aplicando a equação combinada dos gases ideais:
Situação I: p_I = 1 atm; V_I = 1 L; T_I = 7 + 273 = 280 K
Situação II: p_{II} = ?; V_{II} = ¼ L; T_{II} = 63 + 273 = 336 K

$$\frac{p_I . V_I}{T_I} = \frac{p_{II} . V_{II}}{T_{II}}$$

$$\frac{1.1}{280} = \frac{p_{II} . \left(\frac{1}{4}\right)}{336}$$

$$p_{II} = 4{,}80\text{atm}$$

Questão 12

(EsPCEx) Alternativa B.
Dados do problema: N = 1,80 x 10^{24} átomos de oxigênio x mol^{-1}; V = 4,1 L; P = 3 atm
Cálculo do número de mol de átomos de oxigênio:
1 mol ----------- 6,0 x 10^{23} átomos de oxigênio
n ---------------- 1,08 x 10^{24} átomos de oxigênio
n = 3 mol

Cálculo da temperatura aplicando a equação dos gases ideais: $3 \text{ x } 4{,}1 = 3 \text{ x } 0{,}08206 \text{ x T}$
T = 49,96 K

T = 49,96 K, convertendo para a escala Celsius, temos: 49,96 = (°C) + 273
(°C) = -223,04°C

Questão 13

(EsPCEx) Alternativa E.
Aplicando a equação combinada dos gases ideais, temos:
Situação I: $p_I = 2,4 \times 10^4$ N/m²; $V_I = V$; $T_I = ?$
Situação II: $p_{II} = 1,50 \times 10^4$ N/m²; $V_{II} = V$; $T_{II} = 230$ K

Considerando o processo isocórico, temos: $\frac{2,40 \times 10^4}{T_I} = \frac{1,50 \times 10^4}{230}$
$T_I = 368K$

Questão 14

(OLIMPÍADA BRASILEIRA DE QUÍMICA) Alternativa A.
Cálculo da massa molar da espécie gasosa: $< MM > = \frac{\text{massa x R x T}}{\text{p x V}} = \frac{1,14 \times 0,08206 \times 300}{1x1} = 28,06 \frac{g}{mol}$
Cálculo da massa molar de cada espécie química:
Item a) $CO = 12 + 16 = 28$ g.mol^{-1}
Item b) $H_2S = 2 + 32 = 34$ g.mol^{-1}
Item c) $NO_2 = 1x14 + 2x16 = 46$ g.mol^{-1}
Item d) $C_2H_2 = 2x12 + 2x1 = 26$ g.mol^{-1}
Item e) $NO = 14 + 16 = 30$ g.mol^{-1}

Questão 15

(INSTITUTO TECNOLÓGICO DA AERONÁUTICA) Alternativa B.
Item a) Falso. Considerando que o gás apresenta comportamento ideal, mantida sua pressão constante (Lei de Charles), um aumento de volume será acompanhado de um aumento de temperatura.
Item b) Correto. Em um gás ideal, a teoria cinética dos gases afirma que a uma dada temperatura temos a mesma energia cinética para cada molécula. Desta forma, moléculas com maior massa apresenta menor velocidade, ou seja, moléculas de oxigênio (32,0 g.mol^{-1}) teriam menor velocidade que as de nitrogênio (28,0 g.mol^{-1}), uma vez que a velocidade média quadrática (c²) é definida a partir da seguinte equação química>: ($c^2 = \frac{3xRxT}{<MM>}$). Conclui-se que a velocidade média quadrática das moléculas é diretamente proporcional à temperatura e inversamente proporcional à raiz quadrada da massa molar. Quanto maior a temperatura, maior a velocidade média quadrática das moléculas e, em uma determinada temperatura fixa, moléculas com maior massa se deslocam mais lentamente do que moléculas leves.
Item c) Falso. Mantida a pressão constante, um mol de gás nitrogênio irá ocupar um maior volume após aumento de temperatura, e desta forma sua densidade diminui, uma vez que a densidade é inversamente proporcional ($d = \frac{\text{PRESSÃO x <MM>}}{\text{R x T}}$).

Item d) Falso. Dentro das mesmas condições de temperatura e pressão, volumes iguais de gases diferentes possuem o mesmo número de mol (Princípio de Avogadro). Logo, gases diferentes (O_2 e N_2), apresentam diferentes densidades, pois apresentam diferentes massas molares.
Item e) Falso. A compressão de um gás (diminuição do volume) aumenta a pressão. Como a densidade é diretamente proporcional com a sua pressão ($d = \frac{\text{PRESSÃO x <MM>}}{\text{R x T}}$), logo a densidade aumenta.

Questão 16

(INSTITUTO TECNOLÓGICO DA AERONÁUTICA) Cálculo do volume de gás hidrogênio, aplicando a equação dos gases ideais: $\frac{684}{760} \times V = \frac{3,0}{2,0} \times 0,08206 \times 300$
$V = 41,03L$

Questão 17

(GRILLO – GRADUAÇÃO DE QUÍMICA – IFRJ) Considerando que o gás apresenta comportamento ideal: $d = \frac{\text{pressão x<MM>}}{\text{R x T}}$

Conversão da unidade com relação à densidade: $d = 3{,}710\frac{kg}{m^3}x\frac{1000g}{1kg} = 3710\frac{g}{m^3}$

Cálculo da massa molar do composto gasoso, considerando a constante dos gases ideais como 8,314 kPa.m³.mol⁻¹.K⁻¹:
$3710 = \frac{93{,}20\ x <MM>}{8{,}314\ x\ 773}$

$< MM > = 255{,}83\frac{g}{mol}$

Cálculo do número de mol de átomos de enxofre, considerando sua massa atômica igual a 32,0 g.mol^{-1}: $(S) = \frac{255{,}83}{32} = 8$

Questão 18

(INSTITUTO TECNOLÓGICO DA AERONÁUTICA) Alternativa E.
Considerações a serem realizadas para a resolução do problema:
Consideração a) o processo ocorre no mesmo nível (≈ pressão de 1 atm) – processo isobárico;
Consideração b) o volume do frasco é constante – processo isocórico ou isovolumétrico;
Consideração c) a massa molar é a mesma para os dois casos, pois se trata do mesmo gás.
Situação I: P = constante; V = constante; T_I = 273 + (127 °C) = 400 K; n_I
Situação II: P = constante; V = constante; T_{II} = ?; $n_{II} = n_I - (1/3).n_I$; $n_{II} = (2/3).n_I$

Cálculo da temperatura II, através da equação combinada dos gases ideais: $n_I\ x\ T_I = n_{II}\ x\ T_{II}$

$n_I\ x\ 400 = \frac{2}{3}x\ n_I\ x\ T_{II}$

$T_{II} = 600K(327°C)$

Questão 19

(INSTITUTO MILITAR DE ENGENHARIA) Cálculo da massa molar do gás ideal desconhecido:

$$< MM > = \frac{1{,}22\ x\ 0{,}08206\ x\ (27 + 273)}{1} = 30{,}03g.\,mol^{-1}$$

Cálculo do número de átomo de carbono:
30,03 g.mol^{-1} ------------- 100%
<MM>$_{Carbono}$ -------------- 80%
<MM>$_{Carbono}$ = 24 g.mol^{-1}
Número de átomos de carbono = $\frac{24\frac{g}{mol}}{12\frac{g}{mol}} = 2$

Cálculo do número de átomo de hidrogênio: <MM>$_H$ = <MM>$_{Carbono}$ – 12 g.mol^{-1}

<MM>$_H$ = (30 g.mol^{-1} – 24 g.mol^{-1}) = 6 g.mol^{-1}
Cálculo do número de átomos de hidrogênio = $\frac{6\frac{g}{mol}}{1\frac{g}{mol}} = 6$. Logo, a fórmula molecular do gás é o etano, C_2H_6.

Questão 20

(INSTITUTO MILITAR DE ENGENHARIA) Da equação geral dos gases ideais, temos a seguinte relação entre a pressão e a densidade:
Gás Etileno: $d = \frac{pressão\ x <MM>}{R\ x\ T} = \frac{800\ x\ 28}{T}$ (Equação A)

Gás Oxigênio: $d = \frac{pressão\ x <MM>}{R\ x\ T} = \frac{700\ x\ 32}{293}$ (Equação B)

Igualando as equações A e B, temos: $\mathbf{d_{C2H4}} = \mathbf{d_{O2}}$

$$\frac{700 \times 32}{293} = \frac{800 \times 28}{T}$$

$$T = 293K(20°C)$$

Questão 21

(INSTITUTO TECNOLÓGICO DA AERONÁUTICA) Alternativa A.

Cálculo da massa molar do hidrocarboneto desconhecido: $< MM > = \frac{1 \times 56}{0{,}08206 \times 273} = 30{,}01 \text{ g.mol}^{-1}$

Item a) Alcano (C_nH_{2n+2}): C_nH_{2n+2} = 30
12n + 2n + 2 = 30
n = 2

Item b) Alceno (C_nH_{2n-2}): C_nH_{2n-2} = 30
12n + 2n – 2 = 30
n = 2,28

Item c) Alcino (C_nH_{2n}): C_nH_{2n} = 30
12n + 2n = 30
n = 2,14

Item d) Ciclano (C_nH_{2n}): C_nH_{2n} = 30
12n + 2n = 30
n = 2,14

Item e) Cicleno (C_nH_{2n-2}): C_nH_{2n} = 30
12n + 2n -2 = 30
n = 2,28

Questão 22

(INSTITUTO MILITAR DE ENGENHARIA) Item a) Cálculo da massa molecular, a partir da equação dos gases ideais: $1 \times 0{,}492 = \frac{0{,}32}{<MM> \times 0{,}08206 \times 300}$

$$< MM > = 16{,}01 \frac{g}{mol}$$

Item b)
Massa molar do carbono: $<MM>_C$ = 16,01 g.mol^{-1} x 0,75 = 12,0 g.mol^{-1}
Número de átomos de carbono: (12,0 g.mol^{-1} / 12,0 g.mol^{-1}) = 1
Massa molar do átomo de hidrogênio: 16,0 – 12,0 = 4,0 g.mol^{-1}
Número de átomos de hidrogênio: (4,0 g.mol^{-1} / 1,0 g.mol^{-1}) = 4
Fórmula molecular: CH_4 – Gás Metano

Questão 23

(INSTITUTO MILITAR DE ENGENHARIA) Relação matemática entre a massa do gás e a temperatura: $\frac{p \times V \times <MM>}{R} = \text{massa} \times T$

Considerações a serem realizadas:
- Como o processo de enchimento do balão ocorre ao nível do mar (pressão de 1 atm), o processo é isobárico.
- O problema afirma que não houve variação na elasticidade do balão, ou seja, processo isocórico ou isovolumétrico.

- A massa molar é a mesma para os dois casos, uma vez que se trata do mesmo gás (H_2).

Situação I: P = constante; V = constante; T_I = 273 + (-3 °C) = 270 K; m_I = 0,20 g
Situação II: P = constante; V = constante; T_{II} = ? e m_{II} = 0,18 g

Cálculo da temperatura II, através da equação combinada dos gases ideais: $\text{massa x T} = \text{constante}$
$0{,}20 \text{ x } 270 = 0{,}18 \text{ x T}$
$\text{T} = 300\text{K}(27°\text{C})$

Questão 24

(INSTITUTO MILITAR DE ENGENHARIA) Cálculo do número de mol de N_2: $n = \frac{4{,}92 \text{ x } 10}{0{,}08206 \text{ x } (127+273)} = 1{,}50 \text{ mol}$

Cálculo do número de mol de O_2: $n = \frac{9{,}03\text{x}10^{23} \frac{\text{moléculas}}{\text{mol}}}{6{,}02\text{x}10^{23} \frac{\text{moléculas}}{\text{mol}}} = 1{,}50 \text{ mol}$

Cálculo do número de mol total: $n_T = n_{O2} + n_{N2}$ = 1,50 atm + 1,50 atm = 3,00 atm

Cálculo da temperatura final de equilíbrio:
$6{,}15 \text{ x } 10 = 3{,}0 \text{ x } 0{,}08206 \text{ x T}$
$\text{T} = 250\text{K}$

Questão 25

(INSTITUTO TECNOLÓGICO DA AERONÁUTICA) Alternativa E.
Conversão de unidade de pressão (mm Hg → atmosferas):
1 atm ------------- 760 mm Hg
p ------------------- 300 mm Hg
p = 0,395 atm

Cálculo da massa do gás Hélio: $\text{massa} = \frac{0{,}395 \text{ x } 5\text{x}10^{-3} \text{ x } 4}{0{,}08206 \text{ x } 250} = \underbrace{3{,}85\text{x}10^{-3}\text{g}}_{0{,}385\text{mg}}$

Questão 26

(INSTITUTO TECNOLÓGICO DA AERONÁUTICA) Alternativa C.
Cálculo da massa molar, a partir da densidade do gás: $< \text{MM} > = \frac{0{,}08206 \text{ x } 273 \text{ x } 0{,}656}{0{,}333} = 44{,}13 \frac{\text{g}}{\text{mol}}$

Questão 27

(INSTITUTO TECNOLÓGICO DA AERONÁUTICA) Alternativa C.

Situação inicial: $n_A + n_B = 1$ (Equação 1)

Situação final: $p_B = 0{,}81 \text{ x } p_B$ (Equação 2)

Expressão da equação dos gases com relação ao recipiente A: $p_A \text{ x } V_A = n_A \text{ x R x T}$ (Equação 3)

Expressão da equação dos gases em relação ao recipiente B: $p_B \text{ x } V_B = n_B \text{ x R x T}$ (Equação 4)
Sabendo que a pressão de B é dada pela seguinte relação: $p_B = 0{,}81 \text{ x } p_A$

Logo, a equação dos gases em relação ao B será: $0{,}81 \text{ x } V_B = n_B \text{ x R x T}$

Considerando que os volumes são iguais, temos: $V_A = V_B = V$

Dividindo a Equação 4 pela Equação 3, temos: $\frac{0{,}81 \text{ x } p_A \text{ x } V_B}{p_A \text{ x } V_A} = \frac{n_B \text{ x R x T}}{n_A \text{ x R x T}}$

$n_B = n_A$

Como o número de mol de cada gás é igual, então cada um vai apresentar 50% (0,50 mol).

Questão 28

(INSTITUTO TECNOLÓGICO DA AERONÁUTICA) Sabendo que a relação da densidade de um gás com a sua pressão é dada pela seguinte equação matemática:

$$d = \frac{\text{pressão x} < MM >}{\text{R x T}} = \frac{1{,}50\text{x}2{,}0}{0{,}08206\text{x}298} = 0{,}123\frac{g}{L}$$

Questão 29

(EsPCEx) Alternativa A.

De acordo com a Lei de Graham, temos: $\frac{V_{H_2}}{V_{CH_4}} = \sqrt{\frac{<MM>_{CH_4}}{<MM>_{H_2}}}$

Em que:

$V_{H2} = 28$ km/min

$<MM>_{CH4} = 12 + 4 \text{ x } 1 = 16$ g/mol

$<MM>_{H2} = 1+1 = 2$ g/mol

Inserindo os dados fornecidos na equação apresentada acima, temos: $\frac{28}{V_{CH_4}} = \sqrt{\frac{16}{2}}$

$$V_{CH_4} = 10\frac{km}{min}$$

Convertendo para Km/h, temos: $V_{CH_4} = 10\frac{Km}{min}\text{x}\frac{60min}{1h} = 600\frac{Km}{h}$

Observação: Lei de Difusão de Graham - A difusão de um sistema gasoso é uma propriedade proveniente de qualquer gás que se mistura de forma espontânea com outros distintos gases, resultando em um processo altamente homogêneo. O primeiro a se interessar pelo assunto foi o escocês Thomas Graham. Este notável químico chegou à conclusão de que gases com maior velocidade são os que apresentam menor densidade. Os resultados estão representados através da equação abaixo.

$\frac{v_A}{v_B} = \sqrt{\frac{d_B}{d_A}}$, em que: v_A é a velocidade de difusão do gás A; v_B é a velocidade de difusão do gás B; d_A é a densidade gasosa do gás A e d_B é a densidade gasosa do gás B. Considerando que a densidade é diretamente proporcional à massa molar, a relação entre a velocidade de difusão com a massa molar para dois gases distintos, está apresentada pela equação a seguir. $\frac{v_A}{v_B} = \sqrt{\frac{<MM>_B}{<MM>_A}}$

Questão 30

(UNIVERSIDADE FEDERAL DO RIO DE JANEIRO)

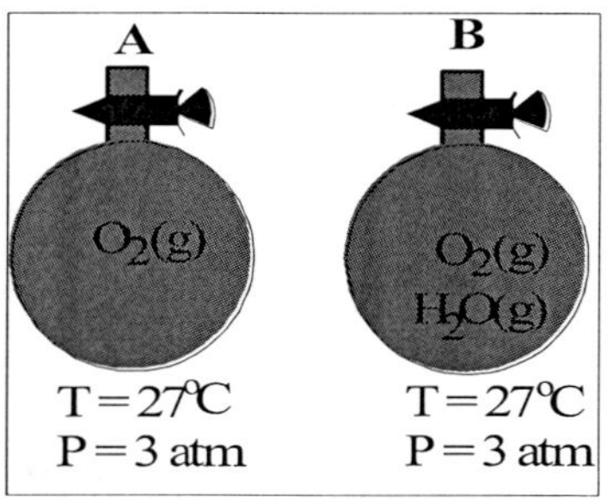

Item a) Cálculo do número de mol de $O_2(g)$ no balão A: 3 x 41 = r x 0,08206 x 300
n_{O2} = 5 mol

Cálculo do número de moléculas de $O_2(g)$ no balão A:
1 mol de O_2 ---------- 6 x 10^{23} moléculas
5 mol de O_2 ---------- X
X = 3,0 x 10^{24} moléculas de O_2

Item b) Como ambos apresentam o mesmo número de moléculas pelo princípio de Avogadro, o balão A será o mais pesado uma vez que as moléculas de oxigênio apresentam maior massa que as moléculas de água.

Questão 31

Item a) Cálculo do número de mol de dióxido de carbono: $n_{CO_2} = \frac{p_{CO_2} \text{ x } V_{CO_2}}{R \text{ x } T} = \frac{10 \text{ x } 90}{0{,}08206 \text{ x } (87+273)} = 30{,}46 \text{ mol}$

Calculando o número de mol de gás nitrogênio: $n_{N_2} = \frac{p_{N_2} \text{ x } V_{N_2}}{R \text{ x } T} = \frac{30 \text{ x } 20}{0{,}08206 \text{ x } (27+273)} = 24{,}37 \text{ mol}$

Cálculo do número de mol total (n_T): $n_{total} = n_{N_2} + n_{CO_2} = 30{,}46 \text{ mol} + 24{,}37 \text{ mol} = 54{,}83 \text{ mol}$

Cálculo da pressão interna final do sistema: $p_{final} = \frac{54{,}83 \text{ x } 0{,}08206 \text{ x } (57+273)}{20+90} = 13{,}50 \text{ atm}$

Item b) Cálculo das pressões parciais dos compostos gasosos:

$$p_{CO_2} = \left(\frac{n_{CO_2}}{n_{total}}\right) \text{x } p_{total} = \left(\frac{30{,}46}{54{,}83}\right) \text{x } 13{,}50 = 7{,}50 \text{ atm}$$

$$p_{N_2} = \left(\frac{n_{N_2}}{n_{total}}\right) \text{x } p_{total} = \left(\frac{24{,}37}{54{,}83}\right) \text{x } 13{,}50 = 6{,}0 \text{ atm}$$

Estudo dos Gases Reais – Fator de Compressibilidade, Z

Um dos primeiros estudos que trata o gás como real, refere-se ao fator de compressibilidade, designado pela letra Z. Este fator é um parâmetro de correção, ou seja, estuda o desvio do comportamento de um gás real em relação ao gás ideal, sendo um parâmetro adimensional, empírico e que foi introduzido na equação dos gases ideais. A equação matemática para o gás real que apresenta o fator de compressibilidade está descrita na equação abaixo, conforme pode ser apresentada a seguir. $\boxed{pV = ZnRT}$

Colocando a equação acima em função do volume molar:

$$\underbrace{\frac{V}{n}}_{V_{molar}} = \frac{Z \times R \times T}{p}$$

$$Z = \frac{V_{molar} \times p}{R \times T}$$

Podemos definir o fator de compressibilidade da seguinte forma:

$Z = \frac{p \times V^{real}}{p \times V^{ideal}}$, nas mesmas condições de temperatura e pressão.

a) Para Z =1 → comportamento característico de um gás ideal a qualquer pressão e temperatura, Z = f(p,T).

b) Para Z > 1 → o comportamento do gás real prevalece em relação ao do gás ideal. As forças repulsivas (real) para este caso são dominantes.

c) Para Z < 1 → o comportamento do gás ideal prevalece em relação ao do gás real. As forças atrativas para este caso são as dominantes.

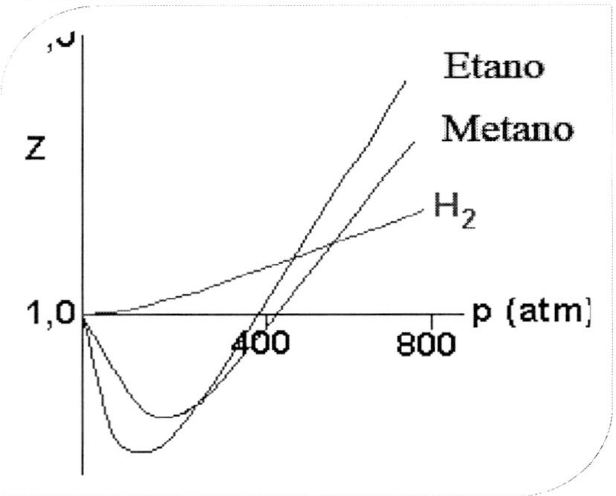

Exemplo Aplicativo I

A uma temperatura de aproximadamente 250 K e a uma pressão de 20 atmosferas, o fator de compressibilidade de um gás é 0,86. Calcule o volume ocupado por 7,0 mol do referido gás nessas condições.

Resolução

Cálculo do volume (V), a partir da equação dos gases reais em função do fator de compressibilidade (Z).

$$V = \frac{Z \times n \times R \times T}{p} = \frac{0{,}86 \times 7{,}0 \times 10^{-3} \times 0{,}08206 \times 250}{20}$$

$$V = 0{,}00617L$$

Equação dos Gases Reais – Equação cúbica de Van der Waals

Uma segunda maneira de estudarmos o comportamento de um gás real foi realizada pelo físico e químico holandês, Johannes Diederik Van der Waals, através da sua defesa de doutorado em 1873. Van de Waals procurou adaptar a equação dos gases ideais para descrever o comportamento de um gás real, aplicando termos corretivos tanto na pressão como também no volume, obtendo uma equação conhecida como a "Equação Cúbica de Estado de van der Waals". Este estudo deu a este notável pesquisador o prêmio Nobel em 1910. O modelo dos gases ideais considera que não existem interações entre as partículas. No entanto, as partículas de um gás real interagem entre si através das forças intermoleculares de Van der Waals. Outra falha observada no modelo dos gases ideais é desconsiderar o volume das partículas gasosas. As partículas de um gás real apresentam volume, mesmo quando a temperatura tende a zero ou quando a pressão tende ao infinito. Diante dessas situações, Van der Waals adicionou duas constantes, a primeira que está diretamente relacionada com o fato das partículas ocuparem um volume finito (b) e outra devido às interações entre as partículas constituintes do gás (a). Estas constantes (a e b) são definidas como constantes de van der Waals. Assim, a equação de van der Waals pode ser representada da seguinte maneira: $\boxed{\left(p^{real} + \frac{a \times n^2}{V^2}\right) \times (V - n \times b) = n \times R \times T}$, ou em termos do volume molar: $\boxed{\left(p^{real} + \frac{a}{V_{molar}^2}\right) \times (V_{molar} - b) = R \times T}$. A tabela a seguir apresenta as constantes de Van der Waals para diferentes gases.

Espécies Gasosas	a (atm.L^2.mol^{-2})	b (10^{-2}L.mol^{-1})
Argônio (Ar)	1,363	3,219
Eteno (C_2H_4)	4,530	5,714
Etano (C_2H_6)	5,562	6,380
Benzeno (C_6H_6)	18,24	11,54
Metano (CH_4)	2,283	4,278
Cloro (Cl_2)	6,579	5,622
Monóxido de carbono (CO)	1,505	3,985
Dióxido de carbono (CO_2)	3,640	4,267
Hidrogênio (H_2)	0,2476	2,661
Vapor d´água (H_2O)	5,536	3,049
Sulfeto de hidrogênio (H_2S)	4,490	4,287
Hélio (He)	0,03457	2,370
Criptônio (Kr)	2,349	3,978
Nitrogênio (N_2)	1,408	3,913
Neônio (Ne)	0,2135	1,709
Amônia (NH_3)	4,225	3,707
Oxigênio (O_2)	1,378	3,183
Dióxido de enxofre (SO_2)	6,803	5,636
Xenônio (Xe)	4,250	5,105

Exemplo Aplicativo

Sabe-se que nas condições normais de temperatura e pressão, um mol de um determinado gás ocupa volume de 22,4 litros. Utilizando a equação dos gases reais, de Van der Waals, determine a pressão de um mol de gás oxigênio na mesma temperatura e compare com o valor esperado. Dados: Constantes de van der Waals para o gás oxigênio: a = 1,378 L^2.atm.mol^{-2} e b = 3,183 x 10^{-4} L.mol^{-1}.

Resolução

Analisando o gás oxigênio com comportamento de um gás real: $\left[p^{real} + \frac{1,378}{\left(\frac{22,4}{1}\right)^2}\right] x \left(\frac{22,4}{1} - 3,183x10^{-4}\right) =$ $0,08206 \text{ x } 273$

$p^{real} = 0,997atm$

CAPÍTULO 08. CÁLCULOS ESTEQUIOMÉTRICOS

Exemplos Aplicativos

Exemplo aplicativo I

Calcule o número de mol de dióxido de enxofre sendo produzido a partir de 2,5 mol de S?

Resolução: Equação química: $S_{(sólido)} + O_{2(gás)} \rightarrow SO_{2(gás)}$

1 mol S ---------- 1 mol de SO_2
2,5 mol ---------- x
x = 2,5 mol de dióxido de enxofre

Exemplo aplicativo II

Um modo de remover NO das emissões das chaminés é através da reação com amônia: $NH_{3(g)} + NO_{(g)}$ ⍰ $N_{2(g)} + H_2O_{(l)}$. Calcule a massa de N_2 produzida a partir de 1,25 mol de NO.

Resolução: Equação química: $NH_{3(gás)} + NO_{(gás)} \rightarrow N_{2(gás)} + H_2O_{(líquido)}$

Cálculo da massa de monóxido de nitrogênio:

1 mol de NO ------------ 30 g
1,25 ----------------------- x
X = 37,5 g NO

Cálculo da massa de gás nitrogênio:
30 g de NO ------------------- 28 g de N_2
37,5 g NO --------------------- Y
Y = 35 g N_2

Exemplo aplicativo III

O superóxido de potássio, KO_2, é usado em máscaras de respiração para gerar oxigênio, segundo a seguinte equação química: $KO_{2(sólido)} + H_2O_{(líquido)} \rightarrow KOH_{(sólido)} + O_{2(gás)}$. Se a reação produzir 3,5 g de KOH, quantas gramas de KO_2 é necessário para reagir? Classifique o KO_2.

Resolução:

Cálculo da massa de dióxido de potássio.

KO_2 = superóxido de potássio (óxido classificado como superóxido)
71 g KO_2 ------------- 56 g KOH
X ----------------------- 3,5 g

X = 4,43 g de KO_2

Exemplo aplicativo IV

Considere a seguinte reação de decomposição $C_6H_{12}O_{6(aquoso)} \rightarrow C_2H_5OH_{(líquido)} + CO_{2(gas)}$. Calcule a massa de glicose necessária para produzir 44,8 L de CO_2.

Resolução: A partir da relação estequiométrica, temos:

1 mol de $C_6H_{12}O_{6(aq)}$ ---------- 1 mol de $CO_{2(g)}$

180 g $C_6H_{12}O_6$ ----------------- 22,4 L

m(g) $C_6H_{12}O_6$ ------------------ 44,8 L

m = 360g $C_6H_{12}O_6$

Exemplo aplicativo V

Adicionando-se carbonato de amônio a 49 g de ácido fosfórico:
a) determine a massa de sal formado;
b) dê a nomenclatura deste sal;
c) determine o volume de gás carbônico liberado nas condições ambientes.

Resolução:
Item a) Equação química balanceada: $3(NH_4)_2CO_3 + 2H_3PO_4 \rightarrow 2(NH_4)_3PO_4 + 3H_2O + 3CO_2$

Item b) $(NH_4)_3PO_4$ = Fosfato de amônio.

Item c) Cálculo do número de mol de dióxido de carbono e o seu volume nas Condições normais ambientais de temperatura e pressão (CNATP):
2 mol de H_3PO_4 -------------- 3 mol de CO_2
2 x 98 g ------------------------ 3 mol
49 g ----------------------------- n
n = 0,75 mol

Cálculo do volume, a partir da equação dos gases ideais: $\text{Volume} = \frac{0{,}75 \times 0{,}08206 \times 298}{1} = 18{,}34 \text{ L}$

Exemplo aplicativo VI

As indústrias de cerveja utilizam o gás carbônico na fermentação da maltose ($C_{12}H_{22}O_{11}$), presente na cevada, com o objetivo de produzir água gaseificada para fabricação de refrigerantes. As reações químicas deste processo são mostradas abaixo:

$C_{12}H_{22}O_{11} + H_2O \rightarrow 4\ C_2H_5OH + 4\ CO_2$

$CO_2 + H_2O \rightarrow H_2CO_3$

I) Qual a massa de ácido carbônico obtido a partir de 3,26 kg de maltose?

342 g $C_{12}H_{22}O_{11}$ ------------ 176 g CO_2

3260 g ------------------------ x

x= 1677,66 g CO_2

Na segunda reação só há 1 mol de CO_2. Então dividindo por 4, pois na segunda reação só vou usar 1 mol: $\frac{1677{,}66}{4} = 419{,}41\ g$ de CO_2

419,41g CO_2 ------ X H_2CO_3

44g CO_2 ------------ 62g H_2CO_3

X = 590,99 g H_2CO_3

Mas temos 4 mol de CO_2, que foi formado da primeira reação, então multiplicamos por 4 a massa encontrada de H_2CO_3: $x = 590{,}99 \times 4 = 2364\ g$

Exemplo aplicativo VII

(INSTITUTO MILITAR DE ENGENHARIA) Foram misturados 40 gramas de hidrogênio (H_2) com 40 gramas de oxigênio (O_2), com a finalidade de produzir água, segundo a equação:
a) o reagente limitante;
b) a massa do produto formado;
c) a massa do reagente em excesso.

Resolução:

Equação química: $H_{2(gás)} + ½O_{2(gás)} \rightarrow H_2O_{(vapor)}$

A determinação do reagente limitante e consequente o reagente em excesso está condicionado na determinação do número de mol de cada reagente químico.

Número de mol de $H_{2(g)}$ = (40 / 2,0) = 20 mol (Reagente em excesso)

Número de mol de $O_{2(g)}$ = (40 / 32) = 1,25 mol (Reagente limitante)

Cálculo do número de mol de oxigênio molecular:
1/2 mol de O_2 -------------------- 1,25 mol
n_{O2} ------------------------------------ 1,0 mol
n_{O2} = 2,50 mol

Reagente limitante: $O_{2(g)}$
Reagente em excesso: $H_{2(g)}$

Cálculo da quantidade de sobra do reagente em excesso: $H_{2(g)}$.
1 mol de H_2 -------------------- 1/2 mol de O_2
2,0 g ----------------------------- ½ x 32 g
Massa --------------------------- 40,0 g
Massa = 5,00 g (reagiu).
Sobra = 40,00 – 5,00 = 35,0 g

Exemplo aplicativo VIII

Uma fábrica deseja produzir 180 litros de dióxido de carbono, medidos nas condições normais, a partir do processo de calcinação de um calcário de 90% de pureza. A partir das informações apresentadas, determine a massa de calcário necessária.

Resolução: Se o percentual com relação à pureza corresponde a 90%, temos: $CaCO_3 \rightarrow CaO + CO_2$

100 g ---------------------- 22,4 L de CO_2 (CNTP)

m' x 0,90 ----------------- 180 L de CO_2 (CNTP)

m' = 100 x (180/0,90) x 22,4 = 892,8 g de calcário

Exemplo aplicativo IX

A partir de um processo de queima de 30 gramas de carbono puro com rendimento de 90%, calcule a massa de dióxido de carbono obtida.

Resolução: Se o rendimento percentual 90%, o rendimento propriamente dito será igual a 90/100 = 0,90. Temos então:

$C + O_2 \rightarrow CO_2$
12 g ------- 44 x 0,9 g
30 g ------- x

Que resulta em: $x = \frac{30 \times 44 \times 0{,}90}{12} = 99$ g de dióxido de carbono.

Exemplo aplicativo IX

(GRILLO) A reação de transformação do dióxido de carbono em monóxido de carbono, representada pela equação a seguir, é muito importante principalmente para processos metalúrgicos e químicos. A reação química não balanceada é dada a seguir: $C_{(s)} + CO_{2(g)} \rightarrow CO_{(g)}$. Este processo apresenta uma variação de entalpia na ordem de (-174) $kJ.mol^{-1}$ de carbono, caracterizando um processo exotérmico. A partir destas informações, determine os seguintes itens expostos:
a) A partir de 88 gramas de dióxido de carbono, determine a massa de monóxido de carbono produzido;
b) O volume de monóxido de carbono nas CNTP (condições normais de temperatura e pressão);
c) O volume de monóxido de carbono nas CNATP (condições normais ambientais de temperatura e pressão).

Resolução:

Item a) Cálculo da massa de monóxido de carbono: $C_{(s)} + CO_{2(g)} \rightarrow 2CO_{(g)}$
1 mol de $CO_{2(g)}$ ----------------- 2 mol de $CO_{(g)}$
1 mol x (44 $g.mol^{-1}$) ----------- 2 mol x (28 $g.mol^{-1}$)
88 g ------------------------------- m_{CO}
m_{CO} = 112 g

Item b) Cálculo do volume de monóxido de carbono nas CNTP: $C_{(s)} + CO_{2(g)} \rightarrow 2CO_{(g)}$

1 mol de $CO_{2(g)}$ ---------------- 2 mol de $CO_{(g)}$
1 mol x (44 $g.mol^{-1}$) ---------- 2 mol x 22,4 $L.mol^{-1}$
88 g ----------------------------- V_{CO}

V_{CO} = 89,6 litros de CO

Item c) Cálculo do volume de monóxido de carbono nas CNATP: $C_{(s)} + CO_{2(g)} \rightarrow 2CO_{(g)}$
1 mol de $CO_{2(g)}$ ----------------- 2 mol de $CO_{(g)}$
1 mol x (44 $g.mol^{-1}$) ----------- 2 mol x 24,45 $L.mol^{-1}$
88 g ------------------------------- V_{CO}

V_{CO} = 97,8 L de CO

Exemplo aplicativo XI

(GRILLO) Uma pequena amostra contendo 4,20 gramas de carbonato de magnésio foi tratada com ácido clorídrico obtendo-se 476 mL de dióxido de carbono, medidos nas CNTP. Determine o rendimento desta reação.

Resolução: Equação química: $MgCO_3 + 2HCl \rightarrow MgCl_2 + H_2O + CO_2$

Cálculo do rendimento do processo (R):
1 mol de $MgCO_3$ ------------ 1 mol de CO_2
1 mol x 84 $g.mol^{-1}$ ---------- 1 mol x 22,4 $L.mol^{-1}$ x R
4,20 g ------------------------ 472 x 10^{-3} L

R = 0,421 (42,1%)

Exemplo aplicativo XII

(GRILLO) Determine a massa de sulfato de cálcio obtida quando se tratam 370 gramas de hidróxido de cálcio contendo 20% de impurezas por solução de ácido sulfúrico?

Resolução: Cálculo do valor percentual referente ao reagente na sua forma pura: 100% - 20% = 80%

Equação química: $H_2SO_{4(aq)} + Ca(OH)_{2(aq)} \rightarrow CaSO_{4(aq)} + 2H_2O_{(l)}$

Cálculo da massa de $Ca(OH)_2$ puro: $m_{Ca(OH)2} = 370\ g \times 0{,}80 = 296\ g$

Cálculo da massa de sulfato de cálcio, a partir do hidróxido de cálcio: $H_2SO_{4(aq)} + Ca(OH)_{2(aq)} \rightarrow CaSO_{4(aq)} + 2H_2O_{(l)}$
74 gramas de $Ca(OH)_2$ ------------ 136 gramas de $CaSO_4$
296 gramas de $Ca(OH)_2$ ---------- m_{CaSO4}
$m_{CaSO4} = 544\ g$

Exemplo aplicativo XIII

(GRILLO) Considere o seguinte processo químico para a produção de sulfato de potássio, sulfato de manganês II, sulfato de ferro III e água, conforme a equação química não balanceada apresentada a seguir: $KMnO_4 + FeSO_4 + H_2SO_4 \rightarrow K_2SO_4 + MnSO_4 + Fe_2(SO_4)_3 + H_2O$. Considere que foram colocados para reagir um quilograma para cada reagente. A partir desta informação, determine a massa de todos os produtos formados.

Resolução: Realizando o balanceamento pelo método de oxirredução: $2KMnO_4 + 10FeSO_4 + 8H_2SO_4 \rightarrow K_2SO_4 + 2MnSO_4 + 5Fe_2(SO_4)_3 + 8H_2O$, em que o permanganato de potássio é o agente oxidante e o sulfato de ferro II é o agente redutor.

Cálculo do número de mol para cada reagente:

$$n_{KMnO_4} = \frac{m_{KMnO_4}}{< MM >_{KMnO_4}} = \frac{1000\ g}{158\ g.mol^{-1}} = \frac{6{,}33}{2} = 3{,}16\ mol$$

$$n_{FeSO_4} = \frac{1000\ g}{152\ g.mol^{-1}} = \frac{6{,}58}{10} = 0{,}66\ mol\ (reagente\ limitante)$$

$$n_{H_2SO_4} = \frac{m_{H_2SO_4}}{< MM >_{H_2SO_4}} = \frac{1000\ g}{98\ g.mol^{-1}} = \frac{10{,}20}{8} = 1{,}27\ mol$$

Cálculo da massa de todos os produtos formados:

10 mol de $FeSO_4$ ----- 1 mol de K_2SO_4 ----- 2 mol de $MnSO_4$ ----- 5 mol de $Fe_2(SO_4)_3$ ----- 8 mol de H_2O

1520 g ---------- 174 g ---------- 302 g ------------ 2000 g -------- 128 g
1000 g ---------- m_{K2SO4} -------- m_{MnSO4} ----------- $m_{Fe2(SO4)3}$ ------ m_{H2O}

As massas dos produtos são os seguintes:
$m_{K2SO4} = 114{,}47\ g$ (K_2SO_4 = sulfato de potássio)
$m_{MnSO4} = 198{,}68\ g$ ($MnSO_4$ = Sulfato de Manganês II)
$m_{Fe2(SO4)3} = 1315{,}79\ g$ [$Fe_2(SO_4)_3$] = sulfato de ferro III)
$m_{H2O} = 84{,}21\ g$

Exemplo aplicativo XIV

(GRILLO) Considere a seguinte reação de produção de ácido sulfúrico e monóxido de nitrogênio a partir do ácido nítrico, conforme pode ser observado pela equação química não balanceada: $As_2S_3 + HNO_3 + H_2O \rightarrow H_2SO_4 + H_3AsO_4 + NO$. Partindo de 1000 gramas de ácido nítrico, calcule a massa de ácido sulfúrico produzido e o volume de NO nas CNTP.

Resolução: O balanceamento desta reação deverá ser feito pelo método de oxidação-redução: $3As_2S_3 + 28HNO_3 + 4H_2O \rightarrow 9H_2SO_4 + 6H_3AsO_4 + 28NO$

Dados do problema: Massa de HNO_3 = 1000 g; Massa de H_2SO_4 = ? e Volume de NO nas CNTP = ?

Cálculo da massa de H_2SO_4: $3As_2S_3 + 28HNO_3 + 4H_2O \rightarrow 9H_2SO_4 + 6H_3AsO_4 + 28NO$

28 mol de HNO_3 ---------- 9 mol de H_2SO_4
28 x 63 g ------------------- 9 x 98 g
1000 g ---------------------- m_{H2SO4}
m_{H2SO4} = 500 g

Cálculo do volume de NO nas CNTP: $3As_2S_3 + 28HNO_3 + 4H_2O \rightarrow 9H_2SO_4 + 6H_3AsO_4 + 28NO$

28 mol de HNO_3 -- 28 x 22,4 L de NO
(1000/63) -- V_{NO}
V_{NO} = 355,55 L

Exemplo aplicativo XV

(GRILLO) A recuperação do ferro metálico, a um percentual de aproximadamente 86,30%, a partir de um minério que contém 43,20% de trióxido de diferro (magnetita). Determine a massa de ferro metálico que pode ser recuperada a partir de 2,00 kg de magnetita. Favor considerar que o ferro obtido é a partir da redução do minério com monóxido de carbono.

Resolução: $Fe_3O_{4(s)} + 4CO_{(g)} \rightarrow 3Fe_{(s)} + 4CO_{2(g)}$
1 mol de Fe_3O_4 ------------- 3 mol de Fe x R
232 g ------------------------- 144,98 g
864 g ------------------------- m_{Fe}
m_{Fe} = 539,92 g

Exemplo aplicativo XVI

Calcule a massa de pirolusita que contém 85% (m/m) de dióxido de manganês (MnO_2), necessária para a produção de 250 g de óxido de alumínio e de manganês metálico, pelo processo de aluminotermia, que se fundamenta na seguinte equação química balanceada: $3MnO_{2(s)} + 4Al_{(s)} \rightarrow 3Mn_{(s)} + 2Al_2O_{3(s)}$.

Resolução:

3 mol de $MnO_{2(s)}$ ----------------------- 2 mol de $Al_2O_{3(s)}$
3 mol x 87 g.mol^{-1} --------------------- 2 mol x 102 g.mol^{-1}
$m_{MnO2(s)}$ ----------------------------------- 250 g

$$m_{MnO_2} = \frac{250 \text{ x } 3 \text{ x } 87}{2\text{x}102} = 319{,}85\text{g}$$

A massa de pirolusita deve considerar o grau de pureza. No presente caso, sabe-se que 85% em massa do total da amostra está associado ao MnO_2, logo: $m_{pirolusita} = \frac{m_{MnO_2}}{0{,}85} = \frac{319{,}85}{0{,}85} = 376{,}29\text{g}$

Exemplo Aplicativo XVII

(EsPCEx) Considere a seguinte equação química balanceada: $CaCO_3 + 2\ HCl \rightarrow CaCl_2 + H_2O + CO_2$. Com base na equação acima podemos afirmar que 200 gramas de carbonato de cálcio produziu a seguinte massa de cloreto de cálcio e volume de dióxido de carbono nas CNTP, respectivamente, supondo-se que a reação tenha 100% de rendimento:

a) 111 gramas e 22,4 litros
b) 222 gramas e 22,4 litros
c) 111 gramas e 44,8 litros
d) 222 gramas e 44,8 litros
e) 111 gramas e 67,2 litros

Resolução: Alternativa D.

Equação química: $CaCO_3 + 2HCl \rightarrow CaCl_2 + H_2O + CO_2$
1 mol de $CaCO_3$ ---------- 1 mol de $CaCl_2$ ---------- 1 mol de CO_2
100 g de $CaCO_3$ ---------- 111 g de $CaCl_2$ ---------- 22,4 Litros de CO_2
200 g de $CaCO_3$ ---------- m_{CaCl2} ---------------------- V_{CO2}
m_{CaCl2} = 222 g de $CaCl_2$ e V_{CO2} = 44,8 L de CO_2

Exemplo Aplicativo XVIII

(EsPCEx) Considere a reação de decomposição do nitrato de amônio conforme apresentada a seguir pela equação química balanceada, $NH_4NO_{3(s)} \rightarrow N_{2(g)} + O_{2(g)} + H_2O_{(g)}$. Calcule o valor do volume gasoso a 227°C e 1,0 atm que será produzido pela decomposição de 800 gramas de nitrato de amônio.

Resolução: Equação química de decomposição:
$2NH_4NO_{3(s)} \rightarrow 2N_{2(g)} + O_{2(g)} + 4H_2O_{(g)}$

Cálculo do número de mol de nitrato de amônio: $n = \frac{800}{80} = 10\ mol$

Cálculo do número de mol dos produtos gasosos:
$2NH_4NO_{3(s)} \rightarrow 2N_{2(g)} + O_{2(g)} + 4H_2O_{(g)}$
2 mols de NH_4NO_3 ------------- (2 + 1 + 4) mol de gases
10 mols de NH_4NO_3 ----------- n_{gases}
n_{gases} = 35 mol

Cálculo do volume dos gases, considerando comportamento ideal:
1 x V_{gases} = 35 x 0,08206 x (227 + 273) =
V_{gases} = 1436,05 L

Exemplo Aplicativo XIX

Considere a seguinte reação química para a síntese do bromo em fase líquida a partir do dióxido de titânio, representado pela equação química, $3TiO_{2(s)} + 4BrF_{3(l)} \rightarrow 3TiF_{4(s)} + 2Br_{2(l)} + 3O_{2(g)}$. Se 12,0 g do óxido produz 0,056 g de oxigênio, determine o grau de pureza do TiO_2 utilizado.

Resolução: Cálculo da massa de dióxido de titânio.
3 mol de $TiO_{2(s)}$ ------------------ 3 mol de $O_{2(g)}$
3 x (79,87) g ---------------------- 3 mol x (32) g
m_{TiO2} -------------------------------- 0,056 g

$$m_{TiO_2} = \frac{13,42}{96} = 0,140g$$

Cálculo do grau de pureza: $(\%)_{TiO_2} = \frac{0,14}{12,0} = 0,0167(1,67\%)$

Exemplo Aplicativo XX

Calcule o número de átomos de hidrogênio presentes em 100 gramas do hidrocarboneto octano.

Resolução:

Fórmula molecular do hidrocarboneto: C_8H_{18} (<MM>$_{C8H18}$ = 114 g.mol^{-1})

Cálculo do número de átomos de hidrogênio:

114 g ---------- 18 x 6,02 x 10^{23} átomos de hidrogênio

100 g ---------- X

X = 9,50 x 10^{24} átomos de hidrogênio

Exercícios de Fixação

Questão 01

(EsPCEx) Balanceando a equação abaixo com os menores coeficientes estequiométricos inteiros possíveis, teremos como soma de todos os coeficientes estequiométricos o número: $P + HNO_3 + H_2O \rightarrow H_3PO_4 + NO$

a) 20
b) 18
c) 10
d) 8

Questão 02

(EsPCEx) A massa de carbono (grafite) necessária para produzir 220 g de dióxido de carbono é:

a) 12g
b) 24g
c) 36g
d) 60g

Questão 03

(EsPCEx) Considere que a reação de cobre metálico com ácido nítrico diluído produz, nas CNTP, um volume gasoso de 181,6 L de óxido de nitrogênio II (NO), água e nitrato de cobre II. Nesse caso, a soma dos coeficientes estequiométricos da equação corretamente balanceada dessa reação completa e a massa de cobre consumida são, respectivamente:

a) 18 e 1222 g
b) 20 e 768 g
c) 16 e 154 g
d) 20 e 650 g
e) 18 e 402 g

Questão 04

(EsPCEx) $CaCO_3 + 2HCl \rightarrow CaCl_2 + H_2O + CO_2$. Com base nesta equação podemos afirmar que 200 g de carbonato de cálcio produziu a seguinte massa de cloreto de cálcio e volume de CO_2 nas CNTP, respectivamente, supondo-se que a reação tenha 100% de rendimento:

a) 111g e 22,4 L
b) 222g e 22,4 L
c) 111g e 44,8 L
d) 222g e 44,8 L

Questão 05

(EsPCEx) Um mol de H_2SO_4 totalmente ionizado em H_2O produz o seguinte número de íons H^+ (ou H_3O^+):

a) 1×10^{23}
b) 3×12^{23}
c) 6×10^{23}
d) $1,2 \times 10^{23}$
e) 12×10^{23}

Questão 06

(EsPCEx) Fazendo-se o balanceamento da equação a seguir, com os menos coeficientes estequiométricos inteiros possíveis, a soma destes coeficientes será: equação química: $FeS_2 + O_2 \rightarrow Fe_2O_3 + SO_2$.

a) 4
b) 10
c) 17
d) 20

e) 25

Questão 07

(EsPCEx) Foram misturados 40 g de hidrogênio com 40 g de oxigênio com a finalidade de produzir água, segundo a equação $H_{2(g)} + O_{2(g)} \rightarrow H_2O_{(v)}$. A massa de reagente em excesso corresponde a:
a) 35 g de hidrogênio
b) 25 g de oxigênio
c) 5 g de hidrogênio
d) 35 g de oxigênio
e) 20 g de hidrogênio

Questão 08

(EsPCEx) Na reação de síntese da amônia $[N_{2(g)} + 3H_{2(g)} \rightarrow 2NH_{3(g)}]$, feitas nas CNTP, o volume de nitrogênio necessário para se obter 3,4 g de NH_3 será:
a) 0,224 litros
b) 2,24 litros
c) 22, 4 litros
d) 224 litros
e) 2240 litros

Questão 09

(EsPCEx) Fazendo-se o balanceamento da equação $KI + KMnO_4 + H_2O \rightarrow I_2 + MnO_2 + KOH$, com os menores coeficientes inteiros possíveis, a soma destes coeficientes será:
a) 7
b) 12
c) 15
d) 20
e) 25

Questão 10

(EsPCEx) A quantidade de ar, nas CNTP, necessárias para queimar 100 g de metano, considerando que praticamente 1/5 do volume atmosférico consiste de oxigênio, é:
a) 280 L
b) 2800 L
c) 1400 L
d) 140 L
e) 400 L

Questão 11

(EsPCEx) A neutralização de 111 g de hidróxido de cálcio pelo ácido fosfórico produzirá a seguinte massa de sal:
a) 155 g
b) 209 g
c) 310 g
d) 333 g
e) 465 g

Questão 12

(EsPCEx) Em 328 g de nitrato de cálcio existe aproximadamente a seguinte quantidade de átomos de oxigênio:

a) $7,2 \times 10^{24}$
b) $3,6 \times 10^{23}$
c) $1,8 \times 10^{23}$
d) $3,6 \times 10^{22}$
e) $1,8 \times 10^{22}$

Questão 13

(EsPCEx) Uma fábrica produz amoníaco (NH_3) com rendimento de 80%. Se na sua caldeira forem misturadas 42 toneladas de cada substância simples necessária, será obtida a seguinte massa de amoníaco:

a) 22,4 toneladas
b) 40,8 toneladas
c) 44,8 toneladas
d) 67,2 toneladas
e) 238,0 toneladas

Questão 14

(EsPCEx) A emissão de gases derivados do enxofre, como o dióxido de enxofre (SO_2), pode ocasionar uma série de problemas ambientais e a destruição de materiais como rochas e monumentos à base de calcita (carbonato de cálcio). Essa destruição ocasiona reações com a emissão de outros gases, como o gás carbônico (CO_2), potencializando o efeito poluente. Considerando as equações das reações sucessivas a 27°C e 1 atm, admitindo-se os gases como ideais e as reações completas, o volume de CO_2 produzido a partir da utilização de 2 toneladas de SO_2 como reagente é, aproximadamente: Dados: Constante dos gases ideais: R = 0,082 atm.L.mol^{-1}.K^{-1}; Volume molar nas condições em que ocorreu a reação (27°C e 1 atm) = 24,6 L/mol.

$SO_{2(g)} + 1/2\ O_{2(g)} \rightarrow SO_{3(g)}$ (Equação I)
$SO_{3(g)} + H_2O_{(\ell)} \rightarrow H_2SO_{4(\ell)}$ (Equação II)
$H_2SO_{4(\ell)} + CaCO_{3(s)} \rightarrow CaSO_{4(s)} + H_2O_{(\ell)} + CO_{2(g)}$ (Equação III)

a) $4,35.10^6$ L de CO_2
b) $2,25.10^6$ L de CO_2
c) $4,75.10^4$ L de CO_2
d) $5,09.10^3$ L de CO_2
e) $7,69.10^5$ L de CO_2

Questão 15

(EsPCEx) O cobre metálico pode ser oxidado por ácido nítrico diluído, produzindo água, monóxido de nitrogênio e um sal (composto iônico). A reação pode ser representada pela seguinte equação química (não balanceada): $Cu_{(s)} + HNO_{3(aq)} \rightarrow H_2O_{(l)} + NO_{(g)} + Cu(NO_3)_{2(aq)}$. A soma dos coeficientes estequiométricos (menores números inteiros) da equação balanceada, o agente redutor da reação e o nome do composto iônico formado são, respectivamente:

a) 18; Cu; nitrato de cobre I
b) 20; Cu; nitrato de cobre II
c) 19; HNO_3; nitrito de cobre II
d) 18; NO; nitrato de cobre II
e) 20; Cu; nitrato de cobre I

Questão 16

(EsPCEx) A mistura de duas soluções contendo, respectivamente, 248 g de ácido carbônico e 156 g de hidróxido de alumínio, provocará uma reação que produzirá um sal cuja massa será igual a:

a) 234 g
b) 117 g
c) 312 g
d) 404 g

e) 512 g

Questão 17

(EsPCEx) A neutralização parcial do ácido carbônico pelo hidróxido de sódio produz:

a) carbeto de sódio
b) carbonito de sódio
c) bicarbonato de sódio
d) carbonato de sódio
e) tiocarbonato de sódio

Questão 18

(EsPCEx) Entre as reações abaixo a de oxirredução é:

a) $CaCO_3 \rightarrow CaO + CO_2$
b) $H_2O_2 + 2KI \rightarrow 2KOH + I_2$
c) $3K_2S + 2FeBr_3 \rightarrow 6KBr + Fe_2S_3$
d) $Na_2S + 2HCl \rightarrow 2NaCl + H_2S$
e) $HNO_3 + KOH \rightarrow KNO_3 + H_2O$

Questão 19

(EsPCEx) Um mineral muito famoso, pertencente ao grupo dos carbonatos, e que dá origem a uma pedra semipreciosa é a malaquita, cuja fórmula é: $Cu_2(OH)_2CO_3$ ou $[CuCO_3.Cu(OH)_2]$. Experimentalmente pode-se obter malaquita pela reação de precipitação que ocorre entre soluções aquosas de sulfato de cobre II e carbonato de sódio, formando um carbonato básico de cobre II hidratado, conforme a equação abaixo: $2CuSO_{4(aq)} + 2Na_2CO_{3(aq)} + H_2O_{(l)} \rightarrow CuCO_3.Cu(OH)_{2(s)} + 2Na_2SO_{4(aq)} + O_{2(g)}$. Na reação de síntese da malaquita, partindo-se de 1060 g de carbonato de sódio e considerando-se um rendimento de reação de 90%, o volume de CO_2 (a 25°C e 1 atm) e a massa de malaquita serão, respectivamente, de:

a) 20,15 L e 114 g
b) 42,65 L e 272 g
c) 87,35 L e 584 g
d) 110,25 L e 999 g
e) 217,65 L e 1480 g

Questão 20

(EsPCEx) Assinale qual das reações abaixo representa a produção de um sal, a partir de um óxido ácido:

a) $Ca(OH)_2 + H_2SO_4 \rightarrow CaSO_4 + 2H_2O$
b) $BaO + H_2SO_4 \rightarrow BaSO_4 + H_2O$
c) $SO_3 + 2NaOH \rightarrow Na_2SO_4 + H_2O$
d) $KClO_3 \rightarrow KCl + 3/2O_2$
e) $Na_2O_2 + H_2SO_4 \rightarrow Na_2SO_4 + H_2O_2$

Questão 21

(EsPCEx) A nitroglicerina é um líquido oleoso de cor amarelo-pálida, muito sensível ao choque ou calor. É empregada em diversos tipos de explosivos. Sua reação de decomposição inicia-se facilmente e gera rapidamente grandes quantidades de gases, expressiva força de expansão e intensa liberação de calor, conforme a equação da reação: $4C_3H_5N_3O_{9(l)} \rightarrow 6N_{2(g)} + 12CO_{2(g)} + 10H_2O_{(g)} + O_{2(g)}$. Admitindo-se os produtos gasosos da reação como gases ideais, cujos volumes molares são iguais a 24,5 L, e tomando por base a equação a reação de decomposição da nitroglicerina, o volume total aproximado, em litros, de gases produzidos na reação de decomposição completa de 454 g de nitroglicerina será de: Dados: massa molar da nitroglicerina = 227 g/mol; volume molar = 24,5 L/mol (25°C e 1 atm).

a) 355,3 L
b) 304,6 L
c) 271,1 L
d) 123,5 L

e) 89,2 L

Questão 22

(EsPCEx) Ao se misturar 147 g de ácido sulfúrico com 156 g de hidróxido de alumínio, ocorre uma reação que produz, respectivamente, as seguintes massas de sulfato de alumínio e de água:

a) 78 g e 108 g
b) 103 g e 93 g
c) 171 g e 54 g
d) 210 g e 93 g
e) 342 g e 108 g

Questão 23

(EsPCEx) Em um reator foram dispostos 560 gramas de monóxido de carbono e 355 gramas de cloro. Admitindo-se a reação entre o monóxido de carbono e o cloro com rendimento de 100% da reação e as limitações de reagentes, a massa de fosgênio produzida é de:

a) 228 g
b) 497 g
c) 654 g
d) 832 g
e) 928 g

Questão 24

(EsPCEx) Identifique, entre as reações abaixo, a única que é de óxido-redução:

a) $Br_2 + 2NaI \rightarrow 2NaBr + I_2$
b) $NaCl + AgNO_3 \rightarrow NaNO_3 + AgCl$
c) $H_2SO_3 + 2KOH \rightarrow K_2SO_3 + 2H_2O$
d) $2HCl + CaCO_3 \rightarrow CaCl_2 + H_2O + CO_2$
e) $ZnO + H_2SO_4 \rightarrow ZnSO_4 + H_2O$

Questão 25

(EsPCEx) Uma pessoa mediu a massa das folhas de um formulário, antes e depois de preenchê-lo a lápis, tendo encontrado as massas 3,9928 g e 4,000 g, respectivamente. Considerando-se que não haja perdas, o grafite de seu lápis perdeu a seguinte quantidade de átomos:

a) $3,6 \times 10^{20}$
b) 10^{27}
c) $3,6 \times 10^{27}$
d) $5,0 \times 10^{26}$
e) $7,2 \times 10^{20}$

Questão 26

(EsPCEx) O ácido clorídrico reage com alguns metais. Ao reagir com o magnésio metálico, forma com produtos um gás inflamável/explosivo e um sal. Os nomes destes produtos formados são respectivamente:

a) gás cloro e clorato de magnésio
b) gás hidrogênio e clorato de magnésio
c) gás oxigênio e cloreto de magnésio
d) gás hidrogênio e cloreto de magnésio
e) gás cloro e clorito de magnésio

Questão 27

(EsPCEx) O carbonato de sódio (Na_2CO_3) empregado na fabricação de vidro é preparado a partir do carbonato de cálcio e cloreto de sódio, segundo a equação balanceada: $CaCO_3 + 2NaCl \rightarrow Na_2CO_3 + CaCl_2$. Partindo-se de 1250 g de carbonato de cálcio (com grau de pureza de 80%) e 650 g de cloreto de sódio (com grau de pureza de 90%) a massa de carbonato de sódio obtida dessa reação, admitindo-se um rendimento de reação de 80% será de:

a) 585 g
b) 1000 g
c) 650 g
d) 424 g
e) 480 g

Questão 28

(EsPCEx) Na equação da reação de óxido-redução, representada no quadro abaixo, a soma dos menores coeficientes estequiométricos inteiros, necessários para balanceá-la, e o agente redutor são, respectivamente, $KMnO_{4(aq)} + H_2O_{2(aq)} + H_2SO_{4(aq)} \rightarrow MnSO_{4(aq)} + K_2SO_{4(aq)} + O_{2(g)} + H_2O_{(l)}$

a) 24 e H_2O_2
b) 23 e O_2
c) 24 e $KMnO_4$
d) 26 e H_2O_2
e) 26 e $KMnO_4$

Questão 29

(IME) Foram misturados 40 gramas de hidrogênio com 40 gramas de oxigênio, com a finalidade de produzir água, segundo a equação, $H_{2(g)} + \frac{1}{2}O_{2(g)} \rightarrow H_2O_{(l)}$. Determine:

a) o reagente limitante;
b) a massa do produto formado;
c) a massa do reagente em excesso.

Questão 30

(EsPCEx) O sódio metálico reage com água, produzindo gás hidrogênio e hidróxido de sódio, conforme a equação não balanceada: $Na_{(s)} + H_2O_{(l)} \rightarrow NaOH_{(aq)} + H_{2(g)}$. Baseado nessa reação, são feitas as seguintes afirmativas:

I. O sódio atua nessa reação como agente redutor.
II. A soma dos menores coeficientes inteiros que balanceiam corretamente a equação é 7.
III. Os dois produtos podem ser classificados como substâncias simples.
IV. Essa é uma reação de deslocamento. Das afirmativas feitas, estão corretas:

a) Todas
b) apenas I, II e III
c) apenas I, II e IV
d) apenas I, III e IV
e) apenas II, III e IV

Questão 31

(EsPCEx) O cobre metálico é uma substância que possui elevado potencial de redução e no seu estado metálico sofre pouco em termos de oxidação frente a ácidos, não sendo oxidado pela maioria deles. Todavia, ele é oxidado na presença de ácido nítrico, conforme mostra a equação não balanceada de uma das possíveis reações: $Cu_{(s)} + HNO_{3(aq)} \rightarrow Cu(NO_3)_{2(aq)} + NO_{(g)} + H_2O_{(l)}$. Após o balanceamento da equação com os coeficientes estequiométricos (menores números inteiros) a soma destes coeficientes será igual a:

a) 14
b) 18
c) 20
d) 24
e) 26

Questão 32

(EsPCEx) Considere as seguintes equações químicas e as afirmativas sobre elas:

A) $2KIO_3 \rightarrow 2KI + 3O_2$

B) $Ba(OH)_2 + H_2SO_4 \rightarrow BaSO_4 + 2H_2O$

C) $Ca + ZnF_2 \rightarrow CaF_2 + Zn$

I) A representa uma reação de síntese do iodeto de potássio;

II) A representa uma reação de síntese de análise do iodato de potássio;

III) B representa uma reação de dupla troca da hidrólise de um sal;

IV) B representa uma reação de oxirredução;

V) C representa, simultaneamente, uma reação de deslocamento e de oxirredução. Estão corretas as afirmativas:

a) I e II
b) I e IV
c) III, IV e V
d) II, III e V
e) II e V

Questão 33

(EsPCEx) Considerando a equação não balanceada da reação de combustão do gás butano descrita por $C_4H_{10(g)} + O_{2(g)} \rightarrow CO_{2(g)} + H_2O_{(g)}$ a 1 atm e 25°C (condições padrão) e o comportamento desses como gases ideais, o volume de gás carbônico produzido pela combustão completa do conteúdo de uma botija de gás contendo 174,0 gramas de butano é:

a) 1000,4 L
b) 198,3 L
c) 345,6 L
d) 294,0 L
e) 701,1 L

Questão 34

(EsPCEx) Para a obtenção de amônia foram usados 100mL de gás nitrogênio e 240mL de gás hidrogênio nas mesmas condições de pressão e temperatura. O volume de amônia produzida em mL é:

a) 200
b) 190
c) 160
d) 150
e) 155

Questão 35

(EsPCEx) Dada a equação balanceada de detonação do explosivo nitroglicerina de fórmula $C_3H_5(NO_3)_{3(l)}$: $4C_3H_5(NO_3)_{3(l)} \rightarrow 6N_{2(g)} + 12CO_{2(g)} + 10H_2O_{(g)} + 7O_{2(g)}$. Considerando os gases acima como ideais, a temperatura de 300 K e a pressão de 1 atm o volume gasoso total que será produzido na detonação completa de 454 gramas de $C_3H_5(NO_3)_{3(l)}$ é:

a) 639,6 L
b) 245,0 L
c) 430,5 L
d) 825,3 L
e) 350,0 L

Questão 36

(EsPCEx) Dada a equação: $2NH_4NO_{3(s)} \rightarrow 2N_{2(g)} + O_{2(g)} + 4H_2O_{(g)}$. O volume gasoso, a 227°C e 1,0 atm que será produzido pela decomposição de 800 g de nitrato de amônio é:

a) 1000 L
b) 2000 L
c) 2200 L

d) 1435 L
e) 1550 L

Questão 37

(EsPCEx) O etino, também conhecido como acetileno, é um alcino muito importante na Química. Esse composto possui várias aplicações, dentre elas o uso como gás de maçarico oxiacetilênico, cuja chama azul atinge a temperatura em torno de 3000°C. A produção industrial do gás etino está representada abaixo, em três etapas, conforme as equações balanceadas:

ETAPA I: $CaCO_{3(s)} \rightarrow CaO_{(s)} + CO_{2(g)}$
ETAPA II: $CaO_{(s)} + C_{(grafite)} \rightarrow CaC_{2(s)} + CO_{(g)}$
ETAPA III: $CaC_{2(s)} + 2\ H_2O_{(g)} \rightarrow Ca(OH)_{2(aq)} + C_2H_{2(g)}$

Considerando as etapas citadas e admitindo que o rendimento de cada etapa da obtenção do gás etino por esse método é de 100%, então a massa de carbonato de cálcio necessário para produzir 5,2 g do gás etino ($C_2H_{2(g)}$) é:

a) 20,0 g
b) 18,5 g
c) 16,0 g
d) 26,0 g
e) 28,0 g

Questão 38

(EsPCEx) Assinale a alternativa que descreve corretamente as fórmulas químicas nas equações químicas das reações a seguir:

I) mono-hidrogenossulfito de potássio + ácido clorídrico → ácido sulfuroso + cloreto de potássio
II) fosfato de cálcio + dióxido de silício + carvão → metassilicato de cálcio + monóxido de carbono + fósforo branco

a) I. $KHSO_3 + HCl \rightarrow H_2SO_4 + CaCl$; II. $2Ca_2(PO_4)_3 + 6CiO_2 + 10C \rightarrow 6CaCiO_2 + 10CO_2 + F_4$
b) I. $KHSO_4 + HCl \rightarrow H_2SO_2 + KClO$; II. $2Ca(PO_4)_2 + 6SiO + 10C \rightarrow 6CaSiO_2 + 10CO + P_4$
c) I. $KHSO_2 + HCl \rightarrow H_2SO_3 + KHCl$; II. $2CaPO_3 + 6SiO_2 + 10C \rightarrow 6CaSiO_4 + 10CO + PH_4$
d) I. $KHSO_3 + HCl \rightarrow H_2SO_3 + KCl$; II. $2Ca_3(PO_4)_2 + 6SiO_2 + 10C \rightarrow 6CaSiO_3 + 10CO + P_4$
e) I. $NaHCO_3 + HCl \rightarrow H_2CO_3 + NaCl$; II. $Ca_3(PO_4)_2 + 6SiO_2 + 10C \rightarrow 6CaSiO_2 + 10CO + P_4$

Questão 39

(EsPCEx) O quadro a seguir relaciona ordem, equação química e onde as mesmas ocorrem:

Ordem	Equação Química	Ocorrem
I	$3Ca(OH)_{2(aq)} + Al_2(SO_4)_{3(aq)} \rightarrow 2Al(OH)_{3(aq)} + 3CaSO_{4(aq)}$	Tratamento de água
II	$2Mg_{(s)} + O_{2(g)} \rightarrow 2MgO_{(s)}$	Flash fotográfico
III	$Zn_{(s)} + 2HCl_{(aq)} \rightarrow ZnCl_{2(aq)} + H_{2(g)}$	Ataque do ácido clorídrico a lâminas de zinco
IV	$NH_4HCO_{3(s)} \rightarrow CO_{2(g)} + NH_{3(g)} + H_2O_{(l)}$	Fermento químico

As equações químicas I, II, III e IV correspondem, nessa ordem, aos seguintes tipos de reação:

a) I-síntese; II-análise; III-deslocamento e IV-dupla troca
b) I-dupla troca; II-síntese; III-deslocamento e IV-análise
c) I-análise; II-síntese; III-deslocamento e IV-dupla troca
d) I-síntese; II-análise; III-dupla troca e IV-deslocamento
e) I-deslocamento; II-análise; III-síntese e IV-dupla troca

Questão 40

(INSTITUTO TECNOLÓGICO DA AERONÁUTICA) 3,64 gramas de fosfeto de cálcio foram adicionados a uma certa quantidade de água. Após a reação completa, todo o produto gasoso formado foi recolhido em um recipiente de 8,2 ml. Calcule o valor numérico da pressão, em atm, exercida pelo produto gasoso a 27°C.

Questão 41

(INSTITUTO TECNOLÓGICO DA AERONÁUTICA) Certa massa de nitrato de cobre ($Cu(NO_3)_2$) foi calcinada em um ambiente aberto até resfriar um resíduo com massa constante, que é sólido e preto. Formaram-se dois produtos gasosos, conforme a equação química: $2Cu(NO_3)_{2(s)} \rightarrow 2CuO_{(s)} + 4NO_{2(g)} + O_{2(g)}$. A massa do NO_2 formado na reação de decomposição é igual a 18,4 g. Qual é o valor que mais se aproxima da massa inicial do nitrato de cobre?

a) 9,40 g
b) 37,50 g
c) 57,50 g
d) 123 g
e) 246 g

Questão 42

(INSTITUTO TECNOLÓGICO DA AERONÁUTICA) Considere que 20 gramas de tiossulfato de potássio com pureza de 95% reagem com ácido clorídrico em excesso, formando 3,2 gramas de um sólido de coloração amarela. Assinale a alternativa que melhor representa o rendimento desta reação: $K_2S_2O_3 + 2HCl \rightarrow S + H_2O + SO_2 + 2KCl$.

a) 100%
b) 95%
c) 80%
d) 70%
e) 65%

Questão 43

(INSTITUTO TECNOLÓGICO DA AERONÁUTICA) Qual a massa de nitrato de potássio que deve ser decomposta termicamente em nitrito de potássio para que o volume de oxigênio, medido a 77°C e pressão de 700 mmHg, seja de $1m^3$?

Questão 44

(EsPCEx) Estudos apontam que a amônia presente na fumaça do cigarro aumenta os níveis de absorção de nicotina pelo organismo. Nos cigarros canadenses, por exemplo, os níveis médios de amônia (NH_3) são por volta de 8,50 mg. O número aproximado de moléculas NH_3 na fumaça emitida pela queima de cigarro canadense é:

a) $1,20 \times 10^{26}$
b) $3,0 \times 10^{26}$
c) $3,0 \times 10^{23}$
d) $3,0 \times 10^{20}$
e) $1,20 \times 10^{20}$

Questão 45

(GRILLO) Realize o balanceamento das equações químicas apresentadas a seguir:

a) $BaO + As_2O_5 \rightarrow Ba_3(AsO_4)_2$
b) $FeS_2 + O_2 \rightarrow Fe_2O_3 + SO_2$
c) $H_2 + O_2 \rightarrow H_2O$
d) $Al(OH)_3 + H_4SiO_4 \rightarrow Al_4(SiO_4)_3 + H_2O$
e) $Cu(OH)_2 + H_4P_2O_7 \rightarrow Cu_2P_2O_7 + H_2O$
f) $Fe_3O_4 + HBr \rightarrow FeBr_2 + FeBr_3 + H_2O$
g) $Zn + CuSO_4 \rightarrow ZnSO_4 + Cu$
h) $CH_4 + O_2 \rightarrow CO_2 + H_2O$
i) $CaCO_3 + HCl \rightarrow CaCl_2 + H_2O + CO_2$
j) $N_{2(g)} + H_{2(g)} \rightarrow NH_{3(g)}$
k) $CaCO_3 \rightarrow CaO + CO_2$
l) $H_2O_2 + KI \rightarrow KOH + I_2$
m) $K_2S + FeBr_3 \rightarrow KBr + Fe_2S_3$
n) $Na_2S + HCl \rightarrow NaCl + H_2S$

o) $HNO_3 + KOH \rightarrow KNO_3 + H_2O$
p) $SO_3 + KOH \rightarrow K_2SO_4 + H_2O$
q) $C_2H_5OH + O_2 \rightarrow CO_2 + H_2O$
r) $C_6H_6 + O_2 \rightarrow CO_2 + H_2O$
s) $Bi_2O_5 + NaClO + NaOH \rightarrow NaCl + H_2O + NaBiO_5$
t) $HNO_3 + P_4 + H_2O \rightarrow H_3PO_4 + NO$
u) $CaC_2O_4 + KMnO_4 + H_2SO_4 \rightarrow CaSO_4 + K_2SO_4 + MnSO_4 + H_2O + CO_2$
v) $As_2S_5 + HNO_3 + H_2O \rightarrow H_2SO_4 + NO + H_3AsO_4$
w) $NaBr + MnO_2 + H_2SO_4 \rightarrow MnSO_4 + Br_2 + H_2O + NaHSO_4$
x) $Ag + HNO_3 \rightarrow AgNO_3 + H_2O + NO$
y) $Cu + HNO_3 \rightarrow Cu(NO_3)_2 + H_2O + NO$
z) $Cu + HNO_3 \rightarrow Cu(NO_3)_2 + NO_2 + H_2O$
aa) $KMnO_4 + HBr \rightarrow MnBr_2 + KBr + Br_2 + H_2O$
bb) $FeCl_2 + H_2O_2 + HCl \rightarrow FeCl_3 + H_2O$
cc) $Br_2 + (OH)^- \rightarrow H_2O + Br^- + (BrO)^-$
dd) $Ca(OH)_2 + H_2SO_4 \rightarrow CaSO_4 + H_2O$
ee) $C_3H_5N_3O_{9(l)} \rightarrow N_{2(g)} + CO_{2(g)} + H_2O_{(g)} + O_{2(g)}$
ff) $KIO_3 \rightarrow KI + O_2$
gg) $C_{20}H_{42} + O_2 \rightarrow CO_2 + H_2O$
hh) $C_2H_2 + O_2 \rightarrow CO_2 + H_2O$
ii) $Cl_2 + NaOH \rightarrow NaCl + NaClO_3 + H_2O$
jj) $K_2Cr_2O_7 + HCl + FeCl_2 \rightarrow KCl + FeCl_3 + CrCl_3 + H_2O$
kk) $SnCl_2 + FeCl_3 \rightarrow SnCl_4 + FeCl_2$
ll) $KMnO_4 + H_2O \rightarrow MnO_2 + KOH + O_2$
mm) $KIO_3 + KI + H_2SO_4 \rightarrow K_2SO_4 + I_2 + H_2O$
nn) $CuS + HNO_3 \rightarrow Cu(NO_3)_2 + H_2O + NO_2 + SO_2$
oo) $NaNO_3 + Al + NaOH + H_2O \rightarrow NaAlO_2 + NH_3$
pp) $KMnO_4 + HCl \rightarrow KCl + H_2O + Cl_2 + MnCl_2$
qq) $KIO_3 + KI + HCl \rightarrow I_2 + KCl + H_2O$
rr) $Ca_3(PO_4)_{2(s)} + SiO_{2(s)} + C_{(s)} \rightarrow CaSiO_{3(s)} + CO_{(g)} + P_{4(g)}$
ss) $Hg + H_2SO_4 \rightarrow HgSO_4 + SO_2 + H_2O$
tt) $IO_3^- + HSO_3^- \rightarrow I_2 + SO_4^{-2} + H^+ + H_2O$
uu) $Cr_2O_7^{-2} + Fe^{+2} + H^+ \rightarrow Cr^{+3} + Fe^{+3} + H_2O$
vv) $Cl_2 + C + H_2O \rightarrow CO_2 + H^+ + Cl^-$
ww) $C + HNO_3 \rightarrow CO_2 + NO_2 + H_2O$
xx) $Cr^{3+} + MnO_2 + OH^- \rightarrow CrO_4^{2-} + Mn^{2+} + H_2O$
yy) $Co^{2+} + BrO^- + H^+ \rightarrow Co^{3+} + Br_2 + H_2O$
zz) $MnO_4^- + SO_3^{2-} + H^+ \rightarrow Mn^{2+} + SO_4^{2-} + H_2O$
aaa) $Br_2 + NaOH \rightarrow NaBr + NaBrO_3 + H_2O$
bbb) $Ca(OCl)_2 + KI + HCl \longrightarrow I_2 + CaCl_2 + H_2O + KCl$
ccc) $H_3AsO_4 + KI + HCl \longrightarrow H_3AsO_3 + KCl + I_2 + H_2O$
ddd) $NaClO_3 + KI + HCl \longrightarrow NaCl + I_2 + KCl + H_2O$
eee) $H_2SO_4 + NaI \rightarrow Na_2SO_4 + I_2 + H_2S + H_2O$
fff) $KMnO_4 + H_2SO_4 + H_2O_2 \rightarrow K_2SO_4 + MnSO_4 + H_2O + O_2$

Questão 46

(EsPCEx) A densidade do carbono na forma de diamante é de 3,51 g/cm³. Se você tem um pequeno diamante cujo volume é de 0,027 cm³, quantos mols de carbono ele contém?

a) 0,0079 mol
b) 0,095 mol
c) 10,80 mol
d) 1,14 mol

e) 0,016 mol

Questão 47

(INSTITUTO TECNOLÓGICO DA AERONÁUTICA) Se um dentista usou em seu trabalho 30 mg de amálgama de prata, cujo teor em prata é de 72% (em massa), o número de átomos de prata que seu cliente recebeu em sua arcada dentária é de, aproximadamente: Dado: M.A. Ag = 108u.

a) $4,0 \times 10^{23}$
b) $12,0 \times 10^{19}$
c) $4,60 \times 10^{19}$
d) $12,0 \times 10^{24}$
e) $1,60 \times 10^{23}$

Questão 48

(GRILLO) Determine a soma de todos os coeficientes inteiros das seguintes equações químicas apresentadas a seguir:

a) $MnO_2 + HCl \rightarrow MnCl_2 + H_2O + Cl_2$
b) $Zn + CuSO_4 \rightarrow ZnSO_4 + Cu$
c) $Al + HCl \rightarrow AlCl_3 + H_2$
d) $I_2 + HNO_3 \rightarrow HIO_3 + NO_2 + H_2O$
e) $NH_3 + O_2 \rightarrow NO + H_2O$
f) $Ca_3(PO_4)_2 + C + SiO_2 \rightarrow CaSiO_3 + CO + P_4$
g) $IO^-_{3(aq)} + HSO^-_{3(aq)} \rightarrow I^-_{(aq)} + SO^{-2}_{4(aq)} + H^+_{(aq)}$
h) $BCl_3 + P_4 + H_2 \rightarrow BP + HCl$
i) $HClO_4 + P_4H_{10} \rightarrow H_3PO_4 + Cl_2O_7$
j) $KrF_2 + H_2O \rightarrow Kr + O_2 + HF$
k) $Sb_2S_3 + HCl \rightarrow H_3SbCl_6 + H_2S$
l) $Na2CO_4 + C + N_2 \rightarrow NaCN + CO$
m) $IBr + NH_3 \rightarrow NI_3 + NH_4Br$

Questão 49

(FUVEST) Em uma amostra de 1,15 g de sódio, o número de átomos é:

a) $6,0 \times 10^{23}$
b) $3,0 \times 10^{23}$
c) $6,0 \times 10^{22}$
d) $3,0 \times 10^{22}$
e) $1,0 \times 10^{22}$

Questão 50

(GRILLO) No tratamento dos sintomas da acidez estomacal, é muito utilizado uma base, sendo o hidróxido de alumínio, que neutraliza o excesso do ácido clorídrico produzido diretamente no estômago. No processo de neutralização total, assinale a alternativa que apresenta o número de mols de ácido clorídrico que reage com um mol de hidróxido de alumínio para formação do sal neutro.

a) 1
b) 2
c) 3
d) 4
e) 5

Questão 51

(FUVEST) Quando 96 g de ozônio se transformam completamente, a massa de oxigênio comum produzida é igual a:

a) 32 g
b) 48 g
c) 64 g

d) 80 g
e) 96 g

Questão 52

(FUVEST) Quantos mol de clorato de potássio são necessários para a produção de 33,6 litros de oxigênio (CNTP) na decomposição térmica do clorato de potássio?

Questão 53

(UNICAMP) Na metalurgia do zinco, uma das etapas é a reação do óxido de zinco com o monóxido de carbono, produzindo zinco elementar e dióxido de carbono.
a) Escreva a equação química correspondente.
b) Para cada 1000 g de óxido de zinco que reage, qual a massa de metal obtida?

Questão 54

(FUVEST) O alumínio é obtido pela eletrólise da bauxita. Nessa eletrólise, ocorre a formação de oxigênio que reage com um dos eletrodos de carbono utilizados no processo. A equação não balanceada que representa o processo global é: $Al_2O_3 + C \rightarrow CO_2 + Al$. Para dois mols de Al_2O_3, calcule o número de mols de CO_2 e de Al que são produzidos nesse processo?

Questão 55

(FUVEST) Nas indústrias petroquímicas, enxofre pode ser obtido pela reação: $2H_2S + SO_2 \rightarrow 3S + 2H_2O$. Qual é a quantidade máxima de enxofre, em gramas, que pode ser obtida partindo-se de 5,0 mol de H_2S e 2,0 mol de SO_2? Indique os cálculos.

Questão 56

(FUVEST) A impressão desta página consumiu cerca de 8 mg de tinta. Calcule a massa e o número de átomos de carbono utilizados para imprimir esta página, supondo que 90% da massa de tinta seja constituída pelo elemento carbono.

Questão 57

(INSTITUTO MILITAR DE ENGENHARIA) 5 gramas de um alcano deram, pela combustão, 9 gramas de água. Qual a fórmula molecular do hidrocarboneto?

Questão 58

(EsPCEx) O oxalato de cálcio é oxidado por permanganato de potássio em meio ácido. A equação não balanceada dessa reação é representada a seguir: $CaC_2O_4 + KMnO_4 + H_2SO_4 \rightarrow CaSO_4 + K_2SO_4 + MnO_2 + H_2O + CO_2$. A soma dos coeficientes da equação da reação corretamente balanceada (menores números inteiros) e o volume de CO_2 liberado quando se faz reagir 384 g de oxalato de cálcio por reação completa, na condição ambiente (25ºC e 1 atm), são, respectivamente. Dados: volume molar nas condições ambiente de temperatura e pressão (25ºC e 1 atm): 24,5 L x mol^{-1} e constante universal dos gases R = 0,082 L x atm x mol^{-1} x K^{-1}.
a) 25 e 168 L
b) 22 e 202 L
c) 25 e 147 L
d) 25 e 344 L
e) 22 e 98 L

Questão 59

(EsPCEx) O carbeto de cálcio, de fórmula CaC_2, é muito comum em equipamentos usados por exploradores de cavernas para fins de iluminação. Ele reage com água e gera como um dos produtos o gás acetileno (etino), de fórmula C_2H_2, conforme mostra a equação, não balanceada, a seguir $CaC_{2(s)} + H_2O_{(l)} \rightarrow C_2H_{2(g)} + Ca(OH)_{2(s)}$ (equação 1). Sequencialmente, esse gás inflamável pode sofrer uma reação de combustão completa, liberando intensa energia, conforme a equação, não balanceada, a seguir $C_2H_{2(g)} + O_{2(g)} \rightarrow CO_{2(g)} + H_2O_{(g)}$ + calor (equação 2). Uma massa de 512 g de carbeto de cálcio com pureza de 50% (e 50% de materiais inertes) é tratada com água, obtendo-se uma certa quantidade de gás acetileno. Esse gás produzido sofre uma reação de combustão completa. Considerando a reação de combustão completa do acetileno nas condições ambientes (25ºC e 1 atm), o volume de gases obtidos e o valor da energia liberada como calor nessa reação, a partir da massa original de carbeto de cálcio, são, respectivamente: Dados: – volume molar na condição ambiente = 24,5 $L \cdot mol^{-1}$ (25ºC e 1 atm); calor de combustão do etino = -1298 $kJ \cdot mol^{-1}$.

a) 294 L e 3240 kJ
b) 156 L e 2320 kJ
c) 294 L e 4480 kJ
d) 156 L e 6660 kJ
e) 294 L e 5192 kJ

Questão 60

(EsPCEx) Um analista químico realizou um experimento em que utilizou 200 mL de uma solução de concentração 2 mol/L de ácido clorídrico (HCl) para reagir com uma certa massa de bicarbonato de sódio (também denominado de hidrogenocarbonato de sódio). Notou que nem todo ácido reag u com essa massa de bicarbonato de sódio, restando um excesso de ácido. Ao final do experimento, ele obteve um volume de 6,15 L de gás carbônico, medidos a 27 ºC e 1 atm. Esse gás carbônico é oriundo da decomposição do ácido carbônico produzido na reação. Dados: R = 0,082 $atm \cdot L \cdot mol^{-1} \cdot K^{-1}$; T (Kelvin) = t (Celsius) + 273

Esse analista fez as seguintes afirmativas:

I – A equação química balanceada que descreve corretamente a reação citada é: $Na_2CO_3 + 2HCl \rightarrow H_2CO_3 + 2NaCl$

II – Para a formação de 6,15 L de CO_2, foram consumidos 21 g de bicarbonato de sódio.

III – É uma reação de oxirredução e o ácido clorídrico é o agente oxidante.

IV – Se todo esse ácido clorídrico fosse consumido numa reação completa com bicarbonato de sódio suficiente, o volume de gás carbônico produzido seria de 9,84 L. Assinale a alternativa que apresenta todas as afirmativas corretas, dentre as listadas acima.

a) I, II e III
b) II e III
c) III e IV
d) II e IV
e) II, III e IV

Questão 61

(MESTRE JOÃO ROBERTO DA PACIÊNCIA NABUCO) Classifique cada uma das reações abaixo representadas:

a) $2Na + H_2O \rightarrow 2NaOH + H_2$
b) $K_2O_2 + 2HNO_3 \rightarrow 2KNO_3 + H_2O_2$
c) $2\ KMnO_4 + 16HCl \rightarrow 2KCl + 2MnCl_2 + 8H_2O + 5Cl_2$
d) $S + O_2 \rightarrow SO_2$
e) $CH_4 + 2O_2 \rightarrow CO_2 + 2H_2$
f) $CaCO_3 + H_2SO_4 \rightarrow CaSO_4 + H_2O + CO_2$
g) $NH_4Cl \rightarrow NH_3 + HCl$
h) $N_2 + 3H_2 \rightarrow 2NH_3$
i) $2HNO_3 + Ca(OH)_2 \rightarrow 2Ca(NO_3)_2 + 2H_2O$
j) $2KI + Cl \rightarrow 2KCl + I_2$
k) $2NO_2 \rightarrow N_2O_4$
l) $CaCO_3 \rightarrow CaO + CO_2$
m) $AgNO_3 + NaCl \rightarrow AgCl + NaNO_3$
n) $2KClO_3 \rightarrow 2KCl + 3O_2$
o) $NaOH + HBr \rightarrow NaBr + H_2O$
p) $2Al + 3H_2SO_4 \rightarrow Al_2(SO_4)_3 + 3H_2$
q) $Na_2S + FeCl_2 \rightarrow FeS + 2NaCl$
r) $3NH_4OH + Al(NO_3)_3 \rightarrow 3NH_4NO_3 + Al(OH)_3$

s) $C + H_2O \rightarrow CO + H_2$
t) $Cl_2 + 2KI \rightarrow 2KCl + I_2$
u) $CuCl_2 + Zn \rightarrow ZnCl_2 + Cu$

Questão 62

(MESTRE JOÃO ROBERTO DA PACIÊNCIA NABUCO) Na equação: $aKIO_3 + bKI + cHCl \rightarrow dI_2 + eKCl + fH_2O$. Determine os valores de a, b, c, d, e e f.

Questão 63

Determine o coeficiente do agente oxidante na reação representada por: $HNO_3 + I_2 \rightarrow HIO_3 + NO_2 + H_2O$.

Questão 64

Determine a soma dos coeficientes estequiométricos da seguinte equação química: $Br_2 + KOH \rightarrow KBrO_3 + KBr + H_2O$.

Questão 65

Realize o balanceamento da seguinte equação química: $Na_2Cr_2O_7 + SO_2 + H_2O \rightarrow Cr(OH)SO_4 + Na_2SO_4$.

Questão 66

(INSTITUTO TECNOLÓGICO DA AERONÁUTICA) A equação química não balanceada e incompleta: $xMnO_2 + yH^+ + zCl^- \rightarrow rMn^{2+} + sS + tCl_2$, se completa quando:
a) x = 1; y = 2; z = 4; r = 2; sS = $2H_2O$; t = 2
b) x = 2; y = 4; z = 4; r =2; sS = $2H_2O$; t = 2
c) x = 2; y = 2; z = 2; r = 1; sS = $2OH^-$; t = 1
d) x = 1; y = 4; z = 4; r = 1; sS = $2H_2O$; t = 2
e) x = 1; y = 4; z = 2; r = 1; sS = $2H_2O$; t = 1

Questão 67

(MESTRE JOÃO ROBERTO DA PACIÊNCIA NABUCO) Dada a seguinte equação: $CuS + HNO_3 \rightarrow Cu(NO_3)_2 + S + NO + H_2O$. A soma dos índices, depois de equilibrada a equação será:
a) 18
b) 20
c) 23
d) 28
e) 32

Questão 68

(OLIMPÍADA DE QUÍMICA DO RIO DE JANEIRO) Qual o número de átomos de carbono contidos em 9,0 mg de glicose ($C_6H_{12}O_6$)?
a) $1{,}8 \times 10^{20}$ átomos
b) $1{,}8 \times 10^{23}$ átomos
c) $3{,}0 \times 10^{19}$ átomos
d) $3{,}0 \times 10^{22}$ átomos
e) $1{,}2 \times 10^{26}$ átomos

Questão 69

(ESPCEX) Leia os textos a seguir e resolva a questão: "Nas equações químicas, tanto as substâncias transformadas (reagentes) como as produzidas são representadas por fórmulas. As fórmulas das substâncias indicam elementos que as constituem e, também, a quantidade de átomos de cada elemento. O número que indica essa quantidade de átomos é chamado índice, que é anotado à direita do símbolo de cada elemento. (...). A quantidade de cada substância que participa da reação é indicada por números escritos antes de suas fórmulas, denominados coeficientes estequiométricos, que devem ser os menores números inteiros possíveis." Fonte: USBERCO, João e SALVADOR,

Edgard. Química. 14ª ed. Reform - São Paulo: Editora Saraiva, 2009. v. 1: Química Geral. p. 385. "Em uma reação de oxidorredução, o mais comum é que uma espécie se oxide e outra se reduza. Porém, podem ocorrer casos com duas ou mais oxidações e apenas uma redução ou vice-versa. De qualquer maneira, para o balanceamento desse tipo de reação, o princípio é sempre o mesmo: n° de elétrons perdidos = n° de elétrons recebidos." Fonte: USBERCO, João e SALVADOR, Edgard. Química. 14ª ed. Reform - São Paulo: Editora Saraiva, 2009. v. 2: Físico-Química. p. 250. Considere a seguinte equação de reação química de oxidorredução não balanceada: $As_2S_3 + NH_4OH + H_2O_2 \rightarrow (NH_4)_3AsO_4 + (NH_4)_2SO_4 + H_2O$ Acerca desta reação química de oxidorredução e de suas espécies, são feitas as seguintes afirmativas:

I – O peróxido de hidrogênio é o agente redutor.

II – Após o devido balanceamento, o coeficiente estequiométrico da água é 20.

III – O arsênio da substância As_2S_3 é reduzido, enquanto o enxofre é oxidado.

IV – O $(NH_4)_2SO_4$ é um sal cujo nome é sulfito de amônio.

V – Após o devido balanceamento, a soma de todos os coeficientes estequiométricos da equação é igual a 52. Das afirmativas feitas, estão corretas apenas:

a) I, III e V
b) II e IV
c) I, III e IV
d) II, IV e V
e) II e V

Questão 70

(EsPCEx) Os bafômetros mais simples são descartáveis e envolvem a reação abaixo: $K_2Cr_2O_{7(aq)} + H_2SO_{4(aq)} + C_2H_6O_{(g)} \rightarrow Cr_2(SO_4)_{3(g)} + H_2O_{(g)} + C_2H_4O_{(g)} + K_2SO_{4(aq)}$. O menor coeficiente do agente redutor nessa reação, quando balanceada, vale:

a) 4
b) 3
c) 5
d) 7
e) 2

Questão 71

(EsPCEx) "Uma das formas de se medir o grau de intoxicação de mercúrio em seres vivos é a determinação de sua presença nos cabelos. A Organização Mundial de Saúde (OMS) estabeleceu que o nível máximo permissível, sem risco para a saúde, é de 50×10^{-6} g de Hg/g de cabelo". (Fonte: Revista "Ciência Hoje", volume 11, edição número 61). Dados:

I – A massa molar do Hg é igual a 200 g/mol.

II – O número de Avogadro é igual a $6{,}0 \times 10^{23}$ átomos. Com base nesses dados, pode-se afirmar que, no organismo, o número de átomos de Hg permitido pela OMS é:

a) $1{,}5 \times 10^{17}$
b) $1{,}5 \times 10^{23}$
c) $2{,}5 \times 10^{6}$
d) $1{,}5 \times 10^{11}$
e) $2{,}0 \times 10^{8}$

Questão 72

(EsPCEx) O fósforo branco, substância química cuja estrutura é representada pela fórmula P_4, é utilizado em algumas munições fumígenas (munições que produzem fumaça). Ele pode ser obtido a partir da fosforita ($Ca_3(PO_4)_2$), um mineral de fosfato de cálcio, por meio da reação com sílica (dióxido de silício - SiO_2) e carvão coque (C) num forno especial a 1300 ºC. A equação não balanceada da reação é: $Ca_3(PO_4)_{2(s)} + SiO_{2(s)} + C_{(s)} \rightarrow CaSiO_{3(s)} + CO_{(g)} + P_{4(s)}$. Acerca deste processo, são feitas as seguintes afirmativas:

I – Após o balanceamento da equação por oxidorredução, a soma dos coeficientes estequiométricos é igual a 35.

II – O dióxido de silício é uma molécula que apresenta estrutura de geometria molecular angular.

III – O agente redutor do processo é o dióxido de silício.

IV – Neste processo ocorre a oxidação do carbono. Assinale a alternativa que apresenta todas as afirmativas corretas, dentre as listadas acima.

a) I, II e III
b) I, III e IV
c) II e IV
d) III e IV
e) I e IV

Questão 73

(EsPCEx) "Houston, temos um problema" - Esta frase retrata um fato marcante na história das viagens espaciais, o acidente com o veículo espacial Apollo 13. Uma explosão em um dos tanques de oxigênio da nave causou a destruição parcial do veículo, obrigando os astronautas a abandonarem o módulo de comando e ocuparem o módulo lunar, removendo-os do sonho de pisar na lua nessa missão espacial. Não foram poucos os problemas enfrentados pelos astronautas nessa missão. Um específico referiu-se ao acúmulo de gás carbônico (dióxido de carbono - CO_2) exalado pelos astronautas no interior do módulo lunar. No fato, os astronautas tiveram que improvisar um filtro com formato diferente do usado comumente no módulo. Veículos espaciais são dotados de filtros que possuem hidróxidos que reagem e neutralizam o gás carbônico exalado pelos tripulantes. Para neutralização do gás carbônico, o hidróxido mais utilizado em veículos espaciais é o hidróxido de lítio. Em sua reação com o dióxido de carbono, o hidróxido de lítio forma carbonato de lítio sólido e água líquida. Considerando o volume de 246 L de gás carbônico produzido pelos astronautas (a 27ºC e 1 atm), a massa de hidróxido de lítio necessária para reagir totalmente com esse gás é de:

a) 54 g
b) 85 g
c) 121 g
d) 346 g
e) 480 g

Questão 74

(EsPCEx) Em relação à equação não balanceada a seguir, que representa o processo de obtenção de ferro a partir do óxido de ferro III presente no minério hematita, são feitas as seguintes afirmações: $Fe_2O_{3(s)} + C_{(s)} \rightarrow Fe_{(s)} + CO_{(g)}$. Dados: volume molar gasoso nas condições normais de temperatura e pressão (CNTP) = 22,4 L mol-1 ; constante de Avogadro = $6{,}0 \times 10^{23}$ mol^{-1}.

I. A partir de 25 mol de óxido de ferro III e 960,0 g de carbono, podem ser obtidos $4{,}50 \times 10^{25}$ moléculas de monóxido de carbono, considerando-se rendimento de 100% na reação.

II. O estabelecimento da ligação química entre um átomo de ferro e um átomo de oxigênio, no óxido de ferro III, ocorre através de uma ligação covalente polar.

III. A partir de 200,0 kg de hematita com 80% de pureza em relação ao óxido de ferro III, quantidade suficiente de carbono, podem ser obtidos 67200 L de monóxido de carbono CNTP, considerando-se rendimento de 100% na reação.

IV. O monóxido de carbono apresenta geometria linear e é classificado como um óxido anfótero.

V. A obtenção de 130 mol de ferro, a partir de 100 mol de óxido de ferro III e quantidade suficiente de carbono, representaria um rendimento da reação de 65%. Das afirmativas feitas, estão corretas apenas:

a) I, III e IV
b) I, III e V
c) II, IV e V
d) I e II
e) III e V

Gabarito – Exercícios de Fixação

Questão 01

(EsPCEx) Alternativa A.

Para a realização do balanceamento desta reação química será necessário utilizar o método da oxirredução.
Equação química: $3P + 5HNO_3 + 2H_2O \rightarrow 3H_3PO_4 + 5NO$
Agente redutor: P (fósforo)
Agente oxidante: HNO_3 (ácido nítrico)
Soma dos coeficientes estequiométricos: 3 + 5 + 2 + 3 + 5 = 18

Questão 02

(EsPCEx) Alternativa D.

Equação química: $C_{(grafite)} + O_{2(g)} \rightarrow CO_{2(g)}$
Cálculo da massa de carbono grafite, a partir da relação estequiométrica
1 mol de C ---------- 1 mol de CO_2
12 g------------------- 44 g
m_C -------------------- 220 g
m_C = 60 g de C

Questão 03

(EsPCEx) Alternativa B.

Realizando o balanceamento da reação do cobre metálico com a solução de ácido nítrico pelo método da oxirredução. $3Cu_{(s)} + 8HNO_{3(aq)} \rightarrow 2NO_{(g)} + 4H_2O_{(l)} + 3Cu(NO_3)_{2(aq)}$. A partir da observação da equação química, o cobre metálico é o agente redutor e o ácido nítrico é o agente redutor. Soma dos coeficientes estequiométricos: 3 + 8 + 2 + 4 + 3 = 20

Cálculo da massa de cobre consumido, a partir da relação estequiométrica:
3 mol de Cu ---------- 2 mol de NO
3 x 64 g --------------- (2 x 22,4) L
m_{Cu} -------------------- 181,6 L
m_{Cu} = 768 g

Questão 04

(EsPCEx) Alternativa D.

Equação química: $CaCO_3 + 2HCl \rightarrow CaCl_2 + H_2O + CO_2$

Cálculo da massa de cloreto de cálcio, a partir da relação estequiométrica:
1 mol de $CaCO_3$ ---------- 1 mol de $CaCl_2$
100 g ------------------------ 111 g
200 g ------------------------ m_{CaCl2}
m_{CaCl2} = 222 g de $CaCl_2$

Cálculo do volume de dióxido de carbono, a partir da relação estequiométrica:
1 mol de $CaCO_3$ ------------ 22,4 L de CO_2
2 mol de ---------------------- V_{CO2}
V_{CO2} = 44,8 L de CO_2

Questão 05

(EsPCEx) Alternativa E.
Equação química da ionização do ácido sulfúrico: $H_2SO_{4(aq)} \rightarrow 2H^+_{(aq)} + SO_4^{-2}{}_{(aq)}$
1 mol de H_2SO_4 ----------- 2 mol de H^+
$6{,}0 \times 10^{23}$ ------------------- n_{H+}
$n_{H+} = 12{,}0 \times 10^{23}$ íons de H^+ ($1{,}20 \times 10^{24}$ íons de H^+)

Questão 06

(EsPCEx) Alternativa E.
Balanceamento da reação pelo método das tentativas: $2FeS_2 + 11/2O_2 \rightarrow Fe_2O_3 + 4SO_2$
Multiplicando a equação química por dois: $4FeS_2 + 11O_2 \rightarrow 2Fe_2O_3 + 8SO_2$
Soma dos coeficientes estequiométricos: 4 + 11 + 2 + 8 = 25

Questão 07

(EsPCEx) Alternativa A.
Equação química para a formação de água no estado vapor: $H_{2(g)} + ½\, O_{2(g)} \rightarrow H_2O_{(v)}$

Determinação do reagente limitante e do reagente em excesso:
$n_{H2} = (40/2) = 20$ mol
$n_{O2} = (40/32) = (1{,}25/0{,}5) = 2{,}50$ mol

Reagente limitante: Oxigênio molecular (O_2)

Cálculo da massa do reagente em excesso (m_{H2}): $H_{2(g)} + ½\, O_{2(g)} \rightarrow H_2O_{(v)}$
1 mol de H_2 ---------- ½ mol de $O_{2(g)}$
2,0 g de H_2 ----------- (1/2 x 32,0) g de $O_{2(g)}$
m_{H2} -------------------- 40 g
m_{H2} = 5,0 g (Massa que reage)
Massa do reagente em excesso: $m_{excesso}$ = 40,0 g – 5,0 g = 35,0 g

Questão 08

(EsPCEx) Alternativa B.
Cálculo do número de mol de amônia: n_{NH3} = (3,4 / 17) = 0,2 mol
Cálculo do número de mol de nitrogênio: $N_{2(g)} + 3H_{2(g)} \rightarrow 2NH_{3(g)}$
1 mol de $N_{2(g)}$ ----------- 2 mol de NH_3
n_{N2} ------------------------- 0,2 mol de NH_3
n_{N2} = 0,10 mol de NH_3.
Volume de gás nitrogênio: V_{N2} = 0,10 ~~mol~~ x 22,4 L/~~mol~~ = 2,24 L

Questão 09

(EsPCEx) Alternativa E.
Equação química sendo balanceada pelo método da oxirredução: $6\, KI + 2KMnO_4 + 4H_2O \rightarrow 3I_2 + 2MnO_2 + 8KOH$
Agente redutor: KI (iodeto de potássio)
Agente oxidante: $KMnO_4$ (permanganato de potássio)
Soma dos coeficientes estequiométricos: 6 + 2 + 4 + 3 + 2 + 8 = 25.

Questão 10

(EsPCEx) Alternativa D.
Equação da combustão completa do gás metano: $CH_{4(g)} + 2O_{2(g)} \rightarrow CO_{2(g)} + 2H_2O_{(l)}$

Informação do problema: 1/5 de oxigênio no ar atmosférico. Logo: 1 x ar = 5 x O_2
O_2 = 0,20 x ar

Então, a composição do ar apresenta 20% de $O_{2(g)}$ e 80% de $N_{2(g)}$ Cálculo do número de mol de gás nitrogênio (n_{N2}):
2 mol de O_2 ----------- 20%
n_{N2} ---------------------- 80%
n_{N2} = 8 mol de N_2

Equação química com a presença do gás nitrogênio: $CH_{4(g)}$ + **$2O_{2(g)}$ + $8N_{2(g)}$** → $CO_{2(g)}$ + $2H_2O_{(l)}$ + $8N_{2(g)}$.

Cálculo do número de mol de gás metano: n = (100 g / 16 g.mol^{-1}) = 6,25 mol.

Cálculo do número de mol de ar:

1 mol de CH_4 -------------- 2 O_2 + 8 N_2 **(10 mol de ar)**
6,25 mol de CH_4 ---------- n_{ar}
n_{ar} = 62,5 mol

Cálculo do volume do ar atmosférico na CNTP: V_{ar} = 62,5 mol x (22,4 L/mol) = 1400 L

Questão 11

(EsPCEx) Alternativa A.
Equação química: $2H_3PO_4 + 3Ca(OH)_2 \rightarrow Ca_3(PO_4)_2 + 6H_2O$
3 mol de $Ca(OH)_2$ ------------ 1 mol de $Ca_3(PO_4)_2$
222 g de $Ca(OH)_2$ ------------ 310 g de $Ca_3(PO_4)_2$
111 g de $Ca(OH)_2$ ------------ m_{sal}
m_{sal} = 155 g de fosfato de cálcio

Questão 12

(EsPCEx) Alternativa A.
Fórmula molecular do nitrato de cálcio: $Ca(NO_3)_2$ (164 g/mol)
164 g ---------- 6 x 6 x 10^{23} átomos de Oxigênio
328 g ---------- Y
Y = 7,20 x 10^{24} átomos de Oxigênio

Questão 13

(EsPCEx) Alternativa B.
Equação química: $N_{2(g)} + 3H_{2(g)} \rightarrow 2NH_{3(g)}$

Determinação e cálculo do reagente limitante:
n_{N2} = (42.10^6 / 28) = 1,50 x 10^6 mol
n_{H2} = (42.10^6 / 2) = (21 x 10^6 mol / 3) = 7 x 10^6 mol

Observando e comparando o número de mol de cada reagente, como o número de mol do gás nitrogênio é menor que o do hidrogênio, o primeiro é o reagente limitante.
28 g de N_2 ----------------- 34 g x 0,80
42 toneladas N_2 ---------- m_{NH3}
m_{NH3} = 40,8 toneladas

Questão 14

(EsPCEx) Alternativa E.

Somando as equações químicas apresentadas, temos:

$SO_{2(g)} + 1/2O_{2(g)} \rightarrow \cancel{SO_{3(g)}}$

$\cancel{SO_{3(g)}} + \cancel{H_2O_{(\ell)}} \rightarrow \cancel{H_2SO_{4(\ell)}}$

$\cancel{H_2SO_{4(\ell)}} + CaCO_{3(s)} \rightarrow CaSO_{4(s)} + \cancel{H_2O_{(\ell)}} + CO_{2(g)}$ +

$SO_{2(g)} + 1/2O_{2(g)} + CaCO_{3(s)} \rightarrow CaSO_{4(s)} + CO_{2(g)}$

Cálculo do número de mol de dióxido de carbono:
1 mol de SO_2 ---------------------------- 1 mol de CO_2
($2.10^6/64$) mol de SO_2 ------------------ n_{CO2}
$n_{SO2} = 31250$ mol

Cálculo do volume de dióxido de carbono:
$V = 24{,}6 \text{ L/mol} \times (31250 \text{ mol}) = 7{,}69 \times 10^6 \text{ L}$

Questão 15

(EsPCEx) Alternativa B.
Para o balanceamento estequiométrico desta equação química, o método utilizado será o de oxirredução.
$3Cu_{(s)} + 8HNO_{3(aq)} \rightarrow 4H_2O_{(l)} + 2NO_{(g)} + 3Cu(NO_3)_{2(aq)}$
Agente redutor = cobre metálico (Cu)
Agente oxidante = ácido nítrico (HNO_3)
Nomenclatura do composto iônico formado = $Cu(NO_3)_2$ (nitrato de cobre II)
Soma dos coeficientes estequiométricos = 3 + 8 + 4 + 2 + 3 = 20.

Questão 16

(EsPCEx) Alternativa A.
Equação química: $3H_2CO_{3(aq)} + 2Al(OH)_{3(aq)} \rightarrow Al_2(CO_3)_{3(aq)} + 6H_2O_{(l)}$

Determinação do reagente limitante e do reagente em excesso:
$n_{ácido} = (248 \text{ g}/62 \text{ g.mol}^{-1}) = 4/3 = 1{,}33$ mol (reagente em excesso)
$n_{base} = (156 \text{ g}/78 \text{ g.mol}^{-1}) = 2/2 = 1{,}00$ mol (reagente limitante)

Cálculo da massa de carbonato de alumínio:
2 mol de $Al(OH)_3$ ------------ 1 mol de $Al_2(CO_3)_3$
156 g de $Al(OH)_3$ ------------ 234 g de $Al_2(CO_3)_3$

Questão 17

(EsPCEx) Alternativa C.
A reação de neutralização ocorre entre um ácido e uma base.
Ácido carbônico + hidróxido de sódio → **bicarbonato de sódio** + água.

Equação química: $H_2CO_{3(aq)} + NaOH_{(aq)} \rightarrow \mathbf{NaHCO_{3(aq)}} + H_2O_{(l)}$

Questão 18

(EsPCEx) Alternativa B.
Balanceamento da equação química pelo método da oxirredução: $H_2O_2 + 2KI \rightarrow 2KOH + I_2$

Questão 19

(EsPCEx) Alternativa D.
Equação química: $2CuSO_{4(aq)} + 2Na_2CO_{3(aq)} + H_2O_{(l)} \rightarrow CuCO_3.Cu(OH)_{2(s)} + 2Na_2SO_{4(aq)} + CO_{2(g)}$
Massa molar da malaquita: $\langle MM \rangle_{Malaquita} = 221$ g/mol
Massa molar do carbonato de sódio: $\langle MM \rangle_{Sal} = 106$ g/mol
Cálculo da massa de malaquita, a partir da relação estequiométrica:

(2 x 106) g de Na_2CO_3 ------------------------- 1 mol de $CuCO_3.Cu(OH)_2$
(2 x 1060)g de Na_2CO_3 ------------------------- $m_{Malaquita}$
$m_{Malaquita}$ = 994,50 g

Cálculo do número de mol de dióxido de carbono. a partir da relação estequiométrica:
2 mol de Na_2CO_3 --------------- 1 mol de CO_2 x 0,90
(1060/106) mol ----------------- n_{CO2}
n_{CO2} = 4,5 mol

Cálculo do volume de dióxido de carbono, aplicando a equação dos gases ideais: 1 x V_{CO2} = 4,5 x 0,08206 x 298
V_{CO2} = 110,05 L

Questão 20

(EsPCEx) Alternativa C.
A alternativa C apresenta esta característica apresentada pelo exercício. Equação química entre o anidrido sulfúrico na presença de hidróxido de sódio: $SO_3 + 2NaOH \rightarrow Na_2SO_4 + H_2O$

Questão 21

(EsPCEx) Alternativa A.
Equação química: $4C_3H_5N_3O_{9(l)} \rightarrow 6N_{2(g)} + 12CO_{2(g)} + 10H_2O_{(g)} + O_{2(g)}$

Cálculo do número de mol de gases produzidos:
4 mol de $C_3H_5N_3O_9$ ------------- (6 + 12 + 10 + 1) mol de gases
2 mol de $C_3H_5(NO_3)_3$ ----------- n_{gases}
n_{gases} = 29/2 mol de gases

Cálculo do volume dos gases produzidos: $V_{gases} = n_{gases}$ x V
V_{gases} = (29/2) x 24,5 L/mol = 355,25 L

Questão 22

(EsPCEx) Alternativa C.
Equação química: $3H_2SO_{4(aq)} + 2Al(OH)_{3(aq)} \rightarrow Al_2(SO_4)_{3(aq)} + 6H_2O_{(l)}$

Determinação do reagente limitante:
$n_{ácido}$ = (147 g/98 g.mol^{-1}) = 1,50/3 = 0,50 mol (reagente limitante)
n_{base} = (156 g/78 g.mol^{-1}) = 2,0/2,0 = 1,00 mol

Cálculo da massa de sulfato de alumínio:
3 mol de H_2SO_4 ----------------- 1 mol de $Al_2(SO_4)_3$ ---------- 6 mol de H_2O
(3 x 98) g de H_2SO_4 ------------ $m_{Al2(SO4)3}$ ----------------------- m_{H2O}
$m_{Al2(SO4)3}$ = 171 g e m_{H2O} = 54 g

Questão 23

(EsPCEx) Alternativa B.
Equação química: $CO_{(g)} + Cl_{2(g)} \rightarrow COCl_{2(g)}$
Determinação do reagente limitante:
n_{CO} = (560/28) = 20 mol
n_{H2} = (355/71) = 5 mol (reagente limitante)

Cálculo da massa de $COCl_2$:
1 mol de Cl_2 --------------------- 1 mol de $COCl_2$
71g de Cl_2 -------------------------- 99g de $COCl_2$
355g de Cl_2 ------------------------- m_{COCl2}
m_{COCl2} = 495 g

Questão 24

(EsPCEx) Alternativa A.
A alternativa que apresenta esta característica trata-se da equação química que corresponde o item A.
O agente redutor é o iodeto de sódio (NaI) e o agente oxidante trata-se do bromo molecular.

Questão 25

(EsPCEx) Alternativa A.
Massa de grafite exposta no papel = 4,000 g – 3,9928 g = 0,0072 g
Cálculo do número de átomos de carbono:
12 g ------------------------ 6×10^{23} átomos
0,0072 g ------------------ X
X = $3,60 \times 10^{20}$ átomos de C

Questão 26

(EsPCEx) Alternativa D.
Reação química: metal + ácido → sal + gás.
Equação química: $Mg_{(s)} + 2\ HCl_{(aq)} \rightarrow MgCl_{2(aq)} + H_{2(g)}$
$MgCl_2$ = Cloreto de magnésio
H_2 = Gás hidrogênio

Questão 27

(EsPCEx) Alternativa D.
Equação química: $CaCO_3 + 2NaCl \rightarrow Na_2CO_3 + CaCl_2$
Determinação do reagente limitante e do reagente em excesso:
n_{CaCO3} = (1250 g / 100 $g.mol^{-1}$) = 12,50 mol (limitante)
n_{CaCl2} = (650 g / 58,50 $g.mol^{-1}$) = 11,50/2,0 = 5,75 mol (excesso)

Cálculo da massa de carbonato de sódio, a partir do reagente limitante:
2 mol de NaCl ---------------- 1 mol de Na_2CO_3
(2 x 58,5) g -------------------- 106.(0,80)
650.(0,90) g-------------------- m_{Na2CO3}
m_{Na2CO3} = 424 g

Questão 28

(EsPCEx) Alternativa D.
Realizando o balanceamento pelo método de oxirredução: $2KMnO_{4(aq)} + 5H_2O_{2(aq)} + 3H_2SO_{4(aq)} \rightarrow 2MnSO_{4(aq)} + K_2SO_{4(aq)} + 5O_{2(g)} + 8H_2O_{(l)}$
Agente redutor = Permanganato de potássio ($KMnO_4$)
Agente oxidante = Peróxido de hidrogênio (H_2O_2)
Soma dos coeficientes estequiométricos: 2 + 5 + 3 + 2 + 1 + 5 + 8 = 26

Questão 29

(INSTITUTO MILITAR DE ENGENHARIA)
Item a) Equação química: $H_{2(g)} + ½O_{2(g)} \rightarrow H_2O_{(g)}$
Cálculo do número de mol de H_2: n = 40/2 = 20 mol

Cálculo do número de mol de O_2: n = 40/32 = 1,25 mol
1/2 mol de O_2 ---------- 1,25 mol
n_{O2} ----------------------- 1,0 mol
n_{O2} = 2,50 mol (reagente limitante)

Item b) Cálculo da massa de água formada:
(½ x 32) g de O_2 --------- (1 x 18) g de H_2O
40g de O_2 ----------------- m_{H2O}
m_{H2O} = 45 g

Item c) Quantidade que sobra de gás hidrogênio:
2,0 g ---------------------------- ½ x 32 g
Massa --------------------------- 40,0 g
Massa = 5,00 g (reagiu)
Não reagido (Sobra) = 40,00 – 5,00 = 35,0 g

Questão 30

(EsPCEx) Alternativa C.

I) Verdadeiro; II) Verdadeiro; III) Falso; IV) Verdadeiro.

Questão 31

(EsPCEx) Alternativa C.
Balanceamento pelo método da oxirredução: $3Cu_{(s)} + 8HNO_{3(aq)} \rightarrow 4H_2O_{(l)} + 2NO_{(g)} + 3Cu(NO_3)_{2(aq)}$
Agente redutor = cobre metálico (Cu)
Agente oxidante = ácido nítrico (HNO_3)
Nomenclatura do composto iônico formado = $Cu(NO_3)_2$ (nitrato de cobre II)
Soma dos coeficientes estequiométricos = 3 + 8 + 4 + 2 + 3 = 20

Questão 32

(EsPCEx) Alternativa E.
I) A representa uma reação de síntese do iodeto de potássio
II) A representa uma reação de síntese de análise do iodato de potássio
III) B representa uma reação de dupla troca da hidrólise de um sal
IV) B representa uma reação de oxirredução
V) Verdadeiro

Questão 33

(EsPCEx) Alternativa D.
Equação química: $C_4H_{10(g)} + 13/2O_{2(g)} \rightarrow 4CO_{2(g)} + 5H_2O_{(g)}$

Cálculo do número de mol de gás butano: n_{C4H10} = (174 / 58) = 3 mol

Cálculo do número de mol de dióxido de carbono, a partir da relação estequiométrica:
1 mol de C_4H_{10} ---------- 4 CO_2
3 mol de C_4H_{10} ---------- n_{CO2}
n_{CO2} = 12 mol

Considerando que o dióxido de carbono apresenta comportamento ideal, temos: 1 x V_{CO2} = 12 x 0,08206 x 2998
V_{CO2} = 293,45 L

Questão 34

(EsPCEx) Alternativa C.
Equação química: $N_{2(g)} + 3H_{2(g)} \rightarrow 2NH_{3(g)}$

Determinação do reagente limitante:
n_{N2} = (100/V) = (100/V) mol (reagente em excesso)
n_{H2} = (240/3V) = (80/V) mol (reagente limitante)

Cálculo do volume de amônia (NH_3):
3 mol de H_2 ------------- 2 mol de NH_3
240 mL de H_2 ---------- V_{NH3}
V_{NH3} = 160 mL

Questão 35

(EsPCEx) Alternativa C.
Equação química: $4C_3H_5(NO_3)_{3(líquido)} \rightarrow 6N_{2(gás)} + 12CO_{2(gás)} + 10H_2O_{(gás)} + 7O_{2(gás)}$

Cálculo do número de mol de gases produzidos:

4 mol de $C_3H_5(NO_3)_3$ ----------- (6 + 12 + 10 + 7) mol de gases
2 mol de $C_3H_5(NO_3)_3$ ----------- n_{gases}
n_{gases} = 17,50 mol de gases

Cálculo do volume dos gases produzidos, considerando gás ideal: 1 x V_{gases} = 17,50 x 0,08206 x 300
V_{gases} = 430,81 L

Questão 36

(EsPCEx) Alternativa D.

Cálculo do número de mol de gases produzidos: $2NH_4NO_{3(s)} \rightarrow 2N_{2(g)} + O_{2(g)} + 4H_2O_{(g)}$
2 mol de NH_4NO_3 --------------- (2 + 1 + 4) mol de gases
10 mol de NH_4NO_3 ------------- n_{gases}
n_{gases} = 35 mol de gases

Cálculo do volume dos gases produzidos, considerando gás ideal: 1 x V_{gases} = 35 x 0,08206 x 500
V_{gases} = 1436,05 L

Questão 37

(EsPCEx) Alternativa A.

Somando as etapas apresentadas, a partir das equações químicas temos:

$CaCO_{3(s)} \rightarrow$ ~~$CaO_{(s)}$~~ $+ CO_{2(g)}$
~~$CaO_{(s)}$~~ $+ C_{(grafite)} \rightarrow$ ~~$CaC_{2(s)}$~~ $+ CO_{(g)}$
~~$CaC_{2(s)}$~~ $+ 2H_2O_{(g)} \rightarrow Ca(OH)_{2(aq)} + C_2H_{2(g)}$ +

$CaCO_{3(s)} + C_{(grafite)} + 2H_2O_{(g)} \rightarrow CO_{2(g)} + CO_{(g)} + Ca(OH)_{2(aq)} + C_2H_{2(g)}$

Equação química: $CaCO_{3(s)} + C_{(grafite)} + 2H_2O_{(g)} \rightarrow CO_{2(g)} + CO_{(g)} + Ca(OH)_{2(aq)} + C_2H_{2(g)}$
Cálculo da massa de carbonato de cálcio [$CaCO_{3(s)}$]:
1 mol de $CaCO_3$ ------- 1 mol de $C_2H_{2(g)}$
100 g ---------------------- 26 g
m_{CaCO3} -------------------- 5,2 g

$m_{CaCO3} = 20,0$ g

Questão 38

(EsPCEx) Alternativa D.

Questão 39

(EsPCEx) Alternativa B.
A tabela completa fica da seguinte maneira:

I	$3Ca(OH)_{2(aq)} + Al_2(SO_4)_{3(aq)} \rightarrow 2Al(OH)_{3(aq)} + 3CaSO_{4(aq)}$	Dupla troca
II	$2Mg_{(s)} + O_{2\ (g)} \rightarrow 2MgO_{(s)}$	Síntese ou adição
III	$Zn_{(s)} + 2HCl_{(aq)} \rightarrow ZnCl_{2(aq)} + H_{2(g)}$	Deslocamento ou simples troca
IV	$NH_4HCO_{3(s)} \rightarrow CO_{2(g)} + NH_{3(g)} + H_2O_{(l)}$	Análise ou deslocamento

Questão 40

(ITA) A reação química em questão está apresentada através da seguinte equação química. $Ca_3P_2 + 6H_2O \rightarrow 3Ca(OH)_2 + 2PH_3$

Pela proporção estequiométrica, 1 mol de fosfeto de cálcio produz 2 mol de fosfina.

$$n(Ca_3P_2) = \frac{3,64}{182} = 0,02\text{mol}$$
$$n(PH_3) = 2 \text{ x } n(Ca_3P_2) = 0,04\text{mol}$$

Aplicando a equação dos gases ideais: $p = \frac{0,04 \text{ x } 0,08206 \text{ x } 300}{0,0082} = 120\text{atm}$

Questão 41

(ITA) Alternativa B.
Equação química: $2Cu(NO_3)_{2(s)} \rightarrow 2CuO_{(s)} + 4NO_{2(g)} + O_{2(g)}$

2 mol de nitrato de cobre ----------------- 4 mol de óxido de nitrogênio
2 x (63,55 + 28 + 6 x 16) -------------------- 4 x (14 + 32) g
Massa --- 18,40 g

Massa = 37,5 g de nitrato de cobre

Questão 42

(INSTITUTO TECNOLÓGICO DA AERONÁUTICA) Alternativa A.
Equação química: $K_2S_2O_3 + 2HCl \rightarrow S + H_2O + SO_2 + 2KCl$
Observação: A coloração amarela refere-se ao enxofre.
Cálculo do rendimento deste processo: $K_2S_2O_3 + 2HCl \rightarrow S + H_2O + SO_2 + 2KCl$
1 mol de $K_2S_2O_3$ ----------------- 1 mol de S
190,32 g de $K_2S_2O_3$ ------------- 32,06 g de S x **R**
0,95 x 20 g de $K_2S_2O_3$ ---------- 3,2 g de S

$$\text{Rendimento} = \frac{609,2}{609,14} = 0,999(100\%)$$

Questão 43

(INSTITUTO TECNOLÓGICO DA AERONÁUTICA) Cálculo do número de mol de oxigênio, a partir do seu comportamento ideal: $n_{O_2} = \frac{\left(\frac{700}{760}\right) \text{ x } 1000}{0,08206 \text{ x } 350} = 32,07\text{mol}$

Cálculo do número de mol de nitrato de potássio, a partir da estequiometria: $KNO_{3(s)} \rightarrow KNO_{2(s)} + ½\ O_{2(g)}$
1 mol de KNO_3 ---------- ½ mol de O_2

n_{KNO3} ---------------------- 32,07 mol de O_2
n_{KNO3} = 64,14 mol

Cálculo da massa de nitrato de potássio: $m_{KNO_3} = n_{KNO_3} x < MM >_{KNO_3}$

$m_{KNO_3} = 64{,}14 \text{ x } 101 = 6478{,}14g\ (\approx 6{,}5 \text{ kg})$

Questão 44

(EsPCEx) Alternativa D.
Cálculo do número de moléculas de gás amoníaco.
17 g -------------------- 6,02 x 10^{23} moléculas de NH_3
8,50 x 10^{-3} g ---------- X
X = 3,10 x 10^{20} moléculas de NH_3

Questão 45

(GRILLO)
Item a) $3BaO + As_2O_5 \rightarrow Ba_3(AsO_4)_2$
Item b) $2FeS_2 + 11/2O_2 \rightarrow Fe_2O_3 + 4SO_2$
Item c) $H_2 + ½O_2 \rightarrow H_2O$
Item d) $4Al(OH)_3 + 3H_4SiO_4 \rightarrow Al_4(SiO_4)_3 + 12H_2O$
Item e) $2Cu(OH)_2 + H_4P_2O_7 \rightarrow Cu_2P_2O_7 + 4H_2O$
Item f) $Fe_3O_4 + 8HBr \rightarrow FeBr_2 + 2FeBr_3 + 4H_2O$
Item g) $Zn + CuSO_4 \rightarrow ZnSO_4 + Cu$
Item h) $CH_4 + 2O_2 \rightarrow CO_2 + 2H_2O$
Item i) $CaCO_3 + 2HCl \rightarrow CaCl_2 + H_2O + CO_2$
Item j) $N_{2(g)} + 3H_{2(g)} \rightarrow 2NH_{3(g)}$
Item k) $CaCO_3 \rightarrow CaO + CO_2$
Item l) $H_2O_2 + 2KI \rightarrow 2KOH + I_2$
Item m) $3K_2S + 2FeBr_3 \rightarrow 6KBr + Fe_2S_3$
Item n) $Na_2S + 2HCl \rightarrow 2NaCl + H_2S$
Item o) $HNO_3 + KOH \rightarrow KNO_3 + H_2O$
Item p) $SO_3 + 2KOH \rightarrow K_2SO_4 + H_2O$
Item q) $C_2H_5OH + O_2 \rightarrow CO_2 + H_2O$
Item r) $C_6H_6 + 15/2O_2 \rightarrow 6CO_2 + 3H_2O$
Item s) $Bi_2O_5 + 4NaClO + 2NaOH \rightarrow 4NaCl + 1H_2O + 2NaBiO_5$
Item t) $20HNO_3 + 3P_4 + 8H_2O \rightarrow 12H_3PO_4 + 20NO$
Item u) $5CaC_2O_4 + 2KMnO_4 + 8H_2SO_4 \rightarrow 5CaSO_4 + 1K_2SO_4 + 2MnSO_4 + 8H_2O + 10CO_2$
Item v) $3As_2S_5 + 40HNO_3 + 4H_2O \rightarrow 15H_2SO_4 + 40NO + 6H_3AsO_4$
Item w) $2NaBr + 1MnO_2 + 3H_2SO_4 \rightarrow 1MnSO_4 + 1Br_2 + 2H_2O + 2NaHSO_4$
Item x) $3Ag + 4HNO_3 \rightarrow 3AgNO_3 + 2H_2O + 1NO$
Item y) $3Cu + 8HNO_3 \rightarrow 3Cu(NO_3)_2 + 4H_2O + 2NO$
Item z) $Cu + 4HNO_3 \rightarrow Cu(NO_3)_2 + 2NO_2 + 2H_2O$
Item aa) $2KMnO_4 + 16HBr \rightarrow 2MnBr_2 + 2KBr + 5Br_2 + 8H_2O$
Item bb) $2FeCl_2 + H_2O_2 + 2HCl \rightarrow 2FeCl_3 + 2H_2O$
Item cc) $Br_2 + 2(OH)^- \rightarrow H_2O + Br^- + (BrO)^-$
Item dd) $Ca(OH)_2 + H_2SO_4 \rightarrow CaSO_4 + 2H_2O$
Item ee) $4C_3H_5N_3O_{9(l)} \rightarrow 6N_{2(g)} + 12CO_{2(g)} + 10H_2O_{(g)} + O_{2(g)}$
Item ff) $KIO_3 \rightarrow KI + 3/2O_2$
Item gg) $C_{20}H_{42} + 61/2O_2 \rightarrow 20CO_2 + 21H_2O$
Item hh) $C_2H_2 + 5/2O_2 \rightarrow 2CO_2 + H_2O$
Item ii) $3Cl_2 + 6NaOH \rightarrow 5NaCl + 1NaClO_3 + 3H_2O$
Item jj) $K_2Cr_2O_7 + 14HCl + 6FeCl_2 \rightarrow 2KCl + 6FeCl_3 + 2CrCl_3 + 7H_2O$

Item kk) $1SnCl_2 + 2FeCl_3 \rightarrow 1SnCl_4 + 2FeCl_2$
Item ll) $4KMnO_4 + 2H_2O \rightarrow 4MnO_2 + 4KOH + 3O_2$
Item mm) $1KIO_3 + 6KI + 3H_2SO_4 \rightarrow 3K_2SO_4 + 3I_2 + 3H_2O$
Item nn) $1CuS + 8HNO_3 \rightarrow 1Cu(NO_3)_2 + 4H_2O + 6NO_2 + 1SO_2$
Item oo) $3NaNO_3 + 8Al + 5NaOH + 2H_2O \rightarrow 8NaAlO_2 + 3NH_3$
Item pp) $2KMnO_4 + 16HCl \rightarrow 2KCl + 8H_2O + 5Cl_2 + 2MnCl_2$
Item qq) $2KIO_3 + 10KI + 12HCl \rightarrow I_2 + 12KCl + 6H_2O$
Item rr) $2Ca_3(PO_4)_{2(s)} + 6SiO_{2(s)} + 10C_{(s)} \rightarrow 6CaSiO_{3(s)} + 10CO_{(g)} + 1P_{4(g)}$
Item ss) $1Hg + 2H_2SO_4 \rightarrow 1HgSO_4 + 1SO_2 + 2H_2O$
Item tt) $2IO_3^- + 5HSO_3^- \rightarrow 1I_2 + 5SO_4^{-2} + 3H^+ + 1H_2O$
Item uu) $1Cr_2O_7^{-2} + 6Fe^{+2} + 14H^+ \rightarrow 2Cr^{+3} + 6Fe^{+3} + 7H_2O$
Item vv) $2Cl_2 + 1C + 2H_2O \rightarrow 1CO_2 + 4H^+ + 4Cl^-$
Item ww) $1C + 4HNO_3 \rightarrow 1CO_2 + 4NO_2 + 2H_2O$
Item xx) $2Cr^{3+} + 3MnO_2 + 4OH^- \rightarrow 2CrO_4^{2-} + 3Mn^{2+} + 2H_2O$
Item yy) $2Co^{2+} + 2BrO^- + 4H^+ \rightarrow 2Co^{3+} + Br_2 + 2H_2O$
Item zz) $2MnO_4^- + 5SO_3^{2-} + 6H^+ \rightarrow 2Mn^{2+} + 5SO_4^{2-} + 3H_2O$
Item aaa) $3Br_2 + 6NaOH \rightarrow 5NaBr + 1NaBrO_3 + 3H_2O$
Item bbb) $1Ca(OCl)_2 + 2KI + 4HCl \longrightarrow 1I_2 + 1CaCl_2 + 2H_2O + 2KCl$
Item ccc) $1H_3AsO_4 + 2KI + 2HCl \longrightarrow H_3AsO_3 + 2KCl + 1I_2 + 1H_2O$
Item ddd) $1NaClO_3 + 6KI + 6HCl \longrightarrow 1NaCl + 3I_2 + 6KCl + 3H_2O$
Item eee) $5H_2SO_4 + 8NaI \rightarrow 4Na_2SO_4 + 4I_2 + 1H_2S + 4H_2O$
Item fff) $2KMnO_4 + 3H_2SO_4 + 5H_2O_2 \rightarrow 1K_2SO_4 + 2MnSO_4 + 8H_2O + 5O_2$

Questão 46

(EsPCEx) Alternativa A.
Cálculo da massa de carbono, a partir de sua densidade:
Massa = d x volume
Massa = 3,51 x 0,027 = 0,95 g

Cálculo do número de mol de carbono:
1 mol de C ---------- 12 g
n_C ---------------------- 0,95 g
$n_C = 7,92 \times 10^{-2}$ mol

Questão 47

(EsPCEx) Alternativa B.
Massa de prata em 30 mg de amálgama: 30 mg x 0,72 = 21,6 mg
Cálculo do número de átomos de prata:
108 g ---------------------- $6,02 \times 10^{23}$ átomos
$21,6 \times 10^{-3}$ g--------------- X
$X = 1,20 \times 10^{20}$ átomos de Ag

Questão 48

(GRILLO)
a) $MnO_2 + 4HCl \rightarrow MnCl_2 + 2H_2O + Cl_2$ (1 + 4 + 1 + 2 + 1 = 9)
b) $Zn + CuSO_4 \rightarrow ZnSO_4 + Cu$ (1 + 1 + 1 + 1 = 4)
c) $2Al + 6HCl \rightarrow 2AlCl_3 + 3H_2$ (2 + 6 + 2 + 3 = 13)
d) $I_2 + 10\ HNO_3 \rightarrow 2HIO_3 + 10NO_2 + 4H_2O$ (1 + 10 + 2 + 10 + 4 = 27)
e) $4NH_3 + 5O_2 \rightarrow 4NO + 6H_2O$ (4 + 5 + 4 + 6 = 19)
f) $2Ca_3(PO_4)_2 + 10C + 6SiO_2 \rightarrow 6CaSiO_3 + 10CO + P_4$ (2 + 10 + 6 + 6 + 10 + 1 = 35)
g) $1IO^-_{3(aq)} + 3HSO^-_{3(aq)} \rightarrow I^-_{(aq)} + 3SO^{-2}_{4(aq)} + 3H^+_{(aq)}$ (1 + 3 + 1 + 3 + 3 = 11)
h) $4BCl_3 + P_4 + 6H_2 \rightarrow 4BP + 12HCl$ (4 + 1 + 6 + 4 + 12 = 27)

i) $12HClO_4 + P_4H_{10} \rightarrow 4H_3PO_4 + 6Cl_2O_7$ (12 + 1 + 4 + 6 = 23)
j) $2KrF_2 + 2H_2O \rightarrow 2Kr + 1O_2 + 4HF$ (2 + 2 + 2 + 1 + 8 = 15)
k) $Sb_2S_3 + 12HCl \rightarrow 2H_3SbCl_6 + 3H_2S$ (1 + 12 + 2 + 3 = 18)
l) $Na_2CO_4 + 3C + N_2 \rightarrow 2NaCN + 2CO$ (1 + 3 + 1 + 2 + 2 = 9)
m) $3IBr + 4NH_3 \rightarrow NI_3 + 3NH_4Br$ (3 + 4 + 1 + 3 = 11)

Questão 49

(FUVEST) Alternativa D.
Sabendo que a massa atômica do sódio é igual a 23 g, temos:

23 g de Na -------------------- $6,02 \times 10^{23}$ átomos
1,15 g de Na ----------------- X

$$X = \frac{1,15 \text{ x } 6,02\text{x}10^{23}}{23} = 3,01\text{x}10^{22}$$

Questão 50

(GRILLO) Alternativa C.
Equação química que apresenta o processo de neutralização total entre o ácido clorídrico e o hidróxido de alumínio.
$3HCl_{(aquoso)} + Al(OH)_{3(aquoso)} \rightarrow AlCl_{3(aquoso)} + 3H_2O_{(líquido)}$

Questão 51

(FUVEST) Alternativa E.
Equação química: $2O_{3(g)} \rightarrow 3O_{2(g)}$
2 mol de $O_{3(g)}$ ---------- 3 mol de $O_{2(g)}$
2 x 3 x 16 g ------------ 3 x 2 x 19
96 g --------------------- Massa
Massa = 96 g

Questão 52

(FUVEST) Equação química: $KClO_{3(s)} \rightarrow KCl_{(s)} + \frac{3}{2}O_{2(g)}$. A partir da relação estequiométrica, temos:
1 mol de $KClO_3$ ---------- 3/2 x 22,4 L
n --------------------------- 33,6 L

$$n = \frac{33,6}{1,50\text{x}22,4} = \frac{33,6}{33,6} = 1,0\text{mol}$$

Questão 53

(UNICAMP)
Item a) Equação química: $ZnO_{(s)} + CO_{(g)} \rightarrow Zn_{(s)} + CO_{2(g)}$
Item b) Determinação da massa de zinco metálico: $ZnO_{(s)} + CO_{(g)} \rightarrow Zn_{(s)} + CO_{2(g)}$
1 mol de ZnO ----------- 1 mol de Zn
81 g ----------------------- 65 g
1000 g -------------------- Massa

$$\text{Massa} = \frac{1000 \text{ x } 65}{81} = 802,47\text{g}$$

Questão 54

(FUVEST) Equação química: $Al_2O_3 + 3/2C \rightarrow 2Al + 3/2CO_2$
1 mol de Al_2O_3 ------ 2 mol de Al ------ 3/2 mol de CO_2
2 mol de Al_2O_3 ------ n_{Al} ----------------- n_{CO2}
n_{Al} = 4 mol de alumínio metálico
n_{CO2} = 3 mol de dióxido de carbono

Questão 55

(FUVEST) Determinação do reagente limitante:

$$n_{H_2S} = \frac{5,0}{2,0} = 2,50 \text{ mol (reagente em excesso)}$$

$$n_{SO_2} = \frac{2,0}{1,0} = 2,0 \text{ mol (reagente limitante)}$$

Pela relação estequiométrica, temos:
1 mol de SO_2 ------ 3 mol de S
2 mol de SO_2 ------ n
n_S = 6 mol

Questão 56

(FUVEST) A partir da relação estequiométrica apresentada, temos:

12,0g de C – – – – – – – – – – 6,02 x 10^{23}átomos de C
8,0x10^{-3}g x 0,90 de C – – – – – X

$$X = \frac{8,0x10^{-3} x\ 0,90\ x\ 6,02x10^{23}}{12,0} = 3,60\ x\ 10^{20}$$

Massa = 8,0mg x 0,90 = 7,20mg

Questão 57

(INSTITUTO MILITAR DE ENGENHARIA) Análise para as equações químicas: $C_nH_{2n+2} + \frac{3n+1}{2}O_2 \rightarrow nCO_2 + (n+1)H_2O$
1 mol de C_nH_{2n+2} --------------------------- (n +1) H_2O
(12n + 2n + 2) mol de C_nH_{2n+2} ---------- 18.(n + 1) mol de H_2O
5,0 g -- 9,0 g

9 x (14n + 2) = 5 x 18 x (n + 1)
14n + 2 = 10n + 10
14n - 10n = 10 – 2

n = 2.

Para n = 2, o hidrocarboneto do tipo alcano trata-se do etano (C_2H_6).

Questão 58

(EsPCEx) Alternativa C. Equação química sendo balanceada pelo método redox (oxidação-redução), $3CaC_2O_4$ + $2KMnO_4$ + $4H_2SO_4$ → $3CaSO_4$ + K_2SO_4 + $2MnO_2$ + $4H_2O$ + $6CO_2$, em que o permanganato de potássio é o agente oxidante e o oxalato de cálcio é o agente redutor.
Soma dos coeficientes estequiométricos: 3 + 2 + 4 + 3 + 1 + 2 + 4 + 6 = 25

Cálculo do número de mol de dióxido de carbono, a partir do oxalato de cálcio:

$3CaC_2O_4 + 2KMnO_4 + 4H_2SO_4 \rightarrow 3CaSO_4 + K_2SO_4 + 2MnO_2 + 4H_2O + 6CO_2$

3 mol de CaC_2O_4 ---------------------------- 6 mol de CO_2
(384 / 128) mol de CaC_2O_4 --------------- n
n = 6,0 mol de dióxido de carbono.

Cálculo do volume de dióxido de carbono: $V_{CO_2} = 6{,}0\text{mol} \times 22{,}4\frac{L}{mol} = 147L$

Questão 59

(EsPCEx) Alternativa E.
Equação química 1: $CaC_{2(s)} + 2H_2O_{(l)} \rightarrow C_2H_{2(g)} + Ca(OH)_{2(s)}$
Massa pura de carbeto de cálcio = 512 g x 0,50 = 256 g

Cálculo do número de mol de carbeto de cálcio: $n = \frac{256}{64} = 4\text{mol}$
Equação química 2: $C_2H_{2(g)} + 5/2O_{2(g)} \rightarrow 2CO_{2(g)} + H_2O_{(g)}$

Cálculo do número de mol de dióxido de carbono:
1 mol de C_2H_2 -------- 3 mol de gases
4 mol de C_2H_2 -------- n
n = 12 mol

Cálculo do volume de gás etileno nas CNATP: Volume = 12 x 24,50 = 294 L.
Cálculo do valor da entalpia:
1 mol ------- 1298 kJ
4 mol ------- ΔH
ΔH = 5192 kJ

Questão 60

(EsPCEx) Alternativa D.
Item I) Alternativa falsa, pois a equação que descreve tal processo é: $NaHCO_3 + HCl \rightarrow NaCl + H_2O + CO_2$
Item II) Alternativa Verdadeira.
1 mol de bicarbonato ------- 1 mol de CO_2
$n_{bicarbonato}$ ----------------------- $n_{gás}$
$n_{bicarbonato} = n_{gás}$
$n_{gás} = \frac{21}{84} = 0{,}25\text{ mol}$
Aplicando a equação dos gases ideais: $\text{Volume} \times 1{,}0 = 0{,}25 \times 0{,}08206 \times 300$
$\text{Volume} = 6{,}15\text{ L}$
Item III) Alternativa Falsa. Não há variação do número de oxidação. O seu balanceamento é por tentativa.
Item IV) Não pode ser analisado, pois o ácido clorídrico trata-se do reagente em excesso.

Questão 61

(MESTRE JOÃO ROBERTO DA PACIÊNCIA NABUCO)
a) Reação de simples troca ou também conhecido como deslocamento
b) Reação de dupla troca
c) Reação de oxirredução
d) Reação de adição ou síntese
e) Reação de dupla troca
f) Reação de dupla troca
g) Reação de análise ou decomposição
h) Reação de síntese ou adição
i) Reação de dupla troca
j) Reação de simples troca
k) Reação de síntese
l) Reação de decomposição
m) Reação de dupla troca
n) Reação de decomposição
o) Reação de dupla troca

p) Reação de simples troca
q) Reação de dupla troca
r) Reação de dupla troca
s) Reação de simples troca ou deslocamento
t) Reação de simples troca
u) Reação de simples troca

Questão 62

(MESTRE JOÃO ROBERTO DA PACIÊNCIA NABUCO) A partir do balanceamento pelo método redox, o iodato de potássio trata-se do agente oxidante enquanto o iodeto de potássio refere-se o agente redutor. O balanceamento fica da seguinte maneira: $aKIO_3 + bKI + cHCl \rightarrow dI_2 + eKCl + fH_2O$, em que a = 1; b = 5; c = 6; d = 3; e = 6 e f = 3.

Questão 63

Realizando o balanceamento pelo método redox, o ácido nítrico representa o agente oxidante enquanto o iodo molecular trata-se do agente redutor. O balanceamento pelo método redox fica da seguinte maneira: $10HNO_3 + I_2 \rightarrow 2HIO_3 + 10NO_2 + 4H_2O$.

Questão 64

Realizando o balanceamento pelo método redox, o bromo líquido tanto oxida quanto reduz. O balanceamento pelo método redox fica da seguinte maneira: $6Br_2 + 12KOH \rightarrow 2KBrO_3 + 10KBr + 6H_2O$.
Soma dos números inteiros dos coeficientes estequiométricos da reação química = 3 + 6 + 1 + 5 + 3 = 18.

Questão 65

Realizando o balanceamento pelo método redox, o dicromato de sódio trata-se do agente oxidante enquanto o dióxido de enxofre (óxido ácido) trata-se do agente redutor. O balanceamento pelo método redox fica da seguinte maneira: $2Na_2Cr_2O_7 + 6SO_2 + 2H_2O \rightarrow 4Cr(OH)SO_4 + 2Na_2SO_4$. Dividindo a equação química por dois, temos: $Na_2Cr_2O_7 + 3SO_2 + H_2O \rightarrow 2Cr(OH)SO_4 + 1Na_2SO_4$.

Questão 66

(INSTITUTO TECNOLÓGICO DA AERONÁUTICA) Alternativa E. A partir do balanceamento redox, a espécie S trata-se da água, o dióxido de manganês é o agente oxidante enquanto o íon cloreto é o agente redutor. Realizando o balanceamento, temos: $2MnO_2 + 8H^+ + 4Cl^- \rightarrow 2Mn^{2+} + 4H_2O + 2Cl_2$. Dividindo a equação química por dois, temos: $1MnO_2 + 4H^+ + 2Cl^- \rightarrow 1Mn^{2+} + 2H_2O + 1Cl_2$.

Questão 67

(MESTRE JOÃO ROBERTO DA PACIÊNCIA NABUCO) Alternativa C.
A partir do balanceamento redox, o sulfeto de cádmio II é o agente redutor, enquanto o ácido nítrico o agente oxidante. Realizando o balanceamento, temos: $3CuS + 8HNO_3 \rightarrow 3Cu(NO_3)_2 + 3S + 2NO + 4H_2O$. Soma dos coeficientes estequiométricos: 3 + 8 + 3 + 3 + 2 + 4 = 23.

Questão 68

(OLIMPÍADA DE QUÍMICA DO RIO DE JANEIRO) Alternativa B.
A partir da relação numérica da glicose, temos:
180 g de glicose ------------------ $6 \times 6{,}02 \times 10^{23}$ átomos de carbono
$9{,}0 \times 10^{-3}$ g de glicose ---------- X
$X = 1{,}81 \times 10^{23}$ átomos

Questão 69

(ESPCEX) Alternativa E.

A partir do balanceamento redox, uma vez que esta equação é balanceada por este método, o sulfeto de arsênio III trata-se do agente redutor enquanto o peróxido de hidrogênio é o agente oxidante. Realizando o balanceamento, temos:

$As_2S_3 + 12NH_4OH + 14H_2O_2 \rightarrow 2(NH_4)_3AsO_4 + 3(NH_4)_2SO_4 + 20H_2O$.

Item I) Alternativa Falsa. O peróxido de hidrogênio é o agente redutor.

Item II) Alternativa Verdadeira.

Item III) Alternativa falsa, pelo fato do arsênio sofrer oxidação.

Item IV) Alternativa Falsa. Sua nomenclatura correta trata-se do sulfato de amônio.

Item V) Alternativa Verdadeira.

Soma dos coeficientes estequiométricos = 1 + 12 + 14 + 2 + 3 + 20 = 52

Questão 70

(EsPCEx) Alternativa B.

Realizando o balanceamento pelo método redox (redução-oxidação), sendo que o dicromato de potássio é o agente oxidante enquanto o etanol é o agente redutor, a equação fica da seguinte maneira: $1K_2Cr_2O_{7(aq)} + 4H_2SO_{4(aq)} + 3C_2H_6O_{(g)} \rightarrow 1Cr_2(SO_4)_{3(g)} + 7H_2O_{(g)} + 3C_2H_4O_{(g)} + 1K_2SO_{4(aq)}$.

Questão 71

(EsPCEx) Alternativa A.

Cálculo do número de átomos (X) de mercúrio a partir da seguinte regra de três:

200 g ------------- $6{,}02 \times 10^{23}$ átomos

50×10^{-6} g ------- X

X = $1{,}50 \times 10^{17}$ átomos de mercúrio

Questão 72

(EsPCEx) Alternativa E.

Item I) Verdadeiro. Realizando o balanceamento da reação pelo método das tentativas, a equação química fica da seguinte maneira: $2Ca_3(PO_4)_{2(s)} + 6SiO_{2(s)} + 10C_{(s)} \rightarrow 6CaSiO_{3(s)} + 10CO_{(g)} + P_{4(s)}$. Somando os coeficientes estequiométricos, temos: 2 + 6 + 10 + 6 + 10 + 1 = 35.

Item II) Falso. A molécula de SiO_2 consiste na geometria linear.

Item III) Falso. O agente redutor corresponde ao carbono sólido.

Item IV) Verdadeiro.

Questão 73

(EsPCEx) Alternativa E.

Equação química entre o dióxido de carbono com o hidróxido de lítio: $CO_2 + 2LiOH \rightarrow Li_2CO_3 + H_2O$

Cálculo do número de mol de dióxido de carbono aplicando a equação dos gases ideais: $n_{CO_2} = \frac{1 \times 246}{0{,}08206 \times 300} = 10 \text{ mol}$.

A partir da relação estequiométrica, temos:

1 mol de CO_2 ------ 2 mol de LiOH

10 mol de CO_2 ---- n

n = 20 mol de hidróxido de lítio.

Cálculo da massa de hidróxido de lítio: $\text{Massa} = 20 \times (7 + 16 + 1) = 480 \text{ g}$

Questão 74

(EsPCEx) Alternativa B.

Item I) Verdadeiro. Determinação do reagente limitante:

$n_{\text{óxido}} = 25 \text{ mol}$

$n_{\text{carbono}} = \frac{960}{12}$ mol. Para cada 3 mol de carbono, há 26,67 mol.

Reagente limitante = óxido

Pela relação estequiométrica, temos:
1 mol de Fe_2O_3 ------ 3 x 6 x 10^{23} moléculas de CO
25,0 mol -------------- X
X = 4,50 x 10^{25} moléculas de CO.
Item II) Falso. A ligação entre o átomo de ferro com o átomo de oxigênio é representada e caracterizada por uma ligação iônica.

Item III) Verdadeiro.
1 mol de Fe_2O_3 --------- 3 mol de CO
0,160 kg ------------------ 3 x 22,4 L x 1
200 kg x 0,80 ------------ Volume
Volume = 67200 L

Item IV) Falso. O monóxido de carbono é classificado como um óxido neutro.

Item V) Pela relação estequiométrica, temos:
1 mol de Fe_2O_3 ------------- 2 mol de Ferro x R
100 mol de Fe_2O_3 ---------- 130 mol de Fe
R = 0,65 (65%)

CAPÍTULO 09. ESTUDO DAS SOLUÇÕES E REAÇÕES ESTEQUIOMÉTRICAS COM SOLUÇÕES

Para este capítulo, teremos que seguir algumas regras importantes para a resolução de problemas que ocorre mistura de soluções distintas. Uma mistura com solutos distintos ocorre quando se mistura por exemplo uma solução de um ácido com uma solução alcalina, sendo a mais frequente. Pode ser também uma reação entre uma solução de um oxidante com um redutor ou até mesmo uma solução entre dois sais que reagem entre si. Diante disso, fica possível a determinação da concentração da quantidade de matéria ou a concentração comum de uma solução por meio de uma técnica conhecida como titulação, através de uma estequiometria simples e direta. Para isso, precisamos organizar a resolução através de três regras primordiais.

Vamos a elas!!

Primeira regra: Escrever a reação e verificar se está balanceada;

Segunda regra: Relacionar o número de mol do(s) reagente(s) ou porventura, dependendo do problema, relacionar também com os produtos.

Terceira regra: Determinar o número de mol do produto indicado no enunciado, através do cálculo estequiométrico.

Exemplo Aplicativo I

Uma alíquota de 25 mL de NaOH foi neutralizada totalmente quando titulada com 40mL de HCl 0,25mol/L. Qual a concentração da solução de NaOH?

Resolução

Equação química: $HCl_{(aquoso)} + NaOH_{(aquoso)} \rightarrow NaCl_{(aquoso)} + H_2O_{(líquido)}$

1 mol de $HCl_{(aq)}$ ----------- 1 mol de $NaOH_{(aq)}$
n_{HCl} --------------------------- n_{NaOH}

$n_{HCl} = n_{NaOH}$
$(M.V)_{HCl} = (M.V)_{NaOH}$
$(0{,}25 \times 40)_{HCl} = (M \times 25)_{NaOH}$
$[NaOH] = 0{,}4 \ mol.L^{-1}$

Processo de Titulação.

Titulação é uma técnica muito utilizada para a determinação da concentração de uma solução. Este processo consiste na seguinte aparelhagem, composta por uma bureta e um Erlenmeyer, que pode ser observada a partir da Figura I que se encontra abaixo.

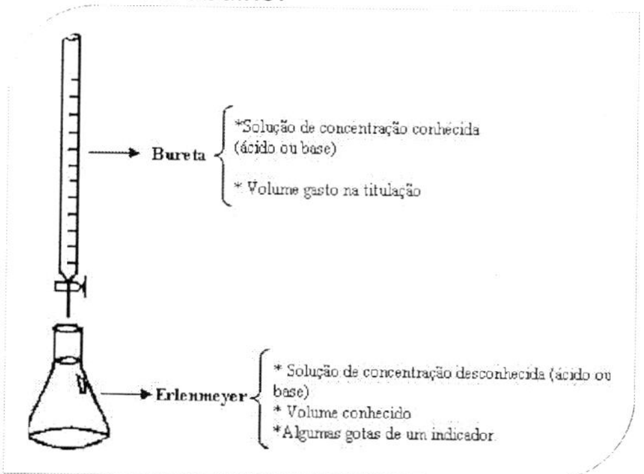

Figura I - Retirada do site dia 14 Julho de 2022.

https://pt.slideshare.net/joannadepaoli/mistura-com-reao-titulao-17834892

Ao abrir a torneira da bureta, começa a reação de titulação entre o ácido e a base. O processo de titulaçao termina quando é observada a mudança de cor da solução no Erlenmeyer. A cor obtida na solução indica e caracteriza se uma reação apresenta características ácidas ou básicas.

Exemplo Aplicativo II

Um técnico de laboratório realizou uma titulação utilizando uma solução titulante de hidróxido de sódio 0,10 mol.L^{-1}. Seu chefe de setor pediu para que ele determinasse a concentração da solução de HCl sabendo que foram utilizados 15 mL da solução de NaOH para titular 25 mL da solução de HCl, tendo a utilização de um indicador, fenolftaleína.

Resolução

Equação química da reação de neutralização entre o ácido clorídrico e o hidróxido de sódio: HCl + NaOH → NaCl + H_2O

1 mol de HCl ---------- 1 mol de NaOH
n_{HCl} ---------------------- n_{NaOH}
$n_{HCl} = n_{NaOH}$
$(M.V)_{HCl} = (M.V)_{NaOH}$
$0{,}10 \times 15 = 25 = M_{NaOH}$
$M_{NaOH} = 0{,}06$ mol.L^{-1}

Exemplo Aplicativo III

(UNIVERSIDADE ESTADUAL DO RIO DE JANEIRO) Em condições ambientes, o cloreto de hidrogênio é uma substância molecular gasosa de fórmula HCl. Quando dissolvida em água, ioniza-se e passa a apresentar caráter ácido. Admita uma solução aquosa saturada de HCl com concentração percentual mássica de 36,5% e densidade igual a 1,2 kg.L^{-1}. Calcule a concentração dessa solução, em mol.L^{-1}, e nomeie a força intermolecular existente entre o HCl e a água.

Resolução: Dados do problema:

36,5% → 36,5 gramas de HCl para 100 g de solução
d = 1,20 kg.L^{-1} → 1,20 kg de solução para 1,0 litro de solução

Primeira maneira de resolução: Cálculo da concentração da quantidade de matéria de ácido clorídrico: $[\mathrm{HCl}] = \frac{10 \times 36{,}50 \times 1{,}20}{1{,}0} = 12{,}0\ \mathrm{mol/L}$
Segunda maneira de resolução:

36,50 g de HCl ---------- 100 g de solução
m_{HCl} ------------------------ 1200 g de solução
$m_{HCl} = 438$ g

Cálculo da concentração da quantidade de matéria de ácido clorídrico: $[\mathrm{HCl}] = \frac{\frac{438}{36{,}5}}{1{,}0} = 12{,}0\ \mathrm{mol/L}$

A força intermolecular existente entre o HCl e a água é do tipo dipolo-dipolo.

Exemplo Aplicativo IV

(GRILLO) Calcule a concentração da quantidade de matéria de uma solução de ácido fosfórico, sabendo que 40 mL dessa solução neutralizam 120 mL de soda cáustica com concentração da quantidade de matéria igual a 0,531 mol/L. Apresente a equação de neutralização total para o referido processo.

Resolução: Equação química de neutralização entre o ácido fosfórico com a soda cáustica: $H_3PO_{4(aquoso)} + 3NaOH_{(aquoso)}$ → $Na_3PO_{4(aquoso)} + 3H_2O_{(líquido)}$. Pela relação estequiométrica, temos:
1 mol de ácido -------- 3 mol de base
$n_{ácido}$ --------------------- n_{base}

$3 \times n_{ácido} = n_{base}$
$[base] \times V_{base} = 3 \times [ácido] \times V_{ácido}$
$0{,}531 \times 120 = 3 \times [ácido] \times 40$
$[ácido] = 0{,}531 \text{ mol/L}$

Exemplo Aplicativo V

(GRILLO) Determine o volume de sulfato ferroso com concentração igual a 0,100 mol/L, sendo consumido pelo processo de redução com 4,00 g de permanganato de potássio na presença de ácido sulfúrico, conforme a equação iônica não balanceada apresentada a seguir: $MnO_4^- + Fe^{+2} + H^+ \rightarrow Mn^{+2} + Fe^{+3} + H_2O$.

Resolução: Realizando o balanceamento da equação química de forma iônica, o ânion permanganato é o agente oxidante enquanto o cátion divalente do ferro trata-se do agente redutor. Equação química: $MnO_4^- + 5Fe^{+2} + 8H^+ \rightarrow Mn^{+2} + 5Fe^{+3} + 4H_2O$. A partir da relação estequiométrica:
1 mol de permanganato -------- 5 mol de ferro divalente
$n_{permanganato}$ ------------------------- $n_{sulfato}$
$5 \times n_{permanganato} = n_{sulfato}$

$$0{,}100 \times V = 5{,}0 \times \frac{4{,}0}{157{,}95}$$

$V = 0{,}253 \text{ L } (253 \text{ mL})$

Exemplo Aplicativo VI

(GRILLO) Exatamente 50,0 mL de uma solução de carbonato de sódio foram titulados com 65,80 mililitros de uma solução ácida de ácido clorídrico, com concentração igual a 3,0 mol/L. Sabendo que a densidade relativa da solução deste sal é igual a 1,25, determine o percentual em massa do carbonato de sódio.

Resolução: Equação química: $Na_2CO_{3(aquoso)} + 2HCl_{(aquoso)} \rightarrow 2NaC_{(aquoso)} + H_2O_{(líquido)} + CO_{2(gás)}$

Cálculo da massa de carbonato de sódio, a partir da densidade: $\frac{1{,}25 \text{ g}}{\text{mL}} = \frac{\text{massa}}{50{,}0 \text{ mL}}$
Massa = 62,50 g

Pela relação estequiométrica, temos:
1 mol de Na_2CO_3 ----------- 2 mol de HCl
$p \times n_{sal}$ ------------------------- $n_{ácido}$

$$2 \times \frac{62{,}50}{106} \times p = 3{,}0 \times 65{,}80 \times 10^{-3}$$

$p = 0{,}1590 \ (15{,}90\%)$

Exemplo Aplicativo VII

(GRILLO) Calcule o volume de ácido sulfúrico 1,50 mol/L que deve ser colocado em contato com uma reação com zinco em excesso, para que seja possível produzir 185 litros de gás hidrogênio, levando em consideração que ocorre nas condições normais de temperatura e pressão.

Resolução: Equação química: $H_2SO_{4(aquoso)} + Zn_{(aquoso)} \rightarrow ZnSO_{4(aquoso)} + H_{2(gás)}$

Pela relação estequiométrica, temos:
1 mol de H_2SO_4 ----------- 1 mol de H_2
$n_{ácido}$ -------------------------- $n_{gás}$

$$1{,}50 \times V_{solução} = \frac{1{,}0 \times 185}{0{,}08206 \times 273}$$

$V_{solução} = 5{,}50 \text{ L}$

Exercícios de Fixação

Questão 01

(EsPCEx) Em uma aula de prática de química, o professor forneceu a um grupo de alunos 100 mL de uma solução aquosa de hidróxido de sódio de concentração 1,25 $mol.L^{-1}$. Em seguida solicitou que os alunos realizassem um procedimento de diluição e transformassem essa solução inicial em uma solução final de concentração 0,05 $mol.L^{-1}$. Para a obtenção da concentração final nessa diluição, o volume de água destilada que deve ser adicionado é de:

a) 2400 mL
b) 2000 mL
c) 1200 mL
d) 700 mL
e) 200 mL

Questão 02

(EsPCEx) A produção industrial de determinado refrigerante de densidade 1,005 g/mL ocorre diariamente a 4°C, numa caldeira que comporta 8000 L, do mesmo, no estado líquido. Um de seus ingredientes é o ácido fosfórico (H_3PO_4), na concentração de 0,15% em massa, portanto, a cada copo de 300 mL, estaremos ingerindo a seguinte massa do ácido:

a) 3,105 mg
b) 4,525 mg
c) 7,538 mg
d) 301,500 mg
e) 452,250 mg

Questão 03

(EsPCEx) Após a reação de neutralização completa de 200 mL de uma solução de concentração 9,5 mol/L de H_3PO_4 e 300 mL de uma solução contendo 12 g de NaOH. É correto afirmar que o sal formado e sua concentração, em mol/L, são, respectivamente,

a) Trifosfato de sódio e 0,2
b) Fosfato de triácido de sódio e 0,1
c) Fosfato de sódio e 0,2
d) Fosfato de sódio e 0,1
e) Fosfórico de sódio e 0,3

Com base nas informações a seguir, responda as questões 04 e 05.

Reportagem recente, publicada num jornal de grande circulação, veiculou que crianças da cidade de Bauru, morando próximo ao setor de metalurgia de uma fábrica de acumuladores (baterias), estavam contaminadas por chumbo (Pb). Exames detectaram que uma das crianças apresentava 32,3 microgramas de Pb por decilitro de sangue. Segundo a Organização Mundial de Saúde (OMS), o nível aceitável desse elemento no organismo de crianças é de 10 microgramas por decilitro de sangue. A massa molar do Pb é 207 g/mol.

Questão 04

(EsPCEx) A concentração, em quantidade de matéria (mol/L), de Pb no sangue da criança examinada é igual a:

a) $1,56 \times 10^{-6}$
b) $1,56 \times 10^{-1}$
c) 1,56
d) 32,3
e) $3,23 \times 10^{-5}$

Questão 05

(EsPCEx) A quantidade de átomos de Pb presente em um litro de sangue examinada é:

a) $9,39 \times 10^{18}$
b) $9,39 \times 10^{17}$
c) $3,23 \times 10^{18}$
d) $3,23 \times 10^{17}$
e) $1,94 \times 10^{18}$

Questão 06

(EsPCEx) O íon sódio é essencial para o equilíbrio híbrico do nosso organismo e indispensável na manutenção da massa corpórea. A medida da quantidade de íons sódio no sangue pode auxiliar no diagnóstico e no tratamento de vários distúrbios. Um paciente necessitou tomar 500 mL, a cada 4 horas, de um soro fisiológico denominado solução isotônica de cloreto de sódio 0,9%, significando que cada 100 mL contém 0,9 g de cloreto de sódio. Considerando a densidade da solução como sendo 1 g/mL, a massa de íons sódio ingerida pelo paciente no tempo de 8 horas foi de aproximadamente:

a) 9,00 g
b) 4,50 g
c) 3,54 g
d) 1,77 g
e) 5,46 g

Questão 07

(EsPCEx) O rótulo da embalagem de um copo de água mineral com capacidade para 200 mL traz as seguintes informações:

Composição física - química provável	
Aspecto	Límpido
Odor	Inobjetável
pH	7,1
Ferro	0,02 mg/L
Cloreto	50 mg/L
Sulfato	14,0 mg/L

A quantidade, em miligramas, de nitrato de prata que deve ser adicionada para reagir completamente com o ânion formador de sal insolúvel, presente em 200 mL de água é, aproximadamente:

a) 1,00
b) 48,00
c) 12,06
d) 10,00
e) 40,00

Questão 08

(EsPCEx) Uma solução aquosa de fosfato de magnésio, $Mg_3(PO_4)_2$, tem uma concentração de 0,5 mol.L^{-1} e grau de dissociação α = 70%. As concentrações molares de cátions $Mg^{+2}_{(aq)}$ e ânions $PO_4^{-3}{}_{(aq)}$ na solução são respectivamente:

a) 1,05 e 0,70
b) 1,50 e 1,00
c) 1,00 e 1,50
d) 0,75 e 0,50
e) 0,50 e 0,70

Questão 09

(EsPCEx) Uma garrafa de água mineral tem no seu rótulo a seguinte composição, em mg/L:

Bicarbonato	100,0
Cálcio	22,0
Sódio	8,98
Nitrato	4,11
Sulfato	6,00
Magnésio	3,26
Potássio	2,70
Cloreto	0,73
Fluoreto	0,34

Sabe-se que a massa molar do íon sulfato (SO_4^{-2}) é de 96 g/mol. A quantidade de mols de íons sulfato contida em 16 L dessa água mineral é:

a) 25×10^{-3} mol
b) 150×10^{2} mol
c) 1×10^{-3} mols
d) 25×10^{23} mol
e) $6,0 \times 10^{23}$ mol

Questão 10

(EsPCEx) A tabela abaixo apresenta alguns dos produtos químicos existentes em uma residência.

Produto	Um dos componentes do produto	Fórmula do componente
Sal de cozinha	Cloreto de sódio	$NaCl$
Açúcar	Sacarose	$C_{12}H_{22}O_{11}$
Refrigerante	Ácido Carbônico	H_2CO_3
Limpa-forno	Hidróxido de sódio	$NaOH$

Assinale a alternativa correta:

a) O cloreto de sódio é um composto iônico que apresenta alta solubilidade em água e, no estado sólido, apresenta boa condutividade elétrica.
b) A solução aquosa de sacarose é uma substância molecular que conduz muito bem a corrente elétrica devido à formação de ligações de hidrogênio entre as moléculas de sacarose e a água.
c) O hidróxido de sódio e o cloreto de sódio são compostos iônicos que, quando dissolvidos em água, sofrem dissociação, em que os íons formados são responsáveis pelo transporte de cargas.
d) Soluções aquosas de sacarose e de cloreto de sódio apresentam condutividade elétrica maior que aquela apresentada pela água destilada (pura), pois existe a formação de soluções eletrolíticas, em ambas as soluções.
e) O ácido carbônico é um diácido, muito estável, sendo considerado como ácido forte, não conduz corrente elétrica.

Questão 11

(EsPCEx) Uma amostra de 5 g de hidróxido de sódio ($NaOH$) impuro foi dissolvida em água suficiente para formar 1 L de solução. Uma alíquota de 10 mL dessa solução aquosa consumiu, numa titulação, 20 mL de solução aquosa de ácido clorídrico (HCl) de concentração igual 0,05 $mol.L^{-1}$. Admitindo-se que as impurezas do $NaOH$ não reagiram com nenhuma substância presente no meio reacional, o grau de pureza, em porcentagem, de $NaOH$ na amostra é:

a) 10%
b) 25%
c) 40%
d) 65%
e) 80%

Questão 12

(EsPCEx) Em análises quantitativas, por meio do conhecimento da concentração de uma das espécies, pode-se determinar a concentração e, por conseguinte, a massa de outra espécie. Um exemplo, é o uso do nitrato de prata nos ensaios de determinação do teor de íons cloreto, em análises de água mineral. Nesse processo ocorre uma reação entre os íons prata e os íons cloreto, com consequente precipitação de cloreto de prata (AgCl) e de outras espécies que podem ser quantificadas. Analogamente, sais que contêm íons cloreto, como o cloreto de sódio, podem ser usados na determinação quantitativa de íons prata em soluções de $AgNO_3$, conforme descreve a equação: $AgNO_3 + NaCl \rightarrow AgCl + NaNO_3$. Para reagir estequiometricamente, precipitando na forma de AgCl, todos os íons pratas presentes em 20,0 mL de solução 0,1 $mol.L^{-1}$ de $AgNO_3$ (completamente dissociado), a massa necessária de cloreto de sódio será de:

a) 0,062 g
b) 0,117 g
c) 0,258 g
d) 0,567 g
e) 0,644 g

Questão 13

(EsPCEx) Em um experimento laboratorial, misturou-se 25 mL de uma solução aquosa de ácido clorídrico com concentração 0,8 $mol.L^{-1}$ com 25 mL de uma solução aquosa de hidróxido de sódio com concentração 0,6 $mol.L^{-1}$. Acerca do experimento, são feitas as seguintes afirmativas:

I – Trata-se de uma reação de neutralização.
II – A substância de caráter alcalino (básico) está em excesso estequiométrico.
III – A solução resultante após a reação possui caráter ácido.
IV – Após a reação, o pH da solução resultante possui valor igual a 2. Das afirmativas feitas, estão corretas apenas:

a) I, II e IV
b) I e III
c) II e III
d) II e IV
e) I, III e IV

Questão 14

(INSTITUTO MILITAR DE ENGENHARIA - MODIFICADA) Determinar os volumes, em litros, de HCl (M/2) e de HCl (M/10), que devemos misturar para obtermos 2 litros de solução (M/5).

Questão 15

(INSTITUTO MILITAR DE ENGENHARIA - MODIFICADA) Uma determinada amostra constituída de 204 gramas de cloreto de zinco anidro é dissolvida em 720 gramas de água, formando uma solução com um volume de 750 ml a 20°C. Para o cloreto de zinco nesta solução, calcular:

a) Concentração da quantidade de matéria
b) Concentração comum
c) Densidade da solução

Questão 16

(INSTITUTO MILITAR DE ENGENHARIA) Determinar o volume máximo de ácido nítrico 0,5 $mol.L^{-1}$ que pode ser obtido pela oxidação de 17 gramas de amônia.

Questão 17

(INSTITUTO TECNOLÓGICO DA AERONÁUTICA) O volume de HCl gasoso, medido na pressão de 624 mmHg e temperatura igual a 27°C, necessário para neutralizar completamente 500 cm^3 de uma solução aquosa 0,200 $mol.L^{-1}$ de NaOH é:

a) 0,27 L
b) 1,5 L

c) 3,0 L
d) 6,0 L
e) 27 L

Questão 18

(INSTITUTO MILITAR DE ENGENHARIA) Determine o menor volume de solução de ácido clorídrico 0,250 $mol.L^{-1}$ necessário para dissolver completamente 13,50 gramas de alumínio metálico granulado.

Questão 19

(INSTITUTO TECNOLÓGICO DA AERONÁUTICA) Para preparar 80 litros de uma solução aquosa 12% (massa/massa) de KOH (massa específica da solução = 1,10 g/cm^3) foram adicionados x litros de uma solução aquosa 44% (massa/massa) de KOH (massa específica da solução = 1,50 g/cm^3) e y litros de água deionizada (massa específica = 1,00 g/cm^3). Os valores de x e de y são respectivamente:
a) 12 L e 68 L
b) 16 L e 64 L
c) 30 L e 50 L
d) 36 L e 44 L
e) 44 L e 36 L

Questão 20

(INSTITUTO TECNOLÓGICO DA AERONÁUTICA) O volume de SO_2 gasoso, medido nas CNTP, necessário para transformar completamente 250 cm^3 de solução aquosa 0,100 $mol.L^{-1}$ de NaOH em solução de Na_2SO_3, é:
a) 0,14 L
b) 0,28 L
c) 0,56 L
d) 1,12 L
e) 2,24 L

Questão 21

(INSTITUTO TECNOLÓGICO DA AERONÁUTICA) O volume, em litros, de uma solução 0,30 $mol.L^{-1}$ de sulfato de alumínio que contém 3,0 mol de cátion de alumínio, é:
a) 2,50
b) 3,30
c) 5,0
d) 9,0
e) 10,0

Questão 22

(INSTITUTO TECNOLÓGICO DA AERONÁUTICA) O ácido nítrico concentrado encontrado no comércio tem 67% em massa de HNO_3. Que massa dessa solução deve ser usada para preparar 1 litro de uma solução 1,0 $mol.L^{-1}$ de ácido nítrico?

Questão 23

(INSTITUTO TECNOLÓGICO DA AERONÁUTICA) Calcular quantos mililitros de uma solução 0,200 $mol.L^{-1}$ de ácido sulfúrico são necessários para neutralizar 2,00 gramas de hidróxido de magnésio.

Questão 24

(INSTITUTO MILITAR DE ENGENHARIA) A um excesso de bicarbonato de potássio adicionou-se 125 mL de solução de ácido sulfúrico. O volume do gás liberado, medido a seco a 20^0C e 765 mmHg foi de 2,5 L. Calcular a concentração do ácido expressa em números de equivalentes por litro.

Questão 25

(GRILLO) Um laboratório de análises químicas localizado no IFRJ – Nilópolis, apresenta uma solução de ácido nítrico com 58,9% em massa (m/m) e densidade igual a 1,33 $g.cm^{-3}$. Calcule a concentração em quantidade de matéria desta solução ácida.

Questão 26

(U.S. NATIONAL CHEMISTRY OLYMPIAD) A solução aquosa de hidróxido de sódio apresenta 30% em massa (m/m) e densidade igual a 1,33 $g.mL^{-1}$. Qual é a concentração em quantidade de matéria de NaOH nesta solução?

a) 8,25
b) 9,98
c) 16,0
d) 33,2

Questão 27

(U.S. NATIONAL CHEMISTRY OLYMPIAD) Qual é a concentração em quantidade de matéria de uma solução aquosa 0,500 $mol.kg^{-1}$ de nitrato de cálcio que apresenta 1,045 $g.mL^{-1}$ de densidade?

a) 0,483 $mol.L^{-1}$
b) 0,500 $mol.L^{-1}$
c) 0,522 $mol.L^{-1}$
d) 0,567 $mol.L^{-1}$

Questão 28

(GRILLO) Calcule a molalidade e a concentração em quantidade de matéria de uma solução que apresenta 22% em massa de cloreto de cálcio, sabendo que na temperatura do experimento, a densidade da solução é igual a 1,45 $g.cm^{-3}$.

Questão 29

(GRILLO) Calcule o volume de sulfeto de hidrogênio, medido na pressão de 675 mmHg e temperatura de 37°C, quando este gás reage com hidróxido de potássio que apresenta volume igual a 375 cm^3 e concentração igual a 0,250 $mol.L^{-1}$.

Questão 30

(GRILLO) Considere a neutralização de 15,5 mL de uma solução de ácido clorídrico por meio de uma solução de hidróxido de cálcio 0,55 $mol.L^{-1}$. Sabendo que a viragem ocorre na presença de um indicador, quando são consumidos 22,50 mL de hidróxido, calcule a concentração, em $mol.L^{-1}$, do ácido.

Questão 31

a) Considere que a solução de bicarbonato de sódio apresenta as seguintes informações no seu rótulo: 2,80 $mol.kg^{-1}$ e 3,10 $mol.L^{-1}$. Calcule a densidade desta solução.

b) A solução de ácido sulfúrico apresenta densidade de 1,60 g/cm^3 e 88% em massa (m/m) de H_2SO_4. Calcule a concentração em $mol.L^{-1}$.

Questão 32

Uma amostra é constituída de 250 gramas de cloreto de cálcio, sendo dissolvida na presença de 880 g de água, formando uma solução com um volume de 550 ml à 27ºC. Para esta situação apresentada, calcule os seguintes itens apresentados.

a) Concentração mássica ($g.L^{-1}$)
b) Concentração da quantidade de matéria em $mol.L^{-1}$
c) Molalidade
d) Fração molar
e) Densidade da solução

Questão 33

(OLIMPÍADA AMERICANA DE QUÍMICA) Qual á a concentração de íons cálcio em uma solução de 350 mL que contém 7,50 g de cloreto de cálcio?

a) 0,0676 $mol.L^{-1}$
b) 0,193 $mol.L^{-1}$
c) 0,284 $mol.L^{-1}$
d) 0,535 $mol.L^{-1}$

Questão 34

(U.S. NATIONAL CHEMISTRY OLYMPIAD) Qual é a concentração da quantidade de matéria dos íons Na^+ q eu pode ser dissolvida em 4,20 g de $NaHCO_3$ (M = 84,0) e 12,6 g of Na_2CO_3 (M = 126) em água para diluir em 1,0 litro?

a) 0,050 $mol.L^{-1}$
b) 0,100 $mol.L^{-1}$
c) 0,150 $mol.L^{-1}$
d) 0,250 $mol.L^{-1}$

Questão 35

(U.S. NATIONAL CHEMISTRY OLYMPIAD) Qual é a concentração da quantidade de matéria de uma solução de ácido clorídrico, se 20,00 mL neutraliza 18,46 mL de uma solução 0,0420 M $Ba(OH)_2$?

a) 0,0194 $mol.L^{-1}$
b) 0,0388 $mol.L^{-1}$
c) 0,0455 $mol.L^{-1}$
d) 0,0775 $mol.L^{-1}$

Questão 36

Uma quantidade de um composto orgânico, butan-2-ol, apresenta uma massa igual a 77,60 gramas e é misturada com 278,60 gramas de água, formando uma solução que apresenta uma densidade de 0,931 $g.mL^{-1}$, a 20°C. A partir desta informação, determine:

a) Concentração da quantidade de matéria
b) Concentração comum e g x mL^{-1}
c) Molalidade.

Questão 37

Calcule os seguintes itens apresentados a seguir.

a) Um técnico de química pesou 8,80 gramas de cloreto de amônio em 200,0 gramas de água. Se a densidade da solução é 1,92 g/mL, determine a concentração da quantidade de matéria do referido sal.

b) Determine a concentração de quantidade de matéria e a molalidade que apresenta uma solução de álcool etílico na presença de água, considerando que a fração molar do álcool é igual a 0,025, sabendo que a densidade da solução seja igual a 0,98 $g.mL^{-1}$.

Questão 38

Considere uma massa de aproximadamente 26 gramas de P_2O_3 que apresenta 79% de grau de pureza que reage com 0,12239 dm^3 de ácido clorídrico (0,250 $mol.L^{-1}$), conforme a seguinte equação química não balanceada a seguir: $P_2O_{3(s)} + HCl_{(aq)} \rightarrow PH_{3(g)} + Cl_2O_{(g)}$. Sabendo que o rendimento desta reação apresenta um percentual de aproximadamente igual a 77%, determine o reagente limitante e reagente em excesso, além da pressão total dos gases que são recolhidos em um vaso com capacidade de 20 litros a 327°C.

Questão 39

55 mililitros de 0,150 $mol.L^{-1}$ de sulfato de alumínio e 65 mililitros de 0,450 $mol.L^{-1}$ de cloreto de alumínio são adicionados em uma quantidade de água para a formação de uma solução final de íons alumínio igual a 0,550 $mol.L^{-1}$,

apresentando um volume final de 500 mililitros. A partir deste experimento, determine a concentração da quantidade de matéria final de íons positivos na solução final.

Questão 40

Responda e calcule os seguintes itens abaixo.

a) 555 m^3 de solução aquosa de NaOH com concentração igual a 2,25 $mol.L^{-1}$, deve ser obtido utilizando duas outras soluções disponíveis também de NaOH, com suas concentrações iguais a 1,0 $mol.L^{-1}$ e 5,0 $mol.L^{-1}$. Determine o volume para cada solução de NaOH.

b) Considere uma solução aquosa de ácido sulfúrico que apresenta 10,0% (m/m), cuja densidade a 22°C, é 1,09 g/cm^3. A partir desta informação, determine:

b.1 concentração comum;

b.2 concentração da quantidade de matéria;

b.3 a molalidade.

c) Calcule a fração molar de carbonato de potássio em uma solução aquosa que apresenta 65% em massa desta substância.

Gabarito – Exercícios de Fixação

Questão 01

(EsPCEx) Alternativa A.

Informações do problema:

$[NaOH]_{inicial}$ = 1,25 $mol.L^{-1}$ com Volume inicial = 100 mL

$[NaOH]_{final}$ = 0,05 $mol.L^{-1}$ com Volume final = ?

Cálculo do volume adicionado: $M_{inicial}.V_{inicial} = M_{final}.(V_{final} + V_{adicionado})$

$1,25 \times 100 = 0,05 \times (100 + V_{adicionado})$

$V_{adicionado}$ = 2400 mL

Questão 02

(EsPCEx) Alternativa E.

Cálculo da concentração em g/L: C = 10 x 1,005 x 0,15 = 1,5075 g/L

Para um volume de 300 mL, o que corresponde a 0,30 L, temos: C = 1,5075 g/L

Massa/volume = 1,5075 g/L

Massa = 0,30 x 1,5075 = 0,45225 g (452,25 mg).

Questão 03

(EsPCEx) Alternativa C.

Equação química: $3\ NaOH_{(aq)} + H_3PO_{4(aq)} \rightarrow Na_3PO_{4(aq)} + H_2O_{(l)}$.

Determinação do reagente limitante e do reagente em excesso:

$n_{NaOH} = \{m_{NaOH} / \langle MM \rangle_{NaOH}\}$ = (12/40) = (0,30 mol / 3) = 0,10 mol (reagente limitante)

$n_{H3PO4} = [H_3PO_4].V$ = 9,5 x 0,200 = 1,9 mol (reagente em excesso)

$n_{NaOH} < n_{H3PO4}$

Cálculo da concentração da quantidade de matéria do fosfato de sódio $[Na_3PO_{4(aq)}]$, a partir da relação estequiométrica:

3 mol de $NaOH_{(aq)}$ ---------------- $Na_3PO_{4(aq)}$

n_{NaOH} -------------------------------- n_{Na3PO4}

$n_{NaOH} = 3 \times n_{Na3PO4}$

$0,30 = 3 \times [Na_3PO_4] \times (0,200 + 0,300)$
$[Na_3PO_4] = 0,20\ mol.L^{-1}$

Questão 04

(EsPCEx) Alternativa A.
A partir do texto, a concentração comum de chumbo no sangue da criança é igual a 32,3 microgramas de Pb por decilitro de sangue.
$C_{Pb} = 32,3\ \mu g/dL$

Para esta concentração apresentada será necessário converter para g/L.

$C_{Pb} = (32,3\mu g / 1,0\ dL) \times (10\ dL/ 1L) \times (10^{-6}\ g / 1\ \mu g) = 323 \times 10^{-6}\ g/L$

Cálculo da concentração de matéria, [Pb] ($mol.L^{-1}$): $[Pb] = (323.10^{-6}\ g/L / 207\ g/mol) = 1,56 \times 10^{-6}\ mol.L^{-1}$

Questão 05

(EsPCEx) Alternativa B.
Número de átomos de chumbo (N_{Pb}): $N_{Pb} = 1,56 \times 10^{-6}$ mol x $6,02 \times 10^{23}$ átomos/mol = $9,39 \times 10^{17}$ átomos de chumbo

Questão 06

(EsPCEx) Alternativa C.
Informação do problema: se a cada 4 (quatro) horas o paciente necessita ingerir 500 mL de soro fisiológico, então em 8 (oito) horas serão ingeridos 1000 mL.

Cálculo da massa de NaCl em 1000 mL:
100 mL ----------- 0,9 g de NaCl
10000 mL -------- m_{NaCl}
m_{NaCl} = 9,0 g de cloreto de sódio

Cálculo do número de mol de cloreto de sódio (n_{NaCl}): $n_{NaCl} = \{9,0\ g / 58,5\ g.mol^{-1}\} = 0,154$ mol

Cálculo da massa de sódio (m_{Na}), a partir do cloreto de sódio: $m_{Na} = n_{Na} \times \langle MM\rangle_{Na} = 0,154 \times 23 = 3,54$ g

Questão 07

(EsPCEx) Alternativa B.
Dos íons apresentados pela tabela de composição física, o ânion prata irá precipitar (ppt) com íons cloreto. Logo, analisando a massa de cloreto, temos:
50 mg ---------- 1000 mL
m_{Cl-} -------------- 200 mL
m_{Cl-} = 10 mg de íons cloreto

Equação química: $AgNO_{3(aq)} + Cl^-_{(aq)} \rightarrow AgCl_{(aq)} + NO^-_{3(aq)}$

Cálculo da massa de nitrato de prata, a partir da relação estequiométrica:
1 mol de $AgNO_{3(aq)}$ --------------- 1 mol de $Cl^-_{(aq)}$
170 g de $AgNO_{3(aq)}$ --------------- 35,5 g de $Cl^-_{(aq)}$
$m_{AgNO3(aq)}$ ---------------------------- 10 mg de $Cl^-_{(aq)}$
$m_{AgNO3(aq)}$ = 47,88 mg (aproximadamente 48 mg)

Questão 08

(EsPCEx) Alternativa A.
Equação química da dissociação do fosfato de magnésio:
$Mg_3(PO_4)_{2(s)} \rightarrow 3Mg^{+2}_{(aq)} + 2PO_4^{-3}{}_{(aq)}$.

Para este problema, será necessário utilizar uma tabela de equilíbrio químico.

Equação química	$Mg_3(PO_4)_{2(s)}$	$3Mg^{+2}_{(aq)}$	$2PO_4^{-3}{}_{(aq)}$
Início	0,50	0	0
Reage	0,50.α	3. 0,50.α = 1,50.α	2 x 0,50 x α = α
Equilíbrio	0,50 - 0,50α	1,50α	1,0α

Logo, no equilíbrio, as concentrações das quantidades de matéria dos íons são os seguintes:
$[Mg_3(PO_4)_{2(s)}] = 0{,}50 - 0{,}50\alpha = 0{,}50 - 0{,}50 \times 0{,}70 = 0{,}15\ mol.L^{-1}$
$[Mg^{+2}_{(aq)}] = 1{,}50.\alpha = 1{,}50 \times 0{,}70 = 1{,}05\ mol.L^{-1}$
$[PO_4^{-3}{}_{(aq)}] = 1{,}00.\alpha = 1{,}00 \times 0{,}70 = 0{,}70\ mol.L^{-1}$

Questão 09

(EsPCEx) Alternativa C.
Na tabela, a concentração comum de íons sulfato é igual a 6,0 mg/L. Diante disso, sabendo que a concentração da quantidade de matéria é a razão do número de mol de soluto pelo volume da solução, temos:

$$M = \frac{6{,}0\frac{mg}{L} \times \frac{1{,}0\ g}{1000 mg} \times 16L}{96\frac{g}{mol}} = 1{,}0 \times 10^{-3} mol$$

Questão 10

(EsPCEx) Alternativa C.

Questão 11

(EsPCEx) Alternativa E.

Equação química que representa a reação de neutralização entre o ácido clorídrico e o hidróxido de sódio: $NaOH_{(aq)} + HCl_{(aq)} \rightarrow NaCl_{(aq)} + H_2O_{(l)}$

Informações do problema: NaOH: Massa de hidróxido de sódio = 5,0 g e Volume = 1,0 Litro

Neste preparo para esta solução, foi retirada uma alíquota de 10 mL. HCl: V = 20 mL e [HCl] = 0,05 $mol.L^{-1}$

Cálculo da quantidade de matéria de hidróxido de sódio: $[NaOH] = \frac{5{,}0}{1{,}0.(40)} = 0{,}125\ mol.L^{-1}$

$NaOH_{(aquoso)} + HCl_{(aquoso)} \rightarrow NaCl_{(aquoso)} + H_2O_{(líquido)}$

1 mol de $NaOH_{(aq))}$ ------------- 1 mol de $HCl_{(aq}$
p x n_{NaOH} -------------------------- n_{HCl}

p x $n_{NaOH} = n_{HCl}$
p x [NaOH] x V = [HCl] x V
p x 0,125 x (10 mL) = 0,05 x (20 mL)
p = 1,0 / 1,25 = 0,80 (80%)

Questão 12

(EsPCEx) Alternativa B.
Equação química entre o nitrato de prata e o cloreto de sódio: $AgNO_{3(aquoso)} + NaCl_{(aquoso)} \rightarrow AgCl_{(aquoso)} + NaNO_{3(aquoso)}$

Cálculo do número de mol de nitrato de prata (n_{AgNO3}): $n_{AgNO3} = [AgNO_3] \times V = 0{,}10 \times 20 \times 10^{-3} = 2{,}0 \times 10^{-3}$ mol

Cálculo da massa de cloreto de sódio, a partir da relação estequiométrica com o nitrato de prata:

1 mol de $AgNO_{3(aq)}$ ---------------------- 1 mol de $NaCl_{(aq)}$
1 mol de $AgNO_{3(aq)}$ ---------------------- 58,5 g de $NaCl_{(aq)}$
$2{,}0 \times 10^{-3}$ mol de $AgNO_{3(aq)}$ ----------- m_{NaCl}
m_{NaCl} = 0,117 g de cloreto de sódio

Questão 13

(EsPCEx) Alternativa B.
I – Verdadeiro. $HCl_{(aquoso)} + NaOH_{(aquoso)} \rightarrow NaCl_{(aquoso)} + H_2O_{(líquido)}$
II – Falso. Cálculo do número de mol para cada reagente químico:
$n_{ácido} = 0{,}80 \times 25 \times 0{,}001 = 0{,}02\ mol$ (Reagente em excesso)
$n_{base} = 0{,}60 \times 25 \times 0{,}001 = 0{,}015\ mol$ (Reagente em excesso)
III - Verdadeiro.
IV – Falso. Cálculo da concentração da quantidade de matéria para o ácido em excesso: $[HCl]_{excesso} = \frac{0{,}020-0{,}015}{50 \times 10^{-3}} = 0{,}10$
pH = 1,0

A substância de caráter alcalino (básico) está em excesso estequiométrico.

III – A solução resultante após a reação possui caráter ácido.
IV – Após a reação, o pH da solução resultante possui valor igual a 2. Das afirmativas feitas, estão corretas apenas:

Questão 14

(INSTITUTO MILITAR DE ENGENHARIA - MODIFICADA)

O problema leva em consideração o processo de mesma mistura - Mistura de mesmo soluto (ácido clorídrico).
$HCl_{(1)} + HCl_{(2)} \rightarrow HCl_{(3)}$

Equação quando o processo se caracteriza com uma mistura de mesmo soluto: $(V_1 \times M_1) + (V_2 \times M_2) = (V_{FINAL} \times M_{FINAL})$
Equação (1): $(V_1) \times (M/2) + (V_2) \times (M/10) = 2 \times (M/5)$
Equação (2): $V_1 + V_2 = 2$

Desenvolvendo a equação (1), o sistema pode ser reescrito da seguinte forma:
Equação (1): $5.V_1 + V_2 = 4$
Equação (2): $V_1 + V_2 = 2$

Isolando V_2, através da equação (2) e substituindo na equação (1), temos: $V_2 = 2 - V_1$
Substituindo V_2 na equação (1), temos: $5.V_1 + (2 - V_1) = 4$
$4.V_1 = 2$
$V_1 = 0{,}50$ L

Logo, o volume 2 será igual a $V_2 = 1{,}50$ L.

Questão 15

(INSTITUTO MILITAR DE ENGENHARIA - MODIFICADA) Dados do problema: $ZnCl_2$ = cloreto de zinco (soluto) = 204 g; H_2O = água (solvente) = 720 g e Volume = 750 mL = 0,750 L.

Item a) Cálculo da concentração da quantidade de matéria do cloreto de zinco: $[ZnCl_2] = \frac{204}{136{,}4 \times 0{,}750} = 1{,}99 \frac{mol}{L}$

Item b) Cálculo da concentração comum: $C = \frac{m_{soluto}}{V_{solução}} = \frac{204g}{0{,}750L} = 272\ g/L$

Item c) Cálculo da densidade da solução: $d = \frac{m_{solução}}{V_{solução}} = \frac{(204+720)g}{0,750L} = \frac{(924)g}{0,750L} = 1232\ g/L$

Questão 16

(INSTITUTO MILITAR DE ENGENHARIA) Equação química da oxidação da amônia: $NH_{3(g)} + 2O_{2(g)} \rightarrow HNO_{3(aq)} + H_2O_{(l)}$. Cálculo da relação do número de mol entre a amônia e o ácido nítrico:

1 mol de NH_3 ---------- 1 mol de HNO_3
n_{NH3} ---------------------- n_{HNO3}
$n_{NH_3} = n_{HNO_3}$

$$\frac{m_{NH_3}}{< MM >_{NH_3}} = [HNO_3]\ x\ V_{solução}$$

$$\frac{17}{17} = 0,50\ x\ V_{solução}$$

$$V_{solução} = 2,0L$$

Questão 17

(ITA) Alternativa C.
Equação química: $HCl_{(gás)} + NaOH_{(aquoso)} \rightarrow NaCl_{(aquoso)} + H_2O_{(líquido)}$

Cálculo do volume de cloreto de hidrogênio:
1 mol de HCl ---------- 1 mol de NaOH
n_{HCl} ---------------------- n_{NaOH}
$n_{HCl} = n_{NaOH}$

$$\frac{p\ x\ V_{HCl}}{R\ x\ T} = [NaOH]\ x\ V_{NaOH}$$

$$\frac{\frac{624}{760}\ x\ V_{HCl}}{0,08206\ x\ 300} = 0,500\ x\ 0,200$$

$$V_{HCl} = 3,0L$$

Questão 18

(INSTITUTO MILITAR DE ENGENHARIA) Cálculo do volume de ácido clorídrico (HCl), através da relação estequiométrica:

$Al_{(s)} + 3HCl_{(aq)} \rightarrow AlCl_{3(aq)} + 3/2H_{2(g)}$
3 mol de HCl ---------- 1mol de Al
n_{HCl} ---------------------- n_{Al}
$n_{HCl} = 3\ x\ n_{Al}$

$$[HCl]\ x\ V_{solução} = 3x\frac{m_{Al}}{< MM >_{Al}\ x\ V_{solução}}$$

$$\frac{1}{4}x\ V_{solução} = 3\ x\ \frac{13,50}{27}$$

$$V_{solução} = 6,0L$$

Questão 19

(ITA) Alternativa B.

$KOH_{(1)}$	+	H_2O	→	$KOH_{(2)}$
44% (m/m)				12% (m/m)
μ = 1,50 $g.cm^{-3}$				μ = 1,10 $g.cm^{-3}$
$x_{(L)}$		$y_{(L)}$		80 L

Cálculo da concentração comum do hidróxido de potássio na solução (1): C_1 = 10 x (%) x d = 10 x 44 x 1,50 = 660 $g.L^{-1}$.

Cálculo da concentração comum do hidróxido de potássio na solução (2): C_2 = 10 x (%) x d = 10 x 12 x 1,10 = 132 $g.L^{-1}$

Cálculo do volume de KOH (1): $C_1 \times V_1 = C_2 \times V_2$
660x = 132 . 80
x = 16 L

Sendo o volume de uma mistura, uma propriedade aditiva, a relação vai ficar da seguinte maneira: x + y = 80 L
16 L + y = 80 L
y = 64 L

Questão 20

(ITA) Alternativa B.

Equação química: $SO_{2(gás)} + 2NaOH_{(aquoso)} \rightarrow Na_2SO_{3(aquoso)} + H_2O_{(líquido)}$

Cálculo do volume de dióxido de enxofre, nas CNTP (0°C e 1 atm):
1 mol de SO_2 ---------- 2 mol de NaOH
n_{SO2} ---------------------- n_{NaOH}
2 x n_{SO2} = n_{NaOH}

$$[NaOH] \text{ x } V_{solução} = 2 \text{ x} \frac{p\text{x}V_{SO_2}}{R\text{x}T}$$

$$0{,}100 \text{ x } 0{,}250 = 2 \text{ x} \frac{1\text{x}V_{SO_2}}{0{,}08206\text{x}273}$$

$$V_{SO_2} = 0{,}28L$$

Questão 21

(ITA) Alternativa C.

Equação química: $Al_2(SO_4)_{3(sólido)} \rightarrow 2Al^{+3}{}_{(aquoso)} + 3(SO_4)^{-3}{}_{(aquoso)}$

Cálculo do número de mol de sulfato de alumínio, a partir do número de mol do cátion alumínio:
1 mol de $Al_2(SO_4)_3$ ---------- 2 mol de Al^{+3}
n_{sal} ------------------------------ 3 mol
n_{sal} = 1,50 mol de $Al_2(SO_4)_3$

Cálculo do volume de sulfato de alumínio: $[Al_2(SO_4)_3] = \frac{n_{Al_2(SO_4)_3}}{V_{solução}}$

$$0{,}30 = \frac{1{,}50}{V_{solução}}$$

$$V_{solução} = 5{,}0L$$

Questão 22

(INSTITUTO TECNOLÓGICO DA AERONÁUTICA) Cálculo da massa de ácido nítrico (HNO_3): $[HNO_3] = \frac{n_{HNO_3}}{V_{solução}} = \frac{m_{HNO_3}}{<MM>_{HNO_3} x V_{solução}}$

$$1,0 = \frac{m_{HNO_3}}{63,0 \text{ x } 1,0}$$

$$m_{HNO_3} = 63,0g$$

Cálculo da massa da solução, a partir da massa de ácido nítrico calculado:
67 gramas de ácido ---------------- 100 gramas de solução
63 gramas de ácido ---------------- X massa da solução
X = 94,03 g de solução

Questão 23

(INSTITUTO TECNOLÓGICO DA AERONÁUTICA) Equação química: $H_2SO_{4(aquoso)}$ + $Mg(OH)_{2(aquoso)}$ → $MgSO_{4(aquoso)}$ + $2H_2O_{(líquido)}$

Cálculo do volume de ácido sulfúrico, a partir da relação estequiométrica:
1 mol de H_2SO_4 ------------ 1 mol de $Mg(OH)_2$
n_{H2SO4} -------------------------- $n_{Mg(OH)2}$
$n_{H_2SO_4} = n_{Mg(OH)_2}$

$$[H_2SO_4] \text{ x } V_{solução} = \frac{m_{Mg(OH)_2}}{< MM >_{Mg(OH)_2}}$$

$$0,200 \text{ x } V_{solução} = \frac{2,00}{58}$$

$$V_{solução} = 0,1724L$$

Questão 24

(INSTITUTO MILITAR DE ENGENHARIA) Equação química: $2KHCO_{3(sólido)}$ + $H_2SO_{4(aquoso)}$ → $K_2SO_{4(aquoso)}$ + $2H_2O_{(líquido)}$ + $2CO_{2(gás)}$.
Cálculo da concentração da quantidade de matéria de ácido sulfúrico, a partir da relação estequiométrica:
1 mol de H_2SO_4 ---------- 2 mol de CO_2
n_{H2SO4} ------------------------ n_{CO2}

$$2 \text{ x } [H_2SO_4] \text{ x } V_{solução} = \frac{p \text{ x } V}{R \text{ x } T}$$

$$\frac{2,52}{24,04} = 0,250 \text{ x } [H_2SO_4]$$

$$[H_2SO_4] = 0,419 \frac{mol}{L}$$

Questão 25

(GRILLO) Dados do problema:
58,9 gramas de HNO_3 para cada 100 gramas de solução
1,33 gramas de solução para cada 1 cm^3 de solução

Cálculo do volume da solução, a partir das informações apresentadas:

1,33 gramas de solução ---------- 1 cm^3 de solução
100 gramas de solução ----------- $V_{solução}$
$V_{solução}$ = 75,19 cm^3 (75,19 x 10^{-3} L)

Concentração da quantidade de matéria para a solução de ácido nítrico: $[HNO_3] = \frac{\frac{m_{HNO_3}}{<MM>_{HNO_3}}}{V_{solução}} = \frac{\frac{58,9}{63}}{75,19x10^{-3}} = 12,43 mol.L^{-1}$

Questão 26

(U.S. NATIONAL CHEMISTRY OLYMPIAD) Alternativa B.
Dados do problema: 30 g de NaOH para cada 100 g de solução e 1,33 g de solução para cada 1 mL de solução.

Cálculo do volume da solução ($V_{solução}$):
1,33 gramas de solução ---------- 1 mL de solução
100 gramas de solução ----------- $V_{solução}$
$V_{solução}$ = 75,19 mL (75,19 x 10^{-3} L)

Concentração da quantidade de matéria para a solução de hidróxido de sódio: $[NaOH] = \frac{\frac{30}{40}}{75,19x10^{-3}} = \frac{0,75}{75,19x10^{-3}} = 9,97 \frac{mol}{L}$

Questão 27

(U.S. NATIONAL CHEMISTRY OLYMPIAD) Alternativa A.

Cálculo da massa de nitrato de cálcio, a partir da molalidade ($\mathcal{M}$):

$$\mathcal{M} = \frac{m_{Ca(NO_3)_2}}{< MM >_{Ca(NO_3)_2} x m_{(kg)}^{solvente}}$$

$$m_{Ca(NO_3)_2} = 1,0 \text{ x } 164 \text{ x } 0,500 = 82,0g$$

Cálculo da massa da solução: $m_{solução} = m_{soluto} + m_{solvente}$ = 82 g + 1000 g = 1082 g

Cálculo do volume da solução, a partir da densidade da solução:
1 mL de solução ---------------- 1,045 g de solução
$V_{solução}$ ------------------------------ 1082 g de solução
$V_{solução}$ = 1035,41 mL (1,035 L)

Cálculo da concentração da quantidade de matéria do nitrato de cálcio: $[Ca(NO_3)_2] = \frac{\left(\frac{82}{164}\right)}{1,035} = 0,48 mol.L^{-1}$

Questão 28

(GRILLO) Dados do problema:
22 gramas de $CaCl_2$ para cada 100 gramas de solução
1,45 gramas de solução para cada 1 cm^3 de solução

Cálculo do volume da solução:
1,45 gramas de solução ---------- 1 cm^3 de solução
100 gramas de solução ----------- $V_{solução}$
$V_{solução}$ = 68,96 cm^3 (68,96 x 10^{-3} L)

Cálculo do número de mol (n) do cloreto de cálcio: $n_{CaCl_2} = \frac{22}{111} = 0,198 mol$

Cálculo da concentração da quantidade de matéria do cloreto de cálcio: $[\mathrm{CaCl_2}] = \frac{0{,}198}{68{,}96\mathrm{x}10^{-3}} = 2{,}87\mathrm{mol.\,L^{-1}}$

Cálculo da massa do solvente: $m_{solução} = m_{soluto} + m_{solvente}$
100 g = 22 g + $m_{solvente}$
$m_{solvente}$ = 78 g

Cálculo da molalidade ($\mathcal{M}$): $\mathcal{M} = \frac{n_{soluto}}{m^{solvente}_{(kg)}} = \frac{0{,}198\mathrm{mol}}{78\mathrm{x}10^{-3}\mathrm{kg}} = 2{,}54\mathrm{mol.\,kg^{-1}}$

Questão 29

(GRILLO) Através da reação química, temos a seguinte relação estequiométrica: $H_2S_{(gás)} + 2KOH_{(aquoso)} \rightarrow K_2S_{(aquoso)} + 2\,H_2O_{(líquido)}$
1 mol de H_2S ---------- 2 mol de KOH
n_{H2S} --------------------- n_{KOH}
2 x n_{H2S} = n_{KOH}

Levando em consideração que o sulfeto de hidrogênio apresenta comportamento de gás ideal, temos: $n_{KOH} = 2 \mathrm{\ x\ } n_{H_2S}$

$$[\mathrm{KOH}] \mathrm{\ x\ } V_{solução} = 2\mathrm{x}\frac{\mathrm{p\ x\ } V_{H_2S}}{\mathrm{R\ x\ T}}$$

$$0{,}250 \mathrm{\ x\ } 0{,}375\mathrm{x}10^{-3} = 2 \mathrm{\ x\ } \frac{\left(\frac{675}{760}\right) \mathrm{x\ } V_{H_2S}}{0{,}08206 \mathrm{\ x\ } (37 + 273)}$$

$$V_{H_2S} = 1{,}34\mathrm{x}10^{-3}\mathrm{L}$$

Questão 30

(GRILLO) Equação química: $2HCl_{(aquoso)} + Ca(OH)_{2(aquoso)} \rightarrow CaCl_{2(aquoso)} + 2H_2O_{(líquido)}$

Relação estequiométrica entre o ácido clorídrico e o hidróxido de cálcio:
2 mol de HCl ---------- 1 mol de $Ca(OH)_2$
$n_{ácido}$ --------------------- n_{base}

Cálculo da concentração da quantidade de matéria do ácido clorídrico ($mol.L^{-1}$):

$$[\mathrm{HCl}] \mathrm{\ x\ } V_{solução} = 2 \mathrm{\ x\ } [\mathrm{Ca(OH)_2}] \mathrm{\ x\ } V_{solução}$$

$$[\mathrm{HCl}] \mathrm{\ x\ } 15{,}50 = 2 \mathrm{\ x\ } 0{,}55 \mathrm{\ x\ } 22{,}50$$

$$[\mathrm{HCl}] = 1{,}60\mathrm{molxL^{-1}}$$

Questão 31

Item a) Cálculo da massa de solvente:
2,80 mol de $NaHCO_3$ --------- 1 kg
3,10 mol de $NaHCO_3$ --------- m
Massa de solvente (m) = 1,107 kg

A massa de bicarbonato de sódio pode ser relacionada a partir da concentração da quantidade de matéria, conforme observado a seguir: $[\mathrm{NaHCO_3}] = \frac{\left(\frac{m_{sal}}{84}\right)}{1{,}0} = 3{,}10$

$$m_{sal} = 84 \mathrm{\ x\ } 3{,}10 = 260{,}4\mathrm{g}$$

Logo, a massa total da solução (m_{total}) pode ser calculada a partir do somatório da massa do solvente e do soluto, ou seja:

$m_{total} = m_{solução} = m_{soluto} + m_{solvente} = 1107 + 260,4 = 1367,4$ g

Finalmente, sabendo que a densidade é a razão entre a massa da solução pelo volume da solução, temos:

$$d = \frac{m_{solução}}{V_{solução}} = \frac{1367,40g}{1,0L} = 1367,20g.L^{-1}$$

Item b) Considerando os dados do enunciado, o volume da solução pode ser determinado a partir de uma regra de três simples.
1,60 g de solução ---------- 10^{-3} L
100 g de solução ----------- $V_{solução}$
$V_{solução}$ = 0,0625 L

O número de mols de ácido presente, necessário para a determinação da concentração da quantidade de matéria será calculado considerando como base de cálculo 100 g de solução, onde teremos 88 g de H_2SO_4.

Cálculo do número de mol de ácido sulfúrico: $n_{H_2SO_4} = \frac{m_{H_2SO_4}}{<MM>_{H_2SO_4}} = \frac{88}{98} = 0,898mol$

A concentração da quantidade de matéria da solução ácida é então computada mediante a razão entre o número de mols encontrado e o volume total da solução para uma base de cálculo de 100 g.

$$[H_2SO_4] = \frac{n_{H_2SO_4}}{V_{solução}} = \frac{0,898mol}{0,0625L} = 14,37mol.L^1$$

Questão 32

Item a) O cálculo da concentração mássica ($g.L^{-1}$) requer o conhecimento do volume da solução (550 mL) e da massa de soluto ($CaCl_2$).

Logo: $C_{Ca_2Cl_2} = \frac{m_{Ca_2Cl_2}}{V_{solução}} = \frac{250g}{0,55L} = 454,54\frac{g}{L}$

Item b) Cálculo da concentração da quantidade de matéria do cloreto de cálcio: $[CaCl_2] = \frac{454,54\frac{g}{L}}{111\frac{g}{mol}} = 4,09\ \frac{mol}{L}$

Item c) Cálculo da molalidade ($\mathcal{M}$): $\mathcal{M} = \frac{n_{soluto}}{m^{(kg)}_{solvente}} = \frac{\left(\frac{250}{111}\right)}{0,88} = 2,56mol.kg^{-1}$

Item d) Por definição, a fração molar associada ao $CaCl_2$ consiste na razão entre o número de mol deste e o número de mol total encerrado na mistura. $X_{CaCl_2} = \frac{n_{CaCl_2}}{n_{CaCl_2}+n_{H_2O}} = \frac{\left(\frac{250}{111}\right)}{\left(\frac{250}{111}\right)+\left(\frac{880}{18}\right)} = 0,044$

Item e) O cálculo da densidade da solução requer o conhecimento da massa total da solução (soluto e solvente) e do volume total da mistura.

$$d_{solução} = \frac{m_{solução}}{V_{solução}} = \frac{(250+880)g}{550mL} = 2,05g.mL^{-1}$$

Questão 33

(U.S. NATIONAL CHEMISTRY OLYMPIAD) Alternativa B.

Cálculo da concentração da quantidade de matéria de cloreto de cálcio: $[CaCl_2] = \frac{\frac{7,50}{0,35}}{111} = 0,193\ \frac{mol}{L}$

Equação de dissociação do cloreto de cálcio: $CaCl_{2(sólido)} \rightarrow Ca^{+2}_{(ac)} + 2Cl^{-}_{(aq)}$
1 mol de $CaCl_2$ ------------ 1 mol de Ca^{+2}
0,193 $mol.L^{-1}$ -------------- $[Ca^{+2}]$
$[Ca^{+2}] = 0{,}193\ mol.L^{-1}$

Questão 34

(U.S. NATIONAL CHEMISTRY OLYMPIAD) Alternativa D.

Cálculo da quantidade de matéria de bicarbonato de sódio: $[NaHCO_3] = \frac{\left(\frac{4{,}20}{84}\right)}{1{,}0} = 0{,}05 mol.L^{-1}$
Cálculo da quantidade de matéria de íons sódio $[Na^+]$, a partir da solução de bicarbonato de sódio: $NaHCO_{3(sólido)} \rightarrow Na^+_{(aq)} + HCO_3^-{}_{(aq)}$

1 mol de $NaHCO_3$ ------------ 1 mol de Na^+
0,05 $mol.L^{-1}$ ------------------- $[Na^+]$
$[Na^+] = 0{,}05\ mol.L^{-1}$

Cálculo da quantidade de matéria do carbonato de sódio: $[Na_2CO_3] = \frac{\left(\frac{12{,}60}{126}\right)}{1{,}0} = 0{,}100 mol.L^{-1}$

Cálculo da quantidade de matéria de íons sódio $[Na^+]$, a partir da solução de carbonato de sódio: $Na_2CO_{3(s)} \rightarrow 2Na^+_{(aq)} + CO_3^{-2}{}_{(aq)}$
1 mol de Na_2CO_3 --------------- 2 mol de Na^+
0,100 $mol.L^{-1}$ ------------------- $[Na^+]$
$[Na^+] = 0{,}200\ mol.L^{-1}$

Cálculo da concentração da quantidade de matéria total de íons sódio: $[Na^+]_{TOTAL} = 0{,}050 + 0{,}200 = 0{,}250\ mol.L^{-1}$

Questão 35

(U.S. NATIONAL CHEMISTRY OLYMPIAD) Alternativa D.
Cálculo da concentração da quantidade de matéria do ácido clorídrico: $2HCl_{(aquoso)} + Ba(OH)_{2(aquoso)} \rightarrow BaCl_{2(aquoso)} + 2H_2O_{(líquido)}$
2 mol de HCl -------------- 1 mol de $Ba(OH)_2$
n_{HCl} --------------------------- $n_{Ba(OH)2}$
$n_{HCl} = 2 \times n_{Ba(OH)2}$

Cálculo da concentração da quantidade de matéria do ácido clorídrico: $[HCl] \times V_{solução} = 2 \times [Ba(OH)_2] \times V_{solução}$
$[HCl] \times 20 = 2 \times 0{,}0420 \times 18{,}46$
$[HCl] = 0{,}0775\ mol.L^{-1}$

Questão 36

Dados do problema: massa do soluto = 77,60 g ($C_4H_{10}O$) e massa do solvente = 278,60 g (H_2O)

Cálculo da massa da solução: $m_{solução} = m_{soluto} + m_{solvente} = 77{,}60\ g + 278{,}60\ g = 356{,}20\ g = 356{,}20\ g$

Cálculo do volume da solução:
1 mL de solução ------------ 0,931 g de solução
$V_{solução}$ ------------------------ 356,20 g de solução
$V_{solução} = 382{,}60\ mL\ (382{,}60 \times 10^{-3}\ L)$

Cálculo da concentração da quantidade de matéria do soluto: $[soluto] = \frac{\frac{77{,}60}{74}}{382{,}60x10^{-3}} = \frac{1{,}05}{382{,}60x10^{-3}} = 2{,}74 mol.L^{-1}$

Cálculo da concentração comum da solução: $C_{soluto} = \frac{m_{soluto}}{V_{solução}} = \frac{77,60}{382,60} = 0,203 g.L^{-1}$

Cálculo da molalidade ($\mathcal{M}$): $\mathcal{M} = \frac{n_{soluto}}{m^{solvente}_{(kg)}} = \frac{1,05mol}{0,2786kg} = 3,77mol.kg^{-1}$

Questão 37

Item a) Cálculo do volume da solução ($V_{solução}$):
1 mL de solução ---------- 1,92 g de solução
$V_{solução}$ ------------------------ (200,0 + 8,80) g de solução
$V_{solução}$ = 108,75 mL

Concentração da quantidade de matéria do cloreto de amônio: $[NH_4Cl] = \frac{\frac{m_{NH_4Cl}}{<MM>_{NH_4Cl}}}{V_{NH_4Cl}} = \frac{\frac{8.80}{53,50}}{108,75 \times 10^{-3}} = 1,51\ mol.L^{-1}$

Item b) Cálculo da massa de etanol, a partir da fração molar: $X_{C_2H_5OH} = \frac{n_{C_2H_5OH}}{n_{C_2H_5OH}+n_{H_2O}} = 0,025$

$$n_{C_2H_5OH} = 0,025 \times (n_{C_2H_5OH} + n_{H_2O})$$

$$\frac{m_{C_2H_5OH}}{< MM >_{C_2H_5OH}} = 0,025 \times n_{C_2H_5OH} + n_{H_2O}$$

$$\frac{m_{C_2H_5OH}}{46} = 0,025 \times (\frac{m_{C_2H_5OH}}{46} + \frac{m_{H_2O}}{18})$$

$$\frac{m_{C_2H_5OH}}{46} = 0,025 \times (\frac{9xm_{C_2H_5OH}}{414} + \frac{23xm_{H_2O}}{414})$$

$$9 \times m_{C_2H_5OH} = 0,225 \times m_{C_2H_5OH} + 0,575 \times m_{H_2O}$$

$$m_{H_2O} = 15,26xm_{C_2H_5OH}$$

Cálculo da massa total da solução para um litro de solução:
1 mL de solução ---------------------- 0,98 g de solução
1000 mL de solução (1 L) ---------- $m_{solução}$
$m_{solução}$ = 980 g de solução

Logo, temos um sistema, com duas equações e duas incógnitas: $m_{água}$ = 15,26 x m_{etanol} e $m_{água}$ + m_{etanol} = 980

Resolvendo o sistema, temos: m_{C2H6O} = 60,27 g e m_{H2O} = 919,70 g

Cálculo do número de mol de etanol: $n_{C_2H_5OH} = \frac{m_{C_2H_5OH}}{<MM>_{C_2H_5OH}} = \frac{60,27}{46} = 1,31mol$

Cálculo do volume da solução:
1 mL de solução --------------------- 0,98 g de solução
$V_{solução}$ ---------------------------------- (60,27 g + 919,70 g)
$V_{solução}$ = 999,97 mL (999,97 x 10^{-3} L)

Cálculo da concentração da quantidade de matéria de etanol: $[C_2H_5OH] = \frac{n_{C_2H_5OH}}{V_{solução}} = \frac{1,31\ mol}{999,97x10^{-3}\ L} \cong 1,31mol.L^{-1}$

Cálculo da molalidade ($\mathcal{M}$): $\mathcal{M} = \frac{n_{soluto}}{m^{solvente}_{(kg)}} = \frac{1,31mol}{0,920kg} = 1,42mol.kg^{-1}$

Questão 38

Equação química: $P_2O_{3(s)} + 6HCl_{(aq)} \rightarrow 2PH_{3(g)} + 3Cl_2O_{(g)}$

Determinação do reagente limitante e do reagente em excesso:

$$n_{P_2O_3} = \frac{m_{P_2O_3}}{< MM >_{P_2O_3}} = \frac{26}{110} = 0{,}236\text{mol}$$

$$n_{HCl} = 0{,}250 \text{ x } 122{,}39 \text{ x } 10^{-3} = \frac{0{,}0306}{6} = 5{,}10\text{x}10^{-3}\text{mol}$$

Solução de ácido clorídrico = reagente limitante

Cálculo do número de mol dos gases produzidos: $P_2O_{3(sólido)} + 6HCl_{(aquoso)} \rightarrow 2PH_{3(gás)} + 3Cl_2O_{(gás)}$

6 mol de $HCl_{(aq)}$ -------------------------- 2 mol de $PH_{3(g)}$
6 mol de $HCl_{(aq)}$ -------------------------- (2 + 3) mol de gases
6 mol de HCl ------------------------------ 5 mol de gases x 0,77
0,79 x 5,10 x 10^{-3} mol de HCl --------- n_{gases}
n_{gases} = 2,58 x 10^{-3} mol

Considerando que os gases apresentam comportamento ideal, temos: $p \text{ x } 20 = 2{,}58 \text{ x } 10^{-3} \text{ x } 0{,}08206 \text{ x } (327 + 273)$
$p = 0{,}00635\text{atm}$

Questão 39

Analisando a solução (1) de sulfato de alumínio: $Al_2(SO_4)_{3(aq)} \rightarrow 2Al^{+3}_{(aq)} + 3SO_4^{-2}{}_{(aq)}$
1 mol de $Al_2(SO_4)_3$ ---------- 2 mol de Al^{+3}
0,150 mol.L^{-1} ----------------- $[Al^{+3}]_1$
$[Al^{+3}]_1$ = 0,300 mol.L^{-1}

Analisando a solução (2) de cloreto de alumínio: $AlCl_{3(aquoso)} \rightarrow Al^{+3}_{(aquoso)} + 3Cl^{-}_{(aquoso)}$
1 mol de $AlCl_3$ --------------- 1 mol de Al^{+3}
0,450 mol.L^{-1} ----------------- $[Al^{+3}]_2$
$[Al^{+3}]_2$ = 0,450 mol.L^{-1}

Cálculo da concentração da quantidade de matéria final (3) de cátions alumínio: $([Al^{+3}]_1 \text{ x } V_1) + ([Al^{+3}]_2 \text{ x } V_2) = ([Al^{+3}]_3 \text{ x } V_3)$
0,300 x 55 + 0,450 x 65 = $[Al^{+3}]_3$ x 500
$[Al^{+3}]_3$ = 0,0915 mol.L^{-1}

Questão 40

Item a) O problema trata da mistura de mesmo soluto, logo iremos relacionar duas equações matemáticas:
$[NaOH]_1 \text{ x } V_1 + [NaOH]_2 \text{ x } V_2 = [NaOH]_3 \text{ x } V_3$
$V_1 + V_2 = V_3$

$1{,}0 \text{ x } V_1 + 5{,}0 \text{ x } V_2 = 2{,}25 \text{ x } 555$
$V_1 + V_2 = 555$

$V_1 + 5{,}0 \text{ x } V_2 = 1248{,}75$
$V_1 + V_2 = 555$

Resolvendo o sistema acima, os valores encontrados são: $V_1 = 381{,}56 \text{ m}^3$ e $V_2 = 173{,}44 \text{ m}^3$.

Item b)

b.1) Cálculo da concentração comum (C): C = 10 x d x (%) = 10 x 1,09 x 10 = 109 $g.L^{-1}$

b.2) Cálculo da concentração da quantidade de matéria: $[H_2SO_4] = \frac{C_{H_2SO_4}}{<\text{MM}>_{H_2SO_4}} = \frac{109}{98} = 1{,}11 \text{mol.} L^{-1}$

b.3) Cálculo da massa da solução para um litro (1 L):
1,09 gramas de solução ---------- 1 cm^3
$m_{solução}$ -------------------------------- 1 L (1000 cm^3)
$m_{solução}$ = 1090 g

Cálculo do número de mol de H_2SO_4: $n_{H_2SO_4} = \frac{m_{H_2SO_4}}{<\text{MM}>_{H_2SO_4}} = \frac{10}{98} = 0{,}102 \text{mol}$

Cálculo da molalidade ($\mathcal{M}$): $\mathcal{M} = \frac{\frac{10}{98}}{10{,}90} = 0{,}00936 \text{mol.} kg^{-1}$

Item c) Base de cálculo: 100 gramas de solução.
Cálculo da massa de K_2CO_3: m_{K2CO3} = 0,65 x 100 = 65 g
Cálculo da massa de H_2O: $m_{solução} = m_{K2CO3} + m_{H2O}$
100 g = 65 g + m_{H2O}
m_{H2O} = 35 g

Cálculo da fração molar de carbonato de potássio: $X_{K_2CO_3} = \frac{n_{K_2CO_3}}{n_{K_2CO_3} + n_{H_2O}} = \frac{\frac{m_{K_2CO_3}}{<\text{MM}>_{K_2CO_3}}}{\frac{m_{K_2CO_3}}{<\text{MM}>_{K_2CO_3}} + \frac{m_{H_2O}}{<\text{MM}>_{H_2O}}}$

$$X_{K_2CO_3} = \frac{\frac{65}{138}}{\frac{65}{138} + \frac{35}{18}} = \frac{0{,}471}{0{,}471 + 1{,}94} = 0{,}195$$

CAPÍTULO 10. ESTUDO DA CINÉTICA QUÍMICA

Exemplo Aplicativo I

(OLIMPÍADA MARANHENSE DE QUÍMICA) Num laboratório, foram efetuadas diversas experiências para a reação: 2 $H_{2(g)}$ + 2 $NO_{(g)}$ → $N_{2(g)}$ + 2 $H_2O_{(g)}$. Com os resultados das velocidades iniciais obtidos, montou-se a seguinte tabela:

Experiência	$[H_2]$ ($mol.L^{-1}$)	[NO] ($mol.L^{-1}$)	V ($mol.L^{-1}.s^{-1}$)
1	0,10	0,10	0,10
2	0,20	0,10	0,20
3	0,10	0,20	0,40
4	0,30	0,10	0,30
5	0,10	0,30	0,90

Baseando-se na tabela acima, podemos afirmar que a lei da ve ocidade para a reação é:
a) v = k.$[H_2]$
b) v = k.[NO]
c) v = k.$[H_2]$.[NO]
d) v = k.$[H_2]^2$.[NO]
e) v = k.$[H_2]$.$[NO]^2$

Resolução: Alternativa E.

Cálculo da ordem de reação em relação ao gás hidrogênio - H_2, entre o experimento 1 e 2. A concentração da quantidade de matéria do monóxido de nitrogênio encontra-se constante, enquanto a concentração de gás hidrogênio dobra e a velocidade também dobra, logo: $\left(\frac{0,20}{0,20}\right)^a = \frac{0,20}{0,10}$
$2^a = 2$
$a = 1$

Cálculo da ordem de reação em relação ao monóxido de nitrogênio - NO, entre o experimento 1 e 3. A concentração da quantidade de matéria do hidrogênio gasoso encontra-se constante, enquanto a concentração dobra e a velocidade quadruplica, logo: $\left(\frac{0,20}{0,10}\right)^b = \frac{0,40}{0,10}$
$2^b = 4$
$b = 2$

Equação da velocidade da reação: v = k.$[H_2]$ x $[NO_2]^2$

Ordem de reação em relação ao [NO] = 2, ordem de reação em relação ao $[H_2]$ = 1 e ordem de reação global = 2 + 1 = 3.

Exemplo Aplicativo II

(INSTITUTO MILITAR DE ENGENHARIA) A decomposição do aldeído acético ocorre segundo a reação: $CH_3CHO_{(g)}$ → $CH_{4(g)}$ + $CO_{(g)}$. A velocidade inicial da reação foi medida na mesma temperatura para duas concentrações do aldeído, fornecendo os resultados abaixo:

$[CH_3CHO]$ ($mol.L^{-1}$)	Velocidade da reação ($mol.L^{-1}.s^{-1}$)
0,10	0,020
0,20	0,081

Determine a constante de velocidade e a ordem dessa reação.

Resolução: Cálculo da ordem de reação em relação ao acetaldeído gasoso, entre o primeiro e segundo experimento:

$\left(\frac{0,20}{0,10}\right)^a = \frac{0,081}{0,020}$

$2^a = 4$

$a = 2$

Cálculo da constante cinética (k), através do primeiro experimento: $V_{reação} = k \times [A]^2$

$0,020 = k \times (0,10)^2$

$$k = 2,0 \frac{L}{mol \times s}$$

Exercícios de Fixação

Questão 01

(EsPCEx) A tabela abaixo indica valores das velocidades da reação (v) em três experimentos e as correspondentes concentrações $mol.L^{-1}$ dos reagentes X e Y em idênticas condições.

Experimento	V ($mol.L^{-1}.min^{-1}$)	[X]	[Y]
1	0,3	0,1	0,1
2	0,6	0,2	0,1
3	2,4	0,2	0,2

O processo químico é representado pela equação abaixo, na qual a, b e c representam seus coeficientes. $aX + bY \rightarrow cZ$.
A equação da velocidade desse processo é:
a) $v = k.[X]^2.[Y]$
b) $v = k.[X]$
c) $v = k.[Y]$
d) $v = k.[X].[Y]^2$
e) $v = k.[X].[Y]$

Questão 02

(EsPCEx) Considere a sequência de reações associadas ao processo de oxidação do dióxido de enxofre.
Etapa 1: $SO_{2(g)} + NO_{2(g)} \rightarrow SO_{3(g)} + NO_{(g)}$ (Lenta)
Etapa 2: $NO_{(g)} + \frac{1}{2}O_{2(g)} \rightarrow NO_{2(g)}$ (Rápida)
A alternativa que apresenta corretamente o catalisador e a expressão da lei de velocidade para a reação global é:
a) catalisador NO e $v = k.[SO_2]^2.[O_2]$
b) catalisador NO_2 e $v = k.[SO_2]^2.[O_2]$
c) catalisador NO_2 e $v = k.[SO_2].[NO_2]$
d) catalisador NO e $v = k.[SO_2].[NO_2]$
e) catalisador O_2 e $v = k.[SO_2].[NO_2]$

Questão 03

(EsPCEx) Considere a equação balanceada: $4NH_{3(g)} + 5O_{2(g)} \rightarrow 4NO_{(g)} + 6H_2O_{(l)}$. Admita a variação de concentração em mol por litro ($mol.L^{-1}$) do monóxido de nitrogênio (NO) em função do tempo em segundos (s), conforme os dados, da tabela abaixo:

[NO] ($mol.L^{-1}$)	0	0,15	0,25	0,31	0,34
Tempo (s)	0	180	360	540	720

A velocidade média, em função do monóxido de nitrogênio (NO), e a velocidade média da reação acima representada, no intervalo de tempo de 6 a 9 minutos (min), são respectivamente, em $mol.L^{-1}.min^{-1}$:
a) 2×10^{-2} e 5×10^{-3}
b) 5×10^{-2} e 2×10^{-2}
c) 3×10^{-2} e 2×10^{-2}
d) 2×10^{-2} e 2×10^{-3}
e) 2×10^{-3} e 8×10^{-2}

Questão 04

(EsPCEx) Considere o gráfico abaixo da reação representada pela equação química: $N_{2(g)} + 3H_{2(g)} \rightarrow 2NH_{3(g)}$.

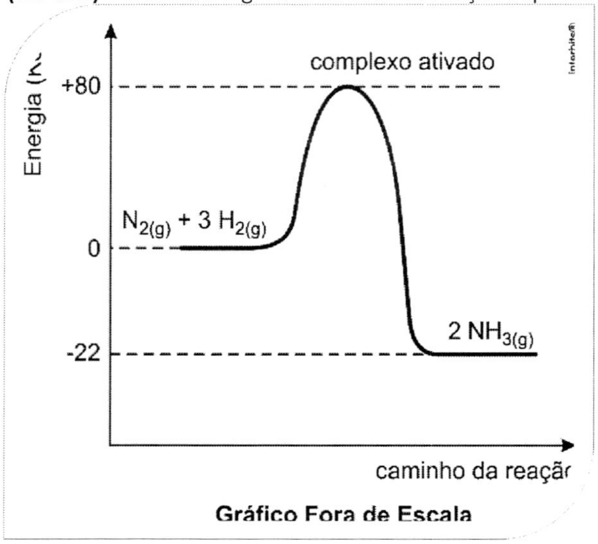

Relativo ao gráfico envolvendo essa reação e suas informações são feitas as seguintes afirmações:

I) O valor da energia envolvida por um mol de NH_3 formado é 22 kcal.

II) O valor da energia de ativação dessa reação é 80 kcal.

III) O processo que envolve a reação $N_{2(g)} + 3H_{2(g)} \rightarrow 2NH_{3(g)}$ é endotérmico. Das afirmações feitas, está(ão) correta(s)

a) apenas III

b) apenas II e III

c) apenas I e II

d) apenas II

e) todas.

Questão 05

(EsPCEx) Os dados da tabela abaixo, obtidos experimentalmente em idênticas condições, referem-se à reação: $3A + 2B \rightarrow C + 2D$.

Experiência	Concentração de A $mol.L^{-1}$	Concentração de B $mol.L^{-1}$	Velocidade $mol.L^{-1}.min^{-1}$
1	2,5	5,0	5,0
2	5,0	5,0	20,0
3	5,0	10,0	20,0

Baseando-se na tabela, são feitas as seguintes afirmações:

I) A reação é elementar.

II) A expressão da velocidade da reação é $v = k.[A]^3.[B]^2$;

III) A expressão da velocidade da reação é $v = k.[A]^2.[B]^0$;

IV) Dobrando-se a concentração de B, o valor da velocidade da reação não se altera;

V) A ordem da reação em relação a B é 1 (1ª ordem). Das afirmações feitas, utilizando os dados acima, estão corretas apenas:

a) I e II

b) I, II e III

c) II e III

d) III e IV

e) III, IV e V

Questão 06

(EsPCEx) O airbag, dispositivo de segurança usado em automóveis, é inflado pelo gás nitrogênio produzido segundo a reação: $6NaN_{3(l)} + 2Fe_2O_{3(s)} \rightarrow 3Na_2O_{2(s)} + 4Fe_{(s)} + 9N_{2(g)}$. No caso da expansão desse equipamento se completar com 42,0 g de gás nitrogênio, e da velocidade de consumo no nitreto ser de 20 mols/s, o tempo em segundos necessário para a referida expansão será:

a) 0,025
b) 0,075
c) 0,09
d) 0,05
e) 0,06

Questão 07

(EsPCEx) Em um conversor catalítico, usado nos automóveis para reduzir a emissão de poluentes, os gases resultantes da combustão do motor e o ar passam por substâncias catalisadoras, que aceleram a transformação de CO em CO_2 e a decomposição de óxidos de nitrogênio em N_2 e O_2. Em relação às substâncias citadas no texto é correto afirmar que:

a) Catalisadores são substâncias que iniciam as reações que, sem eles, não seriam possíveis e o gás carbônico é um dos causadores do efeito estufa.

b) Catalisadores propiciam à reação um mecanismo alternativo com menor energia de ativação e o monóxido de carbono é óxido ácido responsável pela chuva ácida.

c) Catalisadores são substâncias que participam das etapas intermediárias das reações, sendo recuperados integralmente no final do processo e o gás oxigênio é o composto mais abundante no ar atmosférico.

d) Catalisadores são substâncias que aumentam a velocidade das reações, sem, no entanto, delas participarem, provocando apenas a diminuição da energia de ativação e o gás nitrogênio é uma substância tóxica, em qualquer concentração.

e) Catalisadores são substâncias que participam das etapas intermediárias das reações, provocando um aumento da velocidade, em consequência da diminuição da energia de ativação e o gás carbônico é um dos responsáveis pela chuva ácida.

Questão 08

(EsPCEx) O estudo da velocidade das reações é muito importante para as indústrias químicas, pois conhecê-la permite a proposição de mecanismos para uma maior produção. A tabela abaixo apresenta os resultados experimentais obtidos para um estudo cinético de uma reação química genérica elementar. $\alpha A + \beta B + \gamma C \rightarrow D + E$

Experimento	[A]	[B]	[C]	Velocidade ($mol.L^{-1}.s^{-1}$)
1	0,10	0,10	0,10	4×10^{-4}
2	0,20	0,10	0,10	8×10^{-4}
3	0,10	0,20	0,10	8×10^{-4}
4	0,10	0,10	0,20	$1,6 \times 10^{-3}$

A partir dos resultados experimentais apresentados na tabela, pode-se afirmar que a expressão da equação da lei de velocidade (V) para essa reação química é:

a) $V = k.[A]^1[B]^1[C]^2$
b) $V = k.[A]^2[B]^1[C]^2$
c) $V = k.[A]^2[B]^2[C]^1$
d) $V = k.[A]^1[B]^1[C]^1$
e) $V = k.[A]^0[B]^1[C]^2$

Questão 09

(EsPCEx) Em 1970, o químico holandês Paul Crutzen publicou um artigo sugerindo que os óxidos de nitrogênio poderiam afetar o equilíbrio: $O_{3(g)} \rightleftharpoons O_{2(g)} + O_{(g)}$. Causando a destruição do ozônio atmosférico, conforme as reações abaixo:

1) $NO_{(g)} + O_{3(g)} \rightarrow NO_{2(g)} + O_{2(g)}$
2) $NO_{2(g)} + O_{(g)} \rightarrow NO_{(g)} + O_{2(g)}$

A respeito dessas reações, pode-se afirmar que:
a) I é uma reação de dupla-troca e II uma reação de análise
b) I é uma reação de oxirredução e II é uma reação de síntese
c) Na reação I, o gás oxigênio é o agente redutor e, na reação II, o nitrogênio sofre oxidação.
d) A reação I é uma reação de oxirredução; o monóxido de nitrogênio funciona como catalisador
e) A reação II é uma reação de oxirredução; o dióxido de nitrogênio funciona como catalisador

Questão 10

(INSTITUTO TECNOLÓGICO DA AERONÁUTICA) A reação entre íons brometo e bromato, em meio aquoso e ácido, pode ser representada pela seguinte equação química balanceada: $5Br^-_{(aq)} + BrO_3^-{}_{(aq)} + 6H^+_{(aq)} \rightarrow 3Br_{2(aq)} + 3H_2O_{(l)}$. Sabendo que a velocidade de desaparecimento do íon bromato é igual a $5{,}63 \times 10^{-6}$ mol./L.s, assinale a alternativa que apresenta o valor correto para a velocidade de aparecimento do bromo, Br_2, expressa em mol./L.s.
a) $1{,}69 \times 10^{-5}$
b) $5{,}63 \times 10^{-6}$
c) $1{,}90 \times 10^{-6}$
d) $1{,}13 \times 10^{-6}$
e) $1{,}80 \times 10^{-16}$

Questão 11

(INSTITUTO MILITAR DE ENGENHARIA) A reação em fase gasosa: aA + bB → cC + dD foi estudada em diferentes condições, tendo sido obtidos os seguintes resultados experimentais:

Concentração inicial ($mol.L^{-1}$)		Velocidade inicial ($mol.L^{-1}.h^{-1}$)
[A]	[B]	
1×10^{-3}	1×10^{-3}	3×10^{-5}
2×10^{-3}	1×10^{-3}	12×10^{-5}
2×10^{-3}	2×10^{-3}	48×10^{-5}

A partir dos dados acima, determine a constante de velocidade da reação.

Questão 12

(INSTITUTO TECNOLÓGICO DA AERONÁUTICA) A equação: 2A + B → PRODUTOS representa uma determinada reação química que ocorre no estado gasoso. A lei de velocidade para esta reação depende da concentração de cada um dos reagentes, e a ordem parcial desta reação em relação a cada um dos reagentes é igual aos respectivos coeficientes estequiométricos. Seja v_1 a velocidade da reação quando a pressão parcial de A e B é igual a p_A e p_B, respectivamente, e v_2 a velocidade da reação quando essas pressões parciais são triplicadas. A opção que fornece o valor correto da razão v_2/v_1 é:
a) 1
b) 3
c) 9
d) 27
e) 81

Questão 13

(INSTITUTO TECNOLÓGICO DA AERONÁUTICA) Velocidades iniciais (v_i) de decomposição do peróxido de hidrogênio foram determinadas em três experimentos (A, B e C), conduzidos na presença de $I^-_{(aq)}$ sob as mesmas condições, mas com diferentes concentrações iniciais de peróxido ($[H_2O_2]$), de acordo com os dados abaixo:

Experimento	$[H_2O_2]$ (mol/L)	$V_{inicial}$ (10^{-3} $mol.L^{-1}.s^{-1}$)
A	0,750	2,745
B	0,500	1,830
C	0,250	0,915

Com base nestes dados, para a reação de decomposição do peróxido de hidrogênio:
a) Escreva a equação estequiométrica que representa a reação.
b) Indique a ordem desta reação.
c) Escreva a lei de velocidade da reação.
d) Determine o valor numérico da constante de velocidade.
e) Indique a função do $I^-_{(aq)}$ na reação.

Questão 14

(INSTITUTO MILITAR DE ENGENHARIA) Considere a seguinte reação: 2A + B → C. A partir dos dados fornecidos na tabela abaixo, calcule a constante de velocidade da reação e o valor da concentração X. Considere que as ordens de reação em relação aos reagentes são iguais aos respectivos coeficientes estequiométricos.

Teste	[A] (mol/L)	[B] (mol/L)	Velocidade (mol/L.s)
1	10	X	v
2	X	20	2v
3	15	30	13.500

Questão 15

(INSTITUTO MILITAR DE ENGENHARIA) Uma mistura gasosa ideal de propano e ar é queimada a pressão constante, gerando 720 litros de CO_2 por hora, medidos a 20°C. Sabe-se que o propano e o ar encontram-se em proporção estequiométrica. Determine a velocidade média de reação da mistura em relação ao ar, considerando a composição do ar 21% de oxigênio e 79% de nitrogênio, em volume.

Questão 16

(ITA) Dentre as afirmações a seguir, todas relativas à ação de catalisadores, assinale a errada:
a) um bom catalisador para certa polimerização também é um bom catalisador para a respectiva despolimerização
b) enzimas são catalisadores via de regra muito específicos
c) às vezes, as próprias paredes de um recipiente podem catalisar uma reação numa solução contida no mesmo
d) a velocidade da reação catalisada depende da natureza do catalisador, mas não da sua concentração na fase reagente
e) fixadas as quantidades iniciais dos reagentes postos em contato, as concentrações no equilíbrio final independem da concentração do catalisador adicionado

Questão 17

(INSTITUTO MILITAR DE ENGENHARIA) A decomposição do aldeído acético ocorre segundo a reação: $CH_3CHO_{(g)} \rightarrow CH_{4(g)} + CO_{(g)}$. A velocidade inicial da reação foi medida na mesma temperatura para duas concentrações do aldeído, fornecendo os resultados abaixo:

$[CH_3CHO]$ ($mol.L^{-1}$)	Velocidade da reação ($mol.L^{-1}.s^{-1}$)
0,10	0,020
0,20	0,081

Determine a constante de velocidade e a ordem dessa reação.

Questão 18

(GRILLO) Um equilíbrio químico genérico representado pela equação química gasosa e reversível, A + B ⇆ C + D, é muito estudado em indústrias e laboratórios em todo o mundo, no que se refere à questão de equilíbrio químico e também relacionado à cinética química.

Qual das opções abaixo explica o comportamento observado quando da adição de um catalisador?
a)diminui o patamar de energia dos reagentes
b) diminui o patamar de energia dos produtos
c) diminui a energia de ativação e consequentemente o complexo ativado
d) modifica a entalpia do processo
e) modifica o valor da constante de equilíbrio

Questão 19

(INSTITUTO TECNOLÓGICO DA AERONÁUTICA) Considere as seguintes afirmações relativas a reações químicas em que não haja variação de temperatura e pressão:
I) Uma reação química realizada com a adição de um catalisador é denominada heterogênea se existir uma superfície de contato visível entre os reagentes e o catalisador.
II) A ordem de qualquer reação química em relação à concentração do catalisador é igual a zero.
III) A constante de equilíbrio de uma reação química realizada com a adição de um catalisador tem valor numérico maior do que o da reação não catalisada.
IV) A lei de velocidade de uma reação química realizada com a adição de um catalisador, mantidas constantes as concentrações dos demais reagentes, é igual àquela da mesma reação não catalisada.
V) Um dos produtos de uma reação química pode ser o catalisador da mesma reação. Das afirmações feitas, estão corretas:
a) apenas I e III
b) apenas I e V
c) apenas I, II e IV
d) apenas II, IV e V
e) apenas III, IV e V

Questão 20

(OLIMPÍADA DE QUÍMICA DO RIO DE JANEIRO) No estudo da cinética da reação a uma temperatura de 700 °C entre o óxido nítrico e o gás hidrogênio formando óxido nitroso e água foram obtidos os dados constantes na tabela abaixo:

Concentração ($mol.L^{-1}$)		Velocidade inicial ($mol.L^{-1}.s^{-1}$)
Óxido nítrico	Gás hidrogênio	
0,0250	0,0100	$2,40 \times 10^{-6}$
0,0250	0,0050	$1,20 \times 10^{-6}$
0,0125	0,0100	$0,60 \times 10^{-6}$

A ordem global para esta reação é:
a) 1
b) 2
c) 3
d) 4
e) 5

Questão 21

(OLIMPÍADA DE QUÍMICA DO RIO DE JANEIRO) A reação $(CH_3)_3COH + Br^- \rightarrow (CH_3)_3CBr + OH^-$ ocorre segundo as etapas:

$(CH_3)_3COH + Br^- \rightarrow (CH_3)_3C^+ + OH^-$ (Etapa Lenta)

$(CH_3)_3C^+ + Br^- \rightarrow (CH_3)_3CBr$ (Etapa Rápida)

A lei da velocidade da reação pode ser dada por:
a) v = k. $[(CH_3)_3COH].[Br^-]$
b) v = k. $[(CH_3)_3COH]$
c) v = k. $[(CH_3)_3CBr].[OH^-]$
d) v = k. $[(CH_3)_3C^+].[OH^-]$
e) v = k. $[(CH_3)_3C^+].[Br^-]$

Questão 22

(EsPCEx) Considere a equação da reação hipotética: X + Y + Z → W + T + Q. São conhecidos os seguintes resultados do estudo cinético desta reação, obtidos nas mesmas condições experimentais:

Experimento	$[X]_{inicial}$	$[Y]_{inicial}$	$[Z]_{inicial}$	Velocidade ($mol.L^{-1}.s^{-1}$)
1	0,01	0,01	0,01	$1,2 \times 10^{-2}$
2	0,02	0,01	0,01	$2,4 \times 10^{-2}$
3	0,02	0,03	0,01	$7,2 \times 10^{-2}$
4	0,01	0,01	0,02	$4,8 \times 10^{-2}$

Considere [ ] = concentração $mol.L^{-1}$
A partir das observações experimentais, conclui-se que a equação da velocidade para a reação é:
a) v = k.[X].[Y].[Z]
b) v = k.[X].[Y].$[Z]^6$
c) v = k.[X].[Y].$[Z]^2$
d) v = k.[X].$[Y]^3$.$[Z]^2$
e) v = k.$[X]^2$.$[Y]^6$.$[Z]^6$

Questão 23

(EsPCEx) Leia o texto a seguir e resolva as questões 35 e 36: "Catalisadores são ferramentas fundamentais para os químicos, mas os pesquisadores acreditaram por muito tempo que havia, em princípio, somente dois tipos de catalisadores disponíveis: metais e enzimas. Benjamin List e David MacMillan foram agraciados com o Prêmio Nobel de Química de 2021 porque ambos, em 2000, de forma independente, desenvolveram um terceiro tipo de catálise. Ela é chamada organocatálise assimétrica e se baseia em pequenas moléculas orgânicas. (...) Catalisadores orgânicos têm uma estrutura de átomos de carbono, a qual podem ser inseridos grupos químicos mais ativos. Eles frequentemente possuem elementos comuns como oxigênio, nitrogênio, enxofre ou fósforo. (...) A rápida expansão no uso de catalisadores orgânicos se deve principalmente a sua capacidade de conduzir catálise assimétrica. Quando moléculas estão sendo sintetizadas, geralmente ocorrem situações nas quais duas moléculas diferentes podem ser formadas, em que – assim como nossas mãos – uma é a imagem ao espelho da outra. Os químicos normalmente desejam apenas uma delas, particularmente na produção de fármacos. (...)" Adaptado de: https://www.nobelprize.org./prizes/chemistry/2021/press-release/ (Acesso em 15 fev. 22)
A respeito dos assuntos tratados no texto, são feitas as seguintes afirmativas:
I. O catalisador é uma espécie química que acelera a velocidade de uma reação química.
II. A ação de um catalisador provoca a diminuição da variação de entalpia do processo global.
III. A estrutura orgânica estável referenciada no texto pressupõe a ocorrência exclusiva de átomos de carbono quaternários.
IV. Todos os elementos químicos citados no texto são classificados como metais.
V. Dentre todos os elementos químicos citados no texto, o oxigênio é o que possui eletronegatividade. Das afirmativas feitas, estão corretas apenas:
a) I, II e III
b) I e V
c) I, III e V
d) II, IV e V
e) III e IV

Exercícios de Fixação - Gabarito

Questão 01

(EsPCEx) Alternativa D.

Cálculo da ordem de reação em relação a X, entre os experimentos I e II: $\left(\frac{0,2}{0,1}\right)^a = \frac{0,60}{3}; a = 1$

Cálculo da ordem de reação em relação a Y, entre os experimentos II e III: $\left(\frac{0,2}{0,1}\right)^b = \frac{2,40}{0,60}; b = 2$

Equação da velocidade: $v = k.[X]^1.[Y]^2$

Cálculo da ordem global: 1 + 2 = 3 (terceira ordem)

Questão 02

(EsPCEx) Alternativa C.

A etapa determinante no processo cinético é a etapa lenta. Diante disso, a velocidade da reação é dada pela seguinte equação química: $v_{reação} = k. [SO_2] \times [NO_2]$.

O catalisador encontra-se como reagente da etapa lenta (primeira etapa) e como produto da etapa rápida (segunda etapa). Diante desta análise o catalisador é o dióxido de nitrogênio (NO_2), conforme pode ser observado a seguir.

Etapa 1) $SO_{2(g)} + \mathbf{NO_{2(g)}} \rightarrow SO_{3(g)} + NO_{(g)}$

Etapa 2) $NO_{(g)} + \frac{1}{2} O_{2(g)} \rightarrow \mathbf{NO_{2(g)}}$

Questão 03

(EsPCEx) Alternativa A.

Cálculo da velocidade do monóxido de nitrogênio (NO), durante o intervalo de 6 a 9 minutos:

$$V_{NO} = \frac{\Delta[NO]}{\Delta t} = \frac{0,31 - 0,25(mol.L^{-1})}{(9-6)min} = 0,02\frac{mol}{Lxs}$$

A relação entre a velocidade da reação e a velocidade entre as espécies químicas está apresentada da seguinte forma:

$$V_{reação} = \frac{-\Delta[NH_3]}{4.\Delta t} = \frac{-\Delta[O_2]}{5.\Delta t} = \frac{+\Delta[NO]}{4.\Delta t} = \frac{+\Delta[H_2O]}{6.\Delta t}$$

Logo, a velocidade da reação ($V_{reação}$) é dada por:

$$V_{reação} = \frac{-\Delta[NH_3]}{4 \times \Delta t} = \frac{0,02}{4} = 0,005\frac{mol}{L \times s}$$

Questão 04

(EsPCEx) Alternativa C.

I) Item Verdadeiro. O valor da energia (ΔH) é igual a: $\Delta H = -22 - 0 = -22$ kcal.

II) Item Verdadeiro. A energia de ativação é igual a: $E_{at} = 80 - 0 = 80$ kcal.

III) Item Falso. Como a variação da entalpia é menor que zero, $\Delta H < 0$, o processo é exotérmico.

Questão 05

(EsPCEx) Alternativa D.

Cálculo da ordem de reação em relação a A, entre os experimentos 1 e 2: $\left(\frac{5,0}{2,5}\right)^a = \frac{20,0}{5,0}$

$a = 2$

Cálculo da ordem de reação em relação a B, entre os experimentos 2 e 3: $\left(\frac{10}{5}\right)^b = \frac{20}{20}$

$b = 0$

Equação da velocidade da reação: $v = k.[A]^2.[B]^0$

Analisando as alternativas apresentadas na questão, temos:
I) Falso
II) Falso
III) Verdadeiro
IV) Verdadeiro
V) Falso

Questão 06

(EsPCEx) Alternativa D.
Equação química: $6NaN_{3(l)} + 2Fe_2O_{3(s)} \rightarrow 3Na_2O_{2(s)} + 4Fe_{(s)} + 9N_{2(g)}$

Cálculo do número de mol por segundo (velocidade) de gás nitrogênio formado, a partir do nitreto:
6 mol de NaN_3 -------------------- 9 mol de N_2
20 mols/s mol de NaN_3 ---------- V_{N2}
V_{N2} = 30 mols/s mol de N_2

Cálculo do tempo, em segundos: $\text{tempo} = \frac{n_{N_2}}{V_{N_2}} = \frac{\left(\frac{42}{28}\right)}{30} = 0{,}05\text{s}$

Questão 07

(EsPCEx) Alternativa E.

Item a) Falso. A presença de um catalisador não são as substâncias que iniciam a reação química e também não é um fator decisivo para que uma reação química ocorra.
Item b) Falso. Na verdade, o monóxido de carbono (CO) é óxido neutro.
Item c) Falso. O gás nitrogênio é o composto mais abundante no ar atmosférico.
Item d) Falso. O gás nitrogênio é uma substância não tóxica.
Item e) Verdadeiro. Catalisadores são substâncias que participam das etapas intermediárias das reações, provocando um aumento da velocidade, em consequência da diminuição da energia de ativação e o gás carbônico é um dos responsáveis pela chuva ácida.

Questão 08

(EsPCEx) Alternativa A.
Cálculo da ordem de reação (α) para o reagente A entre o experimento 1 e 2: $\left(\frac{0{,}20}{0{,}10}\right)^{\alpha} = \left(\frac{8{,}0\text{x}10^{-4}}{4{,}0\text{x}10^{-4}}\right)$; α = 1

Cálculo da ordem de reação (β) para o reagente B entre o experimento 1 e 3: $\left(\frac{0{,}20}{0{,}10}\right)^{\beta} = \left(\frac{8{,}0\text{x}10^{-4}}{4{,}0\text{x}10^{-4}}\right)$; β = 1

Cálculo da ordem de reação (γ) para o reagente C entre o experimento 1 e 3: $\left(\frac{0{,}20}{0{,}10}\right)^{\gamma} = \left(\frac{1{,}6\text{x}10^{-3}}{4{,}0\text{x}10^{-4}}\right)$; γ = 2

Logo a equação da velocidade é dada pela seguinte expressão matemática $v = k.[A]^1.[B]^1.[C]^2$.

Questão 09

(EsPCEx) Alternativa D.
Item a) Item Falso. A reação II não é uma reação de análise (decomposição) e sim uma reação de oxirredução.
Item b) Falso. Ambas as reações são de oxirredução.
Item c) Falso.
Item d) Verdadeiro. O NO (monóxido de nitrogênio) na primeira etapa (reação I) é um reagente e na segunda etapa (reação II) é um produto. Diante disso trata-se de um catalisador.
Item e) Falso.

Questão 10

(INSTITUTO TECNOLÓGICO DA AERONÁUTICA) Alternativa A.
Equação iônica entre a velocidade da reação em função da velocidade de decomposição do bromato e de formação do bromo, através da estequiometria:
$5Br^-_{(aq)} + BrO_3^-{}_{(aq)} + 6H^+_{(aq)} \rightarrow 3Br_{2(aq)} + 3H_2O$
1 mol de $BrO_3^-{}_{(aq)}$ -------------- 3 mol de $Br_{2(aq)}$
$5{,}63 \times 10^{-6}$ mol./L.s ----------- V_{Br2}

$V_{Br2} = 3 \times 5{,}63 \times 10^{-6}$ mol.L^{-1}.s^{-1} = $1{,}69 \times 10^{-5}$ mol.L^{-1}.s^{-1}

Questão 11

(INSTITUTO MILITAR DE ENGENHARIA) Cálculo da ordem de reação em relação ao reagente A, entre o primeiro e segundo experimento: $2^a = 4 \rightarrow a = 2$

Cálculo da ordem de reação em relação ao reagente B, entre o segundo e terceiro experimento: $2^b = 4 \rightarrow b = 2$

Ordem de reação global do processo cinético: a + b = 2 + 2 = 4

Equação da velocidade da reação química: $v = k.[A]^2.[B]^2$

Cálculo da constante cinética (k), através do terceiro experimento: $v_{reação} = k \text{ x } [A]^2 \text{ x } [B]^2$
$48 \text{ x } 10^{-5} = k \text{ x } (2\text{x}10^{-3})^2 \text{ x } (2\text{x}10^{-3})^2$
$k = 3{,}0 \text{ x } 10^{+7} \dfrac{L^3}{mol^3 \text{ x } h}$

Questão 12

(INSTITUTO TECNOLÓGICO DA AERONÁUTICA) Alternativa D.
Equação da velocidade: $v = k\,.[A]^2.[B]$; $v_{reação} = k \text{ x } \left(\frac{P_A}{RxT}\right)^2 \text{ x } \left(\frac{P_B}{RxT}\right)$

Situação I: $v^{(1)}_{reação} = k \text{ x } \left(\frac{P_A}{RxT}\right)^2 \text{ x } \left(\frac{P_B}{RxT}\right)$ (Equação I)

Situação II: Triplicando ambas as pressões parciais:

$$v^{(2)}_{reação} = k \text{ x } \left(\frac{3xP_A}{RxT}\right)^2 \text{ x } \left(\frac{3xP_B}{RxT}\right)$$

$$v^{(2)}_{reação} = 27 \text{ x } k \text{ x } \left(\frac{P_A}{RxT}\right)^2 \text{ x } \left(\frac{P_B}{RxT}\right) \qquad \text{(Equação II)}$$

Dividindo a Equação I com a Equação II, temos:

$$\frac{v^{(2)}_{reação}}{v^{(1)}_{reação}} = \frac{27 \text{ x } k \text{ x } \left(\frac{P_A}{RxT}\right)^2 \text{ x } \left(\frac{P_B}{RxT}\right)}{k \text{ x } \left(\frac{P_A}{RxT}\right)^2 \text{ x } \left(\frac{P_B}{RxT}\right)} = 27$$

Questão 13

(INSTITUTO TECNOLÓGICO DA AERONÁUTICA)
Item a) Equação química da decomposição do peróxido de hidrogênio: $H_2O_{2(l)} \rightarrow H_2O_{(l)} + 1/2O_{2(g)}$.

Item b) Cálculo da ordem de reação do peróxido de hidrogênio: entre o experimento A e C, temos: $\left(\frac{0,250}{0,750}\right)^a = \frac{0,915}{2,745}$
$a = 1$ (primeira ordem)

Item c) Equação da velocidade de reação: $v = k.[H_2O_2]^1$
Item d) Através do experimento A, temos: $v = k.[H_2O_2]^1$
$2,745 \times 10^{-3} = k.\ 0,750$
$k = 0,0036\ s^{-1}$

Item e) Para este processo, o I^- (iodeto) funciona como um catalisador para a referido processo de decomposição do peróxido de hidrogênio.

Questão 14

(INSTITUTO MILITAR DE ENGENHARIA) Equação da velocidade: $v = k.[A]^2.[B]^1$. Cálculo da constante cinética (k). Substituindo os dados do terceiro teste, temos:
$13500\ mol.L^{-1}.s^{-1} = k.\ (15\ mol.L^{-1})^2 \times 30\ mol.L^{-1}$
$k = 2,0\ L^2.mol^{-2}.s^{-1}$

Cálculo da concentração X:
Teste (2): $v = k.[A]^2.[B]^1 = 2\ .\ (10)^2\ .\ X = 200.X$
Teste (3): $v = k.[A]^2.[B]^1$
$2v = 2x^2.20$
$2 = 20.x^2$

Igualando os testes (2) e (3): $200.X = 20.X^2$
$X = 10\ mol.L^{-1}$

Questão 15

(INSTITUTO MILITAR DE ENGENHARIA) Equação química da combustão completa do gás propano: $C_3H_{8(g)} + 5O_{2(g)} \rightarrow 3CO_{2(g)} + 4H_2O_{(l)}$. Cálculo do número de mol de gás nitrogênio, a partir do número de mol de oxigênio: Observe que na reação há 5 mol de oxigênio, logo:
5 mol de O_2 --------------- 21%
x mol de N_2 --------------- 79%
x = 18,81 mol de N_2

Equação química da combustão completa do gás propano com a presença do ar atmosférico: $C_3H_{8(g)} + 5O_{2(g)} + 18,81N_{2(g)} \rightarrow 18,81N_{2(g)} + 3CO_{2(g)} + 4H_2O_{(l)}$.

Cálculo da velocidade média do ar a partir do gás carbônico: $\frac{-1}{(5+18,81)}.\frac{d[Ar]}{dt} = \frac{+1}{3}.\frac{d[CO_2]}{dt}$

$$\frac{-1}{23,81}.\frac{d[Ar]}{dt} = \frac{+1}{3}.\left(720\frac{L}{h}\right)$$

$$\frac{-d[Ar]}{dt} = 5714,40\frac{L}{h}$$

Questão 16

(INSTITUTO TECNOLÓGICO DA AERONÁUTICA) Alternativa D.
A concentração do catalisador influencia diretamente na velocidade da reação catalisada, logo a velocidade da reação catalisada depende da natureza do catalisador e da concentração na fase reagente.

Questão 17

(INSTITUTO MILITAR DE ENGENHARIA) Cálculo da ordem de reação em relação ao acetaldeído gasoso, entre o primeiro e segundo experimento: $\left(\frac{0,2}{0,1}\right)^a = \frac{0,081}{0,020}$
$a = 2$

Equação da velocidade da reação química: $v = k.[A]^2$.

Cálculo da constante cinética (k), através do primeiro experimento: $v_{reação} = k \, x \, [A]^2$

$$0,020 \frac{mol}{L \, x \, s} = k \, x \left(0,10 \frac{mol}{L}\right)^2$$

$$k = 2,0 \frac{L}{mol \, x \, s}$$

Questão 18

(GRILLO) Alternativa C.
A presença do catalisador aumenta a velocidade da reação, diminuindo a energia de ativação, ou seja, havendo com isso a diminuição do complexo ativado.

Questão 19

(INSTITUTO TECNOLÓGICO DA AERONÁUTICA) Alternativa B.
I) Item Correto, pois será observado mais uma fase;
II) Item Errado, pois quando o catalisador formar com as substâncias participantes da reação um sistema homogêneo, poderá figurar na expressão da lei da velocidade, influenciando na ordem da reação;
III) Item Errado, pois a constante depende exclusivamente da temperatura, uma vez que pode ser estudada através da equação de Arrhenius;
IV) Item Errado, baseado na justificativa II;
V) Item Correto, é autocatálise.

Questão 20

(OLIMPÍADA DE QUÍMICA DO RIO DE JANEIRO) Alternativa C.
Cálculo da ordem de reação em relação ao óxido nítrico, entre o experimento I e III: $\left(\frac{0,0125}{0,0250}\right)^a = \frac{0,60 \, x \, 10^{-6}}{2,40 \, x \, 10^{-6}}; \, a = 2.$
Cálculo da ordem de reação em relação ao gás hidrogênio, entre o experimento I e II: $\left(\frac{0,0050}{0,0100}\right)^b = \frac{1,20 \, x \, 10^{-6}}{2,40 \, x \, 10^{-6}}; \, b = 1.$

Equação da velocidade: $v = k.[CH_3CHO]^3$ e ordem global: 2 + 1 = 3 (terceira ordem)

Questão 21

(OLIMPÍADA DE QUÍMICA DO RIO DE JANEIRO) Alternativa A.
A etapa determinante para um processo cinético é a etapa lenta. Logo a equação da velocidade é dada pela seguinte relação:
$v = k. [(CH_3)_3COH].[Br^-]$.

Questão 22

(EsPCEx) Alternativa C.
A partir da tabela fornecida pela prova, temos:

Experimento	$[X]_{inicial}$	$[Y]_{inicial}$	$[Z]_{inicial}$	Velocidade ($mol.L^{-1}.s^{-1}$)
1	0,01	0,01	0,01	$1,2 \times 10^{-2}$
2	0,02	0,01	0,01	$2,4 \times 10^{-2}$
3	0,02	0,03	0,01	$7,2 \times 10^{-2}$
4	0,01	0,01	0,02	$4,8 \times 10^{-2}$

Cálculo da ordem de reação em relação ao reagente X, entre o primeiro e o segundo experimento: $\left(\frac{0,02}{0,01}\right)^{a} = \frac{2,40 \times 10^{-2}}{1,20 \times 10^{-2}}$; $a = 1$

Cálculo da ordem de reação em relação ao reagente Y, entre o segundo e o terceiro experimento: $\left(\frac{0,03}{0,01}\right)^{b} = \frac{7,20 \times 10^{-2}}{2,40 \times 10^{-2}}$; $b = 1$

Cálculo da ordem de reação em relação ao reagente Z, entre o primeiro e o quarto experimento: $\left(\frac{0,02}{0,01}\right)^{c} = \frac{4,80 \times 10^{-2}}{1,20 \times 10^{-2}}$; $c = 2$

Expressão da equação da lei de velocidade: $v = k.[X].[Y].[Z]^2$

Questão 23

(EsPCEx) Alternativa B.
Item I) Verdadeiro. A função de um catalisador é aumentar a velocidade de uma reação química, havendo a diminuição da energia de ativação.
Item II) Falso. O catalisador não altera o processo de calor em um processo químico. Diante disso, o catalisador não muda a natureza da entalpia de um processo químico, mas diminui a energia de ativação.
Item III) Falso. No texto, é citado que podem sem inseridos grupos com oxigênio, nitrogênio, enxofre ou fósforo, logo não há exclusividade de carbonos quaternários.
Item IV) Falso. Os elementos químicos citados no texto são os ametais.
Item V) Verdadeiro. O oxigênio é o segundo elemento químico mais eletronegativo da tabela periódica, perdendo apenas para o flúor, que não é citado no texto.

CAPÍTULO 11. ESTUDO DA TERMOQUÍMICA & TERMODINÂMICA

Exemplo Aplicativo

Exemplo Aplicativo I

Calcule a variação da entalpia de combustão do gás metano.

Espécie	$\Delta H°_{298}$ (cal.mol^{-1})
$CH_{4(g)}$	- 17895
$O_{2(g)}$	0
$N_{2(g)}$	0
$H_2O_{(g)}$	- 57798
$CO_{2(g)}$	- 94050

Resolução: A variação de entalpia pode ser calculada pela diferença da entalpia dos produtos pela entalpia dos reagentes, conforme pode ser observado na equação a seguir: $\Delta H^0_{\text{reação}} = \sum H^0_{\text{produtos}} - \sum H^0_{\text{reagentes}}$

Equação química para a combustão completa do gás metano: $CH_{4(g)} + 2O_{2(g)} \rightarrow CO_{2(g)} + 2H_2O_{(g)}$

Cálculo da variação de entalpia padrão da reação de combustão do gás metano (CH_4), observando os valores das entalpias dos compostos na tabela fornecidos pelo exercício.

$$\Delta H^0_{\text{reação}} = \sum H^0_{\text{produtos}} - \sum H^0_{\text{reagentes}}$$

$$\Delta H^0_{\text{reação}} = \left[1 \text{ x } H^0_{CO_2} + 2 \text{ x } H^0_{H_2O}\right] - \left[1 \text{ x } H^0_{CH_4} + 2 \text{ x } H^0_{O_2}\right]$$

$$\Delta H^0_{\text{reação}} = [1 \text{ x } (-94050) + 2 \text{ x } (-57798)] - [1 \text{ x } (-17895) + 2 \text{ x } 0]$$

$$\Delta H^0_{\text{reação}} = [-94050 - 115596] - [-17895] = -191751 \frac{\text{cal}}{\text{mol}}$$

Exemplo Aplicativo II

Calcule a quantidade de calor liberado na queima de 130 kg de acetileno a 25°C e 1 atm. Dados termodinâmicos a 298K: ($\Delta H°_f$) CO_2 = - 94,1 kcal.mol^{-1}; ($\Delta H°_f$) H_2O = - 57,8 kcal.mol^{-1}; ($\Delta H°_f$) C_2H_2 = + 54,2 kcal.mol^{-1}.

Resolução: Equação química para o processo de combustão completa do gás acetileno: $C_2H_{2(g)} + 5/2O_{2(g)} \rightarrow 2CO_{2(g)} + H_2O_{(g)}$

Cálculo da variação de entalpia da combustão do gás acetileno: $\Delta H^0_{\text{reação}} = \left[2 \text{ x } H^0_{CO_2} + 1\text{x } H^0_{H_2O}\right] - \left[1 \text{ x } H^0_{C_2H_2} + \frac{5}{2}\text{x } H^0_{O_2}\right]$

$$\Delta H^0_{\text{reação}} = [2 \text{ x } (-94{,}10) + 1 \text{ x } (-57{,}80)] - \left[1 \text{ x } (+54{,}20) + \frac{5}{2}\text{x } 0\right]$$

$$\Delta H^0_{\text{reação}} = -300{,}20 \frac{\text{kcal}}{\text{mol}}$$

Cálculo do número de mol do gás acetileno: $n_{C_2H_2} = \frac{m_{C_2H_2}}{<MM>_{C_2H_2}} = \frac{130000\text{g}}{26\text{g.mol}^{-1}} = 5000 \text{ mol}$

Cálculo da entalpia para 130 kg de acetileno:
1 mol de C_2H_2 ----------------- (- 300,20 kcal)
5000 mol de C_2H_2 ------------ $Q_p = \Delta H°$
$Q_p = \Delta H° = 1{,}50 \times 10^6$ kcal

Exemplo Aplicativo III

(UNIVERSIDADE ESTADUAL DO RIO DE JANEIRO) O formol, uma solução de metanal, frequentemente utilizado em cosméticos, vem sendo substituído pelo ácido glioxílico. No entanto, a decomposição térmica desse ácido também acarreta a formação de metanal, de acordo com a seguinte equação:

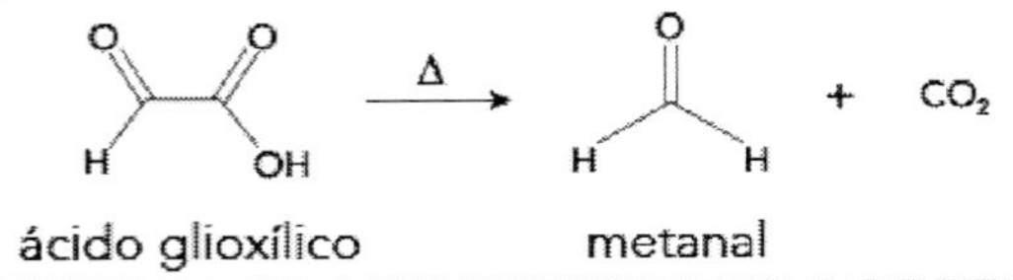

Veja, abaixo, as energias das ligações nas moléculas participantes da reação:

Ligação	Energia de ligação ($kJ.mol^{-1}$)
C - C	348
C = O	744
C - H	413
C - O	357
O - H	462

Considere a decomposição de um litro de uma solução aquosa de ácido glioxílico, na concentração de 0,005 $mol.L^{-1}$. Assumindo que todo o ácido glioxílico foi decomposto, calcule em quilojoules, a energia absorvida nesse processo.

Resolução:

Cálculo da entalpia dos reagentes ($H_{reagentes}$):
$H_{reagentes} = + [\{2 \times (C = O)\} + \{1 \times (C - C)\} + \{1 \times (C - H)\} + \{1 \times (C - O)\} + \{1 \times (O - H)\}]$
$H_{reagentes} = + [\{2 \times 744\} + \{1 \times 348\} + \{1 \times 413\} + \{1 \times 357\} + \{1 \times 462\}]$
$H_{reagentes} = + 3068\ kJ.mol^{-1}$

Cálculo da entalpia dos produtos ($H_{produtos}$):
$H_{produtos} = - [\{1 \times (C = O)\} + \{2 \times (C - H)\} + \{2 \times (C = O)\}]$
$H_{produtos} = - [\{1 \times 744\} + \{2 \times 413\} + \{2 \times 744\}]$
$H_{produtos} = - 3058\ kJ.mol^{-1}$

Cálculo da variação de entalpia ($\Delta H_{reação}$):
$\Delta H_{reação} = H_{reagentes} + H_{produtos}$
$\Delta H_{reação} = + 3068 + (- 3058) = + 10\ kJ.mol^{-1}$

Cálculo da energia do processo, em quilojoules:
1 mol ---------------- 10 kJ
0,005 mol ---------- $\Delta H_{reação}$
$\Delta H_{reação} = 0{,}05$ kJ

Exemplo Aplicativo IV

(OLIMPÍADA BRASILEIRA DE QUÍMICA) O trióxido de boro é um composto utilizado como aditivo de fibra óptica, na produção de vidro de borossilicato, entre outros. Esse composto é obtido pela desidratação do ácido bórico, porém, também é possível consegui-lo a partir das seguintes etapas de reação:
Etapa 1: $B_2O_{3(s)} + 3H_2O_{(g)} \rightarrow 3O_{2(g)} + B_2H_{6(g)}$ 2035 ΔH/kJ

Etapa 2: $H_2O_{(l)} \rightarrow H_2O_{(g)}$ 44 ΔH/kJ
Etapa 3: $H_{2(g)} + 1/2O_{2(g)} \rightarrow H_2O_{(l)}$ - 286 ΔH/kJ
Etapa 4: $2B_{(s)} + 3H_{2(g)} \rightarrow B_2H_{6(g)}$ 36 ΔH/kJ

Tendo como base as reações acima e suas respectivas entalpias, calcule a entalpia geral de formação do trióxido de boro e informe sua equação global.

Resolução: Para a resolução deste problema será necessário aplicar a lei de Hess.

Invertendo a etapa 1: $3O_{2(g)} + B_2H_{6(g)} \rightarrow B_2O_{3(s)} + 3H_2O_{(g)}$ - 2035 ΔH/kJ

Multiplicando por três e invertendo a etapa 2: $3H_2O_{(g)} \rightarrow 3H_2O_{(l)}$ 3x (- 44) ΔH/kJ

Multiplicando por três e invertendo a etapa 3: $3H_2O_{(l)} \rightarrow 3H_{2(g)} + 3/2O_{2(g)}$ 3x (+ 286) ΔH/kJ

Etapa 4: $2B_{(s)} + 3H_{2(g)} \rightarrow B_2H_{6(g)}$ 36 ΔH/kJ

Somando as equações químicas e as entalpias:

$3O_{2(g)} + \cancel{B_2H_{6(g)}} \rightarrow B_2O_{3(s)} + \cancel{3H_2O_{(g)}}$ 2035 ΔH/kJ
$\cancel{3H_2O_{(g)}} \rightarrow \cancel{3H_2O_{(l)}}$ 3x (- 44) ΔH/kJ
$\cancel{3H_2O_{(l)}} \rightarrow \cancel{3H_{2(g)}} + 3/2O_{2(g)}$ 3x (+ 286) ΔH/kJ
$2B_{(s)} + \cancel{3H_{2(g)}} \rightarrow \cancel{B_2H_{6(g)}}$ 36 ΔH/kJ+

$2B_{(s)} + 3/2O_{2(g)} \rightarrow B_2O_{3(s)}$

ΔH_{TOTAL} = - 2035 ΔH/kJ + 3x (- 44) ΔH/kJ + 3x (+ 286) ΔH/kJ + 36 ΔH/kJ

ΔH_{TOTAL} = - 1273 ΔH/kJ

Exercícios de Fixação

Questão 01

(ESPCEX) Uma das aplicações da trinitroglicerina, cuja fórmula é $C_3H_3N_3O_9$ é a confecção de explosivos. Sua decomposição enérgica gera como produtos os gases nitrogênio, dióxido de carbono e oxigênio, além de água, conforme mostra a equação da reação a seguir: $4C_3H_5N_3O_{9(l)} \rightarrow 6N_{2(g)} + 12CO_{2(g)} + 1O_{2(g)} + 10H_2O_{(l)}$. Além de explosivo, a trinitroglicerina também é utilizada como princípio ativo de medicamentos no tratamento de angina, uma doença que acomete o coração. Medicamentos usados no tratamento da angina usam uma dose padrão de 0,6 mg de trinitroglicerina na formulação. Considerando os dados termoquímicos da reação a 25°C e 1 atm e supondo que essa massa de trinitroglicerina sofra uma reação de decomposição completa, a energia liberada seria aproximadamente de:

Dados: $\Delta H_f^0(H_2O) = -286\frac{kJ}{mol}; \Delta H_f^0(CO_2) = -394\frac{kJ}{mol}; \Delta H_f^0(C_3H_5N_3O_9) = -353{,}6\frac{kJ}{mol}$.

a) 4,1 J
b) 789,2 J
c) 1432,3 J
d) 5,3 J
e) 362,7 J

Questão 02

(ESPCEX) Considerando os dados termoquímicos empíricos de energia de ligação das espécies, a entalpia da reação de síntese do fosgênio é: Dados:

Energia de Ligação	
C = O	745 kJ/mol
C≡O	1080 kJ/mol
C - Cl	328 kJ/mol
Cl - Cl	243 kJ/mol

Fórmula estrutural do fosgênio:

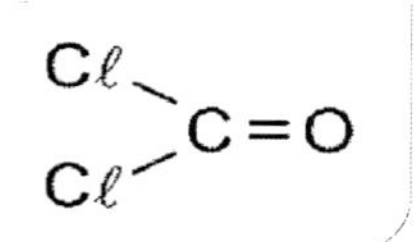

a) + 522 kJ
b) – 78 kJ
c) – 300 kJ
d) + 100 kJ
e) – 141 kJ

Questão 03

(ESPCEX) Sendo as temperaturas de fusão do gelo 0°C (Celsius) ou 32°F (Fahrenheit), e a de ebulição da água 100°C ou 212°F, quando uma pessoa apresentar febre de 38°C, esta leitura em um termômetro Fahrenheit será:

a) 38ºF
b) 54,3ºF
c) 78,9ºF
d) 98,4ºF
e) 100,4ºF

Questão 04

(ESPCEX) Sabendo-se que o calor específico do ferro é de 0,11 cal/g.°C, o calor necessário para aquecer, de 40°C até 70°C, uma barra de ferro com massa igual a 1 kg, é de

a) 3,3 cal
b) 4,7 cal
c) 33 cal
d) 4,7 kcal
e) 3,3 kcal

Questão 05

(ESPCEX) O etanol, a gasolina e o gás natural são combustíveis largamente utilizados no Brasil. Considere para a resolução desta questão que o etanol possui fórmula C_2H_6O, que a gasolina é constituída apenas por iso-octano (2,2,4-trimetilpentano; C_8H_{18}), que o gás natural é constituído apenas por metano (CH_4), e os seguintes dados: Dados: entalpia padrão de formação das espécies ΔHf° $CH_{4(g)}$ = - 74,8 kJ.mol^{-1}; ΔHf° $CO_{2(g)}$ = - 393,5 kJ.mol^{-1}; ΔHf° $H_2O_{(\ell)}$ = - 285,5 kJ mol^{-1}; ΔHf° $C_2H_6O_{(\ell)}$ = - 227,7 kJ.mol^{-1} ΔHf°$C_8H18_{(\ell)}$ = - 201,5 kJ.mol^{-1} Volume gasoso à 25ºC e 1 atm = 24,5 L.mol^{-1}. Em relação às substâncias e à reação de combustão completa de cada um dos três combustíveis citados, são feitas as seguintes afirmativas:

I – O metano (gás natural) é o combustível que libera a maior quantidade de energia por unidade de massa (grama).
II – 1,15 kg de etanol liberam 39100 kJ.
III – Metano, etanol e iso-octano são hidrocarbonetos.
IV – À 25°C e 1 atm, metano, etanol e iso-octano são líquidos miscíveis em água em qualquer proporção.
V – O calor de combustão do iso-octano (gasolina) é 5518 kJ.mol^{-1}.
VI – À 25°C e 1 atm, o volume de CO_2 liberado na combustão de 1,15 kg de etanol é de 2470 L. Das afirmativas feitas, estão corretas apenas:

a) I, III e VI
b) II, V e VI
c) I e V
d) III, IV e V
e) II e IV

Questão 06

(ESPCEX) Um corpo, dentro de um calorímetro de capacidade térmica desprezível, recebe calor exclusivamente de uma fonte cuja potência é 120 W. Sua temperatura varia com o tempo de acordo com o gráfico abaixo. A capacidade térmica desse corpo, em J/°C, é de:

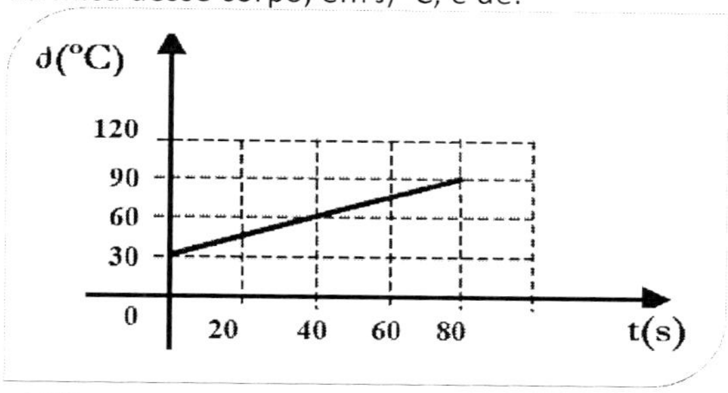

a) 80
b) 60
c) 105
d) 160
e) 180

Questão 07

(ESPCEX) O gráfico abaixo representa a temperatura T de um bloco de ferro de massa igual a 1,5 kg e calor específico igual a 0,11 cal/g.°C, em função do tempo (t).

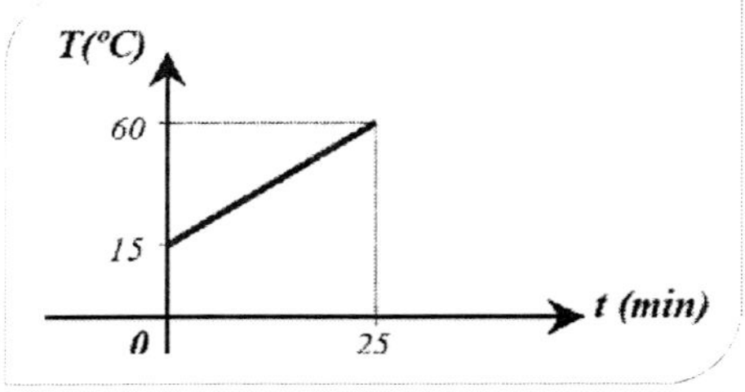

A fonte de calor trabalha com uma potência constante e todo o calor por ela liberado é absorvido pelo bloco. Nesse caso, a potência da fonte vale:

a) 297 cal/min
b) 396 cal/min
c) 495 cal/min
d) 660 cal/min
e) 165 cal/min

Questão 08

(ESPCEX) Reações conhecidas pelo nome de Termita são comumente utilizadas em granadas incendiárias para destruição de artefatos, como peças de morteiro, por atingir temperaturas altíssimas devido à intensa quantidade de calor liberada e por produzir ferro metálico na alma das peças, inutilizando-as. Uma reação de Termita muito comum envolve a mistura de alumínio metálico e óxido de ferro III, na proporção adequada, e gera como produtos o ferro metálico e o óxido de alumínio, além de calor, conforme mostra a equação da reação: $2Al_{(s)} + Fe_2O_{3(s)} \rightarrow 2Fe_{(s)} + Al_2O_{3(s)}$.

Entalpias de formação (ΔH°)			
$Al_2O_{3(g)}$	$Fe_2O_{3\,(g)}$	$Fe_{(s)}$	$Al_{(s)}$
- 1675,7 kJ.mol^{-1}	- 824,2 kJ.mol^{-1}	0 kJ.mol^{-1}	0 kJ.mol^{-1}

Considerando a equação de reação de Termita apresentada e os valores de entalpia (calor) padrão das substâncias componentes da mistura, a variação de entalpia da reação de Termita é de:

a) $\Delta H°_r$ = + 2111,2 kJ
b) $\Delta H°_r$ = - 1030,7 kJ
c) $\Delta H°_r$ = - 851,5 kJ
d) $\Delta H°_r$ = - 332,2 kJ
e) $\Delta H°_r$ = - 1421,6 kJ

Questão 09

(ESPCEX) Um calorímetro contém 240 g de água a 10°C e dentro dele são colocados 120 g de um metal a 130°C. Supondo que só ocorra troca de calor entre a água e o metal, a temperatura final de equilíbrio do sistema água e metal, em °C, será de: Dados: calor específico da água: 1,00 cal/g.°C; calor específico do metal: 0,40 cal/g.°C.

a) 22,2
b) 30,0
c) 32,8
d) 36,0
e) 40,1

Questão 10

(ESPCEX) Um cozinheiro necessita preparar 1,5 litros de café com leite a uma temperatura de 42°C. Ele dispõe de 70 mililitros de café a 82°C. Considerando que somente haja troca de calor entre o café e o leite e que ambos tenham o mesmo calor específico e a mesma densidade, para conseguir o seu intento, a temperatura inicial do leite que será misturado ao café deve ser de:

a) 62°C
b) 40°C
c) 35°C
d) 11°C
e) 7°C

Questão 11

(ESPCEX) Um motor térmico funciona segundo o ciclo de Carnct. A temperatura da fonte quente vale 323°C e a fonte fria vale 25°C. O rendimento desse motor é de:

a) 8%
b) 13%
c) 50%
d) 70%
e) 92%

Questão 12

(ESPCEX) Algumas viaturas militares administrativas possuem motores à combustão que utilizam como combustível a gasolina. A queima (combustão) de combustíveis como a gasolina, nos motores à combustão, fornece a energia essencial para o funcionamento dessas viaturas militares. Considerando uma gasolina na condição padrão ($25\,^0C$ e 1 atm), composta apenas por n-octano (C_8H_{18}) e que a sua combustão seja completa (formação exclusiva de CO_2 e H_2O gasosos como produtos), são feitas as seguintes afirmativas:

Entalpias de formação (ΔH°)		
$H_2O_{(g)}$	$CO_{2\,(g)}$	$C_8H_{18(l)}$
$- 242\ kJ.mol^{-1}$	$- 394\ kJ.mol^{-1}$	$- 250\ kJ.mol^{-1}$

I) a combustão da gasolina (C_8H_{18}) é uma reação exotérmica;
II) na combustão completa de 1 mol de gasolina, são liberados 16 mols de gás carbônico (CO_2);
III) a entalpia de combustão (calor de combustão) dessa gasolina é - 5080 kJ/mol (ΔH_c = - 5080 kJ/mol);
IV) o calor liberado na combustão de 57 g de gasolina é de 1270 kJ. Das afirmativas apresentadas estão corretas apenas a:

a) I, II e III
b) I, III e IV
c) I e II
d) II e IV
e) I e III

Questão 13

(ESPCEX) Um cientista dispõe de um termômetro de mercúrio com a escala totalmente ilegível. Desejando medir a temperatura de uma substância X com o termômetro, ele adotou o seguinte procedimento: sob a condição de pressão normal (1 atm), mergulhou o termômetro na água em ebulição e observou que a coluna de mercúrio atingiu o comprimento de 10 cm; posteriormente, colocando o termômetro em gelo fundente, o comprimento da coluna de mercúrio passou a ser de 2 cm. Após esse procedimento, ele colocou o termômetro em contato com a substância X e encontrou o comprimento de 5,2 cm para a coluna de mercúrio. Baseado nessas informações, a temperatura da substância X medida pelo cientista, em graus Celsius, é de:

a) 65°C
b) 52°C
c) 48°C
d) 40°C
e) 32°C

Questão 14

(ESPCEX) Podemos afirmar que, para um gás ideal, ao final de toda transformação cíclica:
a) O calor trocado pelo sistema é nulo
b) A variação da energia interna do gás é nula
c) O trabalho realizado pelo gás é nulo
d) A pressão interna do gás diminui
e) O volume interno do gás aumenta

Questão 15

(ESPCEX) A utilização do termômetro, para a avaliação da temperatura de um determinado corpo, é possível porque, após algum tempo de contato entre eles, ambos adquirem a mesma temperatura. Neste caso, é válido dizer que eles atingem a(o):
a) Equilíbrio térmico
b) Ponto de condensação
c) Coeficiente de dilatação máximo
d) Mesma capacidade térmica
e) Mesmo calor específico

Questão 16

(ESPCEX) Para elevar a temperatura de 200 g de uma certa substância, de calor específico igual a 0,6 cal/g.°C, de 20°C para 50°C, será necessário fornecer-lhe uma quantidade de energia igual a:
a) 120 cal
b) 600 cal
c) 900 cal
d) 1800 cal
e) 3600 cal

Questão 17

(ESPCEX) O propan-2-ol (álcool isopropílico), cuja fórmula é C_3H_8O, é vendido comercialmente como álcool de massagem ou de limpeza de telas e de monitores. Considerando uma reação de combustão completa com rendimento de 100% e os dados de entalpias padrão de formação (ΔH°_f) das espécies participantes desse processo e da densidade do álcool, a quantidade de energia liberada na combustão completa de 10,0 L desse álcool será de:

Entalpia de formação (ΔH°_f)	$H_2O_{(v)}$ = - 242 KJ.mol^{-1}	$CO_{2(g)}$ = - 394 KJ.mol^{-1}	$C_3H_8O_{(l)}$ = - 163 KJ.mol^{-1}
Massa atômica (u)	C = 12	H = 1	O = 16
Densidade do Álcool (g/mL)	d = 0,78		

a) 974783 kJ
b) 747752 kJ
c) 578536 kJ
d) 469247 kJ
e) 258310 kJ

Questão 18

(ESPCEX) O carbureto de cálcio (CaC_2), quando tratado com água, fornece como um dos produtos o acetileno (C_2H_2), que, ao sofrer combustão, libera intensa quantidade de energia. Se tratarmos 96 g de carbureto de cálcio com água e considerarmos o calor de combustão do acetileno igual a 300 kcal/mol, podemos afirmar que o volume de CO_2 e o calor liberado na combustão do acetileno obtido nessa reação, nas CNTP, são, respectivamente: Dados: V_{molar} = 22,4 L/mol.
a) 33,6 L; 4,5 kcal
b) 3,36 L; 450 kcal
c) 67,2 L; 450 kcal

d) 33,6 L; 4500 kcal
e) 672,0 L; 4,5 kcal

Questão 19

(ESPCEX) Quantidades enormes de energia podem ser armazenadas em ligações químicas e a quantidade empírica estimada de energia produzida numa reação pode ser calculada a partir das energias de ligação das espécies envolvidas. Talvez a ilustração mais próxima deste conceito no cotidiano seja a utilização de combustíveis em veículos automotivos. No Brasil alguns veículos utilizam como combustível o Álcool Etílico Hidratado Combustível, conhecido pela sigla AEHC (atualmente denominado comercialmente apenas por ETANOL). Considerando um veículo movido a AEHC com um tanque de capacidade de 40 L completamente cheio, além dos dados de energia de ligação química fornecidos e admitindo-se rendimento energético da reação de 100%, densidade do AEHC de 0,80 g/cm³ e que o AEHC é composto, em massa, por 96% da substância etanol e 4% de água, a quantidade aproximada de calor liberada pela combustão completa do combustível deste veículo será de:

Energia de ligação ($kJ.mol^{-1}$)			
Tipo de ligação	Energia ($kJ.mol^{-1}$)	Tipo de ligação	Energia ($kJ.mol^{-1}$)
C - C	348	H - O	463
C - H	413	O = O	495
C = O	799	C - O	358

a) $2,11 \times 10^5$ kJ
b) $3,45 \times 10^3$ kJ
c) $8,38 \times 10^5$ kJ
d) $4,11 \times 10^4$ kJ
e) $0,99 \times 10^4$ kJ

Questão 20

(ESPCEX) Em um laboratório, um estudante realiza alguns experimentos com um gás perfeito. Inicialmente o gás está a uma temperatura a 27°C; em seguida, ele sofre uma expansão isobárica que torna o seu volume cinco vezes maior, imediatamente após, o gás sofre uma transformação isocórica e sua pressão cai a um sexto do seu valor inicial. O valor final da temperatura do gás passa a ser de:
a) 327°C
b) 250°C
c) 27°C
d) – 23°C
e) – 72°C

Questão 21

(ESPCEX) Um termômetro digital, localizado em uma praça da Inglaterra, marca a temperatura de 10,4°F. essa temperatura, na escala Celsius, corresponde a:
a) – 5°C
b) – 10°C
c) – 12°C
d) – 27°C
e) – 39°C

Questão 22

(ESPCEX) O trioxano cuja fórmula estrutural plana simplificada encontra-se representada a seguir, é utilizada em alguns países como combustível sólido para o aquecimento de alimentos armazenados em embalagens especiais que fazem parte das reações operacionais militares.

Energia de Ligação ($kJ.mol^{-1}$)	
C - H	413
O - C	358
H - O	463
O = O	495
C = O	799

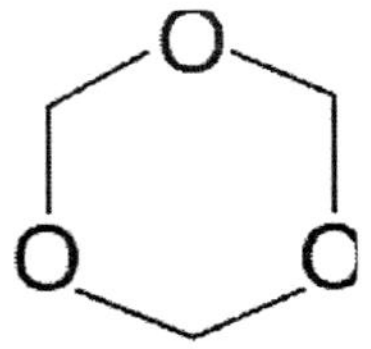

Trioxano

Considere a reação de combustão completa de um tablete de 90g do trioxano com a formação de CO_2 e H_2O. Baseado nas energias de ligação fornecidas na tabela abaixo, o valor da entalpia de combustão estimada para esta reação é:

a) + 168 kJ
b) – 262 kJ
c) + 369 kJ
d) – 1461 kJ
e) – 564 kJ

Questão 23

(ESPCEX) Considere, no quadro abaixo, as seguintes entalpias de combustão nas condições-padrão (25°C e 1 atm), expressas em $kJ.mol^{-1}$.

Fórmula molecular e fase de agregação	$\Delta H°_{(combustão)}$
$C_{(grafita)}$	- 393,3
$H_{2(g)}$	- 285,8
$C_4H_{10(g)}$	- 2878,6

A alternativa que corresponde ao valor da entalpia da reação abaixo, nas condições-padrão, é: $4C_{(grafita)} + 5H_{2(g)} \rightarrow C_4H_{10(g)}$.

a) + 68,6 $kJ.mol^{-1}$
b) – 123,6 $kJ.mol^{-1}$
c) + 248,8 $kJ.mol^{-1}$
d) + 174,4 $kJ.mol^{-1}$
e) – 352,5 $kJ.mol^{-1}$

Questão 24

(ESPCEX) A reação de combustão completa do etanol produz gás carbônico e água. Dada a tabela abaixo, de calores de formação das espécies químicas, e considerando reação de combustão completa desse álcool, são feitas as seguintes afirmativas:

Composto	ΔH^0 ($kJ.mol^{-1}$) (25°C; 1 atm)
$C_2H_5OH_{(l)}$	- 278,00
$CO_{2(g)}$	- 394,00
$H_2O_{(l)}$	- 286,00

I) O agente oxidante dessa reação é o O_2.
II) O coeficiente estequiométrico da água, após o balanceamento da equação é 2.
III) Considerando a densidade do etanol 0,8 g/mL (25ºC; 1 atm), a combustão completa de 1150 mL desse composto libera aproximadamente 27360 kJ.
IV) A quantidade de calor liberada na combustão de 1 mol de etanol é de 278 $kJ.mol^{-1}$. Das afirmativas feitas estão corretas apenas:

a) II, III e IV
b) I e II

c) III e IV
d) II e IV
e) I e III

Questão 25

(ESPCEX) Em condições adequadas, a água vaporiza-se, passando do estado líquido para vapor. Considerando o processo de vaporização da água, nas condições fornecidas: $H_2O_{(l)} \rightarrow H_2O_{(g)}$; ΔH = + 44 kJ/mol. A quantidade de calor necessária para provocar a vaporização de 900 mL de água líquida nesse processo é: Dados: Densidade da água: 5,0 g/mL.
a) 3000 kJ
b) 1500 kJ
c) 2200 kJ
d) 2000 kJ
e) 1800 kJ

Questão 26

(ESPCEX) São dadas as seguintes informações relativas às reações que ocorrem à temperatura de 25°C e à pressão de 1 atm:
I) $4Fe_{(s)} + 12H_2O_{(l)} \rightarrow 4Fe(OH)_{3(s)} + 6H_{2(g)}$ ΔH = + 643,96 kJ
II) $6H_2O_{(l)} + 2Fe_2O_{3(s)} \rightarrow 4Fe(OH)_{3(s)}$ ΔH = + 577,38 kJ
III) $6H_{2(g)} + 3O_{2(g)} \rightarrow 6H_2O_{(l)}$ ΔH = - 1714,98 kJ
Com base nesses dados, é possível afirmar que, quando há produção de somente 1 (um) mol de óxido de ferro III, a partir das substâncias simples, ocorre:
a) Absorção de 1012,6 kJ
b) Liberação de 1012,6 kJ
c) Absorção de 824,2 kJ
d) Liberação de 824,2 kJ
e) Absorção de 577,38 kJ

Questão 27

(ESPCEX) Solubilidade é a capacidade que um material possui de se espalhar uniformemente num outro material. A solubilidade depende da temperatura e é expressa normalmente em g de soluto/100 g de solvente. A tabela a seguir fornece a solubilidade de três substâncias: sacarose, hidróxido de cálcio e dicromato de potássio em g de soluto/100 g de H_2O.

T(°C)	Sacarose	$Ca(OH)_2$	$K_2Cr_2O_7$
0	179,2	185	05
10	190,5	176	08
20	203,9	165	13
30	219,5	153	20
40	238,1	141	28

Pode-se afirmar que a dissolução:
a) a sacarose é um processo endotérmico e do $K_2Cr_2O_7$ é exotérmico
b) do $Ca(OH)_2$ é um processo endotérmico e da sacarose é exotérmico
c) do $K_2Cr_2O_7$ e do $Ca(OH)_2$ são processos endotérmicos
d) do $K_2Cr_2O_7$ e da sacarose são processos exotérmicos
e) do $Ca(OH)_2$ é um processo exotérmico e do $K_2Cr_2O_7$ é endotérmico

Questão 28

(ESPCEX) Comparando-se a escala Z com a escala C (Celsius) de dois termômetros, obteve-se o gráfico abaixo, que mostra a correspondência entre essas duas escalas.

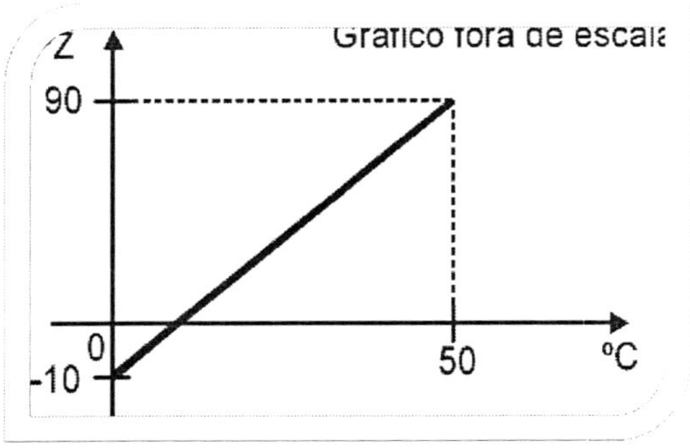

Quando o termômetro graduado em ºC estiver registrando 90, o termômetro graduado em ºZ estará registrando:

a) 100
b) 120
c) 150
d) 170
e) 200

Questão 29

(ESPCEX) Em uma escala termométrica genérica X, o ponto de ebulição da água vale 217°X e o ponto de gelo vale 17°X. A escala termométrica que relaciona a temperatura T_C na escala Celsius com a temperatura T_X na escala X é:

a) $T_C = \frac{T_X - 17}{2}$
b) $T_C = 2T_X - 34$
c) $T_C = T_X + 17$
d) $T_C = \frac{T_X}{2-17}$
e) $T_C = \frac{2T_X + 17}{2}$

Questão 30

(ESPCEX) Assinale a alternativa correta:

a) a condução e a convecção térmica só ocorrem no vácuo.
b) no vácuo a única forma de transmissão de calor é por condução.
c) a convecção térmica só ocorre nos fluidos, ou seja, não se verifica no vácuo nem em materiais em estado sólido.
d) a irradiação é um processo de transmissão de calor que só se verifica em meios materiais.
e) a condução térmica só ocorre no vácuo; no entanto, a convecção térmica se verifica em materiais no estado sólido.

Questão 31

(ESPCEX) O calor do Sol chega à Terra por um processo de:

a) condutibilidade, através das moléculas
b) convecção, por aquecimento do meio
c) difusão de partículas no vácuo
d) radiação, que pode ocorrer no vácuo
e) condutibilidade no vácuo

Questão 32

Determine os calores de formação da amônia e a hidrogenação do propeno. Informações para a resolução do problema: Energias de ligação ($kcal.mol^{-1}$): (C – C) = 82,6; (N ≡ N) = 225,8; (N – H) = 93,4; (C = C) = 154,8; (C – H) = 98,8; (H – H) = 104,2.

Questão 33

(INSTITUTO MILITAR DE ENGENHARIA) Calcule a quantidade de calor liberado na queima de 130 kg de acetileno a 25°C e 1 atm. Dados a 298K: (ΔH^o_f) CO_2 = - 94,1 kcal.mol^{-1}; (ΔH^o_f) H_2O = - 57,8 kcal.mol^{-1}; (ΔH^o_f) C_2H_2 = + 54,2 kcal.mol^{-1}.

Questão 34

(UNIVERSIDADE FEDERAL FLUMINENSE) O metano é um gás produzido em grandes quantidades, na superfície terrestre, nos processos de decomposição de matéria orgânica, e é uma das principais fontes naturais de dióxido de carbono na atmosfera. A formação de CO_2 se dá pela oxidação do metano: $CH_{4(g)} + 2O_{2(g)} \rightarrow CO_{2(g)} + 2H_2O_{(l)}$. Considerando que o valor da variação de entalpia para 1,0 mol de metano é -890,3 kJ, a quantidade de calor liberada na combustão total de 10,0 g de metano é:

a) 370 kJ
b) 420 kJ
c) 556 kJ
d) 680 kJ
e) 780 kJ

Questão 35

(UNIVERSIDADE ESTADUAL DO RIO DE JANEIRO) O trióxido de diarsênio é um sólido venenoso obtido pela reação do arsênio (As) com o gás oxigênio. Sua entalpia padrão de formação é igual a –660 kJ.mol^{-1}. Escreva a equação química completa e balanceada da obtenção do trióxido de diarsênio. Em seguida, calcule a quantidade de energia, em quilojoules, liberada na formação desse sólido a partir da oxidação de 1,5 kg de arsênio.

Questão 36

(GRILLO) Considere a seguinte equação química com seu valor termodinâmico: $C_4H_{10(g)} + O_{2(g)} \rightarrow CO_{2(g)} + 5H_2O_{(g)}$; ΔH = -2900 kJ/mol. Assinale a alternativa que apresenta a quantidade de calor produzido em kJ, devido à combustão do butano:

a) $5,0 \times 10^4$
b) $1,0 \times 10^5$
c) $1,5 \times 10^5$
d) $2,0 \times 10^5$
e) $2,9 \times 10^5$

Questão 37

(ESPCEX) A produção de ferro, realizada em siderúrgicas, baseia-se de maneira genérica nas equações abaixo, onde a adição de carbonato de cálcio tem a função de retirar as impurezas, que interferem na qualidade do ferro obtido.

(I) $2C + O_2 \rightarrow 2CO$ $\quad H < 0$
(II) Minério + $3CO + Q \rightarrow 2Fe + 3CO_2$
(III) $CaCO_3 \overset{\Delta}{\rightarrow} CaO + CO_2$
(IV) $CaO + SiO_2 \rightarrow CaSiO_3$

Observação: O minério além de Fe_2O_3 (constituinte básico) possui somente o SiO_2 como impureza. Sobre as reações pode-se afirmar que:

a) IV é um deslocamento
b) II é uma dupla troca entre o oxigênio e o carbono
c) III é uma análise
d) II é um processo exotérmico
e) I é uma síntese endotérmica

Questão 38

(ESPCEX) Devido ao intenso calor liberado, reações de termita são bastante utilizadas em aplicações militares como granadas incendiárias ou em atividades civis como solda de trilhos de trem. A reação de termita mais comum é a aluminotérmica, que utiliza como reagentes o alumínio metálico e o óxido de ferro III. A reação de termita aluminotérmica pode ser representada pela equação química não balanceada: $Al_{(s)} + Fe_2O_{3(s)} \rightarrow Fe_{(s)} + Al_2O_{3(s)}$ + Calor.

Dados: valores arredondados de entalpias padrão de formação das espécies ΔH^{o}_{f} Al_2O_3 = - 1676 kJ/ mol; ΔH^{o}_{f} Fe_2O_3 = - 826 kJ/mol Acerca desse processo, são feitas as seguintes afirmativas:

I – Após correto balanceamento, o coeficiente do reagente alumínio na equação química é 2.

II – Essa é uma reação de oxidorredução e o agente oxidante é o óxido de ferro III.

III – Na condição padrão, o ΔH da reação é - 503 kJ para cada mol de óxido de alumínio produzido.

IV – Na condição padrão, para a obtenção de 56 g de ferro metálico, o calor liberado na reação é de 355 kJ. Assinale a alternativa que apresenta todas as afirmativas corretas, dentre as listadas acima.

a) I, II e IV
b) II, III e IV
c) I e II
d) I e III
e) III e IV

Exercícios de Fixação – Gabarito

Questão 01

(ESPCEX) Alternativa A.

Equação química da decomposição da nitroglicerina: $4C_3H_5N_3O_{9(l)} \rightarrow 6N_{2(g)} + 12CO_{2(g)} + 1O_{2(g)} + 10H_2O_{(l)}$

Cálculo da variação de entalpia para a decomposição da nitroglicerina: $\Delta H°_{reação}$ = {10 x (-286) + 1 x (0) + 12 x (-394) + 6 x (0)} – 4 x (-353,6)

$\Delta H°_{reação}$ = - 7588 + 1414,4 = - 6173,6 kJ/mol

Cálculo da entalpia para 0,6 mg de nitroglicerina:

4 x 227 g ---------------- (- 6173,6 kJ)

0,6 x 10^{-3} g ------------- ΔH°

ΔH° = - 4,08 x 10^{-3} kJ (- 4,08 J)

Questão 02

(ESPCEX) Alternativa B.

Equação química: $CO_{(g)} + Cl_{2(g)} \rightarrow COCl_{2(g)}$

Para a determinação da variação de entalpia, as ligações nos reagentes são quebradas, caracterizando um processo endotérmico.

$H_{reagentes}$ = + (1080 + 243) = 1323 kJ

E para os produtos novas ligações são formadas, caracterizando um processo exotérmico. $H_{produtos}$ = - {(2 x 328+ + 745} = - 1401 kJ

Cálculo da variação de entalpia ($\Delta H_{reação}$): $\Delta H_{reação} = H_{reagentes} + H_{produtos}$ = + 1323 kJ + (- 1401) = - 78 kJ

Questão 03

(ESPCEX) Alternativa E.

Sabendo que a relação matemática entre a temperatura Celsius e Fahrenheit é dada pela seguinte equação: $\frac{T_C}{5} = \frac{T_F - 32}{9}$

Para uma temperatura igual a 38°C, a temperatura na escala Fahrenheit será: $\frac{38}{5} = \frac{T_F - 32}{9}$

$$T_F = 32 + 9 \text{ x} \left(\frac{38}{5}\right) = 100{,}4°F$$

Questão 04

(ESPCEX) Alternativa E.

Cálculo da quantidade de calor sensível (Q): Q = 1000 g x 0,11 $cal.g^{-1}.°C^{-1}$ x (70 – 40)°C

Q = 3300 calorias (3,3 kcal)

Questão 05

(ESPCEX) Alternativa C.

Item I) Verdadeiro.

Determinação da entalpia de combustão do gás metano:

$CH_{4(g)} + 2O_{2(g)} \rightarrow CO_{2(g)} + 2H_2O_{(l)}$

$$\Delta H^0_{reação} = \sum H^0_{produtos} - \sum H^0_{reagentes}$$

$$\Delta H^0_{reação} = [1 \text{ x } H^0_{CO_2} + 2 \text{ x } H^0_{H_2O}] - [1 \text{ x } H^0_{CH_4} + 2 \text{ x } H^0_{O_2}]$$

$$\Delta H^0_{reação} = [1 \text{ x } (-393{,}5) + 2 \text{ x } (-285{,}5)] - [1 \text{ x } (-74{,}8) + 2 \text{ x } 0] = -889{,}70 \frac{kJ}{mol}$$

$$\Delta H^0_{reação} = -889{,}70 \frac{kJ}{mol} \text{ x } \frac{1 \text{ mol}}{16 \text{ g}} = -55{,}61 \frac{kJ}{g}$$

Determinação da entalpia de combustão do etanol: $C_2H_6O_{(l)} + 3O_{2(g)} \rightarrow 2CO_{2(g)} + 3H_2O_{(l)}$

$$\Delta H^0_{reação} = \sum H^0_{produtos} - \sum H^0_{reagentes}$$

$$\Delta H^0_{reação} = [2 \text{ x } H^0_{CO_2} + 3 \text{ x } H^0_{H_2O}] - [1 \text{ x } H^0_{C_2H_6O} + 3 \text{ x } H^0_{O_2}]$$

$$\Delta H^0_{reação} = [2 \text{ x } (-393{,}5) + 3 \text{ x } (-285{,}5)] - [1 \text{ x } (-227{,}7) + 3 \text{ x } 0] = -1415{,}80 \frac{kJ}{mol}$$

$$\Delta H^0_{reação} = -1415{,}80 \frac{kJ}{mol} \text{ x } \frac{1 \text{ mol}}{46 \text{ g}} = -30{,}78 \frac{kJ}{g}$$

Determinação da entalpia de combustão do iso-octano: $C_8H_{18(l)} + 25/2O_{2(g)} \rightarrow 8CO_{2(g)} + 9H_2O_{(l)}$

$$\Delta H^0_{reação} = \sum H^0_{produtos} - \sum H^0_{reagentes}$$

$$\Delta H^0_{reação} = [8 \text{ x } H^0_{CO_2} + 9 \text{ x } H^0_{H_2O}] - \left[1 \text{ x } H^0_{C_8H_{18}} + \frac{25}{2} \text{ x } H^0_{O_2}\right]$$

$$\Delta H^0_{reação} = [8 \text{ x } (-393{,}5) + 9 \text{ x } (-285{,}5)] - \left[1 \text{ x } (-227{,}7) + \frac{25}{2} \text{ x } 0\right] = -5486{,}80 \frac{kJ}{mol}$$

$$\Delta H^0_{reação} = -5486{,}80 \frac{kJ}{mol} \text{ x } \frac{1 \text{ mol}}{114 \text{ g}} = -48{,}13 \frac{kJ}{g}$$

Item II) Falso. A partir da relação estequiométrica, temos:

46 g de etanol --------- (-1415,80 kJ)

1150 g de etanol ----- ΔH

ΔH = -35395 kJ

Item III) Falso. O metano e o isso-octano são hidrocarbonetos, mas o etanol é um composto orgânico oxigenado (álcool).

Item IV) Falso. O metano nas condições ambientes encontra-se no estado gasoso.

Item V) Falso. A partir da relação estequiométrica, temos:

1 mol de etanol -------------------- 2 mol de CO_2
(1150/46) mol de etanol -------- n
n = 50 mol de dióxido de carbono

Aplicando a equação dos gases ideais, temos: $V = \frac{50 \times 0,08206 \times 298}{1} = 1223 \text{ L}$

Questão 06

(ESPCEX) Alternativa D.
Observando o gráfico apresentado pela questão, a variação de temperatura é igual a: ΔT = 90°C – 30°C = 60°C
A potência em um intervalo de tempo igual a 120 segundos, será: P = 120 W = 120 J/s x (80s) = 9600 J
Cálculo da capacidade térmica (C): 9600 = C x 60
C = 160 J/°C

Questão 07

(ESPCEX) Alternativa A.
Conforme o gráfico apresentado, a variação da temperatura em 25 minutos é igual a: ΔT = 60 – 15 = 45°C
Q = m x c x ΔT = 1500 x 0,11 x 45 = 7425 cal
Cálculo da potência (P): $P = \frac{Q}{tempo} = \frac{7425cal}{25min} = 297 \frac{cal}{min}$

Questão 08

(ESPCEX) Alternativa C.
Cálculo da variação da entalpia-padrão para a seguinte equação química. $2Al_{(s)} + Fe_2O_{3(s)} \rightarrow 2Fe_{(s)} + Al_2O_{3(s)}$
$\Delta H°_{reação}$ = {2 x (0) + 1 x (- 1675,7)} – 2 x (0) + 1 x (- 824,2) = - 851,5 kJ/mol

Questão 09

(ESPCEX) Alternativa B.
Para a determinação da temperatura final de equilíbrio, será necessário igualar a quantidade de calor de ambos os sistemas, temos: $Q_{água} = Q_{metal}$
$m_{água} \cdot c_{água} \cdot (T_{eq} - 10°C) = m_{metal} \cdot c_{metal} \cdot (130°C - T_{eq})$
$240 \times 1,0 \times (T_{eq} - 10°C) = 120 \times 0,40 \times (130°C - T_{eq})$
$5 \times (T_{eq} - 10°C) = 130°C - T_{eq}$
$T_{eq} = 30,0°C$

Questão 10

(ESPCEX) Alternativa B.
Analisando a quantidade de calor com relação ao café: $Q_{café}$ = m.c.ΔT = 70 x d x c x (82 – 42), onde d é a densidade e c é o calor específico.
Analisando a quantidade de calor com relação ao leite: Q_{leite} = m x c x ΔT = (1500 – 70) x d x c x (42 – T)
Q_{leite} = m x c x ΔT = 1430 x d x c x (42 – T), em que se trata da densidade e c o calor específico. Cálculo da temperatura do leite: $Q_{café} = Q_{leite}$
70 x d x c x (82 – 42) = (1500 – 70) x d x c x (42 – T)
70 x 40 = 1430 x 42 – 1430 x T
T = 40°C

Questão 11

(ESPCEX) Alternativa C.

O rendimento (R) de um ciclo térmico é dado pela seguinte expressão matemática: $R = 1 - \frac{T_{fria}}{T_{quente}}$, onde Tfrio é a temperatura da fonte fria e Tquente é a temperatura da fonte quente. Diante desta informação, o rendimento será: $R = 1 - \frac{25+273}{323+273} = 0{,}50(50\%)$

Questão 12

(ESPCEX) Alternativa E.

Item I) Verdadeiro. A reação de um combustível sendo um hidrocarboneto na presença de um comburente (oxigênio) caracteriza um processo exotérmico.

Item II) Falso. Equação química: $C_8H_{18(l)} + 25/2O_{2(g)} \rightarrow 8CO_{2(g)} + 9H_2O_{(l)}$

Item III) Verdadeiro. Cálculo da variação da entalpia: ΔH° = {8 x (- 394) + 9 x (-242)} – {1 x (-250) + 25/2 x (0)} = - 5080 kJ/mol

Item IV) Falso.

114 g --------- (- 5080) kJ/mol

57 g ----------- ΔH°

$\Delta H° = - 2540\ kJ.mol^{-1}$

Questão 13

(ESPCEX) Alternativa D.

Na temperatura de fusão, temos os seguintes pontos: 0°C e 2 centímetros.

Na temperatura de ebulição, temos os seguintes pontos: 100°C e 10 centímetros. Relação matemática entre as escalas: $\frac{T_c}{100-0} = \frac{T_{Hg}-2}{10-2}$. Para um comprimento de mercúrio igual a 5,2 cm, a temperatura na escala Celsius será: $\frac{T_c}{100} = \frac{5{,}2-2}{8}$

$$T_c = \frac{320}{8} = 40°C$$

Questão 14

(ESPCEX) Alternativa B. Para um processo cíclico, toda função de estado termodinâmico é igual a zero. Então, a variação de energia interna é nulo (ΔU = 0). Já a quantidade de calor e o trabalho realizado pelo sistema termodinâmico não são funções de estado e sim grandezas transientes.

Questão 15

(ESPCEX) Alternativa A. Quando dois sistemas apresentam a mesma temperatura, haverá um equilíbrio denominado como equilíbrio térmico.

Questão 16

(ESPCEX) Alternativa E.

Cálculo da quantidade de calor sensível (Q): $Q = m \times c \times \Delta T = 200g \times 0{,}6\ cal.g^{-1}.°C^{-1} \times (50 - 20)°C = 3600\ cal$

Questão 17

(ESPCEX) Alternativa E.

Equação química da combustão do álcool isopropílico: $C_3H_8O_{(l)} - 9/2O_{2(g)} \rightarrow 3CO_{2(g)} + 4H_2O_{(l)}$

Cálculo da variação de entalpia para a combustão do álcool isopropílico: $\Delta H°_{reação}$ = {3 x (-394) + 4 x (-242)} – {1 x (-163) + 9/2 x (0)}

$\Delta H°_{reação}$ = - 2150 + 163 = - 1987 kJ/mol

Cálculo da massa de etanol a partir da densidade: Massa = 0,78 g/mL x (10000 mL) = 7800 g

Cálculo da entalpia para 7800 g de álcool isopropílico:
60 g ------------- (- 1987 kJ)
7800 g ---------- ΔH°
ΔH° = - 258310 kJ

Questão 18

(ESPCEX) Alternativa C.
Equação química para a produção de acetileno: $CaC_2 + 2H_2O \rightarrow C_2H_2 + Ca(OH)_2$
Equação química da combustão do acetileno: $C_2H_2 + 5/2O_2 \rightarrow 2CO_2 + H_2O$

Cálculo do volume de acetileno nas CNTP, a partir de 96 g de carbureto de cálcio: $CaC_2 + 2H_2O \rightarrow C_2H_2 + Ca(OH)_2$
1 mol de CaC_2 ------------------- 1 mol de C_2H_2
64 g de CaC_2 --------------------- 22,4 L
96 g de CaC_2 --------------------- $V_{acetileno}$
$V_{acetileno}$ = 33,6 L

Cálculo do volume de dióxido de carbono nas CNTP, a partir de 33,6 L de acetileno: $C_2H_2 + 5/2O_2 \rightarrow 2CO_2 + H_2O$
1 mol de C_2H_2 ---------------------- 2 mol de CO_2
22,4 L de C_2H_2 --------------------- 2 x 22,4 L
33,6 L de C_2H_2 --------------------- $V_{acetileno}$
$V_{acetileno}$ = 67,2 L

Cálculo do número de mol de acetileno produzido, a partir de 96 g de carbureto de cálcio: $CaC_2 + 2H_2O \rightarrow C_2H_2 + Ca(OH)_2$
1 mol de CaC_2 ------------------------ 1 mol de C_2H_2
(96/64) mol de CaC_2 ---------------- n_{C2H2}
n_{C2H2} = 1,50 mol

Cálculo da quantidade de calor para este número de mol, na reação de combustão: ΔH = 300 kcal/mol x 1,50 mol = 450 kcal

Questão 19

(ESPCEX) Alternativa C.

Cálculo da massa, a partir da densidade (d = 0,80 $g.cm^{-3}$).
1 L ----------- 800 g
40 L --------- m
m = 3200 g

Cálculo da massa de etanol, com composição de 96%.
32000 g --------------- 100%
m_{etanol} ------------------- 96%
m_{etanol} = 30720 g

Cálculo do número de mol de etanol: $n_{etanol} = \frac{30720}{46} = 667{,}83 mol$

Energia de ligação ($kJ.mol^{-1}$)			
Tipo de ligação	Energia ($kJ.mol^{-1}$)	Tipo de ligação	Energia ($kJ.mol^{-1}$)
C - C	348	H - O	463
C - H	413	O = O	495
C = O	799	C - O	358

Ligações rompidas (processo endotérmico):
+ {1 x (C-C) + 5 x (C-H) + 1 x (C-O) + 1 x (O-H) + 3 x (O=O)} =
+ {1 x (348) + 5 x (413) + 1 x (358) + 1 x (463) + 3 x (495)} = + 4719 kJ

Ligações formadas (processo exotérmico):
- {4 x (C=O) + 6 x (O-H)} =
- {(4 x 799) + (6 x 463)} = - 5974 kJ

Somando as entalpias de forma algébrica: $\Delta H_{reação} = H_{reagentes} + H_{produtos}$ = + 4719 kJ + (- 5974 kJ) = - 1255 kJ

Cálculo da variação da entalpia para 667,83 mol:
1 mol ---------------------- (- 1255) kJ
667,83 mol -------------- ΔH
$\Delta H = -8{,}38 \times 10^5$ kJ

Questão 20

(ESPCEX) Alternativa D.
Processo I: P_I; V_I; T_I = 27 + 273 = 300 K
Processo II: $P_{II} = P_I$; $V_{II} = 5.\ V_I$; T_{II} = ?
Processo III: $P_{III} = P_{II}/6$; $V_{II} = V_{III}$; T_{II} = ?
Para a resolução do problema será necessário utilizar a equação combinada dos gases ideais.
Entre o processo I e II sofre uma expansão isobárica.
Cálculo da temperatura para o processo II: $\frac{P_I.V_I}{T_I} = \frac{P_{II}.V_{II}}{T_{II}}$

$$\frac{P.V_I}{300} = \frac{P.5.V_I}{T_{II}}$$

T_{II} = 1500 K

Entre o processo II e III sofre uma transformação isocórica ($V_{II} - V_{III}$). Cálculo da temperatura para o processo III: $\frac{P_{II}.V_{II}}{T_{II}} = \frac{P_{III}.V_{III}}{T_{III}}$

$$\frac{P_{II}.\cancel{V}}{1500} = \frac{\frac{P_{II}}{6}.\cancel{V}}{T_{III}}$$

T_{II} = (1500/6) K = 250 K (- 23°C)

Questão 21

(ESPCEX) Alternativa C.
Para uma temperatura igual a 10,4°F, a temperatura na escala Celsius será: $\frac{T_c}{5} = \frac{10{,}4-32}{9}$

$$T_c = 5\ x\left(\frac{10{,}4-32}{9}\right) = -12°C$$

Questão 22

(ESPCEX) Alternativa D.

Equação química a partir do processo de combustão do trioxano: $C_3H_6O_{3(g)} + 3O_{2(g)} \rightarrow 3CO_{2(g)} + 3H_2O_{(g)}$
Através da tabela fornecida pelo problema, é possível o cálculo da entalpia das ligações rompidas e das ligações formadas.

Ligações rompidas (processo endotérmico): 6.(C-H) + 6.(C-O) + 3.(O=O) =
6.(C-H) + 6.(C-O) + 3.(O=O) = + {6.(413) + 6.(358) + 3.(495) = + 6111 kJ

Ligações formadas (processo exotérmico): 6.(C=O) + 6.(O-H) =
6.(C=O) + 6.(O-H) = -{(6 x 799) + (6 x 463)} = - 7572 kJ

Soma das entalpias de maneira algébrica: $\Delta H°_{reação} = H°_{reagentes} + H°_{produtos}$ = + 6111 kJ + (- 7572 kJ) = - 1416 $kJ.mol^{-1}$ de $C_3H_6O_3$
$\Delta H°_{reação}$ = - 1416 $kJ.mol^{-1}$ / 90 g de $C_3H_6O_3$

Questão 23

(ESPCEX) Alternativa B.
Para a resolução do problema será necessário aplicar a Lei de Hess:
Combustão da grafita: $C_{(grafita)} + O_{2(g)} \rightarrow CO_{2(g)}$, ΔH° = - 393,3 kJ
Combustão do hidrogênio: $H_{2(g)} + ½O_{2(g)} \rightarrow H_2O_{(g)}$ ΔH° = - 285,8 kJ
Combustão do gás butano: $C_4H_{10(g)} + 13/2O_{2(g)} \rightarrow 4CO_{2(g)} + 5H_2O_{(g)}$ ΔH° = - 2878,6 kJ

Entalpia de formação do gás butano: $C_{(grafita)} + H_{2(g)} \rightarrow C_4H_{10(g)}$ ΔH° = ?

Multiplicando a primeira equação por quatro: $4C_{(grafita)} + 4O_{2(g)} \rightarrow 4CO_{2(g)}$ ΔH° = 4 x (- 393,3) kJ
Multiplicando a segunda equação por cinco:5 $H_{2(g)} + 5/2O_{2(g)} \rightarrow 5H_2O_{(g)}$ ΔH° = 5 x (- 285,8) kJ
Invertendo a equação de combustão do gás butano: $4CO_{2(g)} + 5H_2O_{(g)} \rightarrow C_4H_{10(g)} + O_{2(g)}$ ΔH° = + 2878,6 kJ

Somando as equações químicas:
$4C_{(grafita)} + \cancel{4O_{2(g)}} \rightarrow \cancel{4CO_{2(g)}}$ ΔH° = 4 x (- 393,3) kJ
$5H_{2(g)} + \cancel{5/2O_{2(g)}} \rightarrow \cancel{5H_2O_{(g)}}$ ΔH° = 5 x (- 285,8) kJ
$\cancel{4CO_{2(g)}} + \cancel{5H_2O_{(g)}} \rightarrow C_4H_{10(g)} + \cancel{13/2O_{2(g)}}$ ΔH° = + 2878,6 kJ+

$4C_{(grafita)} + 5H_{2(g)} \rightarrow C_4H_{10(g)}$ ΔH° = - 123,6 kJ

Questão 24

(ESPCEX) Alternativa E.
Equação química da combustão do etanol: $C_2H_5OH_{(l)} + 3O_{2(g)} \rightarrow 2CO_{2(g)} + 3H_2O_{(l)}$

Cálculo da variação de entalpia para o processo de combustão do etanol: $\Delta H°_{reação}$ = {2 x (-394) + 3 x (-286)} – {1 x (-278) + 3 x 0} = - 1368 $kJ.mol^{-1}$

Cálculo da massa de etanol, a partir da densidade: Massa = 0,80 g/mL x 1150 mL = 920 g

Cálculo do valor da entalpia para uma massa de 920 g de etanol:
46g -------------- (- 1368 kJ)
920 g ----------- ΔH
ΔH = - 27360 kJ

Item I) Verdadeiro
Item II) Falso
Item III) Verdadeiro
Item IV) Falso

Questão 25

(ESPCEX) Alternativa C.

Cálculo da massa de água, a partir da densidade: Massa = d x V = 1,0 g/mL x (900 mL) = 900 g

18g ------------- + 44 kJ

900 g ----------- ΔH

ΔH = + 2200 kJ

Questão 26

(ESPCEX) Alternativa D.

Equação química de formação para 1 mol de óxido de ferro III: $2Fe_{(s)} + 3/2O_{2(g)} \rightarrow Fe_2O_{3(s)}$

Para a determinação do valor da entalpia desta reação será necessário utilizar a Lei de Hess.

Primeira reação química: $4Fe_{(s)} + 12H_2O_{(l)} \rightarrow 4Fe(OH)_{3(s)} + 6H_{2(g)}$ ΔH = (+643,96 kJ)

Segunda equação química: $4Fe(OH)_{3(s)} \rightarrow 6H_2O_{(l)} + 2Fe_2O_{3(s)}$ ΔH = (- 577,38 kJ)

Terceira reação química: $6H_{2(g)} + 3O_{2(g)} \rightarrow 6H_2O_{(l)}$ ΔH = - 1714,98 kJ

Somando as equações químicas e a variação da entalpia:

$4Fe_{(s)} + \cancel{12H_2O_{(l)}} \rightarrow \cancel{4Fe(OH)_{3(s)}} + \cancel{6H_{2(g)}}$ ΔH = (+ 643,96 kJ)

$\cancel{4Fe(OH)_{3(s)}} \rightarrow \cancel{6H_2O_{(l)}} + 2Fe_2O_{3(s)}$ ΔH = (- 577,38 kJ)

$\cancel{6H_{2(g)}} + 3O_{2(g)} \rightarrow \cancel{6H_2O_{(l)}}$ ΔH = - 1714,98 kJ +

$4Fe_{(s)} + 3O_{2(g)} \rightarrow 2Fe_2O_{3(s)}$ ΔH = - 1648,4 kJ

Dividindo a equação química por dois: $2Fe_{(s)} + 3/2O_{2(g)} \rightarrow Fe_2O_{3(s)}$ ΔH = (- 1648,4 kJ / 2) = - 824,2 kJ

Questão 27

(EsPCEx) Alternativa C.

Analisando para cada composto.

Para a sacarose, observa-se que com o aumento da temperatura, a quantidade de massa dissolvida também aumenta, caracterizando um processo endotérmico. Para o hidróxido de cálcio, observa-se que com o aumento da temperatura, a quantidade de massa dissolvida diminui, caracterizando um processo exotérmico. Para o dicromato de potássio, observa-se que com o aumento da temperatura, a quantidade de massa dissolvida também aumenta, caracterizando um processo endotérmico.

Questão 28

(ESPCEX) Alternativa D.

Determinação da temperatura na escala Z, quando a temperatura na escala celsius for igual a 90°C. $\frac{C-0}{50-0} = \frac{Z-(-10)}{90-(-10)}$

$$\frac{90-0}{50-0} = \frac{Z-(-10)}{90-(-10)}$$

$$Z = 170°Z$$

Questão 29

(ESPCEX) Alternativa A.

Relação matemática entre a escala celsius e a escala X. $\frac{C-0}{100-0} = \frac{X-17}{217-17}$

$$\frac{C}{100-0} = \frac{X-17}{200}$$

$$C = \frac{X-17}{2}$$

Questão 30

(ESPCEX) Alternativa C.

Item a) Falso. Trata-se da irradiação térmica

Item b) Falso. A transmissão de calor é por irradiação

Item c) Verdadeiro

Item d) Falso

Item e) Falso

Questão 31

(ESPCEX) Alternativa D.

Questão 32

Equação química: $N_{2(g)} + 3H_{2(g)} \rightarrow 2NH_{3(g)}$

Cálculo das entalpias (reagentes e produtos): $H_{reagentes} = +[1 \text{ x } H_{N\equiv N} + 3 \text{ x } H_{H-H}]$

$$H_{reagentes} = +[1 \text{ x } 225{,}8 + 3 \text{ x } 104{,}2] = +538{,}40 \frac{kcal}{mol}$$

$$H_{produtos} = -[2x3xH_{N-H}] = -[6x93{,}40] = -560{,}40 \frac{kcal}{mol}$$

Cálculo da variação de entalpia da reação ($\Delta H_{reação}$): $\Delta H_{reação} = H_{produtos} + H_{reagentes}$

$$\Delta H_{reação} = -560{,}40 + 538{,}40 = -22{,}00 \frac{kcal}{mol}$$

Analisando a segunda reação – reação de hidrogenação do propeno: $C_3H_{6(g)} + 3H_{2(g)} \rightarrow 2C_3H_{8(g)}$

$$H_{reagentes} = +[1 \text{ x } H_{C=C} + 1 \text{ x } H_{C-C} + 6 \text{ x } H_{C-H}] + [1 \text{ x } H_{H-H}]$$

$$H_{reagentes} = +[1 \text{ x } 145{,}8 + 1 \text{ x } 82{,}6 + 6 \text{ x } 98{,}8] + [1 \text{ x } 104{,}2]$$

$$H_{reagentes} = +925{,}40 \frac{kcal}{mol}$$

$$H_{produtos} = -[2 \text{ x } H_{C-C} + 8 \text{ x } H_{C-H}] = -[2 \text{ x } 82{,}60 + 8 \text{ x } 98{,}80]$$

$$H_{produtos} = -955{,}60 \frac{kcal}{mol}$$

Cálculo da variação de entalpia da reação ($\Delta H_{reação}$): $\Delta H_{reação} = H_{produtos} + H_{reagentes}$

$$\Delta H_{reação} = -955{,}60 + 925{,}40 = -30{,}20 \frac{kcal}{mol}$$

Questão 33

(INSTITUTO MILITAR DE ENGENHARIA) Equação química: $C_2H_{2(g)} + 5/2O_{2(g)} \rightarrow 2CO_{2(g)} + H_2O_{(g)}$

Cálculo da variação de entalpia da combustão do gás acetileno: $\Delta H^0_{reação} = \sum H^0_{produtos} - \sum H^0_{reagentes}$

$$\Delta H^0_{reação} = [2 \text{ x } H^0_{CO_2} + 1 \text{ x } H^0_{H_2O}] - \left[1xH^0_{C_2H_2} + \frac{5}{2} \text{x } H^0_{O_2}\right]$$

$$\Delta H^0_{reação} = [2 \text{ x } (-94{,}10) + 1 \text{ x } (-57{,}80)] - \left[1 \text{ x } (+54{,}20) + \frac{5}{2} \text{x } 0\right]$$

$$\Delta H^0_{reação} = -300{,}20\,\frac{kcal}{mol}$$

Cálculo do número de mol do gás acetileno: $n_{C_2H_2} = \frac{m_{C_2H_2}}{<MM>_{C_2H_2}} = \frac{130000\ g}{26\ g.mol^{-1}} = 5000\ mol$

Cálculo da entalpia para 130 kg de acetileno:
1 mol de C_2H_2 ----------------- (- 300,20 kcal)
5000 mol de C_2H_2 ------------ $Q_p = \Delta H°$
$Q_p = \Delta H° = 1{,}50 \times 10^6$ kcal

Questão 34

(UNIVERSIDADE FEDERAL FLUMINENSE) Alternativa C.
Equação química a partir do processo de combustão do gás metano: $CH_{4(g)} + 2O_{2(g)} \rightarrow CO_{2(g)} + 2H_2O_{(g)}$

Cálculo da quantidade de calor para dez gramas de gás metano:
16 gramas de metano -------------------- 890,3 kJ
10 gramas de metano -------------------- ΔH
ΔH = 556,44 kJ

Questão 35

(UNIVERSIDADE ESTADUAL DO RIO DE JANEIRO) Equação química para a obtenção do trióxido de diarsênio: $2As_{(s)} + 3/2O_{2(g)} \rightarrow As_2O_{3(s)}$

Cálculo da quantidade de energia:
1 mol de trióxido de diarsênio ---------- (-660) kJ
$(2 \times 75\ g.mol^{-1} + 3 \times 16)$ g ----------------- (+660) kJ
1500 g --- ΔH
ΔH = + 5000 kJ

Questão 36

(GRILLO) Alternativa E.
Equação química de combustão completa do gás butano: $C_4H_{10(g)} + 13/2\ O_{2(g)} \rightarrow 4CO_{2(g)} + 5H_2O_{(g)}$; ΔH = - 2900 kJ/mol
Considerando que a reação é processada a pressão constante:

58 g ------------------- ΔH = - 2900 kJ
5800 g --------------- ΔH
Logo: $\Delta H = -2{,}90 \times 10^5$ kJ

Questão 37

(ESPCEX) Alternativa C.
Item a) Falso. É uma reação de dupla troca.
Item b) Falso.
Item c) Verdadeiro. É uma reação de análise ou decomposição.
Item d) Falso. A reação II corresponde a um processo endotérmico.
Item e) Falso. A reação I corresponde a uma reação de síntese e exotérmico.

Questão 38

(ESPCEX) Alternativa C.
Item I) Verdadeiro. A partir do balanceamento por tentativa a equação fica da seguinte maneira: $2Al_{(s)} + Fe_2O_{3(s)} \rightarrow 2Fe_{(s)} + Al_2O_{3(s)}$ + Calor
Item II) Verdadeiro. É sim uma reação redox em que o alumínio é o agente redutor enquanto o óxido de ferro III é o agente oxidante.

Item III) Falso. A partir dos cálculos apresentados da variação de entalpia, temos: $\Delta H^0_{reação} = \sum H^0_{produtos} - \sum H^0_{reagentes}$

$$\Delta H^0_{reação} = \left[2 \text{ x } H^0_{Fe} + 1 \text{ x } H^0_{Al_2O_3}\right] - \left[2 \text{ x } H^0_{Al} + 1 \text{ x } H^0_{Fe_2O_3}\right]$$

$$\Delta H^0_{reação} = [2 \text{ x } 0 + 1 \text{ x } (-1676)] - [2 \text{ x } (+0) + 1 \text{ x } (-826)] = -850 \frac{kJ}{mol}$$

Item IV) Falso. Pela relação estequiométrica, temos:

2 x 56 g -------- (-850 kJ)

56,0 g ---------- ΔH

ΔH = -425 kJ

CAPÍTULO 12. ESTUDO DO EQUILÍBRIO QUÍMICO

Exemplo Aplicativo I

A um recipiente fechado contendo CO_2 a 0,40 atm e 1000 K, foi adicionado grafite. Calcular o valor da constante de equilíbrio, para a pressão total no sistema de 0,75 atm, sabendo que ocorreu formação de monóxido de carbono.

Resolução: Equação química: $CO_{2(g)} + C_{(s)} \rightleftarrows 2CO_{(g)}$
Base de cálculo: 0,40 atm de pressão inicial de $CO_{2(g)}$. Utilizando a tabela de equilíbrio químico:

	$CO_{2(g)}$ (atm)	$C_{(s)}$	$\rightleftarrows$	2 $CO_{(g)}$ (atm)
Início	0,40	-		0
Reage	α	-		2α
Equilíbrio	0,40 – α	-		2α

Cálculo do valor do grau de dissociação (α), a partir da pressão total: $P_T = P_{CO2} + P_{CO}$
0,75 = 0,40 - α + 2α
α = 0,35

Cálculo das pressões parciais:
Pressão parcial do CO_2: P_{CO2} = 0,40 - α = 0,40 – 0,35 = 0,05 atm
Pressão parcial do CO: P_{CO} = 2α = 2 x 0,35 = 0,70 atm
Expressão e cálculo da constante de equilíbrio (K_p): $K_p = \frac{P^2_{CO}}{P^2_{CO_2}} = \frac{(0,70)^2}{0,05} = 9,8$

Exemplo Aplicativo II

Aqueceram-se dois mols de PCl_5, num recipiente fechado, com capacidade de dois litros. Atingido o equilíbrio, o PCl_5 estava 40% dissociado em PCl_3 e Cl_2. Calcular a constante de equilíbrio.

Resolução: Equação química da decomposição do pentacloreto de fósforo: $PCl_{5(g)} \rightleftarrows PCl_{3(g)} + Cl_{2(g)}$
Base de cálculo: 2 mol (inicial) de $PCl_{5(g)}$. Utilizando a tabela de equilíbrio químico:

	$PCl_{5(g)}$	$\rightleftarrows$	$PCl_{3(g)}$	$Cl_{2(g)}$
Início	2		0	0
Reage	2α		2α	2α
Equilíbrio	2 - 2α		2α	2α

Concentração da quantidade de matéria do PCl_5: $[PCl_5] = \frac{2-(2x0,40)}{2} = 0,60\,\frac{mol}{L}$
Concentração da quantidade de matéria do PCl_3: $[PCl_3] = \frac{2\alpha}{2} = 0,40\,\frac{mol}{L}$
Concentração da quantidade de matéria do Cl_2: $[Cl_2] = \frac{2\alpha}{2} = 0,40\,\frac{mol}{L}$
Expressão e cálculo da constante de equilíbrio em função da concentração da quantidade de matéria (K_c): $K_C = \frac{[PCl_3]x[Cl_2]}{[PCl_5]} = \frac{\alpha^2}{1-\alpha} = \frac{(0,40)^2}{1-0,40} = 0,27$

Exemplo Aplicativo III

A um recipiente fechado, mantido a temperatura constante, foi introduzido CO e água em quantidades tais que suas pressões parciais eram iguais e valiam 0,856 atm cada uma. Após certo tempo, há formação de dióxido de carbono e hidrogênio gasoso, estabelecendo o equilíbrio com pressão parcial de monóxido de carbono igual a 0,580 atm. Determine a constante de equilíbrio em função das pressões parciais.

Resolução: Equação química: $CO_{(g)} + H_2O_{(g)} \rightleftarrows CO_{2(g)} + H_{2(g)}$. Base de cálculo: P_{CO} = 0,856 atm, P_{H2O} = 0,856 atm no estado inicial e P_{CO} = 0,580 atm no estado de equilíbrio. Utilizando a tabela de equilíbrio químico:

	$CO_{(g)}$	$H_{2(g)}$	⇄	$CO_{2(g)}$	$H_{2(g)}$
Início	0,856	0,856		0	0
Reage	0,276	0,276		0,276	0,276
Equilíbrio	0,856 – 0,276 = 0,580	0,856 – 0,276 = 0,580		0,276	0,276

Cálculo da constante de equilíbrio em função das pressões parciais (K_p): $K_P = \frac{P_{CO_2} \times P_{H_2}}{P_{CO} \times P_{H_2O}} = \frac{(0{,}276)^2}{(0{,}580)^2} = 0{,}226$

Exemplo Aplicativo IV

Considere que um mol de H_2 e um mol de I_2 estejam confinados em um reator de um litro a 457°C. Diante desta informação, determine a concentração de cada substância no equilíbrio, sabendo que a sua constante de equilíbrio é igual a 49.

Resolução: Equação química: $H_{2(g)} + I_{2(g)} \rightleftarrows 2HI_{(g)}$. Base de cálculo: 1 mol de H_2 e I_2 no estado inicial e volume de 1 Litro. Utilizando a tabela de equilíbrio químico:

	$H_{2(g)}$	$I_{2(g)}$	⇄	$2HI_{(g)}$
Início	1	1		0
Reage	α	α		2α
Equilíbrio	1 - α	1 - α		2α

Determinação das expressões das concentrações das quantidades de matéria ($mol.L^{-1}$):

$[H_2] = \frac{1-\alpha}{V}$

$[I_2] = \frac{1-\alpha}{V}$

$[HI] = \frac{2\alpha}{V}$

Cálculo do α, a partir da constante de equilíbrio: $K_c = \frac{[HI]^2}{[H_2]x[I_2]} = \frac{2\alpha^2}{(1-\alpha)^2} = 49$

Tirando a raiz quadrada da equação anterior, temos: $\sqrt{\frac{2\alpha^2}{(1-\alpha)^2}} = \sqrt{49}$

$$\frac{2\alpha}{(1-\alpha)} = 7$$

α = 7/9

Cálculo da concentração da quantidade de matéria ($mol.L^{-1}$):

$[H_2] = \frac{1-\left(\frac{7}{9}\right)}{1} = 0{,}022 mol.L^{-1}$

$[I_2] = \frac{1-\left(\frac{7}{9}\right)}{1} = 0{,}022 mol.L^{-1}$

$[HI] = \frac{2x\left(\frac{7}{9}\right)}{1} = \frac{14}{9} = 1{,}56 mol.L^{-1}$

Exemplo Aplicativo V

Na reação de esterificação, um mol de ácido acético reage com um mol de álcool etílico, a temperatura igual a 25°C, e depois de um determinado tempo t, o equilíbrio é estabelecido quando estão presentes 2/3 mol de éster e 2/3 mol de água, ambos no equilíbrio. A partir destes dados, determine a constante de equilíbrio, Kc.

Resolução: Base de cálculo: 1 mol de ácido acético e 1 mol de álcool etílico. Aplicando a tabela de equilíbrio químico:

	$CH_3COOH_{(aq)}$	$C_2H_5OH_{(aq)}$	$\rightleftarrows$	$CH_3COOC_2H_{5(aq)}$	$H_2O_{(l)}$
Início	1	1		0	0
Reage	α	α		α	α
Equilíbrio	1 - α	1 - α		α	α

Expressão da constante de equilíbrio (K_c): $K_c = \frac{[\text{éster}] \text{ x } [\text{água}]}{[\text{ácido}] \text{ x } [\text{álcool}]}$.

No equilíbrio estão presentes 2/3 mol de éster e 2/3 mol de água. Logo, a tabela de equilíbrio químico ficará da seguinte maneira:

	$CH_3COOH_{(aq)}$	$C_2H_5OH_{aq)}$	$CH_3COOC_2H_{5(aq)}$	$H_2O_{(l)}$
Início	1	1	0	0
Reage	2/3	2/3	2/3	2/3
Equilíbrio	1 – (2/3) = 1/3	1 – 2/3 = 1/3	2/3	2/3

Concentração da quantidade de matéria:

$[CH_3COOH] = \frac{1}{3V}$

$[C_2H_5OH] = \frac{1}{3V}$

$[CH_3COOC_2H_5] = \frac{2}{3V}$

$[H_2O] = \frac{2}{3V}$

Cálculo do valor da constante α, a partir da constante de equilíbrio: $K_c = \frac{[\text{éster}] \text{ x } [\text{água}]}{[\text{ácido}] \text{ x } [\text{álcool}]} = \frac{\left(\frac{2}{3V}\right)\text{x}\left(\frac{2}{3V}\right)}{\left(\frac{1}{3V}\right)\text{x}\left(\frac{1}{3V}\right)} = \frac{\frac{4}{9V^2}}{\frac{1}{9V^2}} = 4$

Exemplo Aplicativo VI - Deslocamento de Equilíbrio – Princípio de Le Chatelier

Em um determinado frasco fechado, ocorre a seguinte reação de formação do trióxido de enxofre: $SO_{2(g)} + \frac{1}{2}O_{2(g)} \rightleftarrows SO_{3(g)}$ + 23,5 kcal. Sugira quatro alternativas pelo qual a concentração de $SO_{3(g)}$ pode ser aumentada.

Resolução:

Para que ocorra um aumento de óxido sulfúrico, podemos proceder da seguinte maneira:

- Aumentando a pressão total do sistema;
- Diminuição da temperatura;
- Aumentando a pressão parcial do dióxido de enxofre;
- Aumentando a pressão parcial do O_2.

Exercícios de Fixação

Questão 01

(INSTITUTO MILITAR DE ENGENHARIA) Na reação $N_{2(g)} + O_{2(g)} \rightleftarrows 2\ NO_{(g)}$ - 43000 cal. Dizer o efeito sobre o seu equilíbrio, por:

a) aumento de temperatura à pressão constante;

b) diminuição de pressão à temperatura constante;

c) aumento de concentração de O_2;

d) diminuição de concentração de N_2;

e) aumento de concentração de NO;

f) presença de um catalisador.

Questão 02

Considere a reação reversível representada a seguir $N_{2(g)} + 3H_{2(g)} \rightleftarrows 2NH_{3(g)}$. Sabendo que a 500°C o valor de $K_p = 1{,}44 \times 10^{-5}$, quando a pressão é medida em atm, calcule o valor da constante de equilíbrio em função da concentração da quantidade de matéria, K_c.

Questão 03

Uma amostra de IBr de massa 8,28 gramas é aquecida a 227°C em um recipiente de 0,25 litros decompondo-se parcialmente em iodo e bromo. Sabendo-se que ao atingir o equilíbrio, em fase gasosa, a pressão parcial do bromo é de 3,08 atmosferas, calcule o valor da constante de equilíbrio.

Questão 04

A reação dada pela equação abaixo: $CH_3COOH + C_2H_5OH \rightleftarrows CH_3COOC_2H_5 + H_2O$ tem constante de equilíbrio (Kc) igual a 4,00 a temperatura de 100°C. Calcule as concentrações de equilíbrio em mol por litro de cada componente, partindo da condição inicial de 120,0 gramas de ácido acético e de 92,0 gramas de etanol, a um volume V do sistema.

Questão 05

(INSTITUTO MILITAR DE ENGENHARIA) A constante de equilíbrio do processo $A_{(sólido)} + 2B_{(gás)} \rightleftarrows 2C_{(gás)}$. Tem um valor numérico igual a 0,64. Que concentração de "C" estará em equilíbrio com 0,1 $mol.L^{-1}$ de "A" e 0,5 $mol.L^{-1}$ de "B"?

Questão 06

(MESTRE JOÃO ROBERTO DA PACIÊNCIA NABUCO) Considere a reação reversível apresentada a seguir: $4\ HCl_{(g)} + O_{2(g)} \rightleftarrows 2\ H_2O_{(g)} + 2\ Cl_{2(g)}$ $\Delta H = -27$ kcal.

Que efeito terão as seguintes mudanças na concentração do equilíbrio em função da água no estado gasoso?

a) Aumentando a temperatura.

b) Diminuindo a pressão total;

c) Aumentando a concentração de oxigênio.

Questão 07

(INSTITUTO MILITAR DE ENGENHARIA) Que pode influir na constante de equilíbrio de uma reação química?

Questão 08

(INSTITUTO MILITAR DE ENGENHARIA) O equilíbrio químico é estático? Por quê?

Questão 09

Entre as reações abaixo, seguidas das respectivas constantes de equilíbrio, assinale aquela que uma vez atingido o equilíbrio, a partir das quantidades estequiométricas dos reagentes, pode ser considerada a mais completa no sentido da esquerda para a direita:

a) $CH_3COOH_{(aq)} \rightleftarrows H^+_{(aq)} + CH_3COOH^-_{(aq)}$ $K_c = 1,8 \times 10^{-5}$
b) $CdS_{(s)} \rightleftarrows Cd^{+2}_{(aq)} + S^{-2}_{(aq)}$ $K_c = 7,1 \times 10^{-28}$
c) $H^+_{(aq)} + HS^-_{(aq)} \rightleftarrows H_2S_{(aq)}$ $K_c = 1,0 \times 10^7$
d) $2HI_{(g)} \rightleftarrows H_{2(g)} + I_{2(g)}$ $K_c = 9,0$
e) $CO_{2(g)} + H_{2(g)} \rightleftarrows CO_{(g)} + H_2O_{(g)}$ $K_c = 67$

Questão 10

Considere um reator de 1,0 L de capacidade, onde foram colocados inicialmente 4 mol de gás hidrogênio e 4 mol de gás cloro. Logo após a injeção destes gases no reator, o sistema foi aquecido a uma temperatura T, em que se estabeleceu o seguinte equilíbrio químico: $H_{2(g)} + Cl_{2(g)} \rightleftarrows 2HCl_{(g)}$.

a) Determine as concentrações de todas as espécies químicas no equilíbrio, sabendo que, à temperatura T, $K_c = 1/4$.
b) Calcule o valor de Kc da equação inversa, ou seja, $2HCl_{(g)} \rightleftarrows H_{2(g)} + Cl_{2(g)}$.
c) Mantido o processo a temperatura constante, através dos seus conhecimentos do princípio de Le Chatelier, descreva o que irá acontecer com a questão do equilíbrio e o valor da constante de equilíbrio (K_c), com o aumento da concentração de $Cl_{2(g)}$.

Questão 11

(INSTITUTO TECNOLÓGICO DA AERONÁUTICA) As opções a seguir se referem a equilíbrios químicos que foram estabelecidos dentro de cilindros providos de êmbolo. Se o volume interno em cada cilindro for reduzido à metade, a temperatura permanecendo constante, em qual das opções a seguir o ponto de equilíbrio será alterado?

a) $H_{2(g)} + I_{2(g)} \rightarrow 2HI_{(g)}$
b) $CaCO_{3(s)} \rightarrow CaO_{(s)} + CO_{2(g)}$
c) $PbS_{(s)} + O_{2(g)} \rightarrow Pb_{(s)} + SO_{2(g)}$
d) $CH_{4(g)} + 2O_{2(g)} \rightarrow CO_{2(g)} + 2H_2O_{(g)}$
e) $Fe_2O_{3(s)} + 3CO_{(g)} \rightarrow 2Fe_{(s)} + 3CO_{2(g)}$

Questão 12

(UNIVERSIDADE FEDERAL FLUMINENSE) $CO_{(g)} + 2H_{2(g)} \rightleftarrows CH_3OH_{(g)}$ $\Delta H = -18\ kJ.mol^{-1}$.

a) Escreva a expressão da constante de equilíbrio da reação citada acima, em termos de pressão parcial. De que modo a quantidade de CH_3OH no equilíbrio será afetada, caso ocorra?
b) Adição de $CO_{(g)}$;
c) Remoção de $H_{2(g)}$;
d) Adição de catalisador;
e) Aumento de temperatura.

Na tabela abaixo são apresentados valores de concentração dos componentes da reação, calculados na temperatura de 600 K.

[CO] mol.L^{-1}	[H_2] mol.L^{-1}	[CH_3OH] mol.L^{-1}
0,3	0,3	2,5

f) Informe por meio de cálculos o valor aproximado da constante de equilíbrio em termos de concentração (Kc), na temperatura dada.

Questão 13

(UNIVERSIDADE FEDERAL FLUMINENSE) Em um recipiente de aço inox com capacidade de 1,0 L foram colocados 0,500 mol de H_2 e 0,500 mol de I_2. A mistura alcança o equilíbrio quando a temperatura atinge 430°C. Calcule as concentrações de H_2, I_2 e HI na situação de equilíbrio, sabendo-se que K_c para a seguinte reação química $H_{2(g)} + I_{2(g)} \rightleftarrows 2\ HI_{(g)}$ é igual a 49,0 na temperatura dada.

Questão 14

(INSTITUTO TECNOLÓGICO DA AERONÁUTICA) Sabendo que a dissociação de $N_2O_{4(g)}$ em $NO_{2(g)}$ é endotérmica, preveja como a constante de equilíbrio (K_c) deve variar com a temperatura, explicando o tipo de raciocínio utilizado para esta previsão.

Questão 15

As seguintes equações químicas abaixo são exotérmicas.

a) $2SO_{2(g)} + O_{2(g)} \rightleftarrows 2SO_{3(g)}$

b) $N_{2(g)} + 3H_{2(g)} \rightleftarrows 2NH_{3(g)}$

Explique o efeito de aumentar a temperatura e a pressão sobre a mistura em equilíbrio para cada um dos dois sistemas reacionais.

Questão 16

(OLIMPÍADA MINEIRA DE QUÍMICA) O processo de produção de amônia (NH_3), a partir dos gases hidrogênio (H_2) e nitrogênio (N_2), foi de difícil desenvolvimento e demandou vários anos de estudo. Este método recebeu o nome de processo Haber-Bosch, em homenagem aos seus idealizadores. A equação química abaixo descreve a síntese da amônia: $3/2H_{2(g)} + ½N_{2(g)} \rightleftarrows NH_{3(g)}$. Supondo que os gases nitrogênio e hidrogênio sejam colocados em um reator fechado, onde não ocorra nenhuma troca de matéria com a vizinhança e na presença de um catalisador apropriado, responda as questões que se seguem:

a) Considerando o princípio de Le Chatelier, descreva qual será a nova situação do equilíbrio químico no interior do reator, se sua pressão interna for duplicada.

b) Calcule a pressão que 17 gramas do gás amônia exercem em um reator de volume igual a 5 L e operando a 427°C.

Questão 17

(OLIMPÍADA DE QUÍMICA DO RIO DE JANEIRO) Em 1914, trabalhando com ligas de ferro como catalisadores, Fritz Haber e colaboradores conseguiram sintetizar a amônia a partir de seus elementos, H_2 e N_2. Este processo, conhecido hoje como processo Haber-Bosch, tornou a Alemanha pré-Primeira Guerra independente na fabricação de explosivos a base de nitrato. Este catalisador mudou o caminho da história, fazendo da Alemanha uma grande potência militar no começo do século XX. Nos dias de hoje, decorridos quase 100 anos, o processo Haber-Bosch ainda é fundamental na fabricação de amônia, e o catalisador utilizado possui a mesma composição básica. Num reator com volume de 200 litros, foram colocados 75 mol de gás nitrogênio, 180 mol de gás hidrogênio e 10 mol de gás amônia. Após certo tempo, verificou-se que o sistema atingiu o equilíbrio. A temperatura registrada neste momento foi de 25°C e observou-se que 50 mol de gás nitrogênio foram consumidos na reação.

a) Calcule o valor da constante de equilíbrio K_c na referida temperatura.

b) Explique que efeito teria a adição de 2,5 kg de catalisador nas concentrações das espécies em equilíbrio.

c) Que efeito teria o aumento da pressão nas concentrações das espécies em equilíbrio?

Questão 18

(ESPCEX) Considere a seguinte reação química em equilíbrio num sistema fechado a uma temperatura constante: $H_2O_{(g)} + 1\ C_{(s)} + 31{,}4\ kcal \rightleftharpoons 1CO_{(g)} + 1\ H_{2(g)}$. A respeito dessa reação, são feitas as seguintes afirmações:

I) A reação direta trata-se de um processo exotérmico;

II) O denominador da expressão da constante de equilíbrio em termos de concentração molar (K_c) é igual a $[H_2O].[C]$;

III) Se for adicionado mais monóxido de carbono ($CO_{(g)}$) ao meio reacional, o equilíbrio será deslocado para a esquerda, no sentido dos reagentes;

IV) O aumento na pressão total sobre esse sistema não provoca deslocamento de equilíbrio. Das afirmativas feitas, utilizando os dados acima, está(ão) correta(s):

a) Todas

b) Apenas I e II

c) Apenas II e IV

d) Apenas III

e) Apenas IV

Questão 19

(ESPCEX) Os corais fixam-se sobre uma base de carbonato de cálcio ($CaCO_3$) produzido por eles mesmos. O carbonato de cálcio em contato com a água do mar e com o gás carbônico dissolvido pode estabelecer o seguinte equilíbrio químico para a formação do hidrogenocarbonato de cálcio: $CaCO_{3(s)} + CO_{2(g)} + H_2O_{(l)} \rightleftarrows Ca(HCO_3)_{2(aq)}$. Considerando um sistema fechado onde ocorre o equilíbrio químico da reação mostrada acima, assinale a alternativa correta.

a) Um aumento na concentração de carbonato causará um deslocamento do equilíbrio no sentido inverso da reação, no sentido dos reagentes.

b) A diminuição da concentração do gás carbônico não causará o deslocamento do equilíbrio químico da reação.

c) Um aumento na concentração do gás carbônico causará um deslocamento do equilíbrio no sentido direto da reação, o de formação do produto.

d) Um aumento na concentração de carbonato causará, simultaneamente, um deslocamento do equilíbrio nos dois sentidos da reação.

e) Um aumento na concentração do gás carbônico causará um deslocamento do equilíbrio no sentido inverso da reação, no sentido dos reagentes.

Questão 20

(OLIMPÍADA DE QUÍMICA - RGS) Um recipiente fechado contém o sistema gasoso, representado pela equação: $2SO_{2(g)} + O_{2(g)} \rightleftarrows 2SO_{3(g)}$.

a) Calcular o valor da constante de equilíbrio, em termos de concentrações (K_c), considerando que 4 $mol.L^{-1}$ de SO_2 reagem com 2 $mol.L^{-1}$ de O_2, obtendo-se, no equilíbrio, 2 $mol.L^{-1}$ de SO_3.

b) Calcular o valor da constante de equilíbrio, em termos de pressões parciais (K_p), considerando o recipiente sob pressão de 3 atm, cuja composição no equilíbrio é de 0,8 mol de SO_2, 0,4 mol de O_2 e 0,8 mol de SO_3.

Questão 21

(GRILLO) Considere a reação reversível que representa o equilíbrio do carbonato de cálcio, segundo a equação química representada a seguir: $Sn_{(s)} + H_{2(g)} + calor \rightleftarrows H_2O_{(vapor)} + ½Sn_{(fundido)}$. Analise a quantidade de estanho na fase sólida quando acontece os seguintes casos:

a) For adicionado estanho fundido, $Sn_{(fundido)}$.

b) Adição de um catalisador específico para este processo.

c) Aumentando a quantidade de vapor d´água.

d) Aumentando a temperatura do sistema.

Questão 22

(GRILLO) Considere a reação reversível para a seguinte equação química apresentada a seguir: $NO_{2(g)} + ½O_{2(g)} \rightleftarrows NO_{3(g)}$ + calor. Analise através do princípio de Le Chatelier, os seguintes itens apresentados a seguir:

a) Diminuir a pressão parcial do dióxido de nitrogênio

b) Aumentar a temperatura do sistema

c) Aumentar a pressão total do sistema

d) Aumentar a pressão parcial do trióxido de nitrogênio

Questão 23

(GRILLO) Considere a reação reversível que representa o equilíbrio do carbonato de cálcio, segundo a equação química representada a seguir: $CaCO_{3(s)} + calor \rightleftarrows CaO_{(s)} + CO_{2(g)}$. Analise a quantidade de carbonato de cálcio caso:

a) For adicionado monóxido de cálcio

b) For adicionado um catalisador específico para este processo

c) Aumentando a quantidade de dióxido de carbono

d) Aumentando o volume do recipiente

e) Aumentando a temperatura do sistema

Questão 24

A um recipiente fechado contendo CO_2 a 0,40 atm e 1000 K, foi adicionado grafite. Calcular o valor da constante de equilíbrio, para a pressão total no sistema de 0,75 atm, sabendo que ocorreu formação de monóxido de carbono.

Questão 25

Aqueceram-se dois mols de PCl_5, num recipiente fechado, com capacidade de dois litros. Atingido o equilíbrio, o PCl_5 estava 40% dissociado em PCl_3 e Cl_2. Calcular a constante de equilíbrio.

Questão 26

A um recipiente fechado, mantido a temperatura constante, foi introduzido CO e água em quantidades tais que suas pressões parciais eram iguais e valiam 0,856 atm cada uma. Após certo tempo, há formação de dióxido de carbono e hidrogênio gasoso, estabelecendo o equilíbrio com pressão parcial de monóxido de carbono igual a 0,580 atm. Determine a constante de equilíbrio em função das pressões parciais.

Questão 27

Considere que um mol de H_2 e um mol de I_2 estejam confinados em um reator de um litro a 457°C. Diante desta informação, determine a concentração de cada substância no equilíbrio, sabendo que a sua constante de equilíbrio é igual a 49.

Questão 28

Na reação de esterificação, um mol de ácido acético reage com um mol de álcool etílico, a temperatura igual a 25°C, e depois de um determinado tempo t, o equilíbrio é estabelecido quando estão presentes 2/3 mol de éster e 2/3 mol de água, ambos no equilíbrio. A partir destes dados, determine a constante de equilíbrio, K_c.

Questão 29

Em um recipiente de 1 litro, foram colocados 4 mols de H_2 e 4 mols de Cl_2, ambos gasosos. Em seguida, o recipiente foi aquecido a uma temperatura T, e logo em seguida se estabeleceu o seguinte equilíbrio químico: $H_{2(g)} + Cl_{2(g)} \rightleftarrows 2HCl_{(g)}$, com uma constante de equilíbrio de 0,25.

a partir destas informações, determine:

a) Determine as concentrações de todas as espécies químicas no equilíbrio;

b) Calcule o valor de K_c da equação inversa;

c) Calcule o valor de K_p da equação direta;

d) Mantendo a temperatura constante, descreva o que se observa no valor de K_c, com o aumento da concentração de $Cl_{2(g)}$.

Questão 30

Num recipiente de 10 litros, estão confinados e em equilíbrio a 1000 K e pressão do sistema reacional igual a 224 atm, 3,74 litros de N_2, 5,89 litros de H_2 e 0,37 litros de NH_3. Calcule o valor da constante de equilíbrio (K_c) para a reação de síntese de amônia, nas condições experimentais.

Questão 31

Em um processo de esterificação a partir de um mol de ácido acético reagindo com um mol de álcool etílico, a 25°C, o equilíbrio é estabelecido com a constante de equilíbrio (K_c) igual a 4,0. A partir desta informação, determine o número de mol da cada espécie química no equilíbrio químico.

Questão 32

Em um processo metalúrgico, foram aquecidos quatro mols de XCl_3, num recipiente fechado, com capacidade de um litro. Atingido o equilíbrio, o PCl_5 estava 90% dissociado em XCl e Cl_2. Calcular a constante de equilíbrio em função da concentração da quantidade de matéria (K_c) e em função das pressões parciais (K_p) a 727°C.

Exercícios de Fixação – Gabarito

Questão 01

(INSTITUTO MILITAR DE ENGENHARIA)

Item a) Como a reação é endotérmica ($N_{2(g)} + O_{2(g)} + 43000cal \rightleftarrows 2NO_{(g)}$), com o aumento da temperatura, o equilíbrio será deslocado para a direita;
Item b) Com a diminuição da pressão do sistema, não haverá nenhuma influência sobre o deslocamento de equilíbrio;
Item c) Aumentando a concentração de oxigênio molecular, $[O_2]$, o equilíbrio será deslocado para a direita;
Item d) Diminuindo a concentração de nitrogênio, $[N_2]$, o equilíbrio será deslocado para a esquerda;
Item e) Aumentando a concentração de monóxido de nitrogênio, [NO], o equilíbrio será deslocado para a esquerda;
Item f) O catalisador não influencia em nada no deslocamento do equilíbrio, apenas faz com que o processo ocorra com maior velocidade.

Questão 02

Cálculo da variação do número de mol: $\Delta n = n_{produtos} - n_{regentes} = 2 - (1+3) = -2$

Para uma temperatura de 773 K ($T = 500^{\circ}C + 273 = 773$ K) e para uma constante dos gases (R) igual a 0,08206 atm.L.mol^{-1}.K^{-1}, a expressão de K_p ficará da seguinte maneira: $K_c = \frac{K_p}{(RT)^{-2}} = \frac{1{,}44x10^{-5}}{(0{,}08206x773)^{-2}} = 5{,}79x10^{-2}$

Questão 03

Equação química: $2IBr_{(g)} \rightleftarrows I_{2(g)} + Br_{2(g)}$
Base de cálculo: massa de brometo de iodo = 8,28 g
Cálculo da pressão inicial do brometo de iodo:

$$p_{IBr}\ x\ 0{,}25 = \left(\frac{8{,}28}{127+80}\right) x\ 0{,}08206\ x\ (227+273)$$

p_{IBr} = 6,56 atm
Utilizando a tabela de equilíbrio químico:

	$2IBr_{(g)}$	$\rightleftarrows$	$I_{2(g)}$	$Br_{2(g)}$
Início	6,56		0	0
Reage	2.α		1.α	1.α
Equilíbrio	6,56 - 2α		α	α

O enunciado do problema coloca a seguinte situação: "a pressão parcial do bromo é de 3,08 atm" (equilíbrio final), logo a tabela de equilíbrio acima ficará da seguinte maneira:

	$2IBr_{(g)}$		$I_{2(g)}$	$Br_{2(g)}$
Início	6,56 atm		0	0
Reage	2.α = 2 x 3,08 = 6,16	$\rightleftarrows$	α = 3,08	α = 3,08
Equilíbrio	6,56 – 6,16 = 0,40 atm		3,08 atm	3,08 atm

Expressão e cálculo da constante de equilíbrio em função das pressões parciais (K_p): $K_p = \frac{p_{PCl_3} x p_{Cl_2}}{p_{PCl_5}} = \frac{(3{,}08)^2}{0{,}40} = 59{,}29$

Questão 04

(INSTITUTO MILITAR DE ENGENHARIA)
Equação química: $CH_3COOH_{(aq)} + C_2H_5OH_{(aq)} \rightleftarrows CH_3COOC_2H_{5(aq)} + H_2O_{(l)}$
Base de cálculo: 120 g de ácido e 92 g de álcool.
Cálculo do número de mol de ácido acético: $n_{ácido} = \frac{120}{60} = 2$ mol
Cálculo do número de mol de álcool: $n_{álcool} = \frac{92}{46} = 2$ mol. Utilizando a tabela de equilíbrio químico:

	CH_3COOH	C_2H_5OH	$\rightleftarrows$	$CH_3COOC_2H_5$	H_2O
Início	2	2		0	0
Reage	α	α		α	α
Equilíbrio	2 - α	2 - α		α	α

Cálculo do grau de dissociação (α): $K_C = \frac{[CH_3COOC_2H_5] \times [H_2O]}{[CH_3COOH] \times [C_2H_5OH]} = \frac{\alpha^2}{(2-\alpha)^2}$

$$K_C = \frac{\alpha^2}{(2-\alpha)^2} = 4$$

$$\alpha = \frac{4}{3}$$

Cálculo das concentrações das espécies químicas presentes na reação química:

[ácido] = [álcool] = 2 – α = 2 – (4/3) = 2/3v e [éster] = [água] = α = 4/3v.

Questão 05

Expressão da constante de equilíbrio em função das concentrações das quantidades de matéria: $K_c = \frac{[C]^2}{[B]} = 0{,}64$
Cálculo da concentração das quantidades de matéria ($mol.L^{-1}$) do composto C: $K_c = \frac{[C]^2}{[B]} = 0{,}64$

$$[C]^2 = 0{,}64 \times [B]^2$$

$$[C] = \sqrt{0{,}64 \times [B]^2}$$

$$[C] = 0{,}40 \frac{mol}{L}$$

Questão 06

(MESTRE JOÃO ROBERTO DA PACIÊNCIA NABUCO)
a) Aumentando a temperatura do sistema, o equilíbrio será deslocado para a esquerda, diminuindo a concentração de H_2O.
b) Diminuindo a pressão total do sistema, o equilíbrio é deslocado para a esquerda da reação inversa, diminuindo a concentração de H_2O.
c) Aumentando a concentração de O_2 o equilíbrio será deslocado para a direita da reação direta, aumentando a concentração de oxigênio molecular e de cloro gasoso.

Questão 07

(INSTITUTO MILITAR DE ENGENHARIA) O fator que influencia a constante de equilíbrio trata-se da temperatura.

Questão 08

(INSTITUTO MILITAR DE ENGENHARIA) Não, porque as reações continuam se processando, nos sentidos direto e inverso com a mesma velocidade.

Questão 09

Alternativa C.
Das reações químicas apresentadas a que será mais completa, atingindo o equilíbrio, no sentido da esquerda para direita é a equação da alternativa C. Isto se deve ao fato desta reação apresentar o maior valor de K_c que as demais reações químicas.

Questão 10

Equação química da síntese do cloreto de hidrogênio: $H_{2(g)} + Cl_{2(g)} \rightleftarrows 2HCl_{(g)}$
Base de cálculo: 4 mol de $H_{2(g)}$ e 4 mol de $Cl_{2(g)}$. Utilizando a tabela de equilíbrio químico:

	H_2	Cl_2	$\rightleftarrows$	2HCl
Início	4	4		0
Reage	α	α		2α
Equilíbrio	4 - α	4 - α		2α

Determinação das expressões das concentrações das quantidades de matéria ($mol.L^{-1}$):
$[H_2] = [Cl_2] = (4 - \alpha)/1 = (4 - \alpha)\ mol.L^{-1}$
$[HCl] = (2\alpha)/1 = 2\alpha\ (mol.L^{-1})$

Item a) Cálculo da constante das concentrações de todas as espécies químicas no equilíbrio: $K_c = \frac{[HCl]^2}{[H_2]x[Cl_2]} = \frac{(2\alpha)^2}{(4-\alpha)^2} = 0{,}25$

$$\sqrt{\frac{(2\alpha)^2}{(4-\alpha)^2}} = \sqrt{0{,}25}$$

$$\frac{2\alpha}{4-\alpha} = 0{,}50$$

$$\alpha = 0{,}80(80\%)$$

Logo, as concentrações das quantidades de matéria são as seguintes:
$[H_2] = [Cl_2] = (4 - 0{,}80) / 1 = 3{,}20\ mol.L^{-1}$
$[HCl] = (2 \times 0{,}80\alpha) / 1 = 1{,}6\ mol.L^{-1}$
Item b) Cálculo da constante de equilíbrio para a reação inversa (Kc'): $K_c^{'} = \frac{1}{0{,}25} = 4{,}0$
Item c) Pelo princípio de Le Chatelier, com o aumento da concentração de cloro gasoso, Cl_2, irá acarretar um deslocamento da posição de equilíbrio para a direita, ou seja, favorecendo a formação de HCl, mantendo a constante de equilíbrio (K_c) inalterado.

Questão 11

Alternativa B.
Observa-se que a única equação química que não será alterada é a reação b. Isto se deve ao fato de que esta reação é a única em que o número de moles de gás não se encontra equilibrada, o que nas demais isto não ocorre.
a) 2 moles de gás nos reagentes e 2 moles de gás nos produtos;
b) 0 moles de gás nos reagentes e 1 mol de gás nos produtos;
c) 1 mol de gás nos reagentes e no produto;
d) 3 moles de gás nos reagentes e nos produtos;
e) 3 moles de gás nos reagentes e nos produtos.

Questão 12

(UNIVERSIDADE FEDERAL FLUMINENSE)
Item a) Expressão da constante de equilíbrio a pressão constante: $K_p = \frac{P_{CH_3OH}}{P_{CO} \times P_{H_2}^2}$

Item b) Aumentando a concentração de monóxido de carbono, [CO], a concentração de metanol também aumenta.
Item c) Diminuindo a concentração de gás hidrogênio, $[H_2]$, a concentração de metanol diminui.
Item d) A adição do catalisador não afeta no estudo da constante de equilíbrio. A utilização do catalisador em um processo ocasiona em duas situações:
- Aumento da velocidade da reação química;
- Diminuição da energia de ativação.

Item e) Para a reação direta, a formação do metanol é exotérmica. Com o aumento da temperatura, a reação é deslocada para o sentido de formação de CO e H_2, ou seja, diminui a concentração de metanol.
Item f) Expressão da constante de equilíbrio (K_c): $K_C = \frac{[CH_3OH]}{[CO]x[H_2]^2} = \frac{2{,}50}{0{,}30x(0{,}30)^2} = 92{,}59$

Questão 13

(UNIVERSIDADE FEDERAL FLUMINENSE) Utilizando a tabela de equilíbrio químico para o sistema reacional apresentado.

	$H_{2(g)}$	$I_{2(g)}$	$2HI_{(g)}$
Início	0,500	0,500	0
Reage	α	α	2α
Equilíbrio (mol)	0,500 - α	0,500 - α	2α

Logo, as concentrações das espécies químicas em função de α ficará da seguinte forma:
$[H_2] = [I_2] = (0{,}500 - \alpha) / 1L = (0{,}500 - \alpha)\ mol.L^{-1}$
$[HI] = (2\alpha) / 1L = (2\alpha)\ mol.L^{-1}$

Cálculo do grau de dissociação (α): $K_c = \frac{[HI]^2}{[H_2]\ x\ [I_2]} = \frac{(2\alpha)^2}{(0{,}500-\alpha)^2} = 49$

$$K_c = \frac{(2\alpha)^2}{(0{,}500 - \alpha)^2} = 49$$

$$\sqrt{\frac{(2\alpha)^2}{(0{,}500 - \alpha)^2}} = \sqrt{49}$$

$\alpha = 0{,}39$

Logo, as concentrações das quantidades de matéria no equilíbrio serão as seguintes: $[H_2] = [I_2] = (0{,}500 - 0{,}390) = 0{,}110\ mol.L^{-1}$

$[HI] = (2\alpha) = 2 \times 0{,}390 = 0{,}780\ mol.L^{-1}$

Questão 14

Equação química: $N_2O_{4(g)} \rightleftarrows 2NO_{2(g)}$
Equação da constante de equilíbrio: $K_c = \frac{[NO_2]^2}{[N_2O_4]}$
Com o aumento da temperatura, o equilíbrio desloca-se para a direita, ou seja, para o sentido endotérmico, de formação do dióxido de nitrogênio. Assim, aumenta a concentração de NO_2 e consequentemente, diminui a concentração de N_2O_4. Portanto, a constante de equilíbrio (K_c) aumenta com o aumento da temperatura.

Questão 15

Item a) Equação química: $2SO_{2(g)} + O_{2(g)} \rightleftarrows 2SO_{3(g)}$. Como a equação química é exotérmica, logo, com o aumento da temperatura do sistema, o equilíbrio será deslocado para a esquerda, favorecendo o dióxido de enxofre e o oxigênio molecular. Aumentando a pressão do sistema, o equilíbrio será deslocado para a direita, favorecendo o anidrido sulfúrico.

Item b) Equação química: $N_{2(g)} + 3H_{2(g)} \rightleftarrows 2NH_{3(g)}$. Como a reação química é exotérmica, logo, com o aumento da temperatura do sistema, o equilíbrio será deslocado para a esquerda, favorecendo os gases nitrogênio e oxigênio. Aumentando a pressão do sistema, o equilíbrio será deslocado para a direita, favorecendo a amônia.

Questão 16

(OLIMPÍADA MINEIRA DE QUÍMICA) Item a) Equação química: $3/2H_{2(g)} + ½N_{2(g)} \rightleftarrows NH_{3(g)}$

$$\left(\frac{3}{2}+\frac{1}{2}\right)V \rightleftarrows 1V$$

$$2V \rightleftarrows 1V$$

Aumentando a pressão interna do reator, consequentemente vai haver uma diminuição do volume do sistema, com isso o equilíbrio químico será deslocado para a direita, ou seja, favorecendo a formação de amônia.

Item b) Cálculo da pressão de amônia (NH_3), a partir da equação dos gases ideais:

$$p_{NH_3} == \frac{\left(\frac{17}{17}\right) x0,08206x(427+273)}{5} = \frac{57,44}{5}$$

$$p_{NH_3} = 11,49 \text{ atm}$$

Questão 17

(OLIMPÍADA DE QUÍMICA DO RIO DE JANEIRO) Equação química: $N_{2(g)} + 3H_{2(g)} \rightleftarrows 2NH_{3(g)}$
Base de cálculo: 75 mol de $N_{2(g)}$, 180 mol de $H_{2(g)}$ e 10 mol de $NH_{3(g)}$ no estado inicial. Utilizando a tabela de equilíbrio químico:

	$N_{2(g)}$ (mol)	$3H_{2(g)}$ (mol)	$\rightleftarrows$	$2NH_{3(g)}$ (mol)
Início	75	180		10
Reage	50	150		100
Equilíbrio	75 – 50 = 25	180 – 150 = 30		10 + 100 = 110

Cálculo das concentrações das quantidades de matéria ($mol.L^{-1}$) molares das espécies químicas:

$$[N_2] = \frac{25mol}{200L} = 0,125\frac{mol}{L}$$

$$[H_2] = \frac{30mol}{200L} = 0,150\frac{mol}{L}$$

$$[NH_3] = \frac{110 \text{ mol}}{200 \text{ L}} = 0,550\frac{mol}{L}$$

Item a) Cálculo da constante de equilíbrio: $K_c = \frac{[NH_3]^2}{[N_2]x[H_2]^3} = \frac{[0,550]^2}{[0\ 125]x[0,150]^3} = 717,04$
Item b) A adição de catalisador não influencia em nada nas concentrações das espécies em equilíbrio. O objetivo da aplicação de um catalisador é o aumento da velocidade da reação química.
Item c) Pelo Princípio de Le Chatelier, o aumento da pressão total do sistema desloca o equilíbrio para a direita, aumentando a concentração da quantidade de matéria da amônia e diminuindo as concentrações do nitrogênio e do hidrogênio.

Questão 18

(ESPCEX) Alternativa D.
Equação química: $H_2O_{(g)} + 1C_{(s)} + 31,4 \text{ kcal} \rightleftarrows 1CO_{(g)} + 1H_{2(g)}$
I) Falso, pois como a entalpia é maior que zero, trata-se de um processo endotérmico;

II) Falso. Expressão da constante de equilíbrio: $K_c = \frac{[CO].[H_2]}{[H_2O]}$.

III) Verdadeiro. Adicionando mais monóxido de carbono, o equilíbrio é deslocado para a esquerda da reação direta, favorecendo $H_2O_{(g)}$ e $C_{(s)}$.

IV) Falso. Aumentando a pressão total do sistema, o equilíbrio é deslocado para a esquerda da reação direta, favorecendo $H_2O_{(g)}$ e $C_{(s)}$.

Questão 19

(ESPCEX) Alternativa C.

Equação química: $CaCO_{3(s)} + CO_{2(g)} + H_2O_{(l)} \rightleftarrows Ca(HCO_3)_{2(aq)}$

a) Falso, aumentando a concentração de carbonato não vai causar nenhum deslocamento do equilíbrio, pois o carbonato está na fase sólida.

b) Falso, Diminuindo a concentração do gás carbônico irá deslocar o equilíbrio para a esquerda da reação direta.

c) Verdadeiro.

d) Falso. Aumentando ou diminuindo a concentração de carbonato não causará deslocamento do equilíbrio em nenhum dos dois sentidos da reação, pois o carbonato está na fase sólida.

e) Falso. Aumentando a concentração de gás carbônico causará um deslocamento do equilíbrio no sentido direto da reação, no sentido dos produtos.

Questão 20

(OLIMPÍADA DE QUÍMICA - RGS) Base de cálculo: 4 mol.L^{-1} de SO_2 e 2 mol.L^{-1} de O_2 no estado inicial. Equação química: $2SO_{2(g)} + O_{2(g)} \rightleftarrows 2SO_{3(g)}$

Primeira tabela de equilíbrio químico (mol/L):

	$2SO_{2(g)}$	$O_{2(g)}$	$\rightleftarrows$	$2SO_{3(g)}$
Início	4	2		0
Reage	2α	α		2α
Equilíbrio	$4 - 2\alpha$	$2 - \alpha$		2 mol.L^{-1}

Cálculo do α, sabendo que há 2 mol.L^{-1} de $SO_{3(g)}$ no equilíbrio: $0 + 2\alpha = 2$

$\alpha = 1$

Segunda tabela de equilíbrio químico (mol/L):

	$2SO_{2(g)}$	$O_{2(g)}$	$\rightleftarrows$	$2SO_{3(g)}$
Início	4	2		0
Reage	2 x 1	1		2 x 1
Equilíbrio	2	1		2

Item a) Cálculo da constante de equilíbrio (K_c): $K_c = \frac{[SO_3]^2}{[SO_2]^2 x [O_2]} = \frac{(2)^2}{(2)^2 \text{ x } 1} = 1$

Item b) Cálculo do número de mol total (n_T): $n_T = n_{SO2} + n_{O2} + n_{SO3}$ = 0,8 mol + 0,4 mol + 0,8 mol = 2,0 mol

Cálculo das pressões parciais:

Pressão Parcial do SO_2: $P_{SO2} = X_{SO2} \text{ x } p_T = \frac{0,80}{2} \text{ x } 3\text{atm} = 1,20 \text{ atm}$

Pressão Parcial do O_2: $P_{O2} = X_{O2} \text{ x } p_T = \frac{0,40}{2} \text{ x } 3\text{atm} = 0,60 \text{ atm}$

Pressão Parcial do HI: $P_{SO3} = X_{SO3} \text{ x } p_T = \frac{0,80}{2} \text{ x } 3\text{atm} = 1,20 \text{ atm}$

Cálculo da constante de equilíbrio em função das pressões parciais (K_p):

$$K_p = \frac{P^2_{SO_3}}{P^2_{SO_2} x P_{O_2}} = \frac{(1,20)^2}{(1,20)^2 x 0,60} = 1,67$$

Questão 21

(GRILLO)

Item a) Como a atividade termodinâmica de um sólido por convenção é unitário (a = 1), a adição de estanho fundido não influencia no equilíbrio químico.

Item b) A adição de um catalisador em qualquer processo não influencia no equilíbrio químico. A função do catalisador é aumentar a velocidade da reação.

Item c) Aumentando a concentração da quantidade de matéria de vapor de água, o equilíbrio será deslocado para a esquerda, aumentando a concentração de estanho sólido.

Item d) Aumentando a temperatura do sistema sendo o processo endotérmico, o equilíbrio é deslocado para a direita, aumentando tanto a concentração de vapor de água quanto a de estanho fundido e com isso diminui a quantidade de estanho sólido.

Questão 22

(GRILLO)

Item a) Diminuindo a pressão parcial do dióxido de nitrogênio, o equilíbrio é deslocado para a esquerda.

Item b) Como a reação é exotérmica, $NO_{2(g)} + ½O_{2(g)} -$ calor $\rightleftarrows NO_{3(g)}$, aumentando a temperatura do sistema reacional, o equilíbrio é deslocado para a esquerda favorecendo dióxido de nitrogênio (NO_2) e o oxigênio molecular (O_2).

Item c) Aumentando a pressão total do sistema, o equilíbrio é deslocado para a direita da reação direta, favorecendo a formação de trióxido de nitrogênio (NO_3).

Item d) Aumentando a pressão parcial do trióxido de nitrogênic, o equilíbrio é deslocado para a esquerda.

Questão 23

(GRILLO)

Item a) Como a atividade termodinâmica de um sólido por convenção é unitário (a = 1), a adição ou até mesmo a redução de monóxido de cálcio não influencia no equilíbrio químico.

Item b) A adição de um catalisador em qualquer processo não influencia no equilíbrio químico.

Item c) Aumentando a concentração da quantidade de matéria de dióxido de carbono, o equilíbrio será deslocado para a esquerda.

Item d) Aumentando o volume do recipiente, consequentemente a pressão do sistema irá diminuir. Logo, o equilíbrio será deslocado para a direita, aumentando a pressão parcial de dióxido de carbono.

Item e) Aumentando a temperatura do sistema sendo a reação química endotérmica, o equilíbrio é deslocado para a direita, aumentando tanto a concentração de monóxido de cálcio quanto a pressão parcial de dióxido de carbono.

Questão 24

Equação química: $CO_{2(g)} + C_{(s)} \rightleftarrows 2CO_{(g)}$. Base de cálculo: 0,40 atm de pressão inicial de $CO_{2(g)}$. Utilizando a tabela de equilíbrio químico:

	$CO_{2(g)}$ (atm)	$C_{(s)}$	$\rightleftarrows$	$2CO_{(g)}$ (atm)
Início	0,40	-		0
Reage	α	-		2α
Equilíbrio	0,40 – α	-		2α

Cálculo do valor do grau de dissociação (α), a partir da pressão total: $P_T = P_{CO2} + P_{CO}$

0,75 = 0,40 - α + 2α

α = 0,35

Cálculo das pressões parciais:

Pressão parcial do CO_2: P_{CO2} = 0,40 - α = 0,40 – 0,35 = 0,05 atm

Pressão parcial do CO: P_{CO} = 2α = 2 x (0,35) = 0,70 atm

Expressão e cálculo da constante de equilíbrio (K_p):

$$K_p = \frac{P_{CO}^2}{P_{CO_2}^2} = \frac{(0{,}70)^2}{0{,}05} = 9{,}8$$

Questão 25

Equação química da decomposição do pentacloreto de fósforo: $PCl_{5(g)} \rightleftarrows PCl_{3(g)} + Cl_{2(g)}$
Base de cálculo: 2 mol (inicial) de $PCl_{5(g)}$
Tabela de equilíbrio químico:

	$PCl_{5(g)}$ (mol)	$\rightleftarrows$	$PCl_{3(g)}$ (mol)	$Cl_{2(g)}$ (mol)
Início	2		0	0
Reage	2α		2α	2α
Equilíbrio	2 - 2α		2α	2α

Concentração da quantidade de matéria do PCl_5: $[PCl_5] = \frac{2-(2x0{,}40)}{2} = 0{,}60\,\frac{mol}{L}$
Concentração da quantidade de matéria do PCl_3: $[PCl_3] = \frac{2\alpha}{2} = \alpha = 0{,}40\,\frac{mol}{L}$
Concentração da quantidade de matéria do Cl_2: $[Cl_2] = \frac{2\alpha}{2} = \alpha = 0{,}40\,\frac{mol}{L}$
Expressão e cálculo da constante de equilíbrio em função da concentração da quantidade de matéria (K_c):

$$K_C = \frac{[PCl_3]\ x\ [Cl_2]}{[PCl_5]} = \frac{\alpha^2}{1-\alpha} = \frac{(0{,}40)^2}{1-0{,}40} = 0{,}27$$

Questão 26

Equação química: $CO_{(g)} + H_2O_{(g)} \rightleftarrows CO_{2(g)} + H_{2(g)}$. Base de cálculo: P_{CO} = 0,856 atm, P_{H2O} = 0,856 atm no estado inicial e P_{CO} = 0,580 atm no estado de equilíbrio.
Tabela de equilíbrio químico:

	$CO_{(g)}$	$H_{2(g)}$	$\rightleftarrows$	$CO_{2(g)}$	$H_{2(g)}$
Início	0,856	0,856		0	0
Reage	0,276	0,276		0,276	0,276
Equilíbrio	0,856 – 0,276 = 0,580	0,856 – 0,276 = 0,580		0,276	0,276

Cálculo da constante de equilíbrio em função das pressões parciais (K_p): $K_P = \frac{P_{CO_2}\ x\ P_{H_2}}{P_{CO}\ x\ P_{H_2O}} = \frac{(0{,}276)^2}{(0{,}580)^2} = 0{,}226$

Questão 27

Equação química: $H_{2(g)} + I_{2(g)} \rightleftarrows 2HI_{(g)}$. Base de cálculo: 1 mol de H_2 e I_2 no estado inicial e volume de 1 Litro. Utilizando a tabela de equilíbrio químico:

	$H_{2(g)}$ (mol)	$I_{2(g)}$ (mol)	$\rightleftarrows$	$2HI_{(g)}$ (mol)
Início	1	1		0
Reage	α	α		2α
Equilíbrio	1 - α	1 - α		2α

Determinação das expressões das concentrações das quantidades de matéria ($mol.L^{-1}$):
$[H_2] = \frac{1-\alpha}{V}$
$[I_2] = \frac{1-\alpha}{V}$
$[HI] = \frac{2\alpha}{V}$
Cálculo do α, a partir da constante de equilíbrio: $K_c = \frac{[HI]^2}{[H_2]x[I_2]} = \frac{2\alpha^2}{(1-\alpha)^2} = 49$

Tirando a raiz quadrada da equação anterior, temos: $\sqrt{\frac{2\alpha^2}{(1-\alpha)^2}} = \sqrt{49}$

$$\frac{2\alpha}{(1-\alpha)} = 7$$

$\alpha = 7/9$

Cálculo da concentração da quantidade de matéria ($mol.L^{-1}$):

$[H_2] = \frac{1-\left(\frac{7}{9}\right)}{1} = 0{,}022 mol.L^{-1}$

$[I_2] = \frac{1-\left(\frac{7}{9}\right)}{1} = 0{,}022 mol.L^{-1}$

$[HI] = \frac{2x\left(\frac{7}{9}\right)}{1} = \frac{14}{9} = 1{,}56 mol.L^{-1}$

Questão 28

Base de cálculo: 1 mol de ácido acético e 1 mol de álcool etílico. Utilizando a tabela de equilíbrio químico:

	$CH_3COOH_{(aq)}$	$C_2H_5OH_{(aq)}$	⇄	$CH_3COOC_2H_{5(aq)}$	$H_2O_{(l)}$
Início	1	1		0	0
Reage	α	α		α	α
Equilíbrio	1 - α	1 - α		α	α

Expressão da constante de equilíbrio (K_c): $K_c = \frac{[\text{éster}]\ x\ [\text{água}]}{[\text{ácido}]\ x\ [\text{álcool}]}$

No equilíbrio estão presentes 2/3 mol de éster e 2/3 mol de água. Logo, a tabela de equilíbrio químico ficará da seguinte maneira:

	$CH_3COOH_{(aq)}$	$C_2H_5OH_{(aq)}$	⇄	$CH_3COOC_2H_{5(aq)}$	$H_2O_{(l)}$
Início	1	1		0	0
Reage	2/3	2/3		2/3	2/3
Equilíbrio	1 – 2/3 = 1/3	1 – 2/3 = 1/3		2/3	2/3

Concentração da quantidade de matéria:

$[CH_3COOH] = \frac{1}{3V}$

$[C_2H_5OH] = \frac{1}{3V}$

$[CH_3COOC_2H_5] = \frac{2}{3V}$

$[H_2O] = \frac{2}{3V}$

Cálculo do valor da constante de equilíbrio: $K_c = \frac{[\text{éster}]\ x\ [\text{água}]}{[\text{ácido}]\ x\ [\text{álcool}]} = \frac{\left(\frac{2}{3V}\right) x \left(\frac{2}{3V}\right)}{\left(\frac{1}{3V}\right) x \left(\frac{1}{3V}\right)} = \frac{\frac{4}{9V^2}}{\frac{1}{9V^2}} = 4$

Questão 29

Equação química: $H_{2(g)} + Cl_{2(g)} \rightleftarrows 2\ HCl_{(g)}$. Base de cálculo: 4 mol para cada gás nos reagentes (H_2 e Cl_2). Tabela de equilíbrio químico:

	$H_{2(g)}$ (mol)	$Cl_{2(g)}$ (mol)	⇄	2 $HCl_{(g)}$ (mol)
Início	4	4		0
Reage	α	α		2α

Equilíbrio	$4 - \alpha$	$4 - \alpha$		2α

Determinação das concentrações das quantidades de matéria ($mol.L^{-1}$):

$[H_2] = \frac{4-\alpha}{V}$

$[Cl_2] = \frac{4-\alpha}{V}$

$[HCl] = \frac{2\alpha}{V}$

Cálculo do grau de dissociação (α): $K_c = \frac{[HCl]^2}{[H_2]x[Cl_2]} = 0,25$

$$\frac{\left[\frac{2\alpha}{V}\right]^2}{\left[\frac{4-\alpha}{V}\right]^2} = 0,25$$

Tirando a raiz quadrada da equação acima, temos: $\sqrt{\frac{\left[\frac{2\alpha}{V}\right]^2}{\left[\frac{4-\alpha}{V}\right]^2}} = \sqrt{0,25}$

$$\frac{2\alpha}{(4-\alpha)} = 0,5$$

$\alpha = 0,80$ (80%)

Item a) Cálculo das expressões das concentrações das quantidades de matéria ($mol.L^{-1}$):

$[H_2] = \frac{(4-0,8)}{1} = 3,20 mol.L^{-1}$

$[Cl_2] = \frac{(4-0,8)}{1} = 3,20 mol.L^{-1}$

$[HCl] = \frac{2x(0,8)}{1} = 1,60 mol.L^{-1}$

Item b) Cálculo da constante de equilíbrio inversa (Kc') para a reação direta: $H_{2(g)} + Cl_{2(g)} \rightleftarrows 2HCl_{(g)}$

$$K_c = \frac{[HCl]^2}{[H_2]\,x\,[Cl_2]} = 0,25$$

Para a reação inversa: $2HCl_{(g)} \rightleftarrows H_{2(g)} + Cl_{2(g)}$

$$K_c' = \frac{[H_2]\,x\,[Cl_2]}{[HCl]^2} = \frac{1}{0,25} = 4$$

Item c) Primeira maneira de resolução: Cálculo do número de mol total: $n_T = n_{H2} + n_{Cl2} + n_{HCl} = 4 - \alpha + 4 + \alpha + 2\alpha = 8$ mol

Cálculo das pressões parciais:

Pressão Parcial do P_{H2}: $P_{H_2} = \frac{(4-\alpha)}{8}\,x\,p_T = \frac{(4-0,8)}{8}\,x\,p_T = \frac{3,2}{8}\,x\,p_T = 0,4\,x\,p_T$

Pressão Parcial do P_{Cl2}: $P_{Cl_2} = \frac{(4-\alpha)}{8}\,x\,p_T = \frac{(4-0,8)}{8}\,x\,p_T = \frac{3,2}{8}\,x\,p_T = 0,4\,x\,p_T$

Pressão Parcial do P_{HCl}: $P_{HCl} = \frac{(2\alpha)}{8}\,x\,p_T = \frac{(2x0,8)}{8}\,x\,p_T = \frac{1,6}{8}\,x\,p_T = 0,2\,x\,p_T$

Cálculo da constante de equilíbrio em função das pressões parciais: $K_p = \frac{P_{HCl}^2}{P_{H_2}xP_{Cl_2}} = \frac{(0,2\,x\,p_T)^2}{(0,4\,x\,p_T)\,x\,(0,4\,x\,p_T)} = \frac{0,04}{0,16} = 0,25$

Segunda maneira de resolução: Sabendo que a relação entre K_p e K_c é dado pela seguinte equação química, temos:
$K_p = K_c x(RT)^{\Delta n}$
Cálculo da variação do número de mol: $\Delta n = n_{produtos} - n_{reagentes} = 2 - (1 + 1) = 0$
$$\frac{K_p}{K_c} = (R.T)^0 = 1$$
Então, $K_c = K_p = 0,25$
Item d) Como a temperatura é constante, a constante de equilíbrio químico (K_c) permanece constante.

Questão 30

Equação química: $N_{2(g)} + 3H_{2(g)} \rightleftarrows 2NH_{3(g)}$

Cálculo do volume molar ($L.mol^{-1}$) nas condições experimentais: $V_{molar} = \frac{RT}{p} = \frac{0,08206x1000}{224} = 0,37L.mol^{-1}$

Cálculo do número de mol de cada espécie gasosa:

$$n_{N_2} = \frac{3,74L}{0,37L.mol^{-1}} = 10,11mol$$

$$n_{H_2} = \frac{5,89L}{0,37L.mol^{-1}} = 15,92mol$$

$$n_{NH_3} = \frac{0,37L}{0,37L.mol^{-1}} = 1,00mol$$

Cálculo da concentração da quantidade de matéria para cada espécie gasosa:

$$[N_2] = \frac{n_{N_2}}{V_{solução}} = \frac{10,11mol}{10L} = 1,01mol.L^{-1}$$

$$[H_2] = \frac{n_{H_2}}{V_{solução}} = \frac{15,92mol}{10L} = 1,59mol.L^{-1}$$

$$[NH_3] = \frac{n_{NH_3}}{V_{solução}} = \frac{1,00mol}{10L} = 0,10mol.L^{-1}$$

Cálculo da constante de equilíbrio (K_c):

$$K_c = \frac{[NH_3]^2}{[N_2]x[H_2]} = \frac{(0,10)^2}{1,01x1,59} = 6,23x10^{-2}$$

Questão 31

Base de cálculo: 1 mol de ácido acético, 1 mol de álcool etílico e 1,0 litro de solução (volume total). Tabela de equilíbrio químico (mol):

	$CH_3COOH_{(aq)}$	$C_2H_5OH_{(aq)}$	$\rightleftarrows$	$CH_3COOC_2H_{5(aq)}$	$H_2O_{(l)}$
Início	1	1		0	0
Reage	α	α		α	α
Equilíbrio	1 - α	1 - α		α	α

Expressão da constante de equilíbrio (K_c): $K_c = \frac{[éster] \times [água]}{[ácido] \times [álcool]}$

Determinação das concentrações das quantidades de matéria ($mol.L^{-1}$):
$[CH_3COOH_{(aq)}] = \frac{1-\alpha}{V}$

$[C_2H_5OH_{(aq)}] = \frac{1-\alpha}{V}$
$[CH_3COOC_2H_{5(aq)}] = \frac{\alpha}{V}$
$[H_2O_{(l)}] = \frac{\alpha}{V}$

Cálculo do valor de α, a partir da constante de equilíbrio: $K_c = \frac{\frac{\alpha}{V} \text{x} \frac{\alpha}{V}}{\frac{1-\alpha}{V} \text{x} \frac{1-\alpha}{V}} = \frac{\left(\frac{\alpha}{V}\right)^2}{\left(\frac{1-\alpha}{V}\right)^2}$

$$K_c = \frac{\alpha^2}{(1-\alpha)^2} = 4$$

Tirando a raiz quadrada, temos: $\sqrt{\frac{(\alpha)^2}{(1-\alpha)^2}} = \sqrt{4}$

$$\frac{\alpha}{1-\alpha} = 2$$
$$\alpha = \frac{2}{3}$$

Para α = 2/3, o número de mol de cada participante no equilíbrio fica da seguinte maneira:

	$CH_3COOH_{(aq)}$	$C_2H_5OH_{(aq)}$	⇄	$CH_3COOC_2H_{5(aq)}$	$H_2O_{(l)}$
Início	1	1		0	0
Reage	α = 2/3	α = 2/3		α = 2/3	α = 2/3
Equilíbrio	1 – 2/3 = 1/3	1 – 1/3 = 1/3		2/3	2/3

Questão 32

Equação química da decomposição do cloreto de X: $XCl_{3(gás)} \rightleftarrows XCl_{(gás)} + Cl_{2(gás)}$
Base de cálculo: 4 mol (inicial) de $PCl_{5(g)}$.

Tabela de equilíbrio químico:

	$XCl_{3(g)}$ (mol)	⇄	$XCl_{(g)}$ (mol)	$Cl_{2(g)}$ (mol)
Início	4		0	0
Reage	4α = 4 x 0,90		4 x 0,90	4 x 0,90
Equilíbrio	4 – 3,60 = 0,40		3,60	3,60

Expressão e cálculo das concentrações das quantidades de matéria das espécies gasosas ($mol.L^{-1}$):

$$[XCl_3] = \frac{0{,}40mol}{1L}$$

$$[XCl] = [Cl_2] = \frac{3{,}60mol}{1L}$$

Expressão e cálculo da constante de equilíbrio em função das concentrações das quantidades de matéria (Kc):

$$K_C = \frac{[XCl] \text{ x } [Cl_2]}{[XCl_3]} = \frac{(3{,}60)^2}{0{,}40} = 32{,}40$$

Cálculo da constante de equilíbrio em função das pressões parciais: $K_p = 32{,}40 \text{ x } [0{,}8206 \text{ x } (273 + 727)]^{2-1} = 2658{,}74$

CAPÍTULO 13. EQUILÍBRIO IÔNICO

Exemplos Aplicativos

Exercício Aplicativo I

Calcule a massa de hidróxido de sódio que deve ser dissolvida em 0,250 mililitros de água pura para que a solução resultante tenha um pH igual a 12,5 a temperatura igual a 25°C.

Resolução: Equação química de dissociação: $NaOH_{(s)} \rightleftarrows Na^{+}_{(aq)} + OH^{-}_{(aq)}$.
Cálculo da concentração da quantidade de matéria de hidroxila, em $mol.L^{-1}$: pOH = 14 – pH
pOH = 14 – 12,5 = 1,5

Sabendo que pOH = - log[OH^-], temos: - log[OH^-] = 1,5
[OH^-] = $(10)^{-1,5}$
[OH^-] = 3,16 x 10^{-2} $mol.L^{-1}$

A partir da relação estequiométrica: $NaOH_{(s)}$ ⍰ $Na^{+}_{(aq)} + OH^{-}_{(aq)}$
1 mol de $NaOH_{(s)}$ --------------- 1mol de $OH^{-}_{(aq)}$
[NaOH] ---------------------------- 3,16 x 10^{-2} $mol.L^{-1}$ de OH^-
[NaOH] = 3,16 x 10^{-2} $mol.L^{-1}$

Cálculo da massa de hidróxido de sódio:
$$m_{NaOH} = [NaOH] \text{ x} < MM >_{NaOH} \text{ x } V_{solução} = 3{,}16\text{x}10^{-2} mol.\,L^{-1} \text{ x } 40 g.\,mol^{-1} \text{ x } 0{,}30 L$$
$$m_{NaOH} = 0{,}38 \text{ g}$$

Exercício Aplicativo II

Determine o pH de uma solução tampão que foi preparado havendo uma mistura de 0,10 mol de ácido láctico e 0,10 mol de lactato de potássio, na presença de 1 litro de solução. Informação para a resolução do problema: K_a = 1,38 x 10^{-4} a 25°C.

Resolução:

Sabendo que a fórmula para o pH de um tampão é dado por: $pH = pK_a + \log\frac{[sal]}{[ácido]}$, logo o valor do pH para esta situação será igual a:

$$pH = -\log(1{,}38\text{x}10^{-4}) + \log\frac{\left[\frac{0{,}10mol}{1L}\right]}{\left[\frac{0{,}10mol}{1L}\right]}$$

$$pH = -(-3{,}86) + \log(1) = 3{,}86$$

Exercício Aplicativo III

Determine a massa do ácido propanoico ou também conhecido como ácido propiônico que deve ser adicionado a 80,0 gramas de propionato de sódio para realizar uma solução tampão com volume igual a 2,0 litros que apresenta pH igual a 5,0. Informação para a resolução do problema:
$CH_3CH_2COOH_{(aq)} + H_2O_{(l)} \rightleftarrows CH_3CH_2COO^{-}_{(aq)} + H_3O^{+}_{(aq)}$, K_a = 1,34 x 10^{-5} a 25°C.

Resolução: Sabendo que a fórmula do pH de um tampão é dado por: $\mathrm{pH} = \mathrm{pK_a} + \log\frac{[\mathrm{sal}]}{[\mathrm{ácido}]}$, logo a massa de ácido propanoico será:

$$5{,}0 = -\log(1{,}34\mathrm{x}10^{-5}) + \log\frac{\left[\frac{80\mathrm{g}}{96\mathrm{g.mol^{-1}}}\right]}{\left[\frac{\mathrm{m_{ácido}}}{74\mathrm{g.mol^{-1}}}\right]}$$

$$5{,}0 = -(-4{,}87) + \log\frac{\left[\frac{80\mathrm{g}}{96\mathrm{g.\,mol^{-1}}}\right]}{\left[\frac{\mathrm{m_{ácido}}}{74\mathrm{g.\,mol^{-1}}}\right]}$$

$$5{,}0 - 4{,}87 = \log\frac{\left[\frac{80\mathrm{g}}{96\mathrm{g.\,mol^{-1}}}\right]}{\left[\frac{\mathrm{m_{ácido}}}{74\mathrm{g.\,mol^{-1}}}\right]}$$

$$0{,}13 = \log\frac{\left[\frac{80\mathrm{g}}{96\ \mathrm{g.\,mol^{-1}}}\right]}{\left[\frac{\mathrm{m_{ácido}}}{74\ \mathrm{g.\,mol^{-1}}}\right]}$$

$$\frac{\left[\frac{80\mathrm{g}}{96\mathrm{g.\,mol^{-1}}}\right]}{\left[\frac{\mathrm{m_{ácido}}}{74\ \mathrm{g.\,mol^{-1}}}\right]} = 10^{0{,}13}$$

$$\frac{\left[\frac{80\mathrm{g}}{96\mathrm{g.\,mol^{-1}}}\right]}{\left[\frac{\mathrm{m_{ácido}}}{74\ \mathrm{g.\,mol^{-1}}}\right]} = 1{,}35$$

$$0{,}83 = 1{,}35\ \mathrm{x}\ \frac{\mathrm{m_{ácido}}}{74}$$

$$\mathrm{m_{ácido}} = \frac{61{,}42}{1{,}35} = 45{,}50\mathrm{g}$$

Exercício Aplicativo IV

Foi realizada uma solução de ácido fórmico adicionando 1,15 gramas deste mesmo ácido até completar meio litro de solução. Considerando que para esta concentração o grau de ionização seja igual a 2%, calcule o pOH desta solução.

Resolução: Base de cálculo: M ($mol.L^{-1}$) inicial de ácido fórmico, HCOOH. Equação química: $HCOOH_{(aq)} + H_2O_{(l)}$ ⍰ $HCOO^-_{(aq)} + H_3O^+_{(aq)}$.

	$HCOOH_{(aq)}$	$H_2O_{(l)}$	⇄	$HCOO^-_{(aq)}$	$H_3O^+_{(aq)}$
Início	M	M		0	0
Reage	Mα	//		Mα	Mα
Equilíbrio	M - Mα	//		Mα	Mα

Cálculo da concentração da quantidade de matéria do ácido fórmico: $\mathrm{M} = \frac{\mathrm{n_{soluto}}}{\mathrm{V_{solução}}} = \frac{\mathrm{m_{soluto}}}{\mathrm{<MM>_{soluto}x\,V_{solução}}} = \frac{1{,}15\mathrm{g}}{46\mathrm{g.mol^{-1}\ x\ 0{,}50L}} = 0{,}05\mathrm{mol.\,L^{-1}}$

Observa-se que no equilíbrio, a concentração de $[H_3O^+[$, será igual a: $[H_3O^+]$ = M.α = 0,05 x 0,02 = 0,001 $mol.L^{-1}$. Cálculo do pH:

$$pH = -\log(10^{-3}) = 3$$

A 25°C, pOH = 14 – 3 = 11

Exercício Aplicativo V

Calcule o valor do pOH de uma solução de 0,10 $mol.L^{-1}$ de ácido acético, sabendo que sua constante dos ácidos é igual a 1,80 x 10^{-5} a 25°C.

Resolução:

Equação química de ionização: $CH_3COOH_{(aquoso)} + H_2O_{(líquido)} \rightarrow CH_3COO^-_{(aquoso)} + H_3O^+_{(aquoso)}$

Base de cálculo: M ($mol.L^{-1}$) inicial de ácido fórmico, HCOOH.

	H_3CCOOH	H_2O	$\rightleftarrows$	CH_3COO^-	H_3O^+
Início	M	M		0	0
Reage	Mα	//		Mα	Mα
Equilíbrio	M - Mα	//		Mα	Mα

Cálculo do grau de dissociação (α): $K_a = \frac{M\alpha \times M\alpha}{M - M\alpha} = \frac{M\alpha^2}{1-\alpha}$

Como o ácido acético é um ácido fraco, logo o seu grau de dissociação será baixo, então: $1 - \alpha \cong 1$

Logo: $K_a = M\alpha^2$

$$1{,}80 \times 10^{-5} = 0{,}10 \times \alpha^2$$

$$\alpha^2 = \frac{1{,}80 \times 10^{-5}}{0{,}10} = 1{,}80 \times 10^{-4}$$

$$\alpha = \sqrt{1{,}80 \times 10^{-4}} = 1{,}34 \times 10^{-2}$$

Observa-se que no equilíbrio, concentração da quantidade de matéria de $[H_3O^+]$ será igual a: $[H_3O^+]$ = M.α = 0,10 x 1,34 x 10^{-2} = 1,34 x 10^{-3} $mol.L^{-1}$.

Cálculo do pH: $pH = -\log(1{,}34 \times 10^{-3}) = 2{,}87$

A 25°C, pOH = 14 – 2,87 = 11,13

Exercício Aplicativo VI

Determine a massa de cátions Mg^{+2} que apresenta 10 mL de uma solução com pH = 7,5, sem que o processo tenha precipitação. Informação para a resolução do problema: K_{ps} do $Mg(OH)_{2(s)}$ = 1,8 x 10^{-11} à 25°C.

Resolução: Equação de dissociação do hidróxido de magnésio: $Mg(OH)_{2(s)} \rightarrow Mg^{+2}_{(aq)} + 2OH^-_{(aq)}$

Cálculo da concentração da quantidade de matéria de hidroxila: pOH = 14 – 7,5 = 6,5

Sabendo que o pOH é dado pela seguinte relação: 6,5 = - $\log[OH^-]$

$[OH^-] = (10)^{-6,5}$ = 3,16 x 10^{-7} $mol.L^{-1}$

Cálculo da concentração de cátions magnésio, a partir da equação do produto de solubilidade: $1{,}80 \times 10^{-11} = [Mg^{+2}] \times (3{,}16 \times 10^{-7})^2$

$$[Mg^{+2}] = \frac{1{,}80 \times 10^{-11}}{9{,}98 \times 10^{-14}} = 180{,}36\ mol.L^{-1}$$

Exercício Aplicativo VII

Determine o potencial hidrogeniônico e também do potencial hidroxiliônico a 25°C de uma solução resultante de uma mistura de 100 mililitros de uma solução aquosa de 0,20 mol.L^{-1} de hidróxido de sódio com uma outra solução aquosa de 150 mililitros de ácido clorídrico 0,10 mol.L^{-1}.

Resolução: A partir desta mistura de ácido clorídrico com hidróxido de sódio vai ocorrer uma reação de neutralização.

Equação química: $HCl_{(aquoso)} + NaOH_{(aquoso)} \rightarrow NaCl_{(aquoso)} + H_2O_{(líquido)}$

Cálculo do número de mol de ácido clorídrico: $n_{HCl} = M_{HCl} x V_{solução} = 0{,}100mol.L^{-1}\ x\ 0{,}150L = 0{,}015mol$

Cálculo do número de mol de hidróxido de sódio: $n_{NaOH} = M_{NaOH}\ x\ V_{solução} = 0{,}20mol.L^{-1}\ x\ 0{,}100L = 0{,}020mol$

Através do número de mol, observa-se que há um excesso de hidróxido de sódio, uma vez que o número de mol de hidróxido é maior do que o do ácido, conforme pode ser observado em cada número de mol calculado acima. Logo, a solução resultante tem um caráter básico.

Cálculo do número de mol em excesso: $n_{excesso}^{NaOH} = n_{NaOH} - n_{HCl} = 0{,}020 - 0{,}015 = 0{,}005mol$

Cálculo da concentração da quantidade de matéria do hidróxido de sódio em excesso: $M_{excesso}^{NaOH} = \frac{n_{excesso}^{NaOH}}{V_{solução}}$

$$M_{excesso}^{NaOH} = \frac{0{,}005}{(0{,}150 + 0{,}100)} = \frac{0{,}005\ mol}{0{,}250\ L} = 0{,}02\ mol.L^{-1}$$

Equação de dissociação do NaOH: $NaOH_{(aquoso)} \rightarrow Na^+_{(aquoso)} + OH^-_{(aquoso)}$. A partir da relação estequiométrica:
1 mol de $NaOH_{(aq)}$ ------------------ 1mol de $OH^-_{(aq)}$
0,02 mol.L^{-1}de $NaOH_{(aq)}$ ----------- $[OH^-]$
$[OH^-]$ = 0,02 mol.L^{-1}

Cálculo do pOH: $pOH = -\log(0{,}02) = 1{,}70$
A 25°C, pOH = 14 – 1,70 = 12,30

Exercício Aplicativo VIII

Foram misturadas duas soluções: uma solução aquosa de ácido clorídrico e outra solução de hidróxido de sódio. Para esta mistura foram utilizados 3,65 gramas do referido ácido e 6,0 gramas de hidróxido em uma quantidade de água suficiente para um total de um litro de solução. Diante disso, calcule o pH da solução resultante.

Resolução: A partir desta mistura de ácido clorídrico com hidróxido de sódio vai ocorrer uma reação de neutralização.
Equação química: $HCl_{(aquoso)} + NaOH_{(aquoso)} \rightarrow NaCl_{(aquoso)} + H_2O_{(líquido)}$

Cálculo da concentração da quantidade de matéria de ácido clorídrico: $n_{HCl} = \frac{m_{HCl}}{<MM>_{HCl}} = \frac{3{,}65g}{36{,}5\ g.mol^{-1}} = 0{,}10\ mol$

Cálculo do número de mol de hidróxido de sódio: $n_{NaOH} = \frac{m_{NaOH}}{<MM>_{NaOH}} = \frac{6{,}0\ g}{40{,}0\ g.mol^{-1}} = 0{,}15\ mol$

Através do número de mol, observa-se que há um excesso de hidróxido de sódio, uma vez que o número de mol de hidróxido é maior do que o do ácido, conforme pode ser observado em cada número de mol calculado acima. Cálculo do número de mol em excesso de hidróxido de sódio: $n_{excesso} = n_{HCl} - n_{NaOH} = 0{,}15 - 0{,}10 = 0{,}05mol$

Cálculo da concentração da quantidade de matéria do hidróxido de sódio em excesso: $M_{excesso}^{NaOH} = \frac{n_{excesso}^{NaOH}}{V_{solução}} = \frac{0{,}05mol}{1L} =$
$0{,}05mol.L^{-1}$
Equação de dissociação do hidróxido de sódio: $NaOH_{(aquoso)} \rightarrow Na^+_{(aquoso)} + OH^-_{(aquoso)}$

Observando a estequiometria, temos:
1 mol de $NaOH_{(aq)}$ ------------------- 1mol de $OH^{-}_{(aq)}$
0,05 $mol.L^{-1}$ de $NaOH_{(aq)}$ ----------- $[OH^{-}]$
$[OH^{-}] = 0,05\ mol.L^{-1}$.

Cálculo do pOH: $pOH = -\log(0,05) = 1,30$
A 25°C, pOH = 14 – 1,30 = 12,70

Exemplo Aplicativo IX

(UNIVERSIDADE ESTADUAL DO RIO DE JANEIRO) Na tabela a seguir estão caracterizados três dos ácidos carboxílicos presentes em nosso dia a dia.

Nome oficial	Nome vulgar	Forma de ocorrência	Ponto de ebulição
Ácido butanoico	Ácido butírico	Odor de Manteiga rançosa	164°C
Ácido octanoico	Ácido caprílico	Odor de cabras	238°C
Ácido hexanodioico	Ácido adípico	Composição de um nylon	265°C

a) Calcule a constante de ionização do ácido butanoico, que possui grau de ionização igual a 1,20 %, em 1,00 L de solução aquosa cuja concentração é igual a 0,10 mol x L^{-1}.
b) Justifique a diferença entre o ponto de ebulição do ácido octanoico e o dos demais ácidos da tabela.

Resolução:

Item a) Cálculo da constante do ácido butanoico: $K_{ácido} = 0,10x\left(\frac{1,20}{100}\right)^2 = 1,44x10^{-5}$

Item b) O ácido octanoico e o ácido butanoico apresentam o mesmo número de ligações de hidrogênio, logo o ácido de maior massa molecular irá apresentar maior ponto de ebulição (ácido octanoico). O ácido octanoico possui ponto de ebulição menor em comparação ao ácido hexanodioico, pelo fato do primeiro apresentar apenas um grupo carboxila, enquanto o ácido hexanodioico apresenta dois grupos carboxilas, o que consequentemente faz maior número de ligações de hidrogênio.

Exemplo Aplicativo X

(UNIVERSIDADE FEDERAL DO CEARÁ) Uma solução 5% ionizada de um monoácido tem $K_i = 2,5\times10^{-5}$. Calcular a concentração dessa solução em mol/litro.

Resolução: Cálculo da concentração da quantidade de matéria do ácido monoprótico, a partir da constante do ácido: $K_{ácido} = Mx\alpha^2$

$$2,50x10^{-5} = M\ x\ (0,05)^2$$

$$M = 0,01\frac{mol}{L}$$

Exemplo Aplicativo XI

(MESTRE JOÃO ROBERTO DA PACIÊNCIA NABUCO) Uma solução apresenta concentração hidrogeniônica igual a 2 x 10^{-6}. Calcule seu pH, pOH, sabendo que log 2 = 0,30.

Resposta: Cálculo do pH: $pH = -\log[2,0x10^{-6}]$
$pH = -(\log 2,0 + \log 10^{-6}) = 5,70$
$pOH = 14 - 5,70 = 8,30$

Exercício de Fixação

Questão 01

(EsPCEx) Uma solução aquosa, à temperatura de 25°C, apresenta um potencial hidrogeniônico (pH) igual a 6 (seis). A concentração em mol.L^{-1} de íons OH^- e seu potencial hidroxiliônico (pOH) nesta solução são, respectivamente:

a) 10^{-6}, 8
b) 10^{-8}, 8
c) 10^{-7}, 7
d) 10^{-5}, 9
e) 10^{-10}, 4

Questão 02

(EsPCEx) Considere uma solução aquosa de HCl de concentração 0,1 mol.L^{-1} completamente dissociado (grau de dissociação: α = 100%). Tomando-se apenas 1,0 ml dessa solução e adicionando-se 9,0 mL de água pura, produz-se uma nova solução. O valor do potencial hidrogeniônico (pH) dessa nova solução será de:

a) 1,0
b) 2,0
c) 3,0
d) 4,0
e) 5,0

Questão 03

(EsPCEx) Na indústria de alimentos, para se evitar que a massa de pães e biscoitos fique com aspecto amarelado, utiliza-se como aditivo, um ácido orgânico fraco monoprótico, o propanoico. Considerando a constante de ionização do ácido propanoico igual a 1,0 x 10^{-5} e as condições de temperatura e pressão de 25°C e 1 atm, o pH aproximado de uma solução de concentração 0,001 mol.L^{-1} desse ácido é:

a) 2
b) 4
c) 6
d) 7
e) 8

Questão 04

(EsPCEx) Um químico trabalhando em seu laboratório resolveu preparar uma solução de hidróxido de sódio (NaOH) numa concentração adequada, para posterior utilização em análises titulométricas. Consultando seu estoque verificou a existência de uma solução de NaOH de concentração 0,01 mol.L^{-1}, inadequada a seus propósitos. Para a preparação da solução de NaOH na concentração adequada, pipetou dez mililitros (10 mL) dessa solução aquosa de NaOH estocada e, em seguida, transferiu o volume pipetado para um balão volumétrico de 1000 mL de capacidade, completando seu volume com água pura. Considerando que o experimento ocorreu nas condições de 25°C e 1atm e que o hidróxido de sódio se encontrava completamente dissociado, o pH dessa solução resultante final preparada pelo químico será:

a) 1
b) 2
c) 8
d) 9
e) 10

Questão 05

(EsPCEx) O rótulo de uma garrafa de água mineral apresenta a seguinte descrição: COMPOSIÇÃO QUÍMICA PROVÁVEL (mg/L): bicarbonato de bário = 0,38; bicarbonato de estrôncio = 0,03; bicarbonato de cálcio = 66,33; bicarbonato de magnésio = 50,18; bicarbonato de potássio = 2,05; bicarbonato de sódio = 3,04; nitrato de sódio = 0,82; cloreto de sódio = 0,35. Características físico-químicas: pH medido a 25°C = 7,8; temperatura da água na fonte = 18°C; condutividade elétrica a 25°C = $1,45.10^{-4}$ mhos/cm; resíduo de evaporação a 180°C = 85,00 mg/L; radioatividade na fonte a 20°C e 760 mmHg = 15,64 maches. A respeito da água mineral citada, de sua composição e características, são feitas as seguintes afirmativas:

I) Esta água apresenta caráter básico nas condições citadas.

II) A água mineral citada pode ser classificada como uma solução, em razão da presença de substâncias dissolvidas.

III) Todas as substâncias presentes na composição provável apresentada são da função inorgânica sal. Das afirmativas feitas estão corretas:

a) Apenas II

b) Apenas I e II

c) Apenas I e III

d) Apenas II e III

e) Todas

Questão 06

(EsPCEx) A uma solução aquosa de 100 mL de ácido clorídrico de concentração 1,0 $mol.L^{-1}$ foram adicionados 400 mL de uma solução aquosa de hidróxido de sódio de concentração 0,75 $mol.L^{-1}$. Considerando que:

- a solução básica foi parcialmente neutralizada pela solução de ácido;
- o ácido clorídrico é um ácido forte (α = 100%);
- o hidróxido de sódio é uma base forte (α = 100%).

O pH da mistura resultante dessa reação de neutralização é: Dado: log 4 = 0,60.

a) 13,6

b) 11,4

c) 9,8

d) 7,5

e) 4,3

Questão 07

Qual será o pH de uma solução em que a concentração de íons H^+ é igual a $2,0 \times 10^{-4}$ $mol.L^{-1}$?

a) 2,4

b) 3,0

c) 3,7

d) 4,0

e) 4,3

Questão 08

Calcule o pOH de uma solução 0,100 $mol.L^{-1}$ de um ácido monoprótico, sabendo que sua constante de acidez é $1,00 \times 10^{-11}$.

Questão 09

Determine a massa de hidróxido de potássio que deve ser dissolvida em 0,500 ml de água para que a solução resultante tenha um pH ≈ 13 a 25°C.

Questão 10

Juntando 1,0 litro de uma solução aquosa de HCl com pH = 1,0 a 10 litros de uma solução aquosa de HCl com pH = 6,0, qual das opções a seguir contém o valor do pH que mais se aproxima do pH de 11,0 litros da mistura obtida?

a) pH ≈ 0,6

b) pH ≈ 1,0

c) pH ≈ 2,0

d) pH ≈ 3,5
e) pH ≈ 6,0

Questão 11

Adicionando-se 20 mL de solução 0,4 mol.L^{-1} de NaOH a 30 mL de solução 0,3 mol.L^{-1} de HCl:
a) A solução final terá pH < 7
b) A solução final terá pH > 7
c) A solução final terá pH = 7
d) A solução final por hidrólise ficará ácida
e) A solução final por hidrólise ficará básica

Questão 12

(UNIVERSIDADE ESTADUAL DO RIO DE JANEIRO) O controle do pH do sangue humano é um processo complexo que envolve o cérebro, os pulmões e os rins. Neste processo, o íon hidrogenocarbonato desempenha uma importante função tamponante.
a) Em relação ao íon hidrogenocarbonato, escreva o nome da espécie química que desempenha o papel de seu ácido conjugado e indique a fórmula de sua base conjugada.
b) Considerando as condições ambientes e a concentração hidroxiliônica equivalente a 2,5 x 10^{-7} mol.L^{-1}, calcule o pH do sangue humano. Utilize log5 igual a 0,70.

Questão 13

(UNIVERSIDADE ESTADUAL DO RIO DE JANEIRO) A amônia anidra é um gás incolor de odor intenso. Quando dissolvida em água, recebe o nome de hidróxido de amônio.
a) Calcule o pH da solução de hidróxido de amônio 0,05 mol.L^{-1}, nas condições ambientes. Considere, em seu cálculo, o valor da constante de ionização da amônia igual a $2,0x10^{-5}$ e despreze a autoionização da água.
b) Escreva o nome da forma geométrica da molécula da amônia e classifique o tipo de ligação interatômica nela presente, a partir da diferença de eletronegatividade.

Questão 14

(UNIVERSIDADE ESTADUAL DO RIO DE JANEIRO) O íon cianeto é extremamente tóxico ao ser humano devido a sua capacidade de se combinar com o ferro presente na hemoglobina, impedindo o transporte de oxigênio para o sangue. A equação química a seguir representa um processo de remoção desse íon de águas poluídas. $2CN^- + 5Cl_2 + 8OH^- \rightarrow 2CO_2 + N_2 + 10Cl^- + 4H_2O$. Em um tanque contendo um volume de solução aquosa de hidróxido de sódio igual a 1000 litros, foram adicionados 25 mol de cianeto e cloro em quantidade suficiente para completar a reação. Admitindo-se que toda a base e o cianeto foram consumidos, calcule o pH inicial da solução aquosa de hidróxido de sódio e indique as fórmulas químicas dos compostos apolares formados no processo.

Questão 15

(UNIVERSIDADE ESTADUAL DO RIO DE JANEIRO) Metais nobres têm como característica o fato de serem pouco reativos. A platina, por exemplo, somente reage em presença de uma mistura de ácidos clorídrico e nítrico, conforme mostra a equação química não balanceada a seguir: $HCl_{(aq)} + HNO_{3(aq)} + Pt_{(s)} \rightarrow H_2O_{(l)} + PtCl_{4(aq)} + NO_{(g)}$. Em um experimento, 1,17g de platina foram consumidos em conjunto com os reagentes ácidos, totalmente ionizados, em uma solução de volume igual a 3,2 litros. Calcule o pH inicial da solução e escreva a semirreação que representa o processo de oxidação.

Questão 16

(ENEM) Uma dona de casa acidentalmente deixou cair na geladeira a água proveniente do degelo de um peixe, o que deixou um cheiro forte e desagradável dentro do eletrodoméstico. Sabe-se que o odor característico de peixe se deve às aminas e que esses compostos se comportam como bases. Na tabela são listadas as concentrações hidrogeniônicas de alguns materiais encontrados na cozinha, que a dona de casa pensa em utilizar na limpeza da geladeira.

Material	Concentração de $[H_3O^+]$ (mol/L)
Suco de limão	10^{-2}
Leite	10^{-6}
Vinagre	10^{-3}
Álcool	10^{-8}
Sabão	10^{-12}
Carbonato de sódio/barrilha	10^{-12}

Dentre os materiais listados, quais são apropriados para amenizar esse odor?
a) Álcool ou sabão
b) Suco de limão ou álcool
c) Suco de limão ou vinagre
d) Suco de limão, leite ou sabão
e) Sabão ou carbonato de sódio/barrilha

Questão 17

(UNIVERSIDADE FEDERAL FLUMINENSE) Considere 100,0 mL de solução de ácido clorídrico que contém 1,25 g de HCl. Dados: Log 2 = 0,30 e Log 3 = 0,48. Calcule:
a) a concentração de H_3O^+
b) o pH da solução

Questão 18

(UNIVERSIDADE FEDERAL FLUMINENSE) Duas soluções A e B têm, respectivamente, pH = 2 e pH = 3. Assim sendo, a relação $\frac{[H^+]_A}{[H^+]_B}$ será:
a) 2/3
b) 10
c) 3/2
d) 10^2
e) 10^{-2}

Questão 19

(INSTITUTO TECNOLÓGICO DA AERONÁUTICA) Utilizando os dados fornecidos na tabela a seguir, é CORRETO afirmar que o produto de solubilidade do sulfito de sódio em água, a 15 °C, é igual a:

Substância	Solubilidade (g soluto/100 g H_2O)
ZnS	0,00069
$ZnSO_4 . 7 H_2O$	96
$ZnSO_3 . 2 H_2O$	0,16
$Na_2S . 9 H_2O$	46
$Na_2SO_4 . 7 H_2O$	44
$Na_2SO_3 . 2 H_2O$	32

a) 8×10^{-3}
b) $1,6 \times 10^{-2}$
c) $3,2 \times 10^{-2}$
d) 8
e) 32

Questão 20

(GRILLO) No laboratório de físico-química há 0,25 mg de brometo de cálcio que se dissolve em 550 mL de água a uma temperatura ambiente. Calcule o produto de solubilidade deste sal nesta temperatura.

Questão 21

Calcule a solubilidade do cloreto de prata, sabendo que seu produto de solubilidade é $1{,}80 \times 10^{-10}$.

Questão 22

Considere a precipitação do hidróxido férrico ($K_{ps} = 1{,}0 \times 10^{-36}$) em uma solução 0,001 $mol.L^{-1}$ de Fe^{+3}. Calcule o pH desta solução.

Questão 23

(UNIVERSIDADE FEDERAL DA PARÁ) As antocianinas são substâncias responsáveis por uma variedade de cores atrativas presentes em diversas frutas, flores e folhas. Essas substâncias apresentam cores diferentes em solução de acordo com sua forma, protonada ou desprotonada, podendo assim ser empregadas como indicadores de pH. Um exemplo disso é o extrato de repolho-roxo, que apresenta o seguinte perfil de cores em função do pH:

Faixa de pH	Cor observada
1,0 a 3,0	Vermelha
4,0 a 6,0	Violeta
7,0 a 9,0	Azul
10 a 12	Verde
Em valores intermediários (entre 3,0 e 4,0, 6,0 e 7,0 ou 9,0 e 10) existe uma mescla de cores.	

Suponha que fossem misturados 10 mL de uma solução de $HC\ell$ 0,10 $mol.L^{-1}$ com 90 mL de solução de NaOH 0,010 $mol.L^{-1}$ e à solução resultante fossem adicionadas algumas gotas do extrato de repolho-roxo.

a) Qual é o valor do pH da solução resultante?

b) Qual é a cor observada para a solução resultante?

Questão 24

(EsPCEx) A dissolução em água, de 200 moléculas de ácido sulfúrico de grau de ionização 62%, fornece os seguintes números de partículas dissolvidas:

a) 124 moléculas e 152 íons

b) 124 moléculas e 328 íons

c) 76 moléculas e 248 íons

d) 76 moléculas e 152 íons

e) 76 moléculas e 372 íons

Questão 25

(EsPCEx) O organismo humano produz, em média, 1,5 L de solução de ácido clorídrico (suco gástrico) 0,01 mol/L, no estômago. Admita o ácido totalmente ionizado. O valor do pH desse suco gástrico é:

a) 0,000015

b) 0,015

c) 0,035

d) 2

e) 1

Questão 26

(EsPCEx) Um experimento usado nas aulas práticas de laboratório da EsPCEx para compreensão da reatividade química é pautado na reação entre magnésio metálico (Mg^0) e ácido clorídrico (HCl). Experimentalmente consiste em mergulhar uma fita de magnésio metálico numa solução de concentração 0,1 mol/L de ácido clorídrico. Acerca do processo acima descrito e considerando-se ocorrência de reação, são feitas as seguintes afirmativas:

I) A ocorrência da reação é evidenciada pela formação de bolhas do gás oxigênio.

II) Um dos produtos formados na reação é o óxido de magnésio.

III) O coeficiente estequiométrico do ácido clorídrico, após a escrita da equação da reação corretamente balanceada, é 2.

IV) O agente oxidante dessa reação de oxirredução é o ácido clorídrico.

V) Considerando a solução inicial do ácido clorídrico de concentração 0,1 mol/L como 100 % ionizado (ácido forte), o pH dessa solução é 2. Assinale a alternativa que apresenta todas as afirmativas corretas, dentre as listadas acima.

a) I, II e III

b) III e IV

c) III, IV e V

d) I, II e V

e) II e V

Questão 27

(EsPCEx) A aspirina é um medicamento antitérmico mundialmente conhecido e, em 2022, completou 123 anos desde o seu registro. O princípio ativo deste medicamento é o ácido acetilsalicílico, que é um ácido orgânico fraco. Considere uma solução aquosa preparada por meio da dissolução de 18,0 g de ácido acetilsalicílico (100% de pureza) em 1,0 L de água, a 25°C e 1 atm. A concentração de H^+ nessa solução é igual a $5,70 \times 10^{-3}$ $mol.L^{-1}$. Dados: log(5,7) = 0,76. Fórmula molecular do ácido acetilsalicílico = $C_9H_8O_4$. Baseado nestas informações, e considerando que a solução se encontra em equilíbrio químico, são feitas as seguintes afirmativas:

I. O valor da constante de acidez (K_a) é de $3,2 \times 10^{-4}$, aproximadamente, nas condições descritas.

II. O pH da solução é aproximadamente 3,76.

III. A adição de ácido clorídrico deslocaria o equilíbrio no sentido do reagente.

IV. A adição de hidróxido de sódio à solução promoveria um aumento no valor de K_a. Das afirmativas feitas, estão corretas apenas:

a) I e III

b) I e IV

c) II e III

d) II e IV

e) III e IV

Exercício de Fixação – Gabarito

Questão 01

(EsPCEx) Alternativa B.

Sabendo que a 25°C, pH + pOH = 14, temos: pOH = 14 – 6 = 8.

Cálculo do potencial hidroxiliônico: 8 = - log[OH^-]

log[OH^-] = -8

[OH^-] = 10^{-8} mol.L^{-1}

Questão 02

(EsPCEx) Alternativa B.

Primeiramente será necessário calcular a concentração hidrogeniônica da etapa final ($[H^+]_{final}$).

$[H^+]_{inicial} \times V_{inicial} = [H^+]_{final} \times V_{final}$

0,10 mol.L^{-1} x 1 mL = $[H^+]_{final}$ x 10 mL

$[H^+]_{final}$ = 0,01 mol.L^{-1}

Cálculo do potencial hidrogeniônico: pH = - log(10^{-2}) = 2

Questão 03

(EsPCEx) Alternativa B.

Equação química: $C_2H_5COOH_{(aq)} + H_2O_{(l)} \rightarrow C_2H_5COO^-_{(aq)} + H_3O^+_{(aq)}$. Na resolução desta questão, será necessário utilizar a tabela de equilíbrio. Base de cálculo: M (mol.L^{-1}) inicial de ácido propanoico.

	$C_2H_5COOH_{(aq)}$	$H_2O_{(l)}$	$\rightleftarrows$	$C_2H_5COO^-_{(aq)}$	$H_3O^+_{(aq)}$
Início	M	-		0	0
Reage	Mα	-		Mα	Mα
Equilíbrio	M - Mα	-		Mα	Mα

Para ácidos fracos, α < 5%, a equação da constante de equilíbrio para o ácido vai ficar reduzida da seguinte maneira:

$K_a = M\alpha^2$

$1,0 \times 10^{-5} = 10^{-3} \times \alpha^2$

α = 0,1

Cálculo da concentração da quantidade de matéria de [H^+] no equilíbrio: [H^+] = M.α = 10^{-3} x 10^{-1} = 10^{-4} mol.L^{-1}

Cálculo do pH: pH = - log [H^+] = - log (10^{-4}) = 4

Questão 04

(EsPCEx) Alternativa E.

Primeiramente será necessário calcular a concentração hidroxiliônico da etapa final ($[OH^-]_{final}$). $[OH^-]_{inicial} \rightarrow [OH^-]_{final}$

0,01 mol.L^{-1} --------- $[OH^-]_{final}$

10 mL ---------------- 1000 mL

$[OH^-]_{inicial} \times V_{inicial} = [OH^-]_{final} \times V_{final}$

0,01 mol.L^{-1} x 10 mL = $[OH^-]_{final}$ x 1000 mL

$[OH^-]_{final}$ = 0,0001 mol.L^{-1}

Sabendo que o potencial hidrogeniônico é dado pela seguinte equação matemática: $pOH = -\log[OH^-]$
$pOH = -\log(10^{-4}) = 4$
À 25°C, $pOH = 14 - 4 = 10$

Questão 05

(EsPCEx) Alternativa E.

Questão 06

(EsPCEx) Alternativa A.
Equação química de neutralização entre o ácido forte e a base forte: $HCl_{(aquoso)} + NaOH_{(aquoso)} \rightarrow NaCl_{(aquoso)} + H_2O_{(líquido)}$

Cálculo do número de mol de cada reagente:
$n_{ácido} = 1,0 \times 0,10 = 0,10$ mol
$n_{base} = 0,75 \times 0,40 = 0,30$ mol

Pelo número de mol de cada reagente químico observa-se que a solução final apresentará uma característica alcalina.
$n_{base} = 0,30$ mol - 0,10 mol = 0,20 mol

Volume total da solução (V_{TOTAL}): V_{TOTAL} = 100 mL + 400 mL = 500 mL (0,50 L)

Cálculo da concentração da quantidade de matéria do NaOH: $[NaOH] = \frac{0,20 \text{ mol}}{0,50L} = 0,40 \text{ mol.L}^{-1}$

Pela dissociação do hidróxido de sódio, temos: $[NaOH] = [OH^-] = 0,40 \text{ mol.L}^{-1}$

Cálculo do pOH: $pOH = -\log[OH^-] = -\log(0,40) = 0,40$
$pH = 14 - 0,40 = 13,60$

Questão 07

Alternativa C.
Cálculo do valor do potencial hidrogeniônico, pH: $pH = -\log[2,0 \times 10^{-4}]$
$pH = -[\log(2) + \log(10^{-4})]$
$pH = -[0,30 + (-4)] = 3,70$

Questão 08

(INSTITUTO MILITAR DE ENGENHARIA) Ácido monoprótico: $HX_{(aq)}$
Equação química: $HX_{(aq)} + H_2O_{(l)} \rightleftarrows H_3O^+_{(aq)} + X^-_{(aq)}$.

Tabela de equilíbrio químico, temos:

	$HX_{(aq)}$ (mol)	$H_2O_{(l)}$ (mol)	$\rightleftarrows$	$H_3O^+_{(aq)}$ (mol)	$X^-_{(aq)}$ (mol)
Início	n	-		0	0
Reage	nα	-		nα	nα
Equilíbrio	(n – nα) / V	-		nα / V	nα / V

Cálculo do grau de dissociação: $K_{ácido} = \frac{M\alpha \times M\alpha}{M \times (1-\alpha)} = \frac{M\alpha^2}{1-\alpha}$

$K_{ácido} = M\alpha^2$

$10^{-11} = 0,10 \times \alpha^2$

$\alpha = 10^{-5}$

Cálculo da concentração de hidrônio (H_3O^+): $[H_3O^+] = M.\alpha = 10^{-1} \times 10^{-5} = 10^{-6}$ mol.L^{-1}

Cálculo do valor do potencial hidrogeniônico, pH: Sabendo que: pH = - log$[H_3O^+]$, temos: pH = - log$[10^{-6}]$
pH = - [- 6] = 6

Cálculo do potencial hidroxiliônico, pOH: 6 + pOH = 14
pOH = 8

Questão 09

(INSTITUTO TECNOLÓGICO DA AERONÁUTICA) Equação química: $KOH_{(sólido)} \rightarrow K^+_{(aquoso)} + OH^-_{(aquoso)}$.

Cálculo da concentração da quantidade de matéria de íons hidroxila, $[OH^-]$, sabendo que à 25°C, temos: 13 + pOH = 14
pOH = 1

Por definição: pOH = - log$[OH^-]$, logo: 1 = - log$[OH^-]$
$[OH^-] = 10^{-1}$ mol.L^{-1}

Cálculo da concentração da quantidade de matéria do hidróxido de potássio: $KOH_{(s)} \rightarrow K^+_{(aq)} + OH^-_{(aq)}$
1 mol de KOH ------------ 1 mol de OH^-(aq)
M_{KOH} ------------------------ 0,10 mol.L^{-1} de OH^-(aq)
M_{KOH} = 0,10 mol.L^{-1}

Cálculo da massa de hidróxido de potássio, a partir da concentração da quantidade de matéria do hidróxido de potássio.
m_{KOH} = 0,10 mol.L^{-1} x 56 g.mol^{-1} x 0,500 x 10^{-3} L
m_{KOH} = 0,0028 g (2,80 mg)

Questão 10

(INSTITUTO TECNOLÓGICO DA AERONÁUTICA) Alternativa C.
Mistura de mesmo soluto (HCl):

$HCl_{(1)}$	+	$HCl_{(2)}$	$\rightarrow$	$HCl_{(3)}$
V_1 = 1,0 L		V_1 = 10,0 L		V_3 = 11,0 L
pH_1 = 1,0		pH_2 = 6,0		pH_3

Cálculo da concentração hidrogeniônica para a solução (1): $pH_1 = -\log [H^+]_1$
1,0 = - log $[H^+]_1$
$[H^+]_1$ = 0,10 mol.L^{-1}

Cálculo da concentração hidrogeniônica para a solução (2): $pH_2 = -\log [H^+]_2$
6,0 = - log $[H^+]_2$
$[H^+]_2 = 10^{-6}$ mol.L^{-1}

Cálculo da concentração hidrogeniônica para a solução (3): $V_1 \times [H^+]_1 + V_2 \times [H^+]_2 = V_3 \times [H^+]_3$
1 L x 0,10 mol.L^{-1} + 10 L x 10^{-6} mol.L^{-1} = 11 L x $[H^+]_3$
$[H^+]_3 = 9,09 \times 10^{-3}$ mol.L^{-1}

Cálculo do potencial hidrogeniônico para a solução (3): $pH_3 = -\log [H^+]_3 = -\log [9,09 \times 10^{-3}] \approx 2,04$

Questão 11

(INSTITUTO TECNOLÓGICO DA AERONÁUTICA) Alternativa A.
Equação química: $HCl_{(aq)} + NaOH_{(aq)} \rightarrow NaCl_{(aq)} + H_2O_{(l)}$
Cálculo do número de mol do ácido clorídrico: $n_{ácido}$ = M x v = 0,3 mol.L^{-1} x 0,030 L = 9.10^{-3} mol
Cálculo do número de mol do hidróxido de sódio: n_{base} = M x v = 0,4 mol.L^{-1} x 0,020 L = 8.10^{-3} mol

Comparando o número de mol do ácido e da base, observa-se que: $n_{ácido} > n_{base}$.
Cálculo do número de mol do ácido em excesso: $n_{excesso} = n_{ácido} - n_{base} = 9 \times 10^{-3}$ mol – 8×10^{-3} mol) = 1×10^{-3} mol

Cálculo da concentração da quantidade de matéria do ácido em excesso: $V_{solução} = V_{base} + V_{ácido}$ = 20 mL + 30 mL = 50 mL
$M_{ácido} = n_{excesso} / V_{solução} = [(10^{-3})\ mol / 50 \times 10^{-3}\ L] = 0{,}02\ mol.L^{-1}$

Cálculo da concentração da quantidade de matéria de H^+: $HCl_{(aq)} \rightarrow H^+_{(aq)} + Cl^-_{(aq)}$

1 mol de $HCl_{(aq)}$ ------------ 1 mol de $H^+_{(aq)}$
0,02 $mol.L^{-1}$ ----------------- $[H^+]$
$[H^+] = 0{,}02\ mol.L^{-1}$

Cálculo do pH, a 25°C: pH = - {log(2.10^{-2})} = {0,30 – 2} = 1,70

Questão 12

(UNIVERSIDADE ESTADUAL DO RIO DE JANEIRO)

Item a) $HCO_3^-{}_{(ácido\ 1)} + H_2O_{(base\ 2)} \rightleftarrows CO_3^{-2}{}_{(base\ 1)} + H_3O^+{}_{(ácido\ 2)}$

Item b) Informação do problema: $[OH^-] = 2{,}5 \times 10^{-7}\ mol.L^{-1}$

Sabendo que o valor do pOH é definido como pOH = - log $[OH^-]$, temos: pOH = - log $[2{,}5 \times 10^{-7}]$

$pOH = - \log [5^2 \times 10^{-8}]$
$pOH = - [\log 5^2 + \log 10^{-8}]$
$pOH = - [2 \times \log 5 + \log (10^{-8})]$
$pOH = - [(2 \times 0{,}70) - 8] = 6{,}60$

Cálculo do pH: pH + 6,60 = 14
pH = 7,40

Questão 13

(UNIVERSIDADE ESTADUAL DO RIO DE JANEIRO) Item a) Base de cálculo: M ($mol.L^{-1}$) de hidróxido de amônio na etapa inicial.

	$NH_4OH_{(aq)}$	$\rightleftarrows$	$NH_4^+{}_{(aq)}$	$OH^-{}_{(aq)}$
Início	M		0	0
Reage	Mα		Mα	Mα
Equilíbrio	M – Mα		Mα	Mα

Cálculo do grau de dissociação, a partir da constante de dissociação da base: $2{,}0 \times 10^{-5} = 0{,}05 \times \alpha^2$
$\alpha = 0{,}02$

Cálculo da concentração da quantidade de matéria para a hidroxila: $[OH^-] = M\alpha = 0{,}05 \times 0{,}02 = 10^{-3}\ mol.L^{-1}$

Cálculo do pOH e pH: pOH = - log $[1{,}0 \times 10^{-3}]$ = 3. Sendo o pH + pOH =14, a 25°C, o valor do pH para esta solução será a seguinte:
pH + 3 = 14
pH = 11

Item b) O nome da forma geométrica da molécula é do tipo bipiramidal e sua ligação interatômica é covalente.

Questão 14

(UNIVERSIDADE ESTADUAL DO RIO DE JANEIRO) Cálculo do número de mol de hidroxila, a partir da seguinte equação química:
$2CN^- + 5Cl_2 + 8OH^- \rightarrow 2CO_2 + N_2 + 10Cl^- + 4H_2O$
2 mol de cianeto ---------- 8 mol de hidroxila
25 mol de cianeto -------- n_{OH-}
n_{OH-} = 100 mol

Cálculo da concentração da quantidade de matéria de hidroxila: $[OH^-] = n_{OH-}/V$ = 100 mol /1000 L = 0,10 mol.L^{-1}

Cálculo do pOH e pH: pOH = - log $[OH^-]$
pOH = - log $[1,0 \times 10^{-1}]$ = 1

Sendo o pH + pOH =14, a 25°C, o valor do pH para esta solução é a seguinte: pH + 1 = 14
pH = 13

Os compostos apolares são o CO_2 e o N_2.

Questão 15

(UNIVERSIDADE ESTADUAL DO RIO DE JANEIRO) Equação química: $12HCl_{(aq)} + 4HNO_{3(aq)} + 3\ Pt_{(s)} \rightarrow 8H_2O_{(l)} + 3PtCl_{4(aq)} + 4NO_{(g)}$
Cálculo da massa de cátion $[H^+]$: $\mathbf{12H^+} + 12\ Cl^-_{(aq)} + \mathbf{4H^+} + 4NO_3^-{}_{(aq)} + 3Pt_{(s)} \rightarrow 8H_2O_{(l)} + 3PtCl_{4(aq)} + 4NO_{(g)}$
16 mol de H^+ ----------------- 3 mol de Pt
16 mol x 1 g.mol^{-1} ---------- 3 mol x 195 g.mol^{-1}
m_{H+} ---------------------------- 1,17 g de Pt
m_{H+} = 0.032 g de H^+

Cálculo da concentração da quantidade de matéria de H^+: $[H^+]$ = 0,032 / (1 x 3,2) = 10^{-2} mol.L^{-1}

Cálculo do pH: pH = -log$[H^+]$ = - log (10^{-2}) = **2**

Equação de oxidação: $Pt^0 \rightarrow Pt^{+4} + 4e^-$

Questão 16

(ENEM) Alternativa C.
Cálculo do pH do suco de limão: $[H_3O^+] = 10^{-2}$ mol.L^{-1}. Sendo o pH = - log$[H_3O^+]$, temos: pH = - log$[10^{-2}]$
pH = 2

Cálculo do pH do leite: $[H_3O^+] = 10^{-6}$ mol.L^{-1}
pH = - log$[10^{-6}]$ = 69

Cálculo do pH do vinagre: $[H_3O^+] = 10^{-3}$ mol.L^{-1}
pH = - log$[10^{-3}]$ = 3

Cálculo do pH do álcool: $[H_3O^+] = 10^{-8}$ mol.L^{-1}
pH = - log$[10^{-8}]$ = 8

Cálculo do pH do sabão: $[H_3O^+] = 10^{-12}$ mol.L^{-1}
pH = - log$[10^{-12}]$ = 12

Cálculo do pH do carbonato de sódio/barrilha: $[H_3O^+] = 10^{-12}$ mol.L^{-1}
pH = - log$[10^{-12}]$ = 12

De acordo com os cálculos apresentados, o suco de limão e o vinagre possuem o menor pH. Logo são os mais apropriados para este fim.

Questão 17

(UNIVERSIDADE FEDERAL FLUMINENSE)

Item a) Cálculo da concentração da quantidade de matéria do ácido clorídrico: $[HCl] = \frac{1,25}{36,5 \times 0,10} = 0,34 \frac{mol}{L}$
$[HCl] = 1,25\ g\ /\ (36,5\ g,mol^{-1} \times 0,10\ L) = 0,34\ mol.L^{-1}$

Cálculo da concentração de $[H_3O^+]$, a partir da relação estequiométrica de ionização do HCl: $HCl_{(aq)} + H_2O_{(l)} \rightleftarrows H_3O^+_{(aq)} + Cl^-_{(aq)}$
1 mol de HCl ------------------- 1 mol de H_3O^+
$0,34\ mol.L^{-1}$ de HCl ----------- $[H_3O^+]$
$[H_3O^+] = 0,34\ mol.L^{-1}$

Item b) Cálculo do pH da solução: pH = -log[0,34]
pH = -log[0,30 + 0,04]
pH = -log[3/10 + 4/100]
pH = -log[(3/10) . (4/100)]
pH = -log[12/1000]
$pH = -\log[(2^2.3)/10^3]$
$pH = -[\log(2^2.3) - \log(10^3)] = -[1,08 - 3] = 1,92$

Questão 18

(UNIVERSIDADE FEDERAL FLUMINENSE) Alternativa B.

Cálculo da concentração hidrogeniônica para a solução (A): $pH_A = -\log[H^+]$
$2,0 = -\log[H^+]$
$[H^+]_A = 0,01\ mol.L^{-1}$

Cálculo da concentração hidrogeniônica para a solução (B): $pH_B = -\log[H^+]$
$3,0 = -\log[H^+]$
$[H^+]_B = 10^{-3}\ mol.L^{-1}$

Cálculo da razão entre $[H^+]_A / [H^+]_B$: Razão = $[H^+]_A / [H^+]_B = 10^{-2}\ mol.L^{-1}/10^{-3}\ mol.L^{-1} = 10$

Questão 19

(INSTITUTO TECNOLÓGICO DA AERONÁUTICA) Alternativa E.

Observando a tabela, temos que: Massa de sulfito de sódio = 32g; Massa de água = 100g

Sabendo que a densidade (ρ) da água é $1,0\ g.cm^{-3}$, então o seu volume será de: $V_{H2O} = m/\rho = 100g / 1\ g.cm^{-3} = 100\ cm^3$

Cálculo da massa molecular de sulfito de sódio: <MM> $(Na_2SO_3.2H_2O) = 2 \times 23 + 1 \times 32 + 3 \times 16 + 2 \times 18 = 162\ g$

Cálculo da concentração da quantidade de matéria do sulfito de sódio: $M = \{32g / 162\ g.mol^{-1} \times 0,10\ L\} \approx 2,0\ mol.L^{-1}$
$Na_2SO_{3(s)} \rightarrow 2Na^+_{(aq)} + SO_3^{-2}{}_{(aq)}$

1 mol de $Na_2SO_{3(s)} \rightarrow$ 2 mol $Na^+_{(aq)} \rightarrow$ 1 mol $SO_3^{-2}{}_{(aq)}$
$2,0\ mol.L^{-1}$ -------------- $[Na^+]$ -------------- $[SO_3^{-2}]$
$[Na^+] = 4,0\ mol.L^{-1}$
$[SO_3^{-2}] = 2,0\ mol.L^{-1}$

Cálculo do produto de solubilidade (K_{ps}):
$K_{ps} = [Na^+]^2 \times [SO_3^{-2}] = (4)^2 \times (2)^2 =$ **32**

Questão 20

(GRILLO) Equação química: $CaBr_{2(sólido)} \rightleftarrows Ca^{+2}_{(aquoso)} + 2Br^-_{(aquoso)}$.

Cálculo da concentração da quantidade de matéria do $CaBr_2$: $[CaBr_2] = \frac{0{,}25 \times 10^{-3}}{(40+160) \times 550 \times 10^{-3}} = 2{,}27 \times 10^{-6} \frac{mol}{L}$

Cálculo das concentrações dos íons do referido sal: $CaBr_{2(sólido)} \rightleftarrows Ca^{+2}_{(aquoso)} + 2Br^-_{(aquoso)}$

1 mol $CaBr_2$ ------------- 1 mol Ca^{+2} ----------- 2 mol Br^-
$2{,}27 \times 10^{-6}$ mol.L^{-1} ----- $[Ca^{+2}]$ ------------------ $[Br^-]$
$[Ca^{+2}] = 2{,}27 \times 10^{-6}$ mol.L^{-1}
$[Br^-] = 4{,}54 \times 10^{-6}$ mol.L^{-1}

Cálculo do produto de solubilidade (K_{ps}): $K_{ps} = [Ca^{+2}] \times [Br^-]^2$
$K_{ps} = 2{,}27 \times 10^{-6} \times (4{,}54 \times 10^{-6})^2 = 4{,}69 \times 10^{-17}$

Questão 21

Relação matemática do produto de solubilidade (K_{ps}) com a solubilidade (S): $AgCl_{(sólido)} \rightarrow Ag^+_{(aquoso)} + Cl^-_{(aquoso)}$

1 mol AgCl ----- 1 mol Ag^+ ----- 1 mol Cl^-
$K_{ps} = [Ca^{+2}] \times [Br^-] = S \times S = S^2$

Cálculo da solubilidade (S) do cloreto de prata: $1{,}80 \times 10^{-10} = S^2$
$S = (1{,}80 \times 10^{-10})^{1/2} = 1{,}34 \times 10^{-5}$ mol.L^{-1}

Questão 22

Equação de dissociação do hidróxido de ferro III: $Fe(OH)_{3(sólido)} \rightleftarrows Fe^{+3}_{(aquoso)} + 3OH^-_{(aquoso)}$.

Cálculo da concentração da quantidade de matéria de íons hidroxila (OH^-), a partir da constante do produto de solubilidade:

$K_{ps} = [Fe^{+3}].[OH^-]^3$

$1{,}0 \times 10^{-36} = (10^{-3}) \times [OH^-]^3$

$[OH^-]^3 = 10^{-33}$

$[OH^-] = \sqrt[3]{10^{-33}} = 10^{-11}$mol.L^{-1}

Cálculo do pOH e do pH: pOH = -log[OH^-] = - log (10^{-11}) = 11.

Sabendo que à 25°C, pH = 14 – 11 = 3

Questão 23

(UNIVERSIDADE FEDERAL DO PARÁ)
Item a) Equação química: $HCl_{(aq)} + NaOH_{(aq)} \rightarrow NaCl_{(aq)} + H_2O_{(l)}$

Cálculo do número de mol de ácido clorídrico: $n_{ácido} = 10 \times 10^{-3} \times 0{,}10 = 10^{-4}$ mol

Cálculo do número de mol de hidróxido de sódio: $n_{base} = 90 \times 10^{-3} \times 0{,}010 = 9{,}0 \times 10^{-4}$ mol

Excesso de hidróxido de sódio: n_{base} = 9,0 x 10^{-4} mol - 1,0 x 10^{-4} mol = 8,0 x 10^{-4} mol

Volume total: 10 mL + 90 mL = 100 mL (0,100 L)

Cálculo da concentração da quantidade de matéria de hidróxido de sódio: $[\text{NaOH}] = \frac{8{,}0\text{x}10^{-4}}{0{,}100} = \frac{8{,}0\text{x}10^{-4}}{0{,}100} = 8{,}0\text{x}10^{-3}\,\frac{\text{mol}}{\text{L}}$

$\text{pOH} = -\log(8{,}0 \text{ x } 10^{-3}) = 2{,}1$

$\text{pH} = 14 - 2{,}10 = 11{,}90$

Item b) Verde

Questão 24

(EsPCEx) Alternativa E.

A partir da tabela de equilíbrio iônico, temos:

	$H_2SO_{4(aq)}$	$2H^+_{(aq)}$	$SO_4^{-2}{}_{(aq)}$
Início	M	0	0
Reage	Mα	2Mα	Mα
Equilíbrio	M - Mα	2Mα	Mα

A partir das informações retiradas da tabela, temos:

Cálculo do número de moléculas dissolvidas: $200 - 200 \text{ x } 0{,}62 = 6$ moléculas dissolvidas

Equação de ionização do ácido sulfúrico: $H_2SO_{4(aq)} \rightarrow 2H^+_{(aquoso)} + SO^{-2}_{4(aquoso)}$

Cálculo do número de cátions dissolvidos: 2 x 200 x 0,62 = 248 cátions

Cálculo do número de ânions dissolvidos: 200 x 0,62 = 124 cátions

Número de íons = 248 + 124 = 372

Questão 25

(EsPCEx) Alternativa D.

Cálculo do pH: pH = -log[H^+] = - log (10^{-2}) = 2

Questão 26

(EsPCEx) Alternativa B.

Item I) Falso. Há a formação de bolhas de hidrogênio.

Item II) Falso. Os produtos formados são: cloreto de magnésio e hidrogênio molecular.

Item III) Verdadeiro.

Item IV) Verdadeiro

Item V) Falso. Utilizando a tabela de equilíbrio iônico:

	$HCl_{(aq)}$	$\rightleftarrows$	$H^+_{(aq)}$	$Cl^-_{(aq)}$
Início	M		0	0
Reage	Mα		Mα	Mα
Equilíbrio	M - Mα		Mα	Mα

Cálculo da concentração da quantidade de matéria dos íons hidrogeniônicos no estado de equilíbrio: [H^+] = 0,10 x 1 = 0,10 mol/L. Logo o pH = 1.

Questão 27

(EsPCEx) Alternativa A.

Item I) Verdadeiro. Aplicando a equação da constante de equilíbrio para o sistema em equilíbrio químico, temos:

$$K_a = \frac{5{,}70 \text{ x } 10^{-3} \text{ x } 5{,}70 \text{ x } 10^{-3}}{0{,}10 - 5{,}70 \text{ x } 10^{-3}} = 3{,}45 \text{ x } 10^{-4}$$

Item II) Falso. Aplicando a equação do potencial hidrogeniônico, temos: $\text{pH} = -\log(0{,}00570) = 2{,}24$

Item III) Verdadeiro. A partir do princípio de Le Chatelier, com a adição de ácido clorídrico, havendo um íon em comum, o equilíbrio é deslocado para a esquerda.

Item IV) Falso. Para qualquer constante de equilíbrio a ser estudada, dentre elas a constante dos ácidos, o único parâmetro que altera o valor desta propriedade trata-se da temperatura.

CAPÍTULO 14. ESTUDO DA ELETROQUÍMICA

Tabela de Potencial de Redução

Potenciais de Redução Padrões, em água, a 25ºC	
Equações químicas de semirreação	E^0 (V)
$F_{2(gás)} + 2e^- \rightarrow 2F^-_{(aquoso)}$	2,87
$CO^{3-}_{(aquoso)} + 2e^- \rightarrow CO^{+2}_{(aquoso)}$	1,82
$Pb^{4-}_{(aquoso)} + 2e^- \rightarrow Pb^{+2}_{(aquoso)}$	1,8
$H_2O2_{(aquoso)} + 2H^+_{(aquoso)} + 2e^- \rightarrow 2H_2O_{(líquido)}$	1,77
$NiO_{2(sólido)} + 4H^+_{(aquoso)} + 2e^- \rightarrow Ni^{2+}_{(aquoso)} + 2H_2O_{(líquido)}$	1,7
$PbO_{2(sólido)} + SO_4^{2-}{}_{(aquoso)} + 4H^+_{(aquoso)} + 2e^- \rightarrow PbSO_4 + 2H_2O_{(líquido)}$	1,685
$Au^+_{(aquoso)} + e^- \rightarrow Au_{(sólido)}$	1,68
$2HClO_4 + 2H^+_{(aquoso)} + 2e^- \rightarrow Cl_{2(gás)} + 2H_2O_{(líquido)}$	1,63
$Ce^{4+}_{(aquoso)} + e^- \rightarrow Ce^{3+}_{(aquoso)}$	1.61
$NaBiO_{3(sólido)} + 6H^+_{(aquoso)} + 2e^- \rightarrow Bi^{3+}_{(aquoso)} + Na^+_{(aquoso)} + 3H_2O_{(líquido)}$	≈ 1,6
$MnO_4^-{}_{(aquoso)} + 8H^+_{(aquoso)} + 5e^- \rightarrow Mn^{+2}_{(aquoso)} + 4H_2O_{(líquido)}$	1,51
$Au^{+3}_{(aquoso)} + 3e^- \rightarrow Au_{(sólido)}$	1.5
$ClO^{3-}_{(aquoso)} + 6H^+_{(aquoso)} + 5e^- \rightarrow ½\ Cl_{2(gás)} + 3H_2O_{(líquido)}$	1,47
$BrO^{3-}_{(aquoso)} + 6H^+_{(aquoso)} + 6e^- \rightarrow Br^-_{(aquoso)} + 3H_2O_{(líquido)}$	1,44
$Cl_{2(gás)} + 2e^- \rightarrow 2Cl^-_{(aquoso)}$	1,358
$Cr_2O_7^{2-} + 14H^+_{(aquoso)} + 14e^- \rightarrow 2Cr^{+3}_{(aquoso)} + 7H_2O_{(líquido)}$	1,33
$N_2H_5^+{}_{(aquoso)} + 3H^+_{(aquoso)} + 2e^- \rightarrow 2NH_4^+{}_{(aquoso)}$	1,24
$MnO_{2(sólido)} + 4H^+_{(aquoso)} + 2e^- \rightarrow Mn^{+2} + 2H_2O_{(líquido)}$	1,23
$O_{2(gás)} + 4H^+_{(aquoso)} + 4e^- \rightarrow 2H_2O_{(líquido)}$	1,229
$Pt^{2+}_{(aquoso)} + 2e^- \rightarrow Pt_{(sólido)}$	1,2
$IO^{3-}_{(aquoso)} + 6H^+ + 5e^- \rightarrow ½\ I_{2(gás)} + 3H_2O_{(líquido)}$	1,195
$ClO_4^-{}_{(aquoso)} + 2H^+_{(aquoso)} + 2e^- \rightarrow ClO_3^-{}_{(aquoso)} + H_2O_{(líquido)}$	1,19
$Br_{2(líquido)} + 2e^- \rightarrow 2Br^-_{(aquoso)}$	1,066
$AuCl_4^-{}_{(aquoso)} + 3e^- \rightarrow Au_{(sólido)} + 4Cl^-_{(aquoso)}$	1

$Pd^{+2}_{(aquoso)} + 2e^- \rightarrow Pd_{(sólido)}$	0,0987
$NO_3^-{}_{(aquoso)} + 4H^+_{(aquoso)} + 3e^- \rightarrow NO_{(gás)} + 2H_2O_{(líquido)}$	0,96
$NO_3^-{}_{(aquoso)} + 3H^+_{(aquoso)} + 2e^- \rightarrow HNO_{2(aq)} + H_2O_{(líquido)}$	0,94
$2Hg^{+2}_{(aquoso)} + 2e^- \rightarrow Hg_2^{+2}{}_{(aquoso)}$	0,92
$Hg^{+2}_{(aquoso)} + 2e^- \rightarrow Hg_{(líquido)}$	0,855
$Ag^+_{(aquoso)} + e^- \rightarrow Ag_{(sólido)}$	0,7994
$Hg_2^{+2}{}_{(aquoso)} + 2e^- \rightarrow 2Hg_{(líquido)}$	0,789
$Fe^{+3}_{(aquoso)} + e^- \rightarrow Fe^{+2}_{(aquoso)}$	0,771
$SbCl_6^-{}_{(aquoso)} + 2e^- \rightarrow SbCl_4^-{}_{(aquoso)} + 2Cl^-_{(aquoso)}$	0,75
$[PtCl_4]^{2+}_{(aquoso)} + 2e^- \rightarrow Pt_{(sóliso)} + 4Cl^-_{(aquoso)}$	0,73
$O_{2(gás)} + 2H^+_{(aquoso)} + 2e^- \rightarrow H_2O_{2(aquoso)}$	0,682
$[PtCl_6]^{2-}_{(aquoso)} + 2e^- \rightarrow [PtCl_4]^{2+}_{(aquoso)} + 2Cl^-_{(aquoso)}$	0,68
$H_3AsO_{4(aquoso)} + 2H^+_{(aquoso)} + 2e^- \rightarrow H_3AsO_{3(aquoso)} + H_2O_{(líquido)}$	0,58
$I_2 + 2e^- \rightarrow 2I^-_{(aquoso)}$	0,535
$TeO_{2(sólido)} + 4H^+_{(aq)} + 4e^- \rightarrow Te_{(sólido)} + 2H_2O_{(líquido)}$	0,529
$Cu^+_{(aquoso)} + e^- \rightarrow Cu_{(sólido)}$	0,521
$[RhCl_6]^{3-}_{(aquoso)} + 3e^- \rightarrow Rh_{(sólido)} + 6Cl^-_{(aquoso)}$	0,44
$Cu^{+2}_{(aquoso)} + 2e^- \rightarrow Cu_{(sólido)}$	0,337
$HgCl_{2(sólido)} + 2e^- \rightarrow 2Hg_{(líquido)} + 2Cl^-_{(aquoso)}$	0,27
$AgCl_{(sólido)} + e^- \rightarrow Ag_{(sólido)} + Cl^-_{(aquoso)}$	0.222
$SO_4^{2-}{}_{(aquoso)} + 4H^+_{(aquoso)} + 2e^- \rightarrow SO_{2(gás)} + 2H_2O_{(líquido)}$	0,2
$SO_4^{2-}{}_{(aquoso)} + 4H^+_{(aquoso)} + 2e^- \rightarrow H_2SO_{3(aquoso)} + H_2O_{(líquido)}$	0,17
$Cu^{+2}_{(aquoso)} + e^- \rightarrow Cu^+_{(aquoso)}$	0,153
$Sn^{+4}_{(aquoso)} + 2e^- \rightarrow Sn^{+2}_{(aquoso)}$	0,15
$S_{(sólido)} + 2H^+_{(aquoso)} + 2e^- \rightarrow H_2S_{(aquoso)}$	0,14
$AgBr_{(sólido)} + e^- \rightarrow Ag_{(sólido)} + Br^-_{(aquoso)}$	0,0713
$2H^+_{(aq)} + 2e^- \rightarrow H_{2(g)}$ (eletrodo de referência)	**0**
$N_2O_{(gás)} + 6H^+_{(aquoso)} + H_2O_{(líquido)} + 4e^- \rightarrow 2NH_3OH^+_{(aquoso)}$	-0,05

$Pb^{2+}_{(aquoso)} + 2e^{-} \rightarrow Pb_{(sólido)}$	-0,126
$Sn^{2+}_{(aquoso)} + 2e^{-} \rightarrow Sn_{(sólido)}$	-0,14
$AgI_{(sólido)} + e^{-} \rightarrow Ag_{(S)} + I^{-}_{(aquoso)}$	-0,15
$[SnF_6]^{2-}_{(aquoso)} + 4e^{-} \rightarrow Sn_{(sólido)} + 6F^{-}_{(aquoso)}$	-0,25
$Ni^{2+}_{(aquoso)} + 2e^{-} \rightarrow Ni_{(sólido)}$	-0,25
$Co^{2+}_{(aquoso)} + 2e^{-} \rightarrow Co_{(sólido)}$	-0,28
$Tl^{+}_{(aquoso)} + e^{-} \rightarrow Tl_{(sólido)}$	-0,34
$PbSO_{4(sólido)} + 2e^{-} \rightarrow Pb_{(sólido)} + SO_4^{2-}{}_{(aquoso)}$	-0,356
$Se_{(sólido)} + 2H^{+}_{(aquoso)} + 2e^{-} \rightarrow H_2Se_{(aquoso)}$	-0,4
$Cd^{2+}_{(aquoso)} + 2e^{-} \rightarrow Cd_{(sólido)}$	-0.403
$Cr^{3+}_{(aquoso)} + e^{-} \rightarrow Cr^{2+}_{(aquoso)}$	-0.41
$Fe^{2+}_{(aquoso)} + 2e^{-} \rightarrow Fe_{(sólido)}$	-0,44
$2CO_{2(gás)} + 2H^{+}_{(aquoso)} + 2e^{-} \rightarrow (COOH)_{2(aquoso)}$	-0,49
$Ga^{3+}_{(aquoso)} + 3e^{-} \rightarrow Ga_{(sólido)}$	-0,53
$HgS_{(sólido)} + 2H^{+}_{(aquoso)} + 2e^{-} \rightarrow Hg_{(líquido)} + H_2S_{(gás)}$	-0,72
$Cr^{3+}_{(aquoso)} + 3e^{-} \rightarrow Cr_{(sólido)}$	-0,74
$Zn^{2+}_{(aquoso)} + 2e^{-} \rightarrow Zn_{(sólido)}$	-0,763
$Cr^{+2}_{(aquoso)} + 2e^{-} \rightarrow Cr_{(sólido)}$	-0,91
$FeS_{(sólido)} + 2e^{-} \rightarrow Fe_{(sólido)} + S^{2-}_{(aquoso)}$	-1,01
$Mn^{+2}_{(aquoso)} + 2e^{-} \rightarrow Mn_{(sólido)}$	-1,18
$V^{2+}_{(aquoso)} + 2e^{-} \rightarrow V_{(sólido)}$	-1,18
$CdS_{(sólido)} + 2e^{-} \rightarrow Cd_{(sólido)} + S^{2-}_{(aquoso)}$	-1,21
$ZnS_{(sólido)} + 2e^{-} \rightarrow Zn_{(sólido)} + S^{2-}_{(gás)}$	-1,44
$Zr^{4+}_{(aquoso)} + 4e^{-} \rightarrow Zr_{(sólido)}$	-1,53
$Al^{3+}_{(aquoso)} + 3e^{-} \rightarrow Al_{(sólido)}$	-1,66
$Mg^{2+}_{(aquoso)} + 2e^{-} \rightarrow Mg_{(sólido)}$	-2,37
$Na^{+}_{(aquoso)} + e^{-} \rightarrow Na_{(sólido)}$	-2,714
$Ca^{2+}_{(aquoso)} + 2e^{-} \rightarrow Ca_{(sólido)}$	-2,87

$Sr^{2+}_{(aquoso)} + 2e^- \rightarrow Sr_{(sólido)}$	-2,89
$Ba^{+2}_{(aquoso)} + 2e^- \rightarrow Ba_{(sólido)}$	-2,9
$K^+_{(aquoso)} + e^- \rightarrow K_{(sólido)}$	-2,925
$Rb^+_{(aquoso)} + e^- \rightarrow Rb_{(sólido)}$	-2,925
$Li^+_{(aquoso)} + e^- \rightarrow Li_{(sólido)}$	-3,045

Exercício exemplo I

Em uma pilha, $Ni^0/ Ni^{2+} // Ag^+/Ag^0$ os metais estão mergulhados em soluções aquosas 1,0 $mol.L^{-1}$ de seus respectivos sulfatos, a 25°C. Determine:

a) a equação global da pilha;

b) o sentido do fluxo de elétrons;

c) o valor da força eletromotriz (fem) da pilha. Dados: Reação $E^0_{redução}$ (volts)

$Ni^{2+}_{(aquoso)} + 2\ e^- \rightarrow Ni^0_{(sólido)}$ - 0,25

$Ag^+_{(aquoso)} + 1\ e^- \rightarrow Ag^0_{(sólido)}$ + 0,80

Resolução:

Item a)

$Ni^{2+}_{(aq)} + 2e^- \rightarrow Ni^0_{(s)}$ $E^o = -\ 0,25V$ (inverter a reação)

$Ag^+_{(aq)} + 1\ e^- \rightarrow Ag^0_{(s)}$ $E^o = +\ 0,80V$ (x 2)

$Ni^0_{(s)} \rightarrow Ni^{2+}_{(aq)} + 2\ e^-$ $E^o = +\ 0,25\ V$

$2Ag^+_{(aq)} + 2\ e^- \rightarrow 2Ag^0_{(s)}$ $E^o = +\ 0,80\ V$ (x 2)

$Ni^0_{(s)} + 2Ag^+_{(aq)} \rightarrow Ni^{2+}_{(aq)} + 2Ag^0_{(s)}$ $E^0 = +\ 1,05\ V$

Item a) O sentido do fluxo de elétrons sai do ânodo (eletrodo de níquel) para o cátodo *eletrodo de prata).

Item b) A diferença de potencial é igual a $E^0 = +\ 1,05$ V.

Exercício exemplo II

As semirreações para as reações químicas que ocorrem em uma pilha seca (pilha de Leclanché) e seus respectivos potenciais padrão de redução são:

$Zn^{+2}_{(aq)} + 2e^- \rightarrow Zn_{(s)}$

$E^o = -\ 0,76$ V

$2\ NH_4^+{}_{(aq)} + 2\ MnO_{4(s)} + 2e^- \rightarrow Mn_2O_{3(s)} + H_2O_{(l)} + 2\ NH_{3(aq)}$

$E^o = +\ 0,74$ V

Responda as questões que se seguem:

a) Escreva a equação química da reação global que ocorre no interior de uma pilha seca.

b) Calcule a diferença de potencial eletroquímico (ΔE) da pilha de Leclanché.

Resolução:

Item a) Equação química global para o funcionamento da pilha:

$Zn_{(s)} \rightarrow Zn^{+2}_{(aq)} + 2e^-$ $E^o = +\ 0,76\ V$

$2NH_4^+{}_{(aq)} + 2MnO_{4(s)} + 2e^- \rightarrow Mn_2O_{3(s)} + H_2O_{(l)} + 2NH_{3(aq)}$ $E^o = +\ 0,74\ V$

$Zn_{(s)} + 2NH_4^+{}_{(aq)} + 2MnO_{4(s)} \rightarrow Mn_2O_{3\ (s)} + H_2O_{(l)} + 2NH_{3(aq)} + Zn^{+2}_{(aq)}$ $E^o = +0,76 + 0,74 = +\ 1,50V$

Item b) A diferença de potencial eletroquímico da pilha de Leclanché é igual a + 1,50V.

Exercício exemplo III

Determine:

a) o valor do potencial padrão da cela para uma pilha galvânica na qual um eletrodo é de cobre imerso numa solução de Cu^{+2} 1,0 mol.L^{-1} e o outro é o magnésio imerso numa solução de Mg^{+2} 1.0 mol.L^{-1};

b) o eletrodo que é o cátodo;

c) a equação (líquida) total para o processo espontâneo da pilha. Considere os seguintes valores de potencial:

$Mg^{+2}_{(aq)} + 2e^- \rightarrow Mg_{(s)}$ $E^o = -2,37V$

$Cu^{+2}_{(aq)} + 2e^- \rightarrow Cu_{(s)}$ $E^o = +0,34V$

Resolução:

Item a) Determinação da reação global, invertendo a semirreação de redução do magnésio.

$Mg_{(s)} \rightarrow Mg^{+2}_{(aq)} + 2e^-$ $E^o = + 2,37\ V$

$Cu^{+2}_{(aq)} + 2e^- \rightarrow Cu_{(s)}$ $E^o = + 0,34\ V$

$Mg_{(s)} + Cu^{+2}_{(aq)} \rightarrow Cu_{(s)} + Mg^{+2}_{(aq)}$ $E^o = +2,37 + 0,34 = + 2,71V$

Item b) O eletrodo que representa o cátodo é o de cobre.

Item c) Equação química iônica: $Mg_{(s)} + Cu^{+2}_{(aq)} \rightarrow Cu_{(s)} + Mg^{+2}_{(aq)}$.

Exercício exemplo IV

Uma célula voltaíca, simples, é constituída de $Ni_{(s)}$ e $Ni(NO_3)_{2(aq)}$ num dos compartimentos e $Cd_{(s)}$ e $Cd(NO_3)_{2(aq)}$ no outro. Os eletrodos são conectados externamente por um fio, e uma ponte salina de $KNO_{3(aq)}$ conecta as duas soluções. A reação total é: $Ni^{2+}_{(aq)} + Cd_{(s)} \rightarrow Ni_{(s)} + Cd^{2+}_{(aq)}$.

a) Qual a semirreação em cada eletrodo?

b) Que eletrodo é o anodo?

c) Qual a direção do fluxo de elétrons no condutor externo?

d) Qual a finalidade da ponte salina?

Resolução:

Item a) Equação química global: $Ni^{2+}_{(aq)} + Cd_{(s)} \rightarrow Ni_{(s)} + Cd^{2+}_{(aq)}$

Eletrodo de níquel: $Ni^{2+}_{(aq)} + 2e^- \rightarrow Ni_{(s)}$

Eletrodo de cádmio: $Cd^{2+}_{(aq)} + 2e^- \rightarrow Cd_{(s)}$

Item b) Trata-se do eletrodo de cádmio (Cd).

Item c) O fluxo de elétrons sai do ânodo (Cádmio) para o cátodo (Níquel).

Item d) A ponte salina é um elemento utilizado na eletroquímica que une duas semi-células. Trata-se de um tubo em "U" invertido mergulhado em cada extremidade nas semicélulas de uma pilha. A ponte salina contém uma solução, sendo esta solução um sal inerte, como por exemplo, o nitrato de potássio (KNO_3) ou a utilização do cloreto de potássio (KCl). Apresenta como função manter a neutralidade dos íons nas respectivas soluções, mantendo o funcionamento por mais tempo.

Exercício exemplo V

(UNIVERSIDADE ESTADUAL DO RIO DE JANEIRO) Os preços dos metais para reciclagem variam em função da resistência de cada uma corrosão: quanto menor a tendência do metal a oxidação, maior será o preço. Na tabela, estão apresentadas duas características eletroquímicas e o preço médio de compra de dois metais no mercado de reciclagem.

Metal	Semirreação	Potencial-padrão de redução (V)	Preço (R$/kg)
Cu	$Cu^{+2}_{(aq)} + 2e^- \rightarrow Cu_{(s)}$	+ 0,34	13,00
Fe	$Fe^{+2}_{(aq)} + 2e^- \rightarrow Fe_{(s)}$	- 0,44	0,25

Com o objetivo de construir uma pilha que consuma o metal de menor custo, um laboratório dispõe desses metais e de soluções aquosas de seus respectivos sulfatos, além dos demais materiais necessários. Apresente a reação global da pilha eletroquímica formada e determine sua diferença de potencial, em volts, nas condições-padrão.

Resolução: Para a determinação da equação eletroquímica global, será necessário inverter a semirreação do ferro.

$Fe_{(s)} \rightarrow Fe^{+2}_{(aq)} + 2e^-$ $E^o = + 0,44$ V

$Cu^{+2}_{(aq)} + 2e^- \rightarrow Cu_{(s)}$ $E^o = + 0,34$ V

$Fe_{(s)} + Cu^{+2}_{(aq)} \rightarrow Fe^{+2}_{(aq)} + Cu_{(s)}$ $E^o = + 0,78$ V

A diferença de potencial eletroquímico da pilha é igual a + 0,78 V.

Exercício exemplo VI

Uma bateria poderia ser desenvolvida a partir de alumínio metálico e cloro gasoso.

a) Escreva a equação balanceada que ocorre em uma bateria cujas semirreações são: $Al^{3+}_{(aq)} / Al_{(s)}$ e $Cl_{2(g)} / 2Cl^-_{(aq)}$.

b) Diga que semirreação ocorre no ânodo e que semirreação ocorre no cátodo.

c) Calcule o potencial padrão para esta bateria (ΔE°).

d) Se a bateria produz uma corrente de 0,75 A, quanto tempo ela irá operar se o eletrodo de alumínio contiver 30,0 g do metal? (considere que há quantidade suficiente de cloro). Constante de Faraday = 96500 $C.mol^{-1}$.

$Cl_{2(g)} + 2e^- \rightarrow 2\,Cl^-_{(aq)}$ E° = +1,36 V

$Al^{3+}_{(aq)} + 3e^- \rightarrow Al_{(s)}$ E° = -1,66 V

Resolução:

Item a) Determinação da reação global para o funcionamento da pilha de Leclanché:

$2Al_{(s)} \rightarrow 2Al^{+3}_{(aq)} + 6e^-$ $E^o = + 1,66$ V

$3Cl_{2(g)} + 6e^- \rightarrow 6Cl^-_{(aq)}$ $E^o = + 1,36$ V

$2Al_{(s)} + 3Cl_{2(g)} \rightarrow 2Al^{+3}_{(aq)} + 6Cl^-_{(aq)}$ $E^o = + 3,02$ V

Item b)

Semirreação no ânodo = alumínio

Semirreação no cátodo = cloro

Item c) Cálculo do potencial padrão: $E^o = E^o_{cátodo} - E^o_{ânodo} = + 3,02$ V

Item d) $Al^{3+}_{(aq)} + 3e^- \rightarrow Al_{(s)}$

3 mol x 96500 C/mol de elétrons --------- 1 mol x 27,0 $g.mol^{-1}$

q = 0,75 x tempo ----------------------------- 30,0 g de alumínio

tempo = 428888,89 segundos (≈ 1,98 h)

Exercício exemplo VII

Muitas latas utilizadas em embalagens de alimentos industrializados são formadas a partir de uma folha de ferro, revestida internamente por uma camada de estanho metálico. A aplicação desta camada sobre o ferro se dá por meio de um processo de eletrodeposição, representado pela seguinte reação: $Sn^{+2}_{(aq)} + 2e^- \rightarrow Sn_{(s)}$. Admitindo que em uma lata exista, em média, $1{,}19 \times 10^{-3}$ gramas de estanho e que 1F = 96.500C, calcule o tempo necessário para a eletrodeposição de uma lata, mediante o emprego de uma corrente elétrica com intensidade de 0,100 A.

Resolução: Cálculo do tempo (t), para a semirreação de redução do cátion estanho: $Sn^{+2}_{(aq)} + 2e^- \rightarrow Sn_{(s)}$
118,69 g de Sn ---------------- 2 mol x 96500 C/mol de elétrons
$1{,}19 \times 10^{-3}$ g de Sn ----------- q = 0,100 x tempo
tempo = 19,35 s

Exercício exemplo VIII

(GRILLO) Calcule os seguintes itens apresentados a seguir:
a) Considere que uma corrente com uma amperagem desconhecida atue sobre uma solução aquosa de sulfato de cobre II, sendo eletrolisada a cobre metálico depositado. Se uma corrente foi utilizada durante cinco horas e que 404 miligramas de cobre foram obtidos, determine o valor da corrente elétrica.
b) Determine a carga necessária para que 2,0 gramas de cobre sejam depositados a partir de uma solução de sulfato de cobre, com a presença de uma corrente de 5,0 A.

Resolução:
Item a) Cálculo da carga:
1 mol de Cu --- 63,55 gramas de cobre --- 2 mol x (96500 C/mol)
404×10^{-3} gramas -------------- Q
Q = 1226,94 C
No enunciado do problema, o tempo corresponde a cinco horas. Convertendo para segundos, temos:

$$\text{Tempo} = 5 \text{ horas x } \left(\frac{3600 \text{ segundos}}{1\text{h}}\right) = 18000 \text{ s}$$

Cálculo da corrente elétrica: $i = \frac{q}{t} = \frac{1226{,}94 \text{ C}}{18000 \text{ s}} = 6{,}82 \times 10^{-2}$ A
Item b)
63,55 gramas de cobre ------ 2 mol x (96500 C/mol)
2,0 gramas de cobre --------- Q
Q = 6073,96 C

Exercício exemplo IX

(GRILLO) Determine o volume de gás hidrogênio produzido, a 37°C e pressão igual a 720 mmHg, através de uma corrente de 3,86 A, que atravessa uma solução aquosa de ácido sulfúrico, durante uma hora.

Resolução: Sabendo que a semirreação de hidrogênio é dada por: $2H^+_{(aq)} + 2e^- \rightarrow H_{2(g)}$

Cálculo do número de mol de gás hidrogênio produzido:
1 mol de $H_{2(g)}$ ---------- 2 mol_{e-} x (96500 C/mol_{e-})
$n_{H2(g)}$ --------------------- Q = (3,86 x 3600) C
$n_{H2(g)}$ = 0,072 mol

Cálculo do volume de gás produzido (V_{H2}), considerando com comportamento ideal: $V_{H_2} = \frac{0{,}072 \times 0{,}08206 \times (37+273)}{\left(\frac{720}{760}\right)} =$ 1,93 L

Exercício exemplo X

(GRILLO) O magnésio metálico é produzido comercialmente através da eletrólise do cloreto de magnésio. A partir desta informação, calcule a massa de magnésio produzida quando uma corrente de 430 A passa por este circuito durante 1,50 horas?

Resolução: O magnésio metálico é produzido a partir da eletrólise do cloreto de magnésio, com a semirreação de redução que ocorre no cátodo, representado a seguir: $Mg^{+2}_{(aq)} + 2e^- \rightarrow Mg_{(s)}$

24 g ------------ 2 mol x (96500 C/mol)

m_{Mg} ------------ Q = (430 x 5400) C

m_{Mg} = 288,75 g

Exercício exemplo XI

(GRILLO) Uma célula voltaica montada em um laboratório de uma grande empresa multinacional é constituída de níquel metálico ($Ni_{(s)}$) e uma solução de nitrato de níquel, $Ni(NO_3)_{2(aq)}$, num dos compartimentos e no outro o cádmio metálico $Cd_{(s)}$ e sua solução de nitrato de cádmio $Cd(NO_3)_{2(aq)}$ no outro. Os dois eletrodos estão ligados por um fio e uma ponte salina de $KCl_{(aq)}$. A reação total é: $Ni^{2+}_{(aq)} + Cd_{(s)} \longrightarrow Ni_{(s)} + Cd^{2+}_{(aq)}$.

a) Qual a semirreação em cada eletrodo?
b) Que eletrodo é o anodo?
c) Qual a direção do fluxo de elétrons no condutor externo?
d) Qual a finalidade da ponte salina?

Resolução:
Item a)
$Ni^{+2}_{(aq)} + 2e^- \rightarrow Ni_{(s)}$
$Cd_{(s)} \rightarrow Cd^{+2}_{(aq)} + 2e^-$

Item b) O eletrodo que corresponde ao ânodo é a equação química que ocorre a oxidação, ou seja, trata-se da reação de oxidação do cádmio.

Item c) A direção do fluxo de elétrons no condutor externo sai do ânodo (eletrodo de cádmio) para o cátodo (eletrodo de níquel).

Item d) A ponte salina é um tubo simples na forma de U totalmente cheio com uma solução de um sal (eletrólito), podendo ser cloreto de potássio (KCl) ou nitrato de potássio (KNO3), que apresenta em sua extremidade pouco de algodão para impedir um rápido escoamento da solução salina. Apresenta como objetivo o prolongamento do funcionamento da pilha.

Exercício exemplo XII

(GRILLO)

a) Determine a massa de prata que deverá ser depositada em uma placa colocada na presença de uma solução de nitrato de prata, que durante o processo eletrolítico passa uma corrente de 8,50 A durante 5,30 horas.
b) Considerando ainda os dados do item "a", determine a área da placa sabendo que a espessura deste material de prata é igual a 0,00254 cm, sabendo que a densidade de corrente da prata é igual a 10,5 $g.cm^{-3}$.

Resolução: Item a) Solução de nitrato de prata ($AgNO_3$):
$AgNO_{3(aq)} \rightarrow Ag^+_{(aq)} + NO^-_{3\,(aq)}$

Observa-se que a prata sofre redução, representada pela seguinte semirreação: $Ag^+_{(aq)} + 1e^- \rightarrow Ag_{(s)}$.
108 gramas de prata --------- 1 mol x 96500 C/mol
m_{Ag} -------------------------------- Q

No enunciado do problema, temos que o tempo corresponde a 5,30 horas e a corrente igual a 8,50 A, logo a carga Q será:

$$\text{tempo} = 5{,}30 \text{ h x} \left(\frac{3600 \text{ s}}{1 \text{ h}}\right) = 19080 \text{ s}$$

Cálculo da carga (Q): $Q = \text{i x tempo}$

$$Q = 8{,}30 \text{ x } 19080 = 162180 \text{ C}$$

108 g de prata ------------------ 1 mol x (96500 C/mol)
m_{Ag} -------------------------------- 162180 C

Massa de Prata = 181,51 gramas de prata depositada.

Item b) Sabendo que a densidade de corrente (j) da prata é a razão da corrente pelo volume. Cálculo da área:

$$j = \frac{\text{i}}{\text{volume}} = \frac{\text{i}}{\text{área x espessura}}$$

$$j = \frac{8{,}50}{\text{Área x } 2{,}54 \text{ x } 10^{-3}} = 10{,}5 \text{ g. cm}^{-3}$$

$$\text{Área} = 318{,}71 \text{ cm}^2$$

Exercícios de Fixação

Questão 01

(EsPCEx) Em uma eletrólise ígnea do cloreto de sódio, uma corrente elétrica, de intensidade igual a 5 ampères, atravessa uma cuba eletrolítica, com o auxílio de dois eletrodos inertes, durante 1930 segundos. O volume do gás cloro, em litros, medido nas CNTP, e a massa de sódio, em gramas, obtidos nessa eletrólise, são, respectivamente: Dados: Volume molar nas CNTP = 22,71 $L.mol^{-1}$; 1 Faraday (F) = 96500 Coulombs (C).

a) 2,4155 L e 3,5 g
b) 1,1355 L e 2,3 g
c) 2,3455 L e 4,5 g
d) 3,5614 L e 3,5 g
e) 4,5558 L e 4,8 g

Questão 02

(EsPCEx) Considere o esquema a seguir, que representa uma pilha, no qual foi colocado um voltímetro e uma ponte salina contendo uma solução saturada de cloreto de potássio. No Béquer 1, correspondente ao eletrodo de alumínio, está imersa uma placa de alumínio em uma solução aquosa de sulfato de alumínio (1 $mol.L^{-1}$) e no Béquer 2, correspondente ao eletrodo de ferro, está imersa uma placa de ferro em uma solução aquosa de sulfato de ferro (1 $mol.L^{-1}$). Os dois metais, de dimensões idênticas, estão unidos por um fio metálico.

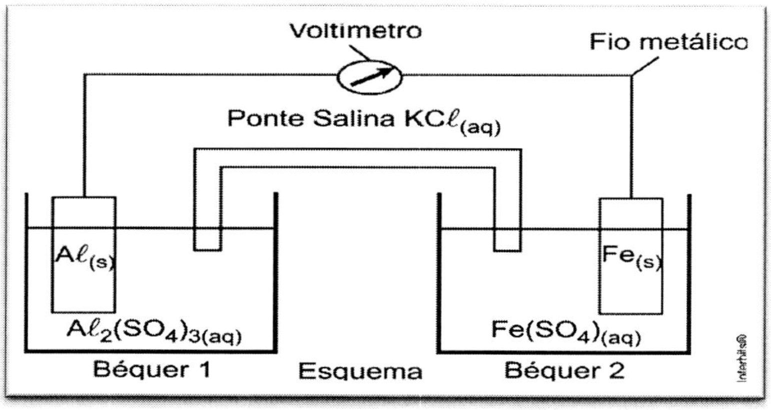

Dados: Potenciais padrão de redução ($E°_{red}$) a 1 atm e 25°C.
$Al^{+3} + 3e^- \rightarrow Al$ E° = - 1,66 V
$Fe^{+2} + 2e^- \rightarrow Fe$ E° = - 0,44 V
Considerando esta pilha e os dados abaixo, indique a afirmativa correta.

a) A placa de ferro perde massa, isto é, sofre "corrosão".
b) A diferença de potencial registrada pelo voltímetro é de 1,22 V (volts).
c) O eletrodo de alumínio é o cátodo.
d) O potencial padrão de oxidação do alumínio é menor que o potencial padrão de oxidação do ferro.
e) À medida que a reação ocorre, os cátions K^+ da ponte salina se dirigem para o béquer que contém a solução de $Al_2(SO_4)_3$.

Questão 03

(EsPCEx) Considere as semirreações com os seus respectivos potenciais-padrão de redução de dados nesta tabela:

Prata	$Ag^{+}_{(aq)} + e^{-} \rightarrow Ag_{(s)}$	$E^{0}_{red} = +0,80\ V$
Cobre	$Cu^{+2}_{(aq)} + 2e^{-} \rightarrow Cu_{(s)}$	$E^{0}_{red} = +0,34V$
Chumbo	$Pb^{+2}_{(aq)} + 2e^{-} \rightarrow Pb_{(s)}$	$E^{0}_{red} = -0,13V$
Niquel	$Ni^{+2}_{(aq)} + 2e^{-} \rightarrow Ni_{(s)}$	$E^{0}_{red} = -0,24\ V$
Zinco	$Zn^{+2}_{(aq)} + 2e^{-} \rightarrow Zn_{(s)}$	$E^{0}_{red} = -0,76\ V$
Magnésio	$Mg^{+2}_{(aq)} + 2e^{-} \rightarrow Mg_{(s)}$	$E^{0}_{red} = -2,37\ V$

Baseando-se nos dados fornecidos, são feitas as seguintes afirmações:

I. O melhor agente redutor apresentado na tabela é a prata;

II. A reação $Zn^{+2}_{(aq)} + Cu_{(s)} \rightarrow Zn_{(s)} + Cu^{+2}_{(aq)}$ não é espontânea;

III. Pode-se estocar, por tempo indeterminado, uma solução de nitrato de níquel II, em um recipiente revestido de zinco, sem danificá-lo, pois não haverá reação entre a solução estocada e o revestimento de zinco do recipiente;

IV. A força eletromotriz de uma pilha eletroquímica formada por chumbo e magnésio é 2,24 V;

V. Uma pilha eletroquímica montada com eletrodos de cobre e prata possui a equação global: $2Ag^{+}_{(aq)} + Cu_{(s)} \rightarrow 2Ag_{(s)} + Cu^{+2}_{(aq)}$. Das afirmações acima, estão corretas apenas:

a) I e II
b) I, II e IV
c) III e V
d) II, IV e V
e) I, III e V

Questão 04

(EsPCEx) Duas cubas eletrolíticas distintas, uma contendo eletrodos de níquel (Ni) e solução aquosa de $NiSO_4$ e outra contendo eletrodos de prata (Ag) e solução aquosa de $AgNO_3$ estão ligadas em série, conforme mostra a figura a seguir.

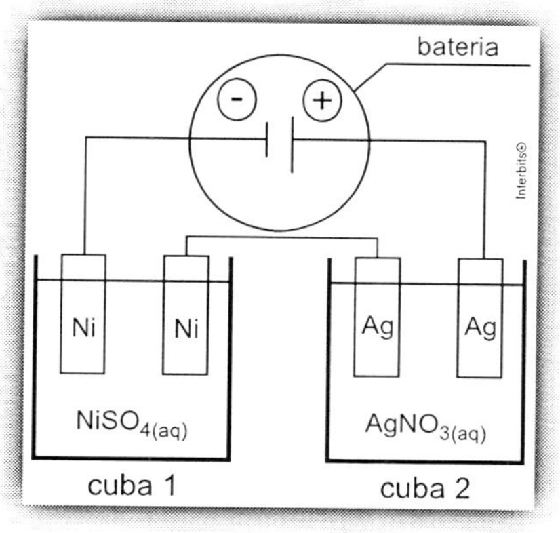

Esse conjunto de cubas em série é ligado a uma bateria durante um certo intervalo de tempo, sendo observado um incremento de 54 g de massa de prata em um dos eletrodos de prata. Desse modo, o incremento da massa de níquel em um dos eletrodos de níquel é de:

a) 59,32 g
b) 36,25 g
c) 14,75 g
d) 13,89 g
e) 12,45 g

Questão 05

(EsPCEx) Em uma pilha galvânica, um dos eletrodos é composto por uma placa de estanho imerso em uma solução 1,0 mol.L^{-1} de íons Sn^{2+} e o outro é composto por uma placa de lítio imerso em uma solução 1,0 mol.L^{-1} de íons Li^{+}, a 25°C. Baseando-se nos potenciais padrão de redução das semirreações a seguir, são feitas as seguintes afirmativas:

$Sn^{+2}_{(aq)} + 2e^{-} \rightarrow Sn_{(s)}$ $\qquad E^{\circ}_{red} = -0,14\ V$

$Li^{+}_{(aq)} + 1e^{-} \rightarrow Li_{(s)}$ $\qquad E^{\circ}_{red} = -3,04\ V$

I. O estanho cede elétrons para o lítio.

II. O eletrodo de estanho funciona como cátodo da pilha.

III. A reação global é representada pela equação: $2Li^{\circ}_{(s)} + Sn^{+2}_{(aq)} \rightarrow Sn_{(s)} + 2Li^{+}_{(aq)}$.

IV. No eletrodo de estanho ocorre oxidação.

V. A diferença de potencial teórica da pilha é de 2,90 V, ($\Delta E = +\ 2,90\ V$). Das afirmativas apresentadas estão corretas apenas:

a) I, II e IV

b) I, III e V

c) I, IV e V

d) II, III e IV

e) II, III e V

Questão 06

(EsPCEx) Algumas peças de motocicletas, bicicletas e automóveis são cromadas. Uma peça automotiva recebeu um "banho de cromo", cujo processo denominado cromagem consiste na deposição de uma camada de cromo metálico sobre a superfície da peça. Sabe-se que a cuba eletrolítica empregada nesse processo (conforme a figura abaixo), é composta pela peça automotiva ligada ao cátodo (polo negativo), um eletrodo inerte ligado ao ânodo e uma solução aquosa de 1 mol.L^{-1} de $CrCl_3$.

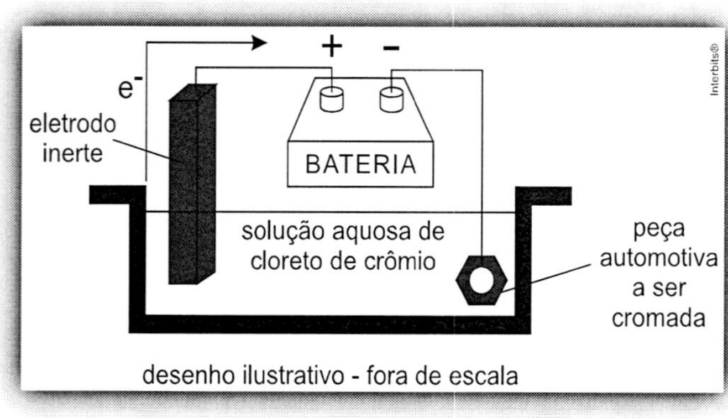

Supondo que a solução esteja completamente dissociada e que o processo eletrolítico durou 96,5 min sob uma corrente de 2 A, a massa de cromo depositada nessa peça foi de:

a) 0,19 g

b) 0,45 g

c) 1,00 g

d) 2,08 g

e) 5,40 g

Questão 07

(EsPCEx) Uma pilha de zinco e prata pode ser montada com eletrodos de zinco e prata e representada, segundo a União Internacional de Química Pura e Aplicada (IUPAC), pela notação: $Zn_{(s)}\ /\ Zn^{+2}_{(aq)}$ 1 mol.L^{-1} // $Ag^{+}_{(aq)}$ 1 mol.L^{-1} / $Ag_{(s)}$. As equações que representam as semirreações de cada espécie e os respectivos potenciais-padrão de redução (25°C e 1 atm) são apresentadas a seguir.

$Zn^{+2}_{(aq)} + 2\ e^{-} \rightarrow Zn_{(s)}$ $\qquad E^{\circ} = -\ 0,76\ V$

$Ag^{+}_{(aq)} + 1\ e^{-} \rightarrow Ag_{(s)}$ $\qquad E^{\circ} = +\ 0,80\ V$

Com base nas informações apresentadas são feitas as afirmativas abaixo.
I) No eletrodo de zinco ocorre o processo químico de oxidação.
II) O cátodo da pilha será o eletrodo de prata.
III) Ocorre o desgaste da placa de zinco devido ao processo químico de redução do zinco.
IV) O sentido espontâneo do processo será $Zn^{+2}_{(aq)} + 2Ag_{(s)} \rightarrow Zn_{(s)} + 2Ag^{+}_{(aq)}$.
V) Entre os eletrodos de zinco e prata existe uma diferença de potencial padrão de 1,56 V. Estão corretas apenas as afirmativas:
a) I e III
b) II, III e IV
c) I, II e V
d) III, IV e V
e) IV e V

Questão 08

(ESPCEX) A energia liberada em uma reação de oxirredução espontânea pode ser usada para realizar trabalho elétrico. O dispositivo químico montado, pautado nesse conceito, é chamado de célula voltaica, célula galvânica ou pilha. Uma pilha envolvendo alumínio e cobre pode ser montada utilizando como eletrodos metais e soluções das respectivas espécies. As semirreações de redução dessas espécies são mostradas a seguir:
Semirreações de redução:

Alumínio:	$Al^{3+}_{(aq)} + 3e^{-} \rightarrow Al°$	$E°_{red} = -1,66$ V
Cobre:	$Cu^{2+}_{(aq)} + 2e^{-} \rightarrow Cu°$	$E°_{red} = +0,34$ V

Considerando todos os materiais necessários para a montagem de uma pilha de alumínio e cobre, nas condições-padrão (25°C e 1 atm) ideais (desprezando-se qualquer efeito dissipativo) e as semirreações de redução fornecidas, a força eletromotriz (fem) dessa pilha montada e o agente redutor, respectivamente são:
a) 2,10 V e o cobre
b) 2,00 V e o alumínio
c) 1,34 V e o cobre
d) 1,32 V e o alumínio
e) 1,00 V e o cobre

Questão 09

(EsPCEx) No ano de 2014, os alunos da EsPCEx realizaram um experimento de eletrólise durante uma aula prática no laboratório de Química. Nesse experimento, foi montado um banho eletrolítico, cujo objetivo era o depósito de cobre metálico sobre um clipe de papel, usando no banho eletrolítico uma solução 1 $mol.L^{-1}$ de sulfato de cobre II. Nesse sistema de eletrólise, por meio de uma fonte externa, foi aplicada uma corrente constante de 100 mA, durante 5 minutos. Após esse tempo, a massa aproximada de cobre depositada sobre a superfície do clipe foi de:
a) 2,401 g
b) 1,245 g
c) 0,987 g
d) 0,095 g
e) 0,010 g

Questão 10

(EsPCEx) Células galvânicas (pilhas) são dispositivos nos quais reações espontâneas de oxirredução geram uma corrente elétrica. São dispostas pela combinação de espécies químicas com potenciais de redução diferentes. Existem milhares de células galvânicas possíveis. Considere as semirreações abaixo e seus respectivos potenciais de redução nas condições padrão (298 K e 1atm).

$Al^{+3}_{(aq)} + 3e^{-} \rightarrow Al_{(s)}$	$E° = -1,66$ V
$Au^{+3}_{(aq)} + 3e^{-} \rightarrow Au_{(s)}$	$E° = +1,50$ V
$Cu^{+2}_{(aq)} + 2e^{-} \rightarrow Cu_{(s)}$	$E° = +0,34$ V

Baseado nas possibilidades de combinações de células galvânicas e suas representações esquemáticas recomendadas pela União Internacional de Química Pura e Aplicada (IUPAC), são feitas as seguintes afirmativas:

I. a diferença de potencial (d.d.p.) da pilha formada pelas espécies químicas alumínio e cobre e representada esquematicamente por $Al_{(s)}/Al^{+3}_{(aq)}$ // $Cu^{+2}_{(aq)}/Cu_{(s)}$ é de + 1,52 V (nas condições padrão);

II. na pilha formada pelas espécies químicas cobre e ouro e representada esquematicamente por $Cu_{(s)}/Cu^{+2}_{(aq)}$ // $Au^{3+}_{(aq)}/Au_{(s)}$, a reação global corretamente balanceada é: $3Cu_{(s)} + 2Au^{3+}_{(aq)} \rightarrow 3Cu^{2+}_{(aq)} + 2Au_{(s)}$;

III. na pilha formada pelas espécies químicas cobre e ouro e representada esquematicamente por $Cu_{(s)}$ / $Cu^{+2}_{(aq)}$ // $Au^{3+}_{(aq)}$ / $Au_{(s)}$, o agente redutor é o $Cu_{(s)}$;

IV. a representação IUPAC correta de uma pilha de alumínio e ouro (Al - Au) é $Au_{(s)}$ / $Au^{+3}_{(aq)}$ // $Al^{+3}_{(aq)}$ / $Al_{(s)}$. Estão corretas apenas as afirmativas:

a) I e II

b) II e III

c) III e IV

d) I, II e IV

e) I, III e IV

Questão 11

(EsPCEx) No ano de 2018, os alunos da ESPCEX, realizaram, na aula prática de laboratório de química, um estudo sobre revestimento de matéria por meio da eletrólise com eletrodos ativos, visando aprendizado de métodos de proteção contra corrosão. Nesse estudo, eles efetuaram, numa cuba eletrolítica, o cobreamento de um prego, utilizando uma solução de sulfato de cobre e um fio de cobre puro como contra-eletrodo. Para isso, utilizaram uma bateria como fonte externa de energia, com uma corrente contínua de intensidade constante de 100 mA e gastaram o tempo de 2 minutos. Considerando-se não haver interferência no experimento, a massa aproximada de cobre metálico depositada sobre o prego foi de:

a) 6,50 mg

b) 0,14 mg

c) 20,42 mg

d) 12,01 mg

e) 3,98 mg

Questão 12

Uma célula galvânica é baseada nas seguintes semirreações:

$Cr^{+3}_{(aq)} + 3e^- \rightarrow Cr_{(s)}$ $\quad$ E° = - 0,744 V

$Ni^{+2}_{(aq)} + 2e^- \rightarrow Ni_{(s)}$ $\quad$ E° = - 0,236 V

a) Escreva a equação balanceada para a reação total.

b) Qual eletrodo tem a sua massa aumentada. Justifique sua resposta.

c) Calcule o valor $E°_{célula}$.

Questão 13

Em princípio, uma bateria poderia ser desenvolvida a partir de alumínio metálico e cloro gasoso.

a) Escreva a equação balanceada que ocorre em uma bateria cujas semirreações são: $Al^{+3}_{(aq)}$ / $Al_{(s)}$ e $Cl_{2(g)}$ / 2 $Cl^-_{(aq)}$.

b) Diga que semirreação ocorre no ânodo e que semirreação ocorre no cátodo.

c) Calcule o potencial padrão para esta bateria.

d) Se a bateria produz uma corrente de 0,75 A, quanto tempo ela irá operar se o eletrodo de alumínio contiver 30,0 g do metal? (Considere que há quantidade suficiente de cloro). Dados:

$Al^{+3}_{(aq)} + 3e^- \rightarrow Al_{(s)}$ $\quad$ E° = - 1,66 V

$Cl_{2(g)} + 2e^- \rightarrow 2\,Cl^-_{(aq)}$ $\quad$ E° = + 1,36 V

Questão 14

(EsPCEx) A soma dos menores coeficientes estequiométricos inteiros que balanceiam a equação iônica, da reação de óxido-redução, representada no quadro abaixo é: $Cl_2 + OH^- \rightarrow Cl^- + ClO_3^- + H_2O$

a) 13

b) 14
c) 18
d) 20
e) 19

Questão 15

(EsPCEx) Dada a seguinte equação de óxido-redução: Considerando o método de balanceamento de equações químicas por oxirredução, a soma total dos coeficientes mínimos e inteiros das espécies envolvidas, após o balanceamento da equação iônica, e o agente oxidante são, respectivamente: $Cr(OH)_3 + IO_3^- + OH^- \rightarrow CrO_4^{-2} + I^- + H_2O$

a) 15 e o íon iodato
b) 12 e o hidróxido de crômio
c) 12 e o íon hidroxila
d) 11 e a água
e) 10 e o íon hidroxila

Questão 16

(EsPCEx-MODIFICADA) Considere um clássico esquema de uma pilha galvânica, na qual foi colocado um voltímetro e uma ponte salina contendo uma solução saturada de cloreto de potássio. No primeiro béquer, correspondente ao eletrodo de alumínio, está imersa uma placa de alumínio em uma solução aquosa de sulfato de alumínio (1 $mol.L^{-1}$) e no segundo béquer, correspondente ao eletrodo de ferro, está imersa uma placa de ferro em uma solução aquosa de sulfato de ferro (1 $mol.L^{-1}$). Os dois metais, de dimensões idênticas, estão unidos por um fio metálico.

Dados: Potenciais padrão de redução ($E°_{red}$) a 1 atm e 25°C.

$Al^{+3} + 3e^- \rightarrow Al$ $E° = -1,66$ V
$Fe^{+2} + 2e^- \rightarrow Fe$ $E° = -0,44$ V

Faça todas as análises físico-químicas para o bom funcionamento da pilha, apresentando o ânodo, potencial, cátodo, o eletrodo que sofre desgaste, o eletrodo que tem a sua massa aumentada, agente redutor, agente oxidante, ddp.

Questão 17

Determine a massa de zinco metálico depositada a partir de um processo de eletrólise de uma solução aquosa de sulfato de zinco que durou aproximadamente 3,50 horas sob corrente de 6,00 A.

Questão 18

Em uma pilha $Ni^0/Ni^{2+} // Ag^{+1}/Ag^0$, os metais estão mergulhados em soluções aquosas 1,0 $mol.L^{-1}$ de seus respectivos sulfatos, a 25°C. Determine:

a) a equação global da pilha;
b) o sentido do fluxo de elétrons;
c) o valor da força eletromotriz (fem) da pilha.

Dados:

$Ni^{2+} + 2e^- \rightarrow Ni^0$ ($E^0_{redução} = -0,25$ V)
$Ag^+ + 1e^- \rightarrow Ag^0$ ($E^0_{redução} = +0,80$ V)

Questão 19

A reação básica que ocorre em uma cela na qual Al_2O_3 e sais de alumínio são eletrolisados é: $Al^{+3}_{(aq)} + 3e^- \rightarrow Al_{(s)}$. Se a cela opera a 5,0 V e $1,0 \times 10^5$ A, quantos gramas de alumínio metálico serão depositados em 8 horas de operação da cela?

a) 27 kg
b) 85 kg
c) 180 kg
d) 270 kg
e) 540 kg

Questão 20

(OLIMPÍADA BRASILEIRA DE QUÍMICA) Se a quantidade de elétrons, assim como, a quantidade de cada uma das espécies químicas que intervém numa reação de uma pilha, são multiplicadas por dois, então, o potencial da pilha:

a) Aumenta para o dobro
b) Diminui para a metade
c) Eleva-se ao quadrado
d) Fica reduzido a raiz quadrada
e) Não varia

Questão 21

(ENADE) As moedas de R$ 0,05 (cinco centavos) são feitas de aço revestido de cobre e, com o passar do tempo, é possível obsevar que elas são oxidadas a uma substância de coloração esverdeada. Esse é mais um caso típico de oxidação atmosférica em ambiente úmido.

$O_{2(g)} + 4\ H^{+}_{(aq)} + 4e^{-} \leftrightarrows 2\ H_2O_{(l)}$ E° = + 1,23 V – (0,059).pH

$Cu^{+2}_{(aq)} + 2e^{-} \leftrightarrows Cu_{(s)}$ E° = + 0,34 V

Considerando as semirreações de redução representadas acima, a oxidação atmosférica das moedas de cobre em meio neutro (pH = 7,0) é:

a) Espontânea, pois o E° = + 0,89 V
b) Espontânea, pois o E° = - 0,89 V
c) Espontânea, pois o E° = + 0,48 V
d) Não espontânea, pois o E° = - 0,89 V
e) Não espontânea, pois o E° = + 0,48 V

Questão 22

(OLIMPÍADA DE QUÍMICA DO RIO DE JANEIRO) Uma solução de sulfato de níquel II foi eletrolisada durante 1,50 horas entre eletrodos inertes. Se forem depositados 35,00 g de níquel, qual o valor da corrente elétrica?

a) 10,7 A
b) 12,3 A
c) 15,1 A
d) 21,3 A
e) 23,1 A

Questão 23

Alumínio metálico é obtido comercialmente por eletrólise Al_2O_3, misturado com criolita (Na_3AlF_6).

a) Quantos mol de elétrons devem passar através da célula de alumínio para produzir 5,00 kg?
b) Determine a corrente elétrica em amperes produzido no item a, durante um período de dez horas.

Questão 24

(UNIVERSIDADE FEDERAL FLUMINENSE) Para se preparar uma célula galvânica, um aluno coloca uma lâmina de zinco num recipiente (béquer) que contém uma solução de $ZnSO_4$ 1,0 mol.L^{-1}. Num outro recipiente, contendo uma solução e $Au_2(SO_4)_3$ 1,0 mol.L^{-1}, é colocado uma lâmina de ouro. Ligam-se os eletrodos a um voltímetro e utiliza-se uma ponte salina para estabelecer o contato entre as soluções. Considerando os seguintes valores dos potenciais de redução: E^{o} = Zn^{+2}/Zn = -0,76V; E^{o} = Au^{+3}/Au = +1,50V.

a) Faça um esquema dessa pilha.
b) Em qual eletrodo vai ocorrer a oxidação?
c) Qual é o caminho (sentido) dos elétrons?
d) Qual dos eletrodos é o cátodo?
e) Depois da célula trabalhar durante algum tempo, qual é o eletrodo que apresenta um aumento de massa?

Questão 25

(INSTITUTO TECNOLÓGICO DA AERONÁUTICA) Na reação iônica $\mathrm{Zn_{(s)} + Cu^{+2}_{(aq)} \rightarrow Zn^{+2}_{(aq)} + Cu_{(s)}}$:

a) O níquel é o oxidante, porque ele é oxidado

b) O níquel é o redutor, porque ele é oxidado
c) O íon cúprico é o oxidante, porque ele é oxidado
d) O íon cúprico é o redutor, porque ele é reduzido
e) Não há oxidante nem redutor, porque não se trata de uma equação de oxirredução.

Questão 26

Um eletrodo de vanádio é oxidado eletroliticamente. A massa do eletrodo diminui de 114 mg após passagem de 650 C de corrente. Qual o número de oxidação do vanádio no produto?
a) +1
b) +2
c) +3
d) +4
e) +5

Questão 27

(EsPCEx) O cobre é uma substância que possui elevado potencial de redução e no seu estado metálico sofre pouco em termos de oxidação frente a ácidos, não sendo oxidado pela maioria deles. Todavia, ele é oxidado na presença de ácido nítrico, conforme mostra a equação não balanceada de uma das possíveis reações: $Cu_{(s)} + HNO_{3(aq)} \rightarrow Cu(NO_3)_{2(aq)} + NO_{(g)} + H_2O_{(l)}$. Após o balanceamento da equação com os coeficientes estequiométricos (menores números inteiros) a soma destes coeficientes será igual a:
a) 14
b) 18
c) 20
d) 24
e) 26

Questão 28

(EsPCEx) O cobre metálico pode ser oxidado por ácido nítrico diluído, produzindo água, monóxido de nitrogênio e um sal (composto iônico). A reação pode ser representada pela seguinte equação química (não balanceada): $Cu_{(s)} + HNO_{3(aq)} \rightarrow Cu(NO_3)_{2(aq)} + NO_{(g)} + H_2O_{(l)}$. A soma dos coeficientes estequiométricos (menores números inteiros) da equação balanceada, o agente redutor da reação e o nome do composto iônico formado são, respectivamente:
a) 18; Cu; nitrato de cobre I
b) 20; Cu; nitrato de cobre II
c) 19; HNO_3; nitrito de cobre II
d) 18; NO; nitrato de cobre II
e) 20; Cu; nitrato de cobre I

Questão 29

(EsPCEx) Nestes últimos anos, os alunos da EsPCEx têm realizado uma prática no laboratório de química envolvendo eletrólise com eletrodos inertes de grafite. Eles seguem um procedimento experimental conforme a descrição: Num béquer de capacidade 100mL (cuba eletrolítica) coloque cerca de 50mL de solução aquosa de sulfato de zinco ($ZnSO_4$) de concentração 1 mol·L^{-1}. Tome como eletrodos duas barras finas de grafite. Ligue-as com auxílio de fios a uma fonte externa de eletricidade (bateria) com corrente de 2 Ampères. Esta fonte tem capacidade para efetuar perfeitamente esse processo de eletrólise. Uma das barras deve ser ligada ao polo negativo da fonte e a outra barra ao polo positivo da fonte. Mergulhe os eletrodos na solução durante 32 minutos e 10 segundos e observe. Considere o arranjo eletrolítico (a 25°C e 1 atm), conforme visto na figura a seguir: Dados: 1 Faraday (F) = 96500 Coulomb (C) / mol de elétrons. Acerca do experimento e os conceitos químicos envolvidos são feitas as seguintes afirmativas:
I – Na superfície da barra de grafite ligada como cátodo da eletrólise ocorre a eletrodeposição do zinco metálico.
II – A semirreação de oxidação que ocorre no ânodo da eletrólise é $Zn_{(s)} \rightarrow Zn^{2+}_{(aq)} + 2e^-$.
III – Durante o processo, a barra de grafite ligada ao polo positivo da bateria se oxida.
IV – No ânodo da eletrólise ocorre uma reação de oxidação da hidroxila com formação do gás oxigênio e água.

V – A massa de zinco metálico obtida no processo de eletrólise será de 0,83 g. Das afirmativas feitas, estão corretas apenas:

a) I e IV
b) I, III e IV
c) I e V
d) II e III
e) III, IV e V

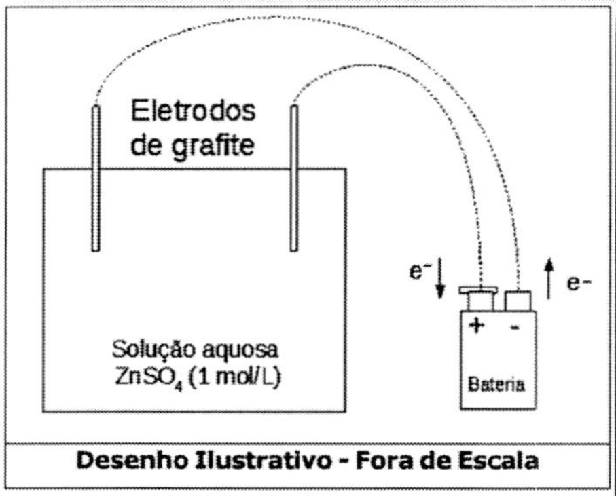

Questão 30

(UNIVERSIDADE ESTADUAL DO RIO DE JANEIRO) Considere a célula eletrolítica abaixo. Eletrolisando-se, durante 5 minutos, a solução de $CuSO_4$ com uma corrente elétrica de 1,93A, verificou-se que a massa de cobre metálico depositada no catodo foi de 0,18 g.

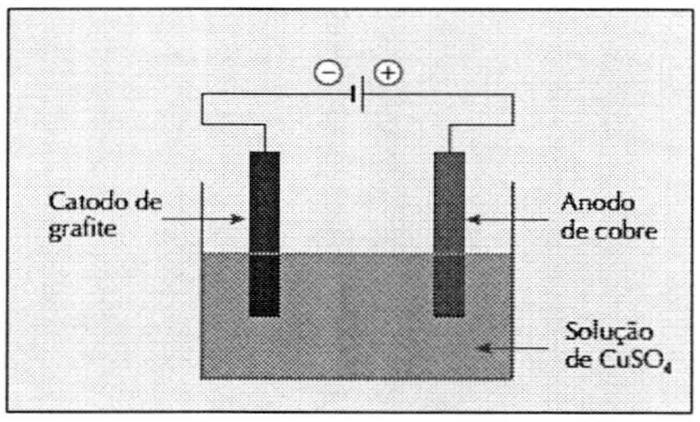

Em função dos valores apresentados acima, o rendimento do processo foi igual a:

a) 94,5%
b) 96,3%
c) 97,2%
d) 98,5%

Questão 31

(UNIVERSIDADE ESTADUAL DO RIO DE JANEIRO) As novas moedas de centavos, que começaram a circular no mercado, apresentam uma tonalidade avermelhada obtida por eletrodeposição de cobre a partir de uma solução de sulfato de cobre II. Para recobrir um certo número de moedas foi efetuada a eletrólise, com uma corrente elétrica de 5 ampères, em 1,0 L de solução 0,10 $mol.L^{-1}$ em $CuSO_4$, totalmente dissociado.

a) Escreva a equação química que representa a dissociação do sulfato de cobre II e calcule a concentração dos íons sulfato, em $mol.L^{-1}$, na solução inicial.

b) Determine o tempo necessário para a deposição de todo o cobre existente na solução, considerando 1F = 96500 C.

Questão 32

(UNIVERSIDADE FEDERAL FLUMINENSE) Determine:
Item a) o valor do potencial padrão da cela para uma pilha galvânica na qual um eletrodo é de cobre imerso numa solução de Cu^{+2} 1,0 mol.L^{-1} e o outro é o magnésio imerso numa solução de Mg^{+2} 1.0 mol.L^{-1};
Item b) o eletrodo que é o cátodo;
Item c) a equação (líquida) total para o processo espontâneo da pilha. Considere os seguintes valores de potencial:

$Mg^{+2}_{(aq)} + 2e^- \rightarrow Mg_{(s)}$ $E^o = -2,37V$
$Cu^{+2}_{(aq)} + 2e^- \rightarrow Cu_{(s)}$ $E^o = +0,34V$

Questão 33

(UNIVERSIDADE FEDERAL FLUMINENSE) O cloro pode ser produzido pela eletrólise ígnea do cloreto de zinco ($ZnCl_2$) à temperatura de 17°C e sob pressão de 1,0 atm. Sabendo-se que uma corrente de 5,0 A passa pela célula durante 10 horas, informe por meio de cálculos:
a) o número de Coulombs envolvidos no processo;
b) a massa de Cl_2, em grama, produzida na reação;
c) o volume de Cl_2 produzido nas condições apresentadas.

Questão 34

(UNIVERSIDADE FEDERAL FLUMINENSE) Uma célula voltaíca, simples, é constituída de $Ni_{(s)}$ e $Ni(NO_3)_{2(aq)}$ num dos compartimentos e $Cd_{(s)}$ e $Cd(NO_3)_{2(aq)}$ no outro. Os eletrodos são conectados externamente por um fio, e uma ponte salina de $KNO_{3(aq)}$ conecta as duas soluções. A reação total é: $Ni^{2+}_{(aq)} + Cd_{(s)} \rightarrow Ni_{(s)} + Cd^{2+}_{(aq)}$.
a) Qual a semirreação em cada eletrodo?
b) Que eletrodo é o anodo?
c) Qual a direção do fluxo de elétrons no condutor externo?
d) Qual a finalidade da ponte salina?

Questão 35

(EsPCEx) "Em 1836, o químico inglês John Frederic Daniell construiu uma pilha usando metais e soluções aquosas de sais. A pilha funcionava a partir de dois eletrodos interligados. O eletrodo é, geralmente, um sistema constituído por um metal imerso em uma solução aquosa de um sal formado pelos cátions desse metal." Adaptado de: FONSECA, Martha Reis Marques. Química. São Paulo: Editora FTD, 2007. v. 2: Físico-Química. p. 276. Considere a representação da notação química da pilha de Daniell (usando eletrodos de cobre e zinco), de acordo com a União Internacional de Química Pura e Aplicada (IUPAC): $Zn_{(s)}$ | $Zn^{2+}_{(aq)}$ (1 mol.L^{-1}) || $Cu^{2+}_{(aq)}$ (1 mol.L^{-1}) | $Cu_{(s)}$. Dados os potenciais padrão de redução $E^0_{Zn} = -0,76$ V e $E^0_{Cu} = +0,34$ V, e considerando o funcionamento da referida pilha em condições padrão, afirma-se que:
I – no eletrodo de cobre dessa pilha ocorre a corrosão da placa metálica de cobre.
II – a diferença de potencial (d.d.p.) teórica dessa pilha é de + 1,10 V.
III – nessa pilha os elétrons fluem no circuito externo, do eletrodo de zinco para o eletrodo de cobre.
IV – o símbolo de duas barras paralelas (||) representa a ponte salina (ou uma membrana porosa), cuja finalidade é manter as duas semicelas eletricamente neutras, por meio da migração de íons (corrente iônica).
V – a equação da reação global dessa pilha é $Zn^{2+}_{(aq)} + Cu_{(s)} \rightarrow Zn_{(s)} + Cu^{2+}_{(aq)}$. Das afirmativas feitas, estão corretas apenas:
a) I, II e IV
b) I, III e V
c) II, IV e V
d) II, III e IV
e) III, IV e V

Questão 36

(EsPCEx- MODIFICADA) No ano de 2018, os alunos da EsPCEx realizaram, na aula prática de laboratório de química, um estudo sobre revestimento de materiais por meio da eletrólise com eletrodos ativos, visando ao aprendizado de métodos de proteção contra corrosão. Nesse estudo, eles efetuaram, numa cuba eletrolítica, o cobreamento de um prego, utilizando uma solução de sulfato de cobre II e um fio de cobre puro como contra-eletrodo. Para isso, utilizaram uma bateria como fonte externa de energia, com uma corrente contínua de intensidade constante de 250 mA e gastaram o tempo de 13 minutos. Considerando-se não haver interferências no experimento, calcule a massa aproximada de cobre metálico depositada.

Exercícios de Fixação – Gabarito

Questão 01

(EsPCEx) Alternativa B.

Cálculo da quantidade de carga (Q), a partir da equação da corrente elétrica (i): Q = i x t = 5 x 1930 = 9650 C

Cálculo do volume de gás cloro produzido nas CNTP, a partir da seguinte semirreação: $2Cl^-_{(aq)} \rightarrow Cl_{2(g)} + 2e^-$
22,7 Litros ------------- 2 mol de e^- x (96500 C/mol de e^-)
V ------------------------- 9650 C
V = 1,135 L

Cálculo da massa de sódio metálico (m_{Na}), a partir da seguinte semirreação: $Na^+_{(aq)} + 1e^- \rightarrow Na_{(s)}$
23 g ------------------------ 1 mol de e^- x (96500 C/mol de e-)
m_{Na} ------------------------ 9650 C
m_{Na} = 2,3 g de sódio metálico

Questão 02

(EsPCEx) Alternativa B.
Invertendo a semirreação do alumínio e multiplicando por dois: $2Al \rightarrow 2Al^{+3} + 6e^-$ E° = + 1,66 V

Multiplicando a semirreação do ferro por três: $3Fe^{+2} + 6e^- \rightarrow 3Fe$ E° = - 0,44 V

Somando as duas semirreações apresentadas:
$2Al \rightarrow 2Al^{+3} + \cancel{6e^-}$ E° = + 1,66 V
$3Fe^{+2} + \cancel{6e^-} \rightarrow 3Fe$ E° = - 0,44 V +

$2Al + 3Fe^{+2} \rightarrow 2Al^{+3} + 3Fe$ E° = + 1,22 V (Equação química global)

Analisando as alternativas apresentadas na questão, temos:
Item a) Falso
Item b) Verdadeiro
Item c) Falso. O eletrodo de alumínio é o ânodo.
Item d) Falso
Item e) Falso

Questão 03

(EsPCEx) Alternativa D.
Afirmativa I: Observando a tabela de potencial, a prata é o maior potencial.
Afirmativa II:
$Zn^{+2}_{(aq)} + 2e^- \rightarrow Zn_{(s)}$ $E°_{redução}$ = - 0,76V
$Cu^{+2}_{(aq)} + 2e^- \rightarrow Cu_{(s)}$ $E°_{redução}$ = + 0,34V

Invertendo a semirreação do Cu: $Cu_{(s)} \rightarrow Cu^{+2}_{(aq)} + 2e^-$ $E°_{redução}$ = - 0,34V

Somando as semirreações apresentadas:
$Zn^{+2}_{(aq)} + \cancel{2e^-} \rightarrow Zn_{(s)}$ $E°_{redução}$ = - 0,76 V

$Cu_{(s)} \rightarrow Cu^{+2}_{(aq)} + \cancel{2e^-}$ $\quad E°_{redução} = -\ 0{,}34\ V \quad +$

$Zn^{+2}_{(aq)} + Cu_{(s)} \rightarrow Zn_{(s)} + Cu^{+2}_{(aq)}$ (Equação química global)

E° = - 1,10 V (processo eletroquímico não espontâneo)

Afirmativa III: Trata-se de uma proposição falsa, pois sendo a ddp positiva, haverá corrosão do revestimento metálico de zinco, conforme pode ser observado pela seguinte equação: $Ni^{+2}_{(aq)} + Zn_{(s)} \rightarrow Ni_{(s)} + Zn^{+2}_{(aq)}$.

Afirmativa IV: $Pb^{+2}_{(aq)} + 2e^- \rightarrow Pb_{(s)}$ $\quad E°_{redução} = -\ 0{,}13\ V$

$Mg^{+2}_{(aq)} + 2e^- \rightarrow Mg_{(s)}$ $\quad E°_{redução} = -\ 2{,}37\ V$

Invertendo a semirreação do magnésio:

$Mg_{(s)} \rightarrow Mg^{+2}_{(aq)} + \cancel{2e^-}$ $\quad E°_{redução} = +\ 2{,}37\ V$

$Pb^{+2}_{(aq)} + \cancel{2e^-} \rightarrow Pb_{(s)}$ $\quad E°_{redução} = -\ 0{,}13\ V \quad +$

$Mg_{(s)} + Pb^{+2}_{(aq)} \rightarrow Mg^{+2}_{(aq)} + Pb_{(s)}$ $\quad E°_{reação} = +\ 2{,}24\ V$

Afirmativa V:

$Cu^{+2}_{(aq)} + 2e^- \rightarrow Cu_{(s)}$ $\quad E°_{redução} = +\ 0{,}34\ V$

$Ag^{+}_{(aq)} + e^- \rightarrow Ag_{(s)}$ $\quad E°_{redução} = +\ 0{,}80\ V$

Invertendo a semirreação do cobre e multiplicando por dois a semirreação da prata, temos:

$Cu_{(s)} \rightarrow Cu^{+2}_{(aq)} + \cancel{2e^-}$ $\quad E°_{redução} = -\ 0{,}34\ V$

$2Ag^{+}_{(aq)} + \cancel{2e^-} \rightarrow 2Ag_{(s)}$ $\quad E°_{redução} = +\ 0{,}80\ V \quad +$

$Cu_{(s)} + 2Ag^{+}_{(aq)} \rightarrow Cu^{+2}_{(aq)} + 2Ag_{(s)}$ $\quad E°_{reação} = +\ 0{,}46\ V$

Questão 04

(EsPCEx) Alternativa C.

Semirreação da prata: $Ag^{+}_{(aq)} + 1e^- \rightarrow Ag_{(s)}$

108 g ----------- 1 mol de e^- x 96500 C/mol de e^-

54 g ------------ Q

Q = 48250 C

Semirreação da prata: $Ni^{+2}_{(aq)} + 2e^- \rightarrow Ni_{(s)}$

59 g ----------------- 2 mol de e^- x 96500 C/mol de e^-

m_{Ni} ------------------ 48250 C

m_{Ni} = 14,75 g

Questão 05

(EsPCEx) Alternativa E.

Cálculo da ddp para o funcionamento da pilha. Invertendo a semirreação do lítio e multiplicando por dois, temos:

$Sn^{+2}_{(aq)} + \cancel{2e^-} \rightarrow Sn_{(s)}$ $\quad E°_{red} = -\ 0{,}14\ V$

$2Li_{(s)} \rightarrow 2Li^{+}_{(aq)} + \cancel{2e^-}$ $\quad E°_{red} = +\ 3{,}04\ V \quad +$

$Sn^{+2}_{(aq)} + 2Li_{(s)} \rightarrow Sn_{(s)} + 2Li^{+}_{(aq)}$ $\quad E° = +\ 2{,}90\ V$

i) Falso, pois o fluxo de elétrons sai do ânodo (lítio) para o cátodo (estanho).
ii) Verdadeiro.
iii) Verdadeiro.
iv) Falso. Ocorre o processo de redução.
v) Verdadeiro.

Questão 06

(EsPCEx) Alternativa D.
Equação química de dissociação do cloreto de cromo III na presença de água: $CrCl_{3(aq)} \rightarrow Cr^{+3}_{(aq)} + 3\ Cl^{-}_{(aq)}$

Semirreação de redução do cromo: $Cr^{+3}_{(aq)} + 3e^{-} \rightarrow Cr_{(s)}$

Conversão do tempo em segundos: t = 96,5 min. (60 s/1min) = 5790 s

Cálculo da carga em coulombs (Q): Q = i x t = 2 x 5790 = 11580 C

Cálculo da massa de cromo (m_{Cr}) depositada:
52 g ---------- 3 mol de e^{-} x (96500 C/mol de e^{-})
m_{Cr} ----------- 11580 C
m_{Cr} = 2,08 g

Questão 07

(EsPCEx) Alternativa C.
Cálculo da ddp para o funcionamento da pilha: Invertendo a semirreação do zinco e multiplicando a semirreação da prata, temos:

$Zn_{(s)} \rightarrow Zn^{+2}_{(aq)} + \cancel{2e^{-}}$	E° = + 0,76 V	
$2Ag^{+}_{(aq)} + \cancel{2e^{-}} \rightarrow 2Ag_{(s)}$	E° = + 0,80 V	+
$Zn_{(s)} + 2Ag^{+}_{(aq)} \rightarrow Zn^{+2}_{(aq)} + 2Ag_{(s)}$	E° = + 1,56 V	

Item I) Verdadeiro, pois o processo vai do $Zn_{(s)} \rightarrow Zn^{+2}_{(aq)}$.
Item II) Verdadeiro, uma vez que este eletrodo sofre redução.
Item III) Falso, o processo de corrosão até ocorre com este eletrodo, mas é por causa da oxidação do zinco.
Item IV) Falso, pois a reação global para o funcionamento da pilha é expressa pela seguinte equação química: $Zn_{(s)} + 2Ag^{+}_{(aq)} \rightarrow Zn^{+2}_{(aq)} + 2Ag_{(s)}$.

Questão 08

(EsPCEx) Alternativa B.
Invertendo a semirreação e multiplicando por dois a semirreação do alumínio e **multiplicando a semirreação do cobre por três**:

$2\ Al \rightarrow 2\ Al^{3+}_{(aq)} + 6e^{-}$	**$E°_{red}$ = - 1,66 V**
$3\ Cu^{2+}_{(aq)} + 6e^{-} \rightarrow 3\ Cu$	**$E°_{red}$ = + 0,34 V**

Somando as duas semirreações, temos:

$2Al \rightarrow 2Al^{3+}_{(aq)} + \cancel{6e^{-}}$	**$E°_{red}$ = + 1,66 V**	
$3Cu^{2+}_{(aq)} + \cancel{6e^{-}} \rightarrow 3Cu$	**$E°_{red}$ = + 0,34 V**	**+**
$2Al + 3Cu^{2+}_{(aq)} \rightarrow 2Al^{3+}_{(aq)} + 3Cu$	**E° = + 2,00 V**	

Observando a equação global de funcionamento da pilha, o agente redutor é o Alumínio metálico.

Questão 09

(EsPCEx) Solução aquosa de sulfato de cobre [$CuSO_{4(aq)}$]: $CuSO_{4(s)} \rightarrow Cu^{+2}_{(aq)} + SO_4{}^{-2}_{(aq)}$
Semirreação que ocorre no cátodo: $Cu^{+2}_{(aq)} + 2e^{-} \rightarrow Cu_{(s)}$

Cálculo da massa de cobre (m_{Cu}):

64,00 g de Cu ------------ 2 mol x 96500 C/mol de elétrons
m_{Cu} ------------------------- {100 x 10^{-3} x (5 x 60 s)}
m_{Cu} = 9,95 x 10^{-3} g, o que corresponde a aproximadamente igual a 0,010 g

Questão 10

(EsPCEx) Alternativa B.
Analisando a afirmativa I:
Invertendo a semirreação do alumínio e multiplicando por dois: $2Al_{(s)} \rightarrow 2Al^{+3}_{(aq)} + 6e^-$ E° = + 1,66 V
Multiplicando a semirreação do cobre por três: $3Cu^{+2}_{(aq)} + 6e^- \rightarrow 3Cu_{(s)}$ E° = + 0,34 V

Somando as duas semirreações:

$2Al_{(s)} \rightarrow 2Al^{+3}_{(aq)} + \cancel{6e^-}$ E° = + 1,66 V
$3Cu^{+2}_{(aq)} + \cancel{6e^-} \rightarrow 3Cu_{(s)}$ E° = + 0,34 V +

$2Al_{(s)} + 3Cu^{+2}_{(aq)} \rightarrow 2Al^{+3}_{(aq)} + 3Cu_{(s)}$ E° = + 2,00 V

Analisando a afirmativa II.
Multiplicando por dois a semirreação do ouro: $2Au^{+3}_{(aq)} + 6e^- \rightarrow 2Au_{(s)}$ E° = + 1,50 V

Invertendo a semirreação e multiplicando por três: $3Cu_{(s)} \rightarrow 3Cu^{+2}_{(aq)} + 6e^-$ E° = - 0,34 V

Somando as semirreações:
$2Au^{+3}_{(aq)} + \cancel{6e^-} \rightarrow 2Au_{(s)}$
$3Cu_{(s)} \rightarrow 3Cu^{+2}_{(aq)} + \cancel{6e^-}$ +

$2\ Au^{+3}_{(aq)} + 3\ Cu_{(s)} \rightarrow 2Au_{(s)} + 3Cu^{+2}_{(aq)}$

Analisando a afirmativa III. Multiplicando por dois a semirreação do ouro: $2Au^{+3}_{(aq)} + 6e^- \rightarrow 2Au_{(s)}$ E° = + 1,50 V

Invertendo a semirreação do cobre e multiplicando por três, temos: $3Cu_{(s)} \rightarrow 3Cu^{+2}_{(aq)} + 6e^-$ E° = - 0,34 V

Somando as semirreações, temos:
$2\ Au^{+3}_{(aq)} + \cancel{6e^-} \rightarrow 2Au_{(s)}$ E° = + 1,50 V
$3\ Cu_{(s)} \rightarrow 3\ Cu^{+2}_{(aq)} + \cancel{6e^-}$ E° = - 0,34 V

$2Au^{+3}_{(aq)} + 3Cu_{(s)} \rightarrow 2Au_{(s)} + 3Cu^{+2}_{(aq)}$ E° = + 1,16 V

O agente redutor é aquele que sofre oxidação, logo trata-se do cobre (Cu). Analisando a afirmativa IV, invertendo a semirreação do alumínio e multiplicando por dois: $2Al_{(s)} \rightarrow 2Al^{+3}_{(aq)} + 6e^-$ E° = + 1,66 V

Multiplicando por dois a semirreação do ouro: $2\ Au^{+3}_{(aq)} + 6e^- \rightarrow 2Au_{(s)}$ E° = + 1,50 V

Somando as semirreações, temos:
$2\ Al_{(s)} \rightarrow 2\ Al^{+3}_{(aq)} + \cancel{6e^-}$ E° = + 1,66 V
$2\ Au^{+3}_{(aq)} + \cancel{6e^-} \rightarrow 2Au_{(s)}$ E° = + 1,50 V +

$2\ Al_{(s)} + 2\ Au^{+3}_{(aq)} \rightarrow 2\ Al^{+3}_{(aq)} + 2Au_{(s)}$ E° = + 3,16 V

Representação da pilha: $Al_{(s)}\ /\ Al^{+3}_{(aq)}\ //\ Au^{+3}_{(aq)}\ /\ Au_{(s)}$.

Questão 11

(EsPCEx) Alternativa D.
Solução aquosa de sulfato de cobre: $CuSO_{4(s)} \rightarrow Cu^{+2}_{(aq)} + SO_4^{-2}{}_{(aq)}$
Semirreação que ocorre no cátodo: $Cu^{+2}_{(aq)} + 2e^- \rightarrow Cu_{(s)}$

Cálculo da massa de cobre (m_{Cu}):
64,00 g de Cu ------------ 2 mol de elétrons x 96500 C/mol de elétrons

m_{Cu} -------------------------- {100 x 10^{-3} x [2 x 60 s]}
m_{Cu} = 3,98 x 10^{-3} g (3,98 mg)

Questão 12

Item a) Analisando a primeira semirreação de cromo. Invertendo a semirreação de cromo e multiplicando por dois:
$2Cr_{(s)} \rightarrow 2Cr^{+3}_{(aq)} + 6e^-$ E°$_1$ = (+ 0,744)

Analisando a segunda semirreação de níquel. Multiplicando a semirreação por três, temos:
$3Ni^{+2}_{(aq)} + 6e^- \rightarrow 3Ni_{(s)}$ E°$_2$ = (- 0,236)

Determinação da reação global:

$2Cr_{(s)} \rightarrow 2Cr^{+3}_{(aq)} + \cancel{6e^-}$ E°$_1$ = (+ 0,744)
$3\ Ni^{+2}_{(aq)} + \cancel{6e^-} \rightarrow 3\ Ni_{(s)}$ E°$_2$ = (- 0,236) +

$2Cr_{(s)} + 3Ni^{+2}_{(aq)} \rightarrow 2Cr^{+3}_{(aq)} + 3Ni_{(s)}$ (Equação química global)
Item b) O eletrodo que apresenta a sua massa aumentada é o eletrodo de níquel (Ni).
Item c) Cálculo do potencial padrão da reação global (E°): E° = + 0,508V

Questão 13

Item a) Analisando a semirreação de redução do $Al^{3+}_{(aq)}$ / $Al_{(s)}$: Invertendo a semirreação de alumínio e multiplicando por dois, temos: $2Al_{(s)} \rightarrow 2Al^{+3}_{(aq)} + 6e^-$ E° = + 1,66 V

Analisando a semirreação de redução do $Cl_{2(g)}/2Cl^-_{(aq)}$. Multiplicando a semirreação por três: $3Cl_{2(g)} + 6e^- \rightarrow 6Cl^-_{(aq)}$ E° = + 1,36 V

Somando as semirreações apresentadas acima:
$2\ Al_{(s)} \rightarrow 2Al^{+3}_{(aq)} + 6e^-$ E° = + 1,66 V
$3Cl_{2(g)} + 6e^- \rightarrow 6Cl^-_{(aq)}$ E° = + 1,36 V +

$2Al_{(s)} + 3Cl_{2(g)} + 6e^- \rightarrow 6Cl^-_{(aq)} + 2Al^{+3}_{(aq)} + 6e^-$

Item b)
Semirreação que ocorre no ânodo: $Al_{(s)} \rightarrow Al^{+3}_{(aq)} + 3e^-$
Semirreação que ocorre no cátodo: $Cl_{2(g)} + 2e^- \rightarrow 2Cl^-_{(aq)}$

Item c) Cálculo do potencial padrão da bateria: E° = + 1,66 + 1,36 = + 3,02 V

Item d) Semirreação de redução do alumínio: $Al^{+3}_{(aq)} + 3e^- \rightarrow Al_{(s)}$.
27,0 g de Al ---------- 3 mol de elétrons x (96500 C/mol de elétrons)
30,0 g de Al ---------- Q
Q = 321666,67 C

Cálculo do tempo, a partir da equação da corrente elétrica (i): $\text{tempo} = \frac{321666,67}{0,75} = 428888,89\ \text{s}\ (119,13\ \text{h})$

Questão 14

(EsPCEx) Alternativa C.
O cloro, ele tanto se reduz como também se oxida. Diante disso, a equação química iônica fica da seguinte forma:
$6Cl_2 + 12OH^- \rightarrow 10Cl^- + 2ClO_3^- + 6H_2O$
Dividindo a equação iônica por dois, temos: $3Cl_2 + 6OH^- \rightarrow 5Cl^- + 1ClO_3^- + 3H_2O$
Soma dos coeficientes estequiométricos: 3 + 6 + 5 + 1 + 3 = 18

Questão 15

(EsPCEx) Alternativa A.

Realizando o balanceamento pelo método de oxirredução (Redox), temos: $6Cr(OH)_3 + 3IO_3^- + 12OH^- \rightarrow 6CrO_4^{-2} + 3I^- + 15H_2O$

Dividindo a equação química por três: $2Cr(OH)_3 + IO_3^- + 4OH^- \rightarrow 2CrO_4^{-2} + I^- + 5H_2O$

Soma dos coeficientes estequiométricos: 2 + 1 + 4 + 2 + 1 + 5 = 15

Agente redutor = hidróxido de cromo III

Agente oxidante = íon iodato

Questão 16

(EsPCEx-MODIFICADA) Dados para a resolução do problema: potenciais padrão de redução ($E°_{red}$) a 1 atm e 25°C.

$Al^{+3} + 3e^- \rightarrow Al \quad E° = -1,66\ V$

$Fe^{+2} + 2e^- \rightarrow Fe \quad E° = -0,44\ V$

Para o funcionamento da pilha, será necessário que a ddp seja maior que zero, ou seja, apresente um valor positivo.

Invertendo e multiplicando por dois a semirreação do alumínio: $2Al \rightarrow 2Al^{+3} + 6e^-$ $\quad E° = +1,66\ V$

Multiplicando por três a semirreação do ferro: $3Fe^{+2} + 6e^- \rightarrow 3Fe$ $\quad E° = -0,44\ V$

Somando as duas semirreações:

$2Al \rightarrow 2Al^{+3} + 6e^- \quad E° = +1,66\ V$

$3Fe^{+2} + 6e^- \rightarrow 3Fe \quad E° = -0,44\ V \quad +$

$2Al + 3Fe^{+2} \rightarrow 2Al^{+3} + 3Fe \quad E° = +1,22\ V$

Agente oxidante = ferro

Agente redutor = alumínio

O fluxo de elétrons sai do ânodo (alumínio) para o cátodo (ferro).

Eletrodo que sofre desgaste (diminuição da massa) = alumínio

Eletrodo que tem a sua massa aumentada = ferro

Questão 17

A questão refere-se à eletrólise de uma solução de sulfato de zinco ($ZnSO_4$). Semirreação que ocorre no cátodo: $Zn^{+2}_{(aq)} + 2e^- \rightarrow Zn_{(s)}$

Cálculo da carga Q: $Q = i \times t = 6,0 \times \left[3,50h \times \frac{3600s}{1hora}\right] = 75600C$

Cálculo da massa de zinco depositado:

65,50 g de Zn ------------ 2 mol de elétrons x 96500 C/mol de elétrons

m_{Zn} -------------------------- 75600 C

m_{Zn} = 25,66 g

Questão 18

(INSTITUTO MILITAR DE ENGENHARIA) Item a) Invertendo a semirreação do níquel: $Ni°_{(s)} \rightarrow Ni^{2+}_{(aq)} + 2e^-$ $E° = +0,25\ V$

Multiplicando a semirreação da prata por 2: $2Ag^+_{(aq)} + 2e^- \rightarrow 2Ag°_{(s)}$ $\quad E° = +0,80$

Equação global:

$Ni°_{(s)} \rightarrow Ni^{2+}_{(aq)} + 2e^-$

$2\ Ag^+_{(aq)} + 2e^- \rightarrow 2\ Ag°_{(s)} \quad +$

$Ni°_{(s)} + 2\ Ag^+_{(aq)} \rightarrow Ag°_{(s)} + Ni^{2+}_{(aq)}$ (Equação química global da pilha)

Item b) O sentido do fluxo de elétrons sai do eletrodo de Níquel (ânodo) para o eletrodo de Prata (cátodo).
Item c) E° = + 0,25 + 0,80 = + 1,05 V

Questão 19

(OLIMPÍADA BRASILEIRA DE QUÍMICA) Alternativa D.

Semirreação de redução do alumínio: $Al^{+3}_{(aq)} + 3e^{-} \rightarrow Al_{(s)}$

Cálculo do tempo (t): $\text{tempo} = 8{,}00\text{h} \times \frac{3600\text{s}}{1\text{h}} = 28800\text{s}$

Cálculo da massa de alumínio (m_{Al}):
27,0 g de Al ---------- 3 mol de elétrons x 96500 C/mol de elétrons
m_{Al} ---------------------- Q = (1,0 x 10^5 A x 28800) C
m_{Al} = 268601,04 g (268,60 kg)

Questão 20

(OLIMPÍADA BRASILEIRA DE QUÍMICA) Alternativa E.

Multiplicando a semirreação por qualquer número, podendo ser por dois, três etc., o potencial da pilha não sofre nenhuma variação, ou seja, trata-se de um parâmetro constante. Podemos dar como exemplo o funcionamento de uma pilha que apresenta as seguintes semirreações de redução.

Primeira semirreação: $Fe^{3+}_{(aq)} + e^{-} \rightarrow Fe^{2+}_{(aq)}$ $E^0 = +\,0{,}77$ V
Segunda semirreação: $Sn^{4+}_{(aq)} + 2e^{-} \rightarrow Sn^{2+}_{(aq)}$ $E^0 = +\,0{,}15$ V

Multiplicando a primeira semirreação por dois: $2Fe^{3+}_{(aq)} + 2e^{-} \rightarrow 2Fe^{2+}_{(aq)}$ $E^0 = +\,0{,}77$ V

Invertendo o sentido da segunda semirreação: $Sn^{2+}_{(aq)} \rightarrow 2e^{-} + Sn^{4+}_{(aq)}$ $E^0 = -\,0{,}15$ V

Equação química global da pilha: $2Fe^{3+}_{(aq)} + Sn^{2+}_{(aq)} + 2e^{-} \rightarrow 2Fe^{2+}_{(aq)} + Sn^{4+}_{(aq)} + 2e^{-}$

Cálculo do potencial da pilha: $E_T° = E_1° + E_2° = (+\,0{,}77) + (-\,0{,}15) = +\,0{,}62V$

Questão 21

(ENADE) Alternativa C.

Cálculo do potencial padrão, com pH = 7,0: E° = + 1,23 V – (0,059) x 7,0 = + 0,82 V

Determinação do potencial padrão para a reação global:
$O_{2(g)} + 4H^{+}_{(aq)} + 4e^{-} \rightarrow 2H_2O_{(l)}$ $E_1° = +\,0{,}82$ V
$2Cu_{(s)} \rightarrow 2Cu^{+2}_{(aq)} + 4e^{-}$ $E_2° = -\,0{,}34$ V

Determinação da reação química global para o funcionamento da pilha:

$O_{2(g)} + 4H^{+}_{(aq)} + 4e^{-} \rightarrow 2H_2O_{(l)}$ $E_1° = +\,0{,}82$ V
$2Cu_{(s)} \rightarrow 2Cu^{+2}_{(aq)} + 4e^{-}$ $E_2° = -\,0{,}34$ V +

$O_{2(g)} + 4H^{+}_{(aq)} + 2Cu_{(s)} \rightarrow 2H_2O_{(l)} + 2Cu^{+2}_{(aq)}$

Cálculo do potencial padrão global:
$E_T° = E_1° + E_2° = +\,0{,}82 + (-\,0{,}34) = +\,0{,}48$ V

Para um potencial maior que zero (E° > 0), o que caracteriza que o processo eletroquímico é espontâneo.

Questão 22

(OLIMPÍADA DE QUÍMICA DO RIO DE JANEIRO) Alternativa D.

A questão refere-se a eletrólise do níquel (Ni), a partir de uma solução de sulfato de níquel II ($NiSO_4$). $NiSO_{4(s)} \rightarrow Ni^{+2}_{(aq)} + SO_4^{-2}{}_{(aq)}$

Semirreação que ocorre no cátodo: $Ni^{+2}_{(aq)} + 2e^- \rightarrow Ni_{(s)}$

$$\text{tempo} = 1{,}50\ \cancel{h}\ \text{x}\ \frac{3600s}{1\cancel{h}} = 5400s$$

Cálculo da carga (Q):

58,70 g de Ni ------------ 2 mol de elétrons x 96500 C/mol de elétrons

35,00 g de Ni ------------ Q

Q = 115076,66 C

Cálculo da corrente elétrica (i): $i = \frac{115076{,}66C}{5400} = 21{,}31\ A$

Questão 23

(U. S. NATIONAL CHEMISTRY OLYMPIAD)

Item a) Cálculo do número de mol de elétrons produzidos no cátodo: $Al^{+3}_{(aq)} + 3e^- \rightarrow Al_{(s)}$

27,0 g de Mg ---------------- 3 mol de elétrons

5000 g de Mg --------------- n

n = 555,56 mol de elétrons

Item b) Cálculo do tempo: $\text{tempo} = 10h\ \text{x}\ \frac{3600s}{1h} = 36000s$

Cálculo da carga (Q): Q = 555,56 mol x (96500 C/mol de elétrons) = $5{,}36 \times 10^7$ C

Cálculo da corrente (i): $i = \frac{5{,}36 \times 10^7 C}{36000} = 1489{,}20A$

Questão 24

(UFF) Item a) O esquema de funcionamento da pilha está apresentado logo a seguir.

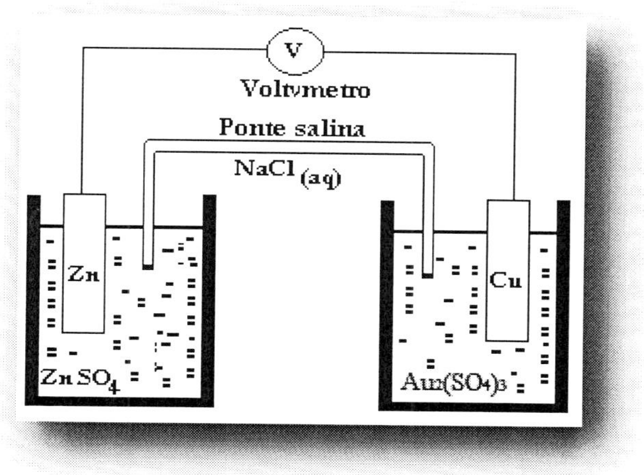

Item b) Vai ocorrer oxidação no eletrodo de zinco;

Item c) O sentido dos elétrons é do eletrodo de zinco para o o eletrodo de ouro.

Item d) Trata-se do eletrodo de ouro.

Item e) Eletrodo de ouro.

Questão 25

(INSTITUTO TECNOLÓGICO DA AERONÁUTICA) Alternativa B.

Através da reação de oxirredução, o níquel é o agente redutor, proveniente de uma reação de oxidação. Já o íon cúprico é o agente oxidante, proveniente de uma reação de redução.

Questão 26

(OLIMPÍADA BRASILEIRA DE QUÍMICA) Alternativa C.

Cálculo do número de oxidação do vanádio para o referido processo eletrolítico: $V^{a+}_{(aq)} + ae^{-}$ ▯ $V_{(s)}$.

51 g de V ------------------------ (a mol de elétrons x 96500 C/mol de elétrons)

114×10^{-3} g de V ---------------- 650 C

$$a = \frac{650{,}51}{114 \text{ x } 10^{-3} \text{ x } 96500} = 3{,}01$$

Questão 27

(EsPCEx) Alternativa C.

Realizando o balanceamento pelo método redox, em que o cobre metálico é o agente redutor e o ácido nítrico é o agente oxidante, o balanceamento vai ficar da seguinte maneira: $3Cu_{(s)} + 8HNO_{3(aq)} \rightarrow 3Cu(NO_3)_2 + 2NO_{(g)} + 4H_2O_{(l)}$

Soma dos coeficientes estequiométricos: 3 + 8 + 3 + 2 + 4 = 20

Questão 28

(EsPCEx) Alternativa B.

Realizando o balanceamento pelo método redox, em que o cobre metálico é o agente redutor e o ácido nítrico é o agente oxidante, o balanceamento vai ficar da seguinte maneira: $3Cu_{(s)} + 8HNO_{3(aq)} \rightarrow \underbrace{3Cu(NO_3)_2}_{\text{nitrato de cobre II}} + 2NO_{(g)} + 4H_2O_{(l)}$

Soma dos coeficientes estequiométricos: 3 + 8 + 3 + 2 + 4 = 20

Questão 29

(EsPCEx) Alternativa A.

Íons presentes no béquer: Soluto: sulfato de zinco e Solvente: água

Para a eletrólise de solução de sulfato de zinco, temos as seguintes semirreações: $2Zn^{+2}_{(aq)} + 4e^{-} \rightarrow 2Zn_{(s)}$

Semirreação de oxidação (ocorre no ânodo – polo positivo):

$4OH^{-}_{(aq)} \rightarrow 2H_2O_{(l)} + O_{2(g)} + 4e^{-}$

Analisando os itens presentes na questão:

Item I) Verdadeiro.

Item II) Falso. Pela análise das semirreações anódicas é a hidroxila que sofre oxidação;

Item III) Falso. A grafite permanece inerte durante a eletrólise;

Item IV) Verdadeiro;

Item V) Falso. Para um tempo de 32 min e 10 s, corresponde a 1930 s

2 x 65,4 g ------ 4 x 96500

Massa ----------- 2 x 1930

Massa = 1,30 g (aproximadamente)

Questão 30

(UNIVERSIDADE ESTADUAL DO RIO DE JANEIRO) Alternativa A.

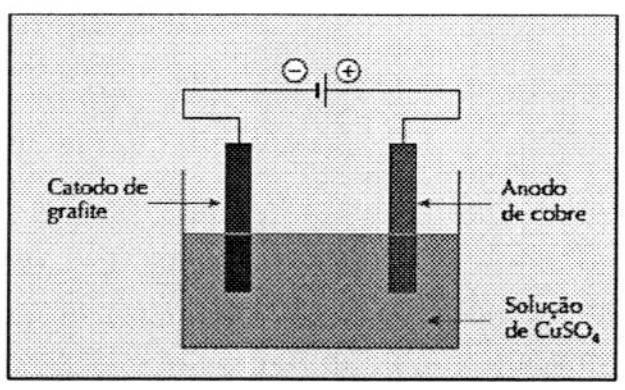

Equação química da dissociação do sulfato de cobre: $CuSO_{4(s)} \rightarrow Cu^{+2}_{(aq)} + SO_4^{-2}{}_{(aq)}$

Cálculo da carga (Q), a partir do que ocorre no cátodo: $Cu^{+2}_{(aq)}$ + 2e- → $Cu_{(s)}$
63,55 g de Cu ---------- 2 mol de elétrons x 96500 C/mol de elétrons
Massa de Cu ----------- Q = i x t = (1,93 x 300) C
Massa de Cobre = 0,19065 g

Cálculo do rendimento (R): Rendimento (%) = 0,18 g / 0,19065 g = 0,944 = 94,4%.

Questão 31

(UNIVERSIDADE ESTADUAL DO RIO DE JANEIRO) Equação de dissociação iônica do sulfato de cobre II: $CuSO_{4(s)}$ → $Cu^{+2}_{(aq)}$ + $SO_4^{-2}{}_{(aq)}$
Equação química de dissociação do cobre II: $Cu^{+2}_{(aq)}$ + 2e- → $Cu_{(s)}$

Item a) $CuSO_{4(s)}$ → $Cu^{+2}_{(aq)}$ + $SO_4^{-2}{}_{(aq)}$
1 mol de $CuSO_4$ -------------- 1 mol de $SO_4^{-2}{}_{(aq)}$
0,10 mol.L^{-1} -------------------- [SO_4^{-2}]
[SO_4^{-2}] = 0,10 mol.L^{-1}

Item b) Cálculo da massa de íons cobre:
1 mol de $CuSO_4$ ----------- 1 mol de $Cu^{+2}_{(aq)}$
0,10 mol.L^{-1} ----------------- [Cu^{+2}]
[Cu^{+2}] = 0,10 mol.L^{-1}
Massa de íons de cobre = 0,10 x 63,54 = 6,35 g

Cálculo do tempo:
63,54 g ---------- 2 mol de elétrons x 96500 C/mol de elétrons
6,35 g ------------ q = i x t = (5,0 A x tempo)
Tempo ≈ 3860s

Questão 32

(UNIVERSIDADE FEDERAL FLUMINENSE)

Item a) Determinação da equação química global, invertendo a semirreação de redução do magnésio.

$Mg_{(s)} \rightarrow Mg^{+2}_{(aq)} + 2e^-$	E^o = + 2,37 V
$Cu^{+2}_{(aq)} + 2e^- \rightarrow Cu_{(s)}$	E^o = + 0,34 V
$Mg_{(s)} + Cu^{+2}_{(aq)} \rightarrow Cu_{(s)} + Mg^{+2}_{(aq)}$	E^o = + 2,71V

Item b) O eletrodo que representa o cátodo é o cobre.
Item c) Equação iônica global: $Mg_{(s)} + Cu^{+2}_{(aq)} \rightarrow Cu_{(s)} + Mg^{+2}_{(aq)}$

Questão 33

(UNIVERSIDADE FEDERAL FLUMINENSE) Item a) Sabendo que a relação entre a corrente elétrica e a carga é definida através da seguinte equação matemática: q = 5 A x (10h x 3600 s/ 1h) = 180000 C
Item b) Equação de dissociação iônica do cloreto de zinco: $ZnCl_2 \rightarrow Zn^{+2}_{(aq)} + 2Cl^-_{(aq)}$

Semirreação que ocorre no ânodo: $2Cl^-_{(aq)} \rightarrow Cl_{2(g)} + 2e^-$
2 mol de Cl^- ------------- 1 mol de $Cl_{2(g)}$
2 mol x 96500 ---------- 1 mol x 71,0 g de $Cl_{2(g)}$
180000 C ---------------- Massa de Cl_2
Massa de Cl_2 = 66,22 g

Item c) Cálculo do número de mol de cloro gasoso: $2Cl^-_{(aq)} \rightarrow Cl_{2(g)} + 2e^-$
2 mol de Cl^- -- 1 mol de $Cl_{2(g)}$

2 mol de elétrons x 96500 C/mol de elétrons ------ 1 mol de $Cl_{2(g)}$
180000 C --- n_{Cl2}
n_{Cl2} = 0,933 mol de Cl_2

Cálculo do volume de cloro, considerando comportamento ideal: 1 atm x V_{Cl2} = 0,933 mol x 0,08206 $atm.L.mol^{-1}.K^{-1}$ x 290 K
V_{Cl2} = 22,19 L

Questão 34

(UNIVERSIDADE FEDERAL FLUMINENSE) Item a) Equação química global para o funcionamento da pilha:
$Ni^{2+}_{(aq)} + Cd_{(s)} \rightarrow Ni_{(s)} + Cd^{2+}_{(aq)}$
Eletrodo de níquel: $Ni^{2+}_{(aq)} + 2e^{-} \rightarrow Ni_{(s)}$
Eletrodo de cádmio: $Cd^{2+}_{(aq)} + 2e^{-} \rightarrow Cd_{(s)}$

Item b) Trata-se do eletrodo de cádmio (Cd).

Item c) O fluxo de elétrons sai do ânodo (Cádmio) para o cátodo (Níquel).

Item d) A ponte salina é um elemento utilizado na eletroquímica que une duas semicélulas. Trata-se de um tubo em "U" invertido, mergulhado em cada extremidade nas semicélulas de uma pilha. A ponte salina contém uma solução, sendo esta solução um sal inerte, como por exemplo, o nitrato de potássio (KNO_3) ou a utilização do cloreto de potássio (KCl). Apresenta como função manter a neutralidade dos íons nas respectivas soluções, mantendo o funcionamento por mais tempo.

Questão 35

(EsPCEx) Alternativa D.
Determinação da reação global de funcionamento da pilha, invertendo a semirreação de zinco.

$Zn_{(s)} \rightarrow Zn^{+2}_{(aq)} + 2e^{-}$	$E^{o} = +0,76$ V
$Cu^{+2}_{(aq)} + 2e^{-} \rightarrow Cu_{(s)}$	$E^{o} = +0,34$ V
$Zn_{(s)} + Cu^{+2}_{(aq)} \rightarrow Cu_{(s)} + Zn^{+2}_{(aq)}$	$E^{o} = +1,10$V

Item I) Falso. O eletrodo de zinco é que ocorre o processo de corrosão.
Item II) Verdadeiro.
Item III) Verdadeiro.
Item IV) Verdadeiro.
Item V) Falso. A equação global de funcionamento da pilha é a seguinte: $Zn_{(s)} + Cu^{+2}_{(aq)} \rightarrow Cu_{(s)} + Zn^{+2}_{(aq)}$

Questão 36

(EsPCEx - MODIFICADA) A semirreação que ocorre no cátodo é a seguinte: $Cu^{+2}_{(aq)} + 2e^{-} \rightarrow Cu_{(s)}$.
Cálculo da carga em coulombs: $Q = 250 \text{ x } 10^{-3} \text{ x } 13 \text{ x } 60 = 195 \text{ C}$

Cálculo da massa de cobre depositada no cátodo:
63,55 g de Cu ---------- 2 mol de elétrons x 96500 C/mol de elétrons
Massa de Cu ----------- 195 C
Massa de Cobre = 0,0642 g g

CAPÍTULO 15. RADIOATIVIDADE

Exemplos Aplicativos

Exemplo Aplicativo I

(SOUZA MARQUES – MEDICINA) A reserva de urânio de Caetité, localizada no município baiano de Lagoa Real é uma das maiores reservas brasileiras naturais de minérios contendo o elemento urânio. O isótopo desse elemento que possui número de massa igual a 238 inicia naturalmente uma sequência de desintegrações em que, na primeira etapa, ele emite uma partícula alfa, que é constituída de dois prótons e dois nêutrons. O átomo do elemento produzido por essa emissão possui:

a) 90 prótons
b) Número de massa igual a 236
c) 145 nêutrons
d) 91 prótons
e) Número de massa igual a 238

Resolução: Alternativa A.

Equação química de decaimento do elemento químico Urânio, emitindo uma partícula alfa (α): $^{238}U_{92} \rightarrow {}^{4}\alpha_{2} + {}^{234}X_{90}$

Dados do elemento químico X:
Número de prótons $p^{+} = 90$
Número de massa: A = 234
Número de nêutrons: $n^{\circ} = A - Z = 234 - 90 = 144$
O elemento X refere-se ao Tório (Th), $^{238}U_{92} \rightarrow {}^{4}\alpha_{2} + {}^{234}Th_{90}$

Exemplo Aplicativo II

(SOUZA MARQUES – MEDICINA) Isótopos do elemento químico urânio (U) foram, ao longo do século XX, diversas vezes testados por pesquisadores dedicados ao estudo das emissões radioativas, em processos de obtenção de elementos químicos com números atômicos superiores ao seu. Uma das reações provocadas por bombardeio de núcleos de urânio com núcleos leves produziu um isótopo de elemento químico califórnio (Cf), conforme a equação química a seguir: $^{238}U_{92} + {}^{12}C_{6} \rightarrow {}^{245}Cf_{98} + x\,{}^{1}n_{0}$. A equação apresentada ficará corretamente balanceada quando o valor do coeficiente x for igual a:

a) 6
b) 5
c) 4
d) 2
e) 1

Resolução: Alternativa B.

$^{238}U_{92} + {}^{12}C_{6} \rightarrow {}^{245}Cf_{98} + x\,{}^{1}n_{0}$
Realizando um balanço de massa, temos: 238 + 12 = 245 + x.(1)
x = 250 – 245 = 5
x = 5

Exemplo Aplicativo III

(UNIVERSIDADE SÃO FRANCISCO – MEDICINA) Descobrir que a radiação danifica o material genético da célula maligna foi o passo definitivo para o surgimento da radioterapia, uma especialidade médica reconhecida em 1922 pelo Congresso Mundial de Oncologia de Paris, que evoluiu muito no decorrer do século XX e chega ao século XXI contando com aparelhos de altíssima precisão para destruir o tumor sem causar danos às células normais que lhe são próximas. O elemento radônio ($_{86}Rn^{222}$) é bastante utilizado nessa técnica e é obtido pelo decaimento radioativo do urânio ($_{92}U^{238}$).
Item a) Partindo do isótopo-238 do Urânio quantas partículas alfa e beta são necessárias emitir para o decaimento radioativo atingir o isótopo-222 do radônio?
Item b) O radônio-222 possui meia-vida de aproximadamente quatro dias antes de se transformar no chumbo-218 ($_{82}Pb^{218}$). Partindo de 10g desse elemento qual deve ser a massa de chumbo formada após quarenta dias de decaimento radioativo?

Resolução:
Item a) Equação química do decaimento do isótopo 238 - Urânio:
$_{92}U^{238} \rightarrow 4\ {}^4\alpha_2 + 2\ {}^0\beta_{-1} + {}_{86}Rn^{222}$. Serão necessárias quatro partículas alfa e duas partículas beta.

Item b) Dado fornecido pelo problema: tempo de meia vida do Randônio = 4 dias.

Massa inicial = 10 g

Primeira maneira de resolução:
(Massa inicial) 10g ----- 5g ----- 2,5g ----- 1,25g ----- 0,625 ----- 0,3125 ----- 0,15625g ----- 0,078125g ----- 0,0390625g ----- 0,01953125g ----- 0,009765625g (massa final)

Segunda maneira de resolução: (Massa inicial) = 10g
$\mathbf{M_f = m_i / 2^x}$, onde: m_i é a massa inicial, m_f é a massa final e x é a razão do tempo total pelo tempo de meia-vida.
x = 40 dias / 4 dias = 10
$m_f = 10 / 2^{10}$

Massa final (m_f) = $\{10/2^{10}\} = \{10/1024\} = 0{,}009765625$ g

Exemplo Aplicativo IV

(SOUZA MARQUES – MEDICINA) Em um decaimento radioativo hipotético, ${}^{234}X_{91}$ transforma-se em ${}^{218}Y_{85}$ por emissão de **m** partículas α e **n** partículas β. Os valores de m e n são:
a) m = 8 e n = 6
b) m = 4 e n = 4
c) m = 6 e n = 2
d) m = 6 e n = 4
e) m = 4 e n = 2

Resolução: Alternativa E.

Determinação do número de partículas α e β para o decaimento do átomo ${}^{234}X_{91}$: ${}^{234}X_{91} \rightarrow m\ ({}_2\alpha^4) + n\ ({}_{-1}\beta^0) + {}^{218}Y_{85}$
Cálculo do número de partículas alfa: 234 = (4 x m) + (n x 0) + 218
234 – 218 = 4.m
m = 4

Cálculo do número de partículas beta: 91 = 2.m + [n x (-1)] + 85
91 – 85 = (2 x 4) - n
n = 2
Serão necessárias 4 partículas alfa e 2 partículas beta.

Exemplo Aplicativo V

(SOUZA MARQUES – MEDICINA) A meia-vida de um elemento radioativo é igual a 160 dias. A massa desse elemento sofre diminuição de 75% após:

a) 40 dias
b) 80 dias
c) 160 dias
d) 240 dias
e) 320 dias

Resolução: Alternativa E.

Base de cálculo: massa inicial de 100%. A redução de 75% da massa de um determinado elemento radioativo, ou seja, a massa final irá apresentar 25% (100% - 75% = 25%).

(Massa inicial) 100% ----- 50% ----- 25% **(massa final)**.

Serão necessários dois tempos de meia-vida. O tempo de meia-vida deste elemento é: $T = 2 \times t_{1/2}$

T = 160 x 2 = 320 dias

Exercícios de Fixação

Questão 01

(EsPCEx) Considere o gráfico de decaimento, abaixo, (Massa x Tempo) de 12 g de um isótopo radioativo. Partindo-se de uma amostra de 80,0 g deste isótopo, em quanto tempo a massa dessa amostra se reduzirá a 20,0 g?

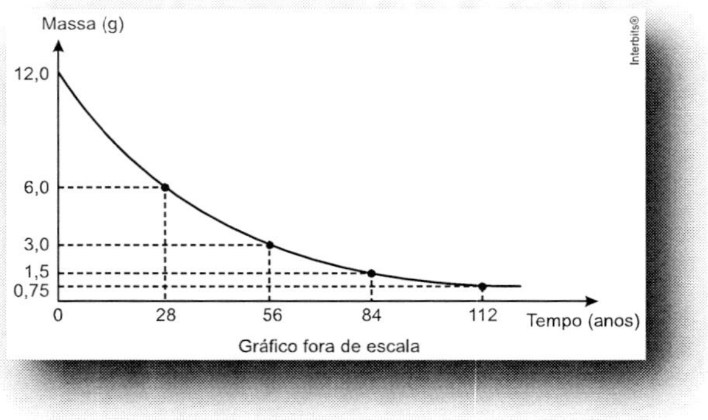

a) 28 anos
b) 56 anos
c) 84 anos
d) 112 anos
e) 124,5 anos

Questão 02

(EsPCEx) Um isótopo radioativo de urânio - 238 de número atômico 92 e número de massa 238 emite uma partícula alfa transformando-se num átomo X o qual emite uma partícula beta, produzindo um átomo Z, que por sua vez emite uma partícula beta, transformando-se num átomo M. Um estudante analisando essas situações faz as seguintes observações:
I. os átomos X e Z são isóbaros;
II. o átomo M é isótopo do Urânio-238;
III. o átomo Z possui 143 nêutrons;
IV. o átomo X possui 90 prótons. Das observações feitas, utilizando os dados acima, estão corretas:
a) apenas I e II
b) apenas III e IV
c) todas
d) apenas I e IV
e) apenas I, II e IV

Questão 03

(ESPCEX) "Os Curie empreenderam uma elaborada análise química da uranimite, separando seus numerosos elementos em grupos analíticos: sais de metais alcalinos, de elementos alcalinos terrosos, de elementos de terras raras... Os Curie continuaram a analisar os resíduos de uranimite e, em julho de 1898, obtiveram um extrato de bismuto quatrocentas vezes mais radioativo que o próprio urânio". (Tio Tungstênio memórias de uma infância química — Oliver Sacks — pag. 257). Considerando a meia vida do bismuto (^{214}Bi), que é de 20 minutos, e uma amostra inicial de 100,0 g de ^{214}Bi, a quantidade restante de ^{214}Bi dessa amostra, que o casal Curie observaria, passada uma hora, seria de:
a) 5,0 g
b) 12,5 g
c) 33,2 g
d) 45,0 g

e) 80,5 g

Questão 04

(EsPCEx) A meia-vida do radioisótopo cobre-64 ($^{64}_{29}Cu$) é de apenas 12,8 horas, pois ele sofre decaimento β se transformando em zinco, conforme a representação $^{64}_{29}\mathrm{Cu} \rightarrow {}^{64}_{30}\mathrm{Zn} + {}^{0}_{-1}\beta$. Considerando uma amostra inicial de 128 mg de cobre-64, após 76,8 horas, a massa restante desse radioisótopo será de:

a) 2 mg
b) 10 mg
c) 12 mg
d) 28 mg
e) 54 mg

Questão 05

(EsPCEx) O radioisótopo cobalto-60 ($^{60}_{27}\mathrm{Co}$) é muito utilizado na esterilização de alimentos, no processo a frio. Seus derivados são empregados na confecção de esmaltes, materiais cerâmicos, catalisadores na indústria petrolífera nos processos de hidrodessulfuração e reforma catalítica. Sabe-se que este radioisótopo possui uma meia-vida de 5,3 anos. Considerando os anos com o mesmo número de dias e uma amostra inicial de 100 g de cobalto-60, após um período de 21,2 anos, a massa restante desse radioisótopo será de:

a) 6,25 g
b) 10,2 g
c) 15,4 g
d) 18,6 g
e) 24,3 g

Questão 06

(EsPCEx) Considere as seguintes afirmativas:

I – O poder de penetração da radiação alfa (α) é maior que o da radiação gama (γ).
II – A perda de uma partícula beta (β) por um átomo ocasiona a formação de um átomo de número atômico maior.
III – A emissão de radiação gama a partir do núcleo de um átomo não altera o número atômico e o número de massa deste átomo.
IV – A desintegração de $^{226}_{88}\mathrm{Ra}$ e $^{214}_{83}\mathrm{Bi}$ envolve a emissão consecutiva de três partículas alfa (α) e duas betas (β).

Das afirmativas apresentadas estão corretas apenas:

a) I e II
b) I e III
c) I e IV
d) II e III
e) II e IV

Questão 07

(EsPCEx) "À medida que ocorre a emissão de partículas do núcleo de um elemento radioativo, ele está se desintegrando. A velocidade de desintegrações por unidade de tempo é denominada velocidade de desintegração radioativa, que é proporcional ao número de núcleos radioativos. O tempo decorrido para que o número de núcleos radioativos se reduza à metade é denominado meia-vida." USBERCO, João e SALVADOR, Edgard. Química. 12ª ed. Reform - São Paulo: Editora Saraiva, 2009. (Volume 2: Físico-Química). Utilizado em exames de tomografia, o radioisótopo flúor-18 (^{18}F) possui meia-vida de uma hora e trinta minutos (1h 30min). Considerando-se uma massa inicial de 20 g desse radioisótopo, o tempo decorrido para que essa massa de radioisótopo flúor-18 fique reduzida a 1,25 g é de: Dados: log 16 = 1,20; log 2 = 0,30.

a) 21 horas
b) 16 horas
c) 9 horas
d) 6 horas

e) 1 hora

Questão 08

(UNIVERSIDADE ESTADUAL DO RIO DE JANEIRO) O tipo mais comum de detector de fumaça funciona a partir de uma câmara de ionização de gases atmosféricos. As moléculas desses gases são ionizadas pelo emissor alfa ^{241}Am. Quando partículas de fumaça penetram na câmara, ocorre a neutralização das moléculas, interrompendo a passagem de corrente elétrica e disparando um alarme sonoro.

a) A produção do ^{241}Am em reatores nucleares requer seis transformações radioativas – três capturas de nêutron e três emissões beta – de um determinado nuclídeo. Represente esse nuclídeo com símbolo, número de massa e número atômico.

b) Calcule a massa, em gramas, de uma amostra de ^{241}Am que possua $1{,}2x10^{24}$ átomos.

Questão 09

(UNIVERSIDADE ESTADUAL DO RIO DE JANEIRO) A sequência simplificada abaixo mostra as etapas do decaimento radioativo do isótopo urânio-238: $^{238}_{92}U \underset{\rightarrow}{I}\ ^{234}_{90}Th \underset{\rightarrow}{II}\ ^{234}_{91}Pa \underset{\rightarrow}{III}\ ^{210}_{84}Po \underset{\rightarrow}{IV}\ ^{206}_{82}Pb$. Determine o número de partículas α e β emitidas na etapa III e identifique, por seus símbolos, os átomos isóbaros presentes na sequência.

Questão 10

(UNIVERSIDADE DO RIO DE JANEIRO) Um radioisótopo emite uma partícula α e posteriormente uma partícula β, obtendo-se ao final o elemento $_{91}Pa^{234}$. O número de massa e o número atômico do radioisótopo original são, respectivamente:

a) 238 e 92
b) 237 e 92
c) 234 e 90
d) 92 e 238
e) 92 e 237

Questão 11

(UNIVERSIDADE FEDERAL RURAL DO RIO DE JANEIRO) Para que o átomo de $_{86}Rn^{222}$ se desintegre espontaneamente e origine um átomo de carga nuclear 82, contendo 124 nêutrons, os números de partículas α e β que deverão ser transmitidas, respectivamente, são:

a) 2 e 2
b) 1 e 1
c) 2 e 1
d) 4 e 4
e) 4 e 2

Questão 12

(UNIVERSIDADE FEDERAL RURAL DO RIO DE JANEIRO) Na série radioativa natural que começa no $_{92}U^{238}$ e termina no $_{82}Pb^{206}$, estável, são emitidas partículas alfa (α) e beta (ß). As quantidades de partículas emitidas na série são:

a) 6 α e 6 ß
b) 8 α e 6 ß
c) 8 α e 8 ß
d) 9 α e 8 ß
e) 9 α e 9 ß

Questão 13

(UNIVERSIDADE FEDERAL RURAL DO RIO DE JANEIRO) FIM DA 2ª GUERRA MUNDIAL - BOMBA ATÔMICA - SESSENTA ANOS DE TERROR NUCLEAR

Destruídas por bombas, Hiroshima e Nagasaki hoje lideram luta contra essas armas. Domingo, 31 de julho de 2005. O GLOBO. Gilberto Scofield Jr.

Enviado especial Hiroshima, Japão. "Shizuko Abe tinha 18 anos no dia 6 de agosto de 1945 e, como todos os jovens japoneses durante a Segunda Guerra Mundial, ela havia abandonado os estudos para se dedicar ao esforço de guerra. Era um dia claro e quente de verão e às 8h, Shizuko e seus colegas iniciavam a derrubada de parte das casas de madeira do centro de Hiroshima para tentar criar um cordão de isolamento anti-incêndio no caso de um bombardeio incendiário aéreo. Àquela altura, ninguém imaginava que Hiroshima seria o laboratório de outro tipo de bombardeio, muito mais devastador e letal, para o qual os abrigos anti-incêndio foram inúteis". "Hiroshima, Japão. Passear pelas ruas de Hiroshima hoje - 60 anos depois da tragédia que matou 140 mil pessoas e deixou cicatrizes eternas em outros 60 mil, numa população de 400 mil - é nunca esquecer o passado. Apesar de rica e moderna com seus 1,1 milhão de habitantes circulando em bem cuidadas ruas e avenidas, os monumentos às vítimas do terror atômico estão em todos os lugares". Sessenta anos após o fim da Segunda Guerra Mundial, ainda nos indignamos com a tragédia lançada sobre Hiroshima e Nagasaki. A bomba que destruiu essas cidades marcou o início da era nuclear. O fenômeno se constitui de uma reação em cadeia, liberando uma grande quantidade de energia, muito maior do que aquela envolvida em reações químicas. Em virtude disso, a fissão nuclear é usada nas usinas termoelétricas, que visam a transformar energia térmica em energia elétrica. O combustível principal é o Urânio. Considerando as equações a seguir:

${}_0n^1 + {}_{92}U^{235} \rightarrow {}_{56}Ba^{140} + X + 3\ {}_0n^1$

${}_0n^1 + {}_{92}U^{235} \rightarrow Y + {}_{57}La^{143} + 3\ {}_0n^1$

a) Determine X e Y, com número atômico e número de massa de cada um.

b) Sabendo-se que o tempo de meia vida do Urânio (${}_{92}U^{235}$) é 4,5 bilhões de anos, calcule o tempo necessário para reduzir a 1/4 uma determinada massa desse nuclídeo.

Questão 14

(UNIVERSIDADE FEDERAL DO RIO DE JANEIRO) Considere a ingestão de um comprimido que contenha 100 mg de ciprofibrato - medicamento utilizado para o controle da concentração de colesterol no sangue - e que a sua absorção pelo organismo seja total. Considere, ainda, que a meia vida do ciprofibrato, no plasma sanguíneo, é de 96 horas. Determine o tempo, em dias, para que a quantidade de ciprofibrato no plasma sanguíneo se reduza a 6,25 mg.

Questão 15

(UNIVERSIDADE DO RIO DE JANEIRO) "(...) A Mir está deixando os cientistas intrigados: minúsculas partículas de urânio empobrecido foram detectadas na estação. Três hipóteses foram levantadas pela equipe de pesquisadores: o urânio seria de armas nucleares testadas no espaço na década de 60, restos de satélites, ou vestígios de uma supernova. (...) Foram descobertos sinais de dois isótopos radioativos - ${}^{214}Pb$ e ${}^{214}Bi$ - ambos resultantes do ${}^{238}U$". (Jornal do Brasil, 2001). Considerando que a meia-vida do ${}^{214}Bi$ é de 20 meses calcule, a partir de uma amostra com 1,000 g de ${}^{214}Bi$, quantos miligramas restarão depois de 5 anos?

Questão 16

(UNIVERSIDADE FEDERAL RURAL DO RIO DE JANEIRO) Um elemento radioativo M emite, sucessivamente, sete partículas alfa (α) e 4 partículas beta (ß), transformando-se no elemento ${}_{83}Bi^{209}$. Pergunta-se:

a) Quais são os números atômicos e de massa do elemento M?

b) Qual o nome desse elemento?

Questão 17

(UNIVERSIDADE ESTADUAL DO RIO DE RIO DE JANEIRO) O reator atômico instalado no município de Angra dos Reis é do tipo PWR - Reator de Água Pressurizada. O seu princípio básico consiste em obter energia através do fenômeno "fissão nuclear", em que ocorre a ruptura de núcleos pesados em outros mais leves, liberando grande quantidade de energia. Esse fenômeno pode ser representado pela seguinte equação nuclear: ${}_0n^1 + {}^{235}U_{92} \rightarrow {}^{144}Cs_{55} + T + 2\ {}_0n^1$ + energia. Os números atômicos e de massa do elemento T estão respectivamente indicados na seguinte alternativa:

a) 27 e 91

b) 37 e 90

c) 39 e 92

d) 43 e 93

Questão 18

(UNIVERSIDADE FEDERAL RURAL DO RIO DE JANEIRO) As células cancerosas são mais fracas que as normais e, por esse motivo, uma dose controlada de radiação incidindo apenas sobre o local do tumor pode matar apenas as células cancerosas. Esse é o princípio da chamada radioterapia do câncer. O COBALTO 60, usado no tratamento do câncer, possui tempo de meia vida de aproximadamente 5 anos. Observou-se, por exemplo, que uma amostra desse radionúcleo colocada em uma cápsula lacrada e aberta após 20 anos continha 750 mg de COBALTO 60.

a) Qual a quantidade de cobalto 60 colocada inicialmente na cápsula?

b) Qual a porcentagem de material que restou da amostra inicial?

Questão 19

(UNIVERSIDADE FEDERAL DO RIO DE JANEIRO) Em sua 42ª Assembleia Geral, realizada em 2003, a União Internacional de Química Pura e Aplicada (IUPAC) oficializou o nome Darmstádio, com símbolo Ds, para o elemento químico resultante da fusão nuclear de isótopos de níquel de número de massa 62 com isótopos de chumbo de número de massa 208, havendo a liberação de 1 nêutron, conforme a reação nuclear a seguir. ${}_{28}Ni^{62} + {}_{82}Pb^{208} \rightarrow {}_{110}Ds^{A} + {}_{0}n^{1}$

a) Determine a posição que o Darmstádio ocupará na Tabela Periódica e calcule seu número de massa (A).

b) Os átomos de Darmstádio são extremamente instáveis e decaem até o Nobélio através da emissão de partículas α. Determine o número de partículas α emitidas e os elementos gerados durante o processo de decaimento radioativo do Darmstádio até o Nobélio. (Dados extraídos da tabela periódica, números atômicos (Z): Nobélio (No) = 102; Laurêncio (Lr) = 103; Rutherfórdio (Rf) = 104; Dúbnio (Db) = 105; Seabórgio (Sg) = 106; Bóhrio (Bh) = 107; Hássio (Hs) = 108 e Metinério (Mt) = 109).

Questão 20

(UNIVERSIDADE ESTADUAL DO RIO DE JANEIRO) O chumbo participa da composição de diversas ligas metálicas. No bronze arquitetônico, por exemplo, o teor de chumbo corresponde a 4,14 % em massa da liga. Seu isótopo radioativo ^{210}Pb decai pela emissão sucessiva de partículas alfa e beta, transformando-se no isótopo estável ^{206}Pb. Calcule o número de átomos de chumbo presentes em 100 g da liga metálica citada. Em seguida, determine o número de partículas alfa e beta emitidas pelo isótopo radioativo ^{210}Pb em seu decaimento.

Questão 21

(UNIVERSIDADE ESTADUAL DO RIO DE JANEIRO) Considere o gráfico da desintegração radioativa de um isótopo:

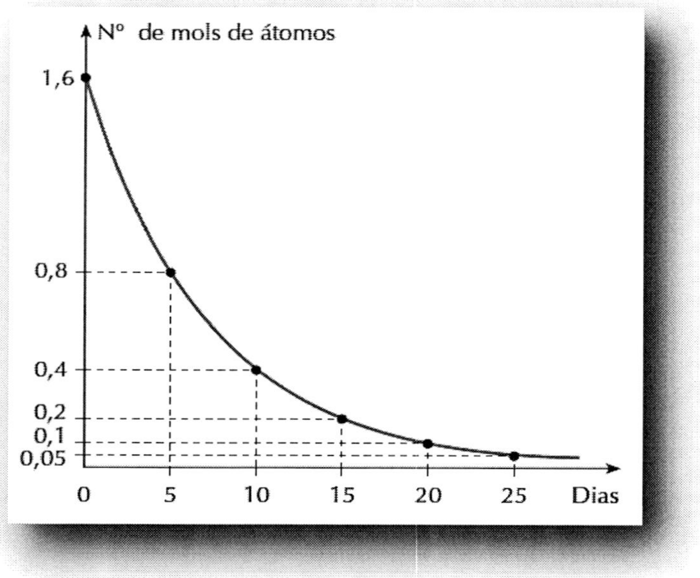

Para que a fração de átomos não desintegrados seja 12,5% da amostra inicial, qual é o número necessário de dias?

a) 10
b) 15
c) 20
d) 25

Questão 22

(INSTITUTO TECNOLÓGICO DA AERONÁUTICA) Um dos isótopos de einstênio $_{99}Es^{253}$, quando bombardeado com partículas alfa, forma um isótopo do elemento e dois nêutrons. Os números atômico e de massa desse isótopo do elemento X, são respectivamente:
a) 99 e 257
b) 100 e 256
c) 100 e 255
d) 101 e 255
e) 101 e 257

Questão 23

(INSTITUTO MILITAR DO EXÉRCITO) A substância origem de uma família radiativa, o $_{92}U^{238}$, emite sucessivamente raios alfa, beta, beta, alfa, alfa e alfa dando, respectivamente, as substâncias X, Y, Z, T, V e W. Pede-se:
a) escrever as reações nucleares;
b) agrupar as substâncias isobáricas;
c) agrupar as substâncias definidas como isótopos.

Questão 24

(EsPCEx) Segundo as leis da radioatividade, um átomo de um elemento químico radioativo pode emitir várias partículas, como a alfa (α) e a beta (β), além de radiações de ondas eletromagnéticas, como a gama (γ). Considere as seguintes afirmativas acerca dessas emissões radioativas e de suas implicações:
I – A perda de uma partícula beta (β) por um átomo de um elemento radioativo ocasiona a formação de um átomo de número atômico maior.
II – A emissão de radiação gama (γ), a partir do núcleo de um átomo radioativo, não altera o número atômico e o número de massa deste átomo.
III – A emissão consecutiva de três partículas alfa (α) e duas beta (β), na desintegração do isótopo radioativo $^{226}Ra_{88}$, gera o átomo do elemento químico $^{214}Bi_{83}$.
IV – O decaimento radioativo do átomo do elemento Roentgênio-272 ($^{272}Rg_{111}$), representado pelo esquema $^{272}Rg_{111} \rightarrow {}^{268}Mt_{109} \rightarrow {}^{264}Bh_{107} \rightarrow {}^{260}Db_{105} \rightarrow {}^{256}Lr_{103}$, denota a emissão exclusiva de radiação gama (γ). Das afirmativas feitas, estão corretas apenas:
a) I e II
b) I e III
c) II, III e IV
d) II e IV
e) I, III e IV

Questão 25

(EsPCEx) Ao emitir uma partícula Alfa (α), o isótopo radioativo de um elemento transforma-se em outro elemento químico com número atômico e número de massa menores. A emissão de uma partícula beta (β) por um isótopo radioativo de um elemento transforma-o em outro elemento de mesmo número de massa e número atômico uma unidade maior. Baseado nessas informações são feitas as seguintes afirmativas:
I – Na desintegração $^{238}U_{92}$ partícula + $^{234}U_{92}$ ocorre com a emissão de uma partícula β.
II – Na desintegração $^{234}Pa_{91}$ partícula + $^{234}U_{92}$ ocorre com a emissão de uma partícula β.
III – A partícula alfa (α) é composta por 2 prótons e 4 nêutrons.
IV – Uma partícula beta (β) tem carga negativa e massa comparável a do próton.
V – O urânio-238 ($^{238}U_{92}$), pode naturalmente sofrer um decaimento radioativo emitindo sequencialmente 3 partículas alfa e 2 betas, convertendo-se em rádio ($^{226}Ra_{88}$). Das afirmativas feitas, estão corretas apenas:

a) I, II e IV
b) I e V
c) II e III
d) II e V
e) III, IV e V

Questão 26

(INSTITUTO MILITAR DO RIO DE JANEIRO) Considere a representação simplificada dos seguintes decaimentos radioativos conhecidos:

$^{238}_{92}U \xrightarrow{x_1} {}^{234}_{90}Th$

$^{234}_{90}Th \xrightarrow{x_2} {}^{234}_{91}Pa$

$^{222}_{86}Rn \xrightarrow{x_3} {}^{218}_{84}Po$

$^{218}_{84}Po \xrightarrow{x_4} {}^{214}_{82}Pb$

$^{214}_{82}Pb \xrightarrow{x_5} {}^{214}_{83}Bi$

Com relação aos decaimentos acima, é possível afirmar que:
a) o tório emite radiação alfa
b) o radônio emite radiação alfa
c) o urânio emite somente radiação gama
d) o chumbo emite somente radiação gama
e) somente o polônio emite radiação beta

Questão 27

(EsPCEx) As recentes tensões militares no leste europeu reacenderam preocupações mundiais sobre um local sensível: a Usina Nuclear de Chernobyl. Na madrugada do dia 26 de abril de 1986, em decorrência de falhas estruturais e humanas, um dos reatores da Usina explodiu, expondo parte do seu material radioativo. Um dos isótopos radioativos presentes na Usina no momento do acidente era o Césio-137, cuja meia-vida é de aproximadamente 30 anos. Dado: $(2)^{1/5} = 1{,}15$

Baseado nestas informações, são feitas as seguintes afirmativas:

I. O percentual de Césio-137 que permanecia na Usina no dia 26 de abril de 2022, em relação à quantidade presente no momento da explosão, desconsiderando quaisquer perdas de material não relacionadas ao decaimento radioativo, era de aproximadamente 43%.

II. O decaimento de um átomo de $^{137}Cs_{55}$ formando um átomo de $^{137}Ba_{5}6$ evidencia a emissão de uma partícula alfa (α).

III. Quando uma partícula beta (β) é emitida, o número atômico (Z) aumenta em uma unidade, pois surge um novo próton da decomposição de um nêutron presente no núcleo, porém o número de massa (A) não se altera.

IV. A radiação gama emitida por um átomo de $^{137}Cs_{55}$ permanece no organismo humano por um período de meia-vida semelhante ao do radioisótopo. Das afirmativas feitas, estão corretas apenas:

a) I e II
b) I e III
c) I e IV
d) II e III
e) III e IV

Exercícios de Fixação – Gabarito

Questão 01

(EsPCEx) Alternativa B.

Observando o gráfico, a massa decai de 12,0 gramas para 6,0 gramas em 28 anos, o que equivale o tempo de meia-vida.

Massa inicial = 80,0 g → Massa final = 20,0 g.

Número necessário de tempos de meia-vida: 80,0 g $\underset{\rightarrow}{t_{1/2}}$ 40,0 g $\underset{\rightarrow}{t_{1/2}}$ 20,0 g

Tempo total = 2 x (28 anos) = 56 anos.

Questão 02

(EsPCEx) Alternativa E.

As transformações nucleares propostas pelo problema são as seguintes:

$^{238}U_{92} \rightarrow {}^{4}\alpha_{2} + {}^{234}X_{90}$

$^{234}X_{90} \rightarrow {}^{0}\beta_{-1} + {}^{234}Z_{91}$

$^{234}Z_{91} \rightarrow {}^{0}\beta_{-1} + {}^{234}M_{92}$

Item I) Verdadeiro

Item II) Verdadeiro

Item III) Verdadeiro (n^{0}_{Z} = 234 – 91 = 143)

Item IV) Verdadeiro

Questão 03

(EsPCEx) Alternativa B.

Considerando que o tempo total seja igual a 60 minutos e o tempo de meia vida igual a 20 minutos, são necessários 3 tempos de meia-vida, conforme pode ser observado no cálculo a seguir: n = 60 min / 20 min = 3.

100 g $\underset{\rightarrow}{t_{1/2}}$ 50 g $\underset{\rightarrow}{t_{1/2}}$ 25 g $\underset{\rightarrow}{t_{1/2}}$12,5 g.

Logo, a massa final é igual a 12,5 g.

Questão 04

(EsPCEx) Alternativa A.

Cálculo do número de tempos de meia vida (n): $n = \frac{76{,}8\text{horas}}{12{,}8\text{horas}} = 6$

Logo, serão necessários seis tempos de meia-vida, conforme observado a seguir: 128 mg $\underset{\rightarrow}{t_{1/2}}$ 64 mg $\underset{\rightarrow}{t_{1/2}}$ 32 mg $\underset{\rightarrow}{t_{1/2}}$16 mg $\underset{\rightarrow}{t_{1/2}}$ 8 mg $\underset{\rightarrow}{t_{1/2}}$ 4 mg $\underset{\rightarrow}{t_{1/2}}$ 2 mg.

Logo, a massa final é igual a 2 mg.

Questão 05

(EsPCEx) Alternativa A.

Cálculo do número de tempos de meia vida (n): $n = \frac{21{,}2\text{horas}}{5{,}3\text{horas}} = 4$

Logo, serão necessários quatro tempos de meia-vida. 100 g $\underset{\rightarrow}{t_{1/2}}$ 50 g $\underset{\rightarrow}{t_{1/2}}$ 25 g $\underset{\rightarrow}{t_{1/2}}$12,5 g $\underset{\rightarrow}{t_{1/2}}$ 6,25 g

Logo, a massa final é igual a 6,25 g.

Questão 06

(EsPCEx) Alternativa D.

Questão 07

(EsPCEx) Alternativa D.
Dados do problema: Massa inicial = 100 g → Massa final = 1,25 g

Tempo de meia-vida = 1 h e 30 min

$20\ g \underset{\rightarrow}{t_{1/2}} 10\ g \underset{\rightarrow}{t_{1/2}} 5\ g \underset{\rightarrow}{t_{1/2}} 2{,}5\ g \underset{\rightarrow}{t_{1/2}} 1{,}25\ g$

Tempo total (T): T = 4 x (1h 30 min) = 6 h

Questão 08

(UNIVERSIDADE ESTADUAL DO RIO DE JANEIRO)
Item a) A reação ficará da seguinte forma: ${}_{95}{}^{241}Am \rightarrow 3\ {}^{1}n_{0} + 3\ {}^{0}\beta_{-1} + {}_{95}X^{238}$, sendo X identificado através da tabela periódica é o Urânio (U).
Item b) Sendo a massa atômica do elemento Amerício (Am) igual a 243 u, temos:
243 g ----------- 6×10^{23} átomos
m_{Am} ------------- $1{,}2 \times 10^{24}$ átomos
m_{Am} = 486 g

Questão 09

(UNIVERSIDADE ESTADUAL DO RIO DE JANEIRO) Determinação do número de partículas α e β na etapa III: ${}_{91}Pa^{234} \rightarrow 6\ {}_{2}\alpha^{4} + 5\ {}_{-1}\beta^{0} + {}_{84}Po^{210}$
Serão necessárias 6 partículas alfa e 5 partículas beta.
Átomos isóbaros: Th e Pa.

Questão 10

(UNIVERSIDADE DO RIO DE JANEIRO) Alternativa A.
Determinação do número de massa e do número atômico do radioisótopo original (X): ${}^{A}X_{Z} \rightarrow {}_{2}\alpha^{4} + {}_{-1}\beta^{0} + {}_{91}Pa^{234}$
Cálculo do número de massa (A): A = 4 + 0 + 234 = 238.
Cálculo do número atômico (Z): Z = 2 + (-1) + 91 = 92.

Questão 11

(UNIVERSIDADE FEDERAL RURAL DO RIO DE JANEIRO) Alternativa D.
Determinação do número de massa (A) do átomo X: **A** = Z + n = 82 + 124 = 206.
Determinação do número de partículas α e β: ${}_{86}Rn^{222} \rightarrow W.({}_{2}\alpha^{4}) + Y({}_{-1}\beta^{0}) + {}^{206}X_{82}$
Cálculo do número de partículas alfas (W): 222 = 4.W + (Y x 0) + 206
222 – 206 = 4.W
W = 4
Cálculo do número de partículas betas (Y): 86 = 2.W + [Y x (-1)] + 82
86 – 82 = 2 x 4 + [-Y]
4 - 8 = - Y
Y = 4.
Serão necessárias 4 partículas alfas e 4 partículas betas.

Questão 12

(UNIVERSIDADE FEDERAL RURAL DO RIO DE JANEIRO) Alternativa B.
Determinação do número de partículas α e β: ${}_{92}U^{238} \rightarrow a.({}_{2}\alpha^{4}) + b.({}_{-1}\beta^{0}) + {}^{206}Pb_{82}$

Cálculo do número de partículas alfas (a): 238 = 4.a + (b x 0) + 206
238 – 206 = 4.a
a = 8

Cálculo do número de partículas betas (Y): 92 = 2.a + [b x (-1)] + 82
92 – 82 = 2a - b
10 = (2 x 8) - b
b = 6
Serão necessárias 8 partículas alfas e 6 partículas betas.

Questão 13

(UNIVERSIDADE FEDERAL RURAL DO RIO DE JANEIRO)

Item a) Determinação do número de massa e número atômico do átomo X: ${}_0n^1 + {}_{92}U^{235} \rightarrow {}_{56}Ba^{140} + {}^AX_Z + 3\ {}_0n^1$

Cálculo do número de massa (A) do átomo X: 1 + 235 = 140 + A + (3 x 1)
A = 93

Cálculo do número atômico (Z) do átomo X: 0 + 92 = 56 + Z + (3 x 0)
Z = 36

O átomo X ficará da seguinte maneira: ${}_{36}X^{93}$. Determinação do número de massa e número atômico do átomo Y: ${}_0n^1 + {}_{92}U^{235} \rightarrow {}^AY_Z + {}_{57}La^{143} + 3\ {}_0n^1$

Cálculo do número de massa (A) do átomo Y: 1 + 235 = A + 143 + (3 x 1)
A = 90

Cálculo do número atômico (Z) do átomo Y: 0 + 92 = Z + 57 + (3 x 0)
Z = 35. O átomo Y ficará da seguinte maneira: ${}_{35}Y^{90}$.

Item b) Observação: ¼ corresponde a 0,25 (25%). Dado fornecido pelo problema: tempo de meia vida do urânio – $t_{1/2}(U)$ = 4,5 bilhões de anos.
Base de cálculo = Situação inicial = 100%
Cálculo do percentual final do átomo de urânio: (Início) 100% $\underset{\rightarrow}{t_{1/2}}$ 50% $\underset{\rightarrow}{t_{1/2}}$ 25% (Final).
São necessários para este caso dois tempos de meia vida. Logo, o tempo total será: Tempo total = 2 x $t_{1/2}$ = 2 x 4,5 bilhões de anos = 9,0 bilhões de anos.

Questão 14

(UNIVERSIDADE FEDERAL DO RIO DE JANEIRO) Dado fornecido pelo problema: tempo de meia vida do ciprofibrato → $t_{1/2}$ = 96 h
Base de cálculo = Situação inicial = 100 mg.

Determinação da massa final do ciprofibrato: (Início) 100 mg $\underset{\rightarrow}{t_{1/2}}$ 50 mg $\underset{\rightarrow}{t_{1/2}}$ 25 mg $\underset{\rightarrow}{t_{1/2}}$ 12,5 mg $\underset{\rightarrow}{t_{1/2}}$ 6,25 mg (Final).
São necessários para este caso quatro tempos de meia vida. Logo, o tempo total será: 4 x $t_{1/2}$ = 4 x 96 horas = 384 h
Conversão de unidades: Tempo em dias = 384 horas x (1 dia/24h) = 16 dias

Questão 15

(UNIVERSIDADE DO RIO DE JANEIRO) Dado fornecido pelo problema: tempo de meia vida do ${}^{214}Bi \rightarrow t_{1/2}$ = 20 meses

Base de cálculo = Situação inicial = 1,000 g

Conversão de unidades (anos → meses): 5 anos x $[\frac{12 meses}{1 ano}]$ = 60 meses
Determinação da massa final do átomo de bismuto: (Início) 1,000 mg $\underset{\rightarrow}{t_{1/2}}$ 0,500 mg $\underset{\rightarrow}{t_{1/2}}$ 0,250 mg $\underset{\rightarrow}{t_{1/2}}$ 0,125 mg (Final).
Após cinco anos (60 meses), vai haver uma massa de 12,5 mg de Bismuto.

Questão 16

(UNIVERSIDADE FEDERAL RURAL DO RIO DE JANEIRO) Item a)
Determinação do número de massa e do número atômico do radioisótopo original (X): $_{Z}M^{A} \rightarrow 7\ _{2}\alpha^{4} + 4\ _{-1}\beta^{0} + {}_{83}Bi^{209}$
Cálculo do número de massa (A) do átomo M: A = (7 x 4) + (4 x 0) + 209 = 237
Cálculo do número atômico (Z): Z = (7 x 2) + [4 x (-1)] + 83 = 93
Item b) O elemento químico M em questão trata-se do Netúnio (Np).

Questão 17

(UNIVERSIDADE ESTADUAL DO RIO DE JANEIRO) Alternativa B.

Determinação do número de massa e do número atômico do radioisótopo T: $_{0}n^{1} + {}^{235}U_{92} \rightarrow {}^{144}Cs_{55} + {}^{A}T_{Z} + 2\ _{0}n^{1}$ + energia

Cálculo do número de massa (A) do átomo T: 1 + 235 = 144 + A + (2 x 1)
A = 236 – 144 – 2 = 90

Cálculo do número atômico (Z) do átomo T: 0 + 92 = 55 + Z + (2 x 0)
Z = 92 – 55 = 37

Questão 18

(UNIVERSIDADE FEDERAL RURAL DO RIO DE JANEIRO) Item a) Base de cálculo: (massa final) = 750 mg
Cálculo da massa inicial (mi): Através da seguinte equação matemática, $m_{final} = \frac{m_{inicial}}{2^x}$, em que x é a razão do tempo total pelo tempo de meia-vida. $x = \frac{tempo\ total}{tempo\ de\ meia-vida} = \frac{20\ anos}{5\ anos} = 4$

750 mg = $\{m_i / 2^4\}$
750 mg x $(2)^4 = m_i$
m_i = 12000 mg (12 g)

Item b) Cálculo da porcentagem da amostra inicial: (%) = $\frac{46,875mg}{750mg} = 0,0625(6,25\%)$

Questão 19

(UNIVERSIDADE FEDERAL DO RIO DE JANEIRO)
Item a)
Primeira maneira (direta) de resolução: Observando diretamente a tabela periódica, o Darmstádio (Ds) estaria no grupo 10 (8B) e no sétimo período.

Segunda maneira de resolução: Realizando a distribuição eletrônica por subníveis, ficaria da seguinte forma: $1s^2\ 2s^2\ 2p^6\ 3s^2$ 3p§ $4s^2\ 3d^{10}\ 4p^6\ 5s^2\ 4d^{10}\ 5p^6\ 6s^2\ 4f^{14}\ 5d^{10}\ 6p^6\ 7s^2\ 5f^{14}\ 6d^8$.

Observando e analisando a distribuição eletrônica, o seu término é em d^8, então o elemento químico Darmstádio (Ds) pertence ao grupo 10 (8B) da tabela periódica. Cálculo da massa do elemento químico Darmstádio (Ds): $_{28}Ni^{62} + {}_{82}Pb^{208} \rightarrow {}_{110}Ds^{A} + {}_{0}n^{1}$
62 + 208 = A + 1
270 = A + 1
A = 269

Item b)
Primeiro decaimento: $^{269}Ds_{110} \rightarrow {}^{4}\alpha_2 + {}^{265}Hs_{108}$
Segundo decaimento: $^{265}Xi_{108} \rightarrow {}^{4}\alpha_2 + {}^{261}Sg_{106}$
Terceiro decaimento: $^{261}Sg_{106} \rightarrow {}^{4}\alpha_2 + {}^{257}Rf_{104}$
Quarto decaimento: $^{257}Rf_{104} \rightarrow {}^{4}\alpha_2 + {}^{253}No_{102}$

Questão 20

(UNIVERSIDADE ESTADUAL DO RIO DE JANEIRO) Base de cálculo: 100 g de liga metálica.

Cálculo do número de átomos de chumbo presentes em 100 g da liga metálica:

Massa de chumbo na liga: $(\frac{4{,}14 gramas}{100 gramas})$ x 100g = 4,14 g de Pb
207,2 g ------------- 6,02 x 10^{23} átomos de Pb
4,14 g --------------- N
N = 1,20 x 10^{22} átomos de chumbo

Cálculo do número de partículas alfa e beta: $^{210}Pb_{82} \rightarrow W.\ ({}^{4}\alpha_2) + Z.\ ({}_{-1}\beta^{0}) + {}^{206}Pb_{82}$

Partículas alfa: 210 = (4 x w) + (Z x 0) + 206
W = 1

Partículas beta: 82 = 2.W + Z.(-1) + 82
82 – 82 = 2.W - Z
Z = 2

Serão necessárias uma partícula alfa e duas partículas betas. $^{210}Pb_{82} \rightarrow {}^{4}\alpha_2 + 2.\ ({}^{0}\beta_{-1}) + {}^{206}Pb_{82}$

Questão 21

(UNIVERSIDADE ESTADUAL DO RIO DE JANEIRO) Base de cálculo = 100% de átomos
Determinação do tempo de meia-vida:
(Início) 100% (1,6 mol de átomos) $\underset{\rightarrow}{t_{1/2}}$ 50% (0,8 mol de átomos) $\underset{\rightarrow}{t_{1/2}}$ 25% (0,4 mol de átomos) $\underset{\rightarrow}{t_{1/2}}$ 12,5% (0,2 mol de átomos) (Final).
Serão necessários três tempos de meia vida, com isso o tempo de dias é igual a 15 dias.

Questão 22

(INSTITUTO TECNOLÓGICO DO RIO DE JANEIRO) Alternativa D.
Determinação do número de massa e atômico do novo elemento químico (X): $_{99}Es^{253} + {}_{2}\alpha^{4} \rightarrow {}^{A}X_{Z} + 2\ {}^{1}n_{0}$
Número de massa: 253 + 4 = A + 2.1
A = 255
Número Atômico: 99 + 2 = Z + 2.0
Z = 101

Questão 23

(INSTITUTO MILITAR DO RIO DE JANEIRO)

Item a) Substância de origem: Urânio = $_{92}U^{238}$

Primeira emissão radioativa: $_{92}U^{238} \rightarrow {}_{2}\alpha^{4} + {}_{90}X^{234}$
Segunda emissão radioativa: $_{90}X^{234} \rightarrow {}_{-1}\beta^{0} + {}_{91}Y^{234}$
Terceira emissão radioativa: $_{91}Y^{234} \rightarrow {}_{-1}\beta^{0} + {}_{92}Z^{234}$

Quarta emissão radioativa: ${}_{92}Z^{234} \rightarrow {}_{2}\alpha^{4} + {}_{90}T^{230}$
Quinta emissão radioativa: ${}_{90}T^{230} \rightarrow {}_{2}\alpha^{4} + {}_{88}V^{226}$
Sexta emissão radioativa: ${}_{88}V^{226} \rightarrow {}_{2}\alpha^{4} + {}_{86}V^{222}$

Item b) Lembrando que isóbaros são elementos que apresentam o mesmo número de massa. Os elementos que apresentam esta característica são os seguintes: X, Y e Z.

Item c) Lembrando que isótopos são elementos que apresentam o mesmo número de prótons, ou seja, o mesmo número atômico, ou seja, trata-se do mesmo elemento químico. Os elementos que apresentam esta característica são os seguintes: X e T.

Questão 24

(EsPCEx) Alternativa A.
Item I) Verdadeiro. ${}^{A}X_{Z} \rightarrow {}^{0}\beta_{-1} + {}^{A}W_{Z+1}$
Item II) Verdadeiro. ${}^{A}X_{Z} \rightarrow {}^{0}\gamma_{0} + {}^{A}X_{Z}$
Item III) Falso. ${}_{88}Ra^{226} \rightarrow 3.\ {}_{2}\alpha^{4} + 2.\ {}^{0}\beta_{-1} + {}_{84}X^{214}$
Item IV) Falso. Denota a emissão exclusiva de radiação alfa.

Questão 25

(EsPCEx) Alternativa A.
Item I) Falso. Ocorre com a emissão de uma partícula gama.
Item II) Verdadeiro. ${}^{234}Pa_{91} \rightarrow {}^{0}\beta_{-1} + {}^{234}U_{92}$.
Item III) Falso. A partícula alfa (α) é composta por 2 prótons e 4 de massa.
Item IV) Falso. Uma partícula beta (β) tem carga negativa e massa comparável a do próton.
Item V) Verdadeiro. ${}_{92}U^{238} \rightarrow 3.\ {}_{2}\alpha^{4} + 2.\ {}^{0}\beta_{-1} + {}_{88}Ra^{226}$

Questão 26

(INSTITUTO MILITAR DE ENGENHARIA) Alternativa B.

$${}^{238}_{92}U \overset{x_1}{\rightleftarrows} {}^{4}_{2}\alpha + {}^{234}_{90}Th$$

$${}^{234}_{90}Th \overset{x_2}{\rightleftarrows} \beta^{0}_{-1} + {}^{234}_{91}Pa$$

$${}^{222}_{86}Rn \overset{x_3}{\rightleftarrows} {}^{4}_{2}\alpha + {}^{218}_{84}Po$$

$${}^{218}_{84}Po \overset{x_4}{\rightleftarrows} {}^{4}_{2}\alpha + {}^{214}_{82}Pb$$

$${}^{214}_{82}Pb \overset{x_5}{\rightleftarrows} \beta^{0}_{-1} + {}^{214}_{83}Bi$$

Questão 27

(EsPCEx) Alternativa B.
I. Verdadeiro. Para esse decaimento, temos uma meia-vida do Césio de 30 anos. Dentre o acidente em 1986 e 2022, proposto na questão, se passaram 36 anos. Após um período de meia-vida, a quantidade do radioisótopo decai de 100% para 50%. Após esse período, se passam mais 6 anos, ou seja, 1/5 da meia-vida. Diante disso, teremos a seguinte situação: $m_{final} = \frac{m_{inicial}}{2^{x}}$

$$m_{final} = \frac{50}{2^{1/5}} = 0{,}4333\ (43{,}33\%)$$

II. Falso. O decaimento do átomo de césio para formar o átomo de bário necessita de uma emissão de uma partícula beta.
III. Verdadeiro. Uma partícula beta, pelo fato da sua estrutura gerar um isótopo de mesma massa e com um número atômico, sendo uma unidade maior.

IV. Falso. Enquanto houver qualquer quantidade de radioisótopo presente no organismo, haverá emissão de radiação gama, então o mesmo continuará sendo emitido por um tempo maior que o da meia-vida.

CAPÍTULO 16. PROPRIEDADES COLIGATIVAS – CAPÍTULO CONCEITUAL

RESUMO CONCEITUAL

✓ Propriedades coligativas são propriedades provocadas pela presença de um soluto não volátil que depende do número de partículas dissolvidas e não da natureza do soluto, ou seja, não importa se é um sal orgânico ou inorgânico, açúcar, ácido, mas sim a quantidade que foi dissolvida.

✓ As quatro propriedades coligativas estudadas são as seguintes:

- Abaixamento da pressão de vapor – Tonoscopia;
- Elevação da temperatura de ebulição – Ebulioscopia;
- Abaixamento da temperatura de solidificação – Crioscopia;
- Estudo da pressão osmótica – Osmometria.

✓ Abaixamento da pressão de vapor ou tonoscopia é uma das propriedades coligativas que estuda o abaixamento/diminuição da pressão máxima de vapor de um líquido, quando se dissolve um soluto não volátil.
Equação tonoscópica: $\frac{\Delta P}{P^0} = K_t \text{ x } \mathcal{M}$.

✓ Quando misturamos dois líquidos que sejam voláteis para a formação de uma única solução, não havendo absorção ou desprendimento de calor e levando em consideração que a solução como ideal, respeitando a lei de Raoult, é possível calcular a pressão total, através da seguinte equação termodinâmica: $P_{total} = X_1 . P_1^0 + X_2 . P_2^0$.

✓ A molalidade, designado pela letra $\mathcal{M}$, é a razão do número de mol do soluto pela massa do solvente em quilogramas. Sua expressão matemática é a seguinte: $\mathcal{M} = \frac{n_{soluto}}{m_{solvente}^{(kg)}}$.

✓ A propriedade coligativa ebulioscópica é o aumento da temperatura de ebulição de uma solução, a partir do momento que é adicionado um soluto não volátil em um solvente puro, a partir de uma pressão constante.
Equação ebulioscópica: $\Delta T_{eb} = K_{eb} \text{ x } W$.

✓ A propriedade coligativa crioscópica está relacionada com a medida do abaixamento (diminuição) da temperatura de solidificação provocado pela adição de um soluto não volátil.
Equação crioscópica: $\Delta T_c = K_c \text{ x } \mathcal{M}$.

✓ Osmometria é o estudo do processo de osmose, ou seja, a passagem espontânea do solvente para a solução mais concentrada, através de uma membrana semipermeável.
Equação da pressão osmótica: $\pi = M \text{ x } R \text{ x } T$.

✓ O fator de Van´t Hoff é um fator de correção para a determinação dos efeitos coligativos em soluções iônicas. Os efeitos coligativos em soluções iônicas ficam da seguinte maneira:

➢ Processo tonoscópico: $\frac{\Delta P}{P^0} = K_t \text{ x } \mathcal{M} \text{ x i}$;

➢ Processo ebulioscópico: $\Delta T_{eb} = K_{eb} \text{ x } \mathcal{M} \text{ x i}$;

➢ Processo crioscópico: $\Delta T_c = K_c \text{ x } \mathcal{M} \text{ x i}$;

➢ Osmometria: $\pi = M \text{ x } R \text{ x } T \text{ x i}$, em que i corresponde ao fator de Van’t Hoff.

Exemplos Aplicativos Discursivos

<u>**Questão 01**</u> – Defina propriedades coligativas.

<u>**Questão 02**</u> – Quais são as propriedades coligativas que são estudadas?

<u>**Questão 03**</u> – Quais são os aspectos comuns das propriedades coligativas?

<u>**Questão 04**</u> – Enuncie a lei de Raoult.

<u>**Questão 05**</u> – Defina a propriedade coligativa tonoscópica.

<u>**Questão 06**</u> – A água do mar apresenta maior ou menor pressão de vapor em comparação a água pura e cristalina.

<u>**Questão 07**</u> – Defina a propriedade coligativa ebulioscópica.

<u>**Questão 08**</u> – Defina a propriedade coligativa crioscópica.

<u>**Questão 09**</u> – Conceitue o processo de Osmose.

<u>**Questão 10**</u> – Defina osmometria.

<u>**Questão 11**</u> – Enuncie as duas leis da osmometria.

<u>**Questão 12**</u> – Classifique as soluções quanto a osmometria.

<u>**Questão 13**</u> – Explique por que a água pura exposta à atmosfera e sob pressão de 1,0 atm entra em ebulição em uma temperatura de 100°C, enquanto água pura exposta à pressão atmosférica de 0,7 atm entra em ebulição em uma temperatura de 90°C.

<u>**Questão 14**</u> – Esboce graficamente o diagrama de fases (pressão versus temperatura) da água pura (linhas cheias). Neste mesmo gráfico, esboce o diagrama de fases de uma solução aquosa 1 $mol.kg^{-1}$ em etilenoglicol (linhas tracejadas).

<u>**Questão 15**</u> – Sólidos têm pressão de vapor. Certo ou errado?

<u>**Questão 16**</u> – Em igualdade de concentração, duas substâncias não voláteis quaisquer fornecem soluções com as mesmas propriedades. Certo ou errado?

<u>**Questão 17**</u> – Descreva como se poderia determinar, experimentalmente, a pressão de vapor do etanol na temperatura de 30°C. Sua descrição deve incluir um esquema da aparelhagem que poderia ser utilizada.

Exemplos Aplicativos Discursivos – Gabarito

Questão 01 – Propriedades coligativas são propriedades provocadas pela presença de um soluto não volátil que dependem do número de partículas dissolvidas e não da natureza do soluto, ou seja, não importa se é um sal orgânico ou inorgânico, açúcar, ácido, mas sim, da quantidade que foi dissolvida.

Questão 02 – As propriedades coligativas estudadas são as seguintes:

- Abaixamento da pressão de vapor ou também conhecido como tonoscopia (tonometria);
- Elevação da temperatura de ebulição ou também conhecido como elulioscopia (ebuliometria);
- Abaixamento da temperatura de solidificação ou também conhecido como crioscopia (criometria);
- Pressão osmótica (Osmometria).

Questão 03 – Todo estudo de um processo coligativo provém da diminuição do potencial químico (μ) do solvente líquido provocado pela presença de um soluto não volátil. Para as soluções diluídas ideais, a diminuição faz o potencial de μ_A^* que indica que este potencial, o solvente está puro, passando para $\mu_A^* + RTlnX_A$, onde esta equação indica a presença do soluto não volátil. O termo X_A é a fração molar, que para este caso, torna-se menor que 1, $X_A < 1$, o que faz com que lnX_A seja negativo e automaticamente o potencial fica menor.

Questão 04 – A lei de Raoult, estudada e enunciada por François Marie Raoult, um notável químico francês, introduziu o conceito de solução ideal. "O abaixamento relativo de pressão de vapor de um solvente puro, devido à adição de um soluto não volátil, é igual a fração molar do soluto na solução."

Questão 05 – Abaixamento da pressão de vapor ou tonoscopia é uma das propriedades coligativas que estuda o abaixamento da pressão máxima de vapor de um líquido, quando se dissolve um soluto não volátil.

Questão 06 – A água do mar vai apresentar menor pressão de vapor, segundo a lei de Raoult. Isso é explicado pelo fato da água do mar apresentar sais dissolvidos, tais como o cloreto de sódio (NaCl).

Questão 07 – A propriedade coligativa ebulioscópica é o aumento da temperatura de ebulição de uma solução, a partir do momento que é adicionado um soluto não volátil em um solvente puro a partir de uma pressão constante.

Questão 08 – A propriedade coligativa crioscópica refere-se à medida do abaixamento da temperatura de solidificação provocado pela adição de um soluto não volátil.

Questão 09 – O processo de osmose é uma difusão seletiva, em que após um determinado tempo a concentração entre as duas fases separadas por uma membrana semipermeável irá apresentar uma concentração igual em qualquer ponto da solução final, o que significa que o solvente se difundiu através da solução.

Questão 10 – Osmometria é o estudo da osmose, ou seja, a passagem espontânea do solvente para a solução mais concentrada por uma membrana semipermeável.

Questão 11 – As leis da osmometria são as seguintes:

1° lei da osmometria: A temperatura constante, a pressão osmótica é diretamente proporcional da concentração molar do solução.

$\pi \alpha M$

2° lei da osmometria: A concentração molar constante da solução, a pressão osmótica é diretamente proporcional à temperatura.

$\pi \alpha T$

Questão 12 –

✓ Considere a solução A hipotônica em relação à solução B, então a relação entre as pressões osmóticas fica da seguinte maneira: $\pi_A < \pi_B$;

✓ Considere a solução A hipertônica em relação à solução B, então a relação entre as pressões osmóticas fica da seguinte maneira: $\pi_A > \pi_B$;

✓ Considere a solução A isotônica em relação à solução B, então a relação entre as pressões osmóticas fica da seguinte maneira: $\pi_A = \pi_B$.

Questão 13 – A pressão de vapor de uma substância aumenta com o aumento da temperatura. Quando a pressão de vapor se iguala à pressão atmosférica (pressão local), o líquido entra em ebulição, logo, em um determinado local onde a pressão atmosférica é 0,7 atmosferas, a água entra em ebulição em uma temperatura menor que 100°C.

Questão 14 – Através do diagrama de fases da água pura, podemos concluir as seguintes transformações:

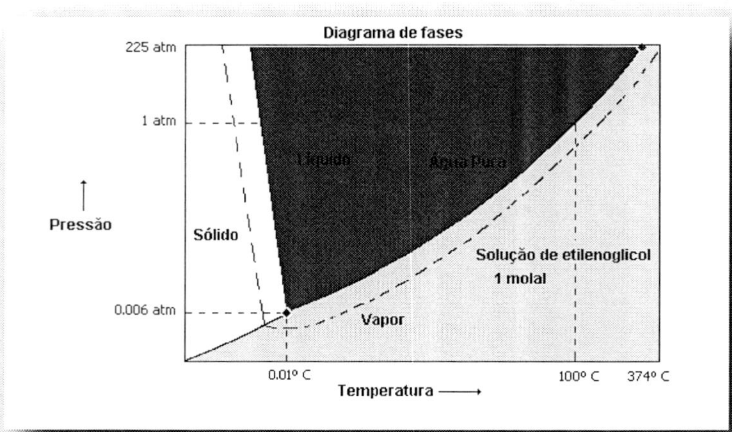

- Transformação Líquido → Gasoso na solução etilenoglicol: $P_{vapor}^{solução} < P_{vapor}^{solvente}$. Assim é mais difícil fazer a transição L → G para a solução, então para pressão constante, a temperatura de ebulição da solução é maior que a da água pura.

- Transformação Líquido → Sólido na solução etilenoglicol: Ocorre com maior dificuldade para uma pressão constante, assim a temperatura de congelamento da solução é menor que a da água pura

- Transformação Sólido → Gasoso: Com o abaixamento da pressão de vapor é necessária também uma temperatura mais alta para sublimação considerando pressão constante.

Questão 15 – A frase encontra-se certa. Todas as três fases (sólido, líquido e gasoso) apresentam pressão de vapor.

Questão 16 – A frase encontra-se errada. Mesmo apresentando a mesma concentração molar, é necessário saber se as substâncias não voláteis são moleculares ou iônicas. Este fator diferencia e bastante as propriedades coligativas.

Questão 17 – Numa câmara barométrica do tipo Torricelli, mantida a temperatura de 30ºC, coloca-se, por meio de um conta-gotas, o etanol líquido a mesma temperatura, ou seja, T = 30ºC. Este é menos denso que o mercúrio e, por isso, sobe para a câmara barométrica vazia, onde se vaporiza. O vapor de etanol abaixa a coluna de mercúrio pelo fato de exercer pressão sobre ela. O processo vai ocorrendo de gota em gota com etanol, até a câmara ficar saturada de vapor, isto é, uma nova gota de etanol introduzida não se vaporizará, permanecendo líquida na superfície do mercúrio da câmara barométrica. Por isso, que dizemos que os vapores do etanol são saturantes a 30ºC e o abaixamento da coluna de mercúrio será igual à pressão (máxima) de vapor do etanol naquela temperatura. A figura a seguir mostra exatamente o processo descrito.

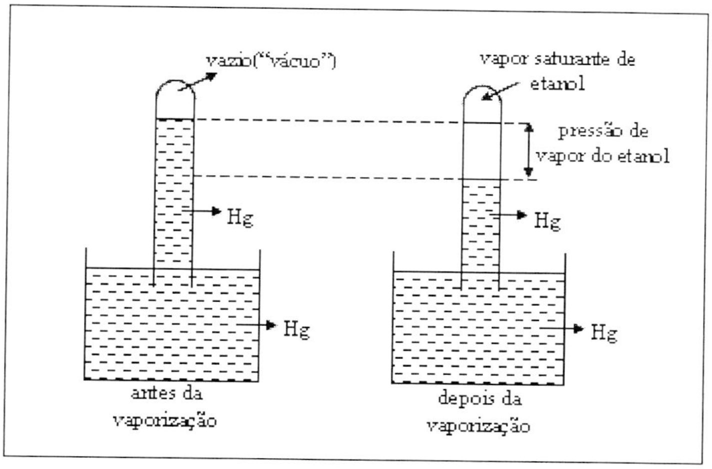

Exemplos Aplicativos

Exemplo Aplicativo I

(EsPCEx) Diagramas de fases são gráficos construídos para indicar uma condição de temperatura e pressão de uma substância e suas mudanças de estado. Cada uma das curvas do diagrama indica as condições de temperatura e pressão nas quais as duas fases de estado estão em equilíbrio. Modificado de USBERCO, João e SALVADOR, Edgard, Físico-química, São Paulo, Ed Saraiva, 2009, Pág. 98 Considere o diagrama de fases da água, representado na figura abaixo:

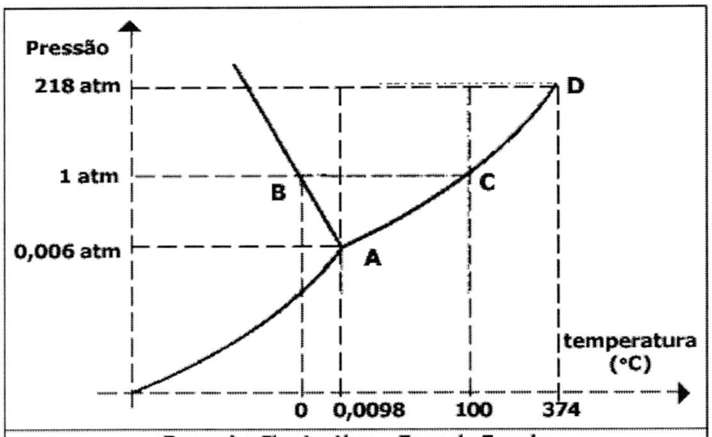

Desenho Ilustrativo – Fora de Escala

Baseado no diagrama e nos processos químicos envolvidos são feitas as seguintes afirmativas:
I – A temperatura de fusão da água aumenta com o aumento da pressão.
II – Na temperatura de 100ºC e 218 atm a água é líquida.
III – A água sólida (gelo) sublima a uma pressão de vapor superior a 1 atm.
IV – Na temperatura de 0ºC e pressão de 0,006 atm, a água encontra-se na fase sólida. Das afirmativas feitas, estão corretas apenas:

a) I, II e IV
b) I e II
c) II e IV
d) II e III
e) III e IV

Resolução

(EsPCEx) Alternativa C.

Item I) Falso. A temperatura de fusão da água aumenta com a pressão constante.
Item II) Verdadeiro.
Item III) Falso. A água sólida sublima a uma pressão de vapor menor que 0,006 atm.
Item IV) Verdadeiro.

Exemplo Aplicativo II

(EsPCEx) Leia o texto a seguir e resolva a questão: "Batalhão realiza marcha a pé de 8 k m, como atividade do Programa de Instrução de 2021 Aquidauana (MS) – No dia 11 de março, o 9º Batalhão de Engenharia de Combate (9º BE Cmb), Batalhão Carlos Camisão, seguindo o cronograma de Instrução de 2021, realizou a marcha a pé de 8 km. A atividade teve por finalidade desenvolver a rigidez, disciplina no deslocamento a pé, capacitação profissional e manutenção da operacionalidade da tropa." Fonte: https://www.eb.mil.br/web/noticias/noticiario-do-exercito. Acessado em 16 MAR 21. Atividades físicas intensas promovem a perda de água e de eletrólitos. Para repor essas perdas, soldados podem consumir um repositor hidroeletrolítico durante a atividade de campanha. Esses repositores são constituídos de uma solução aquosa contendo várias substâncias químicas, principalmente sais. Considere um repositor que possua as seguintes especificações: cada porção de 200 mL contém 90 mg de íons sódio, 24 mg de íons potássio e 84 mg de íons cloreto. Baseado nestas informações, são feitas as seguintes afirmativas:

I) A concentração de íons sódio na solução é de 0,45 $g.L^{-1}$.

II) Cada litro do repositor possui aproximadamente 3,1 x 10^{-3} mol de íons potássio.

III) A temperatura de congelamento de uma porção de repositor é maior do que a temperatura de congelamento da água pura nas mesmas condições.

IV) Para se obter 0,2 mol de íons cloreto, seriam necessários aproximadamente 100 litros de repositor. Das afirmativas feitas, estão corretas apenas:

a) I e II
b) I e III
c) II e III
d) I e IV
e) II e IV

Resolução

(EsPCEx) Alternativa A.

Item I) Verdadeiro. Cálculo da concentração mássica de íons sódio: $C_{Na^+} = \frac{90 \text{ x } 10^{-3}}{0{,}200} = 0{,}450 \frac{g}{L}$

Item II) Verdadeiro. Cálculo da concentração mássica de íons sódio: $[K^+] = \frac{\frac{24 \text{ x } 10^{-3}}{39}}{0{,}20} = 3{,}1 \text{ x } 10^{-3} \frac{mol}{L}$

Item III) Falso. Este processo está relacionado com a propriedade coligativa crioscópica. No caso, há uma diminuição do abaixamento da temperatura.

Item IV) Falso. Cálculo do volume da solução de íons cloreto, a partir da concentração da quantidade de matéria:

$$[Cl^-] = \frac{\frac{84 \text{ x } 10^{-3}}{35{,}5}}{V_{\text{solução}}} = 0{,}20$$

$$V_{\text{solução}} = 11{,}83 \text{ x } 10^{-3} \text{ L}$$

CAPÍTULO 17. ESTUDO DA QUÍMICA ORGÂNICA

Exemplo Aplicativo

Exemplo Aplicativo I

A parafina é um derivado do petróleo com inúmeras aplicações. Apesar de ser quimicamente inerte quando em contato com a maioria das substâncias, inflama-se com certa facilidade. Um dos constituintes de certo tipo de parafina possui fórmula molecular $C_{25}H_{52}$. A respeito dessa substância, é correto afirmar que possui:

a) Cadeia carbônica acíclica insaturada por uma ligação dupla;
b) Cadeia carbônica cíclica saturada;
c) Oitenta e sete átomos por molécula;
d) Cadeia carbônica acíclica insaturada por uma ligação tripla;
e) Cadeia carbônica acíclica saturada.

Resolução: Alternativa E.

Através da fórmula molecular de um dos constituintes da parafina, $C_{25}H_{52}$, conclui-se que se trata de um hidrocarboneto do tipo alcano, uma vez que a fórmula geral deste é C_nH_{2n+2}. Logo, este alcano com fórmula $C_{25}H_{52}$ é um hidrocarboneto do tipo acíclico (cadeia aberta) e saturado, apresentando somente ligações do tipo sigma (simples).
Vale aqui lembrar, as fórmulas gerais dos hidrocarbonetos mais comuns. Vamos a elas!!

C_nH_{2n+2} = alcanos;
C_nH_{2n} = alcenos e cicloalcanos (ciclanos);
C_nH_{2n-2} = alcinos, alcadienos e cicloalcenos (ciclenos).

Exemplo Aplicativo II

Isomeria é um termo visto constantemente na química orgânica, onde, isômeros são compostos diferentes que possuem a mesma fórmula molecular. Um ramo deste estudo são os isômeros constitucionais, que são substâncias isoméricas e que diferem na conectividade dos átomos. O álcool etílico e o éter dimetílico são exemplos de isômeros constitucionais, pois ambos possuem a mesma fórmula molecular C_2H_6O. Assim, esta diferença estrutural confere a estas substâncias diferentes características físicas e químicas. Sabendo que uma fórmula molecular pode fornecer várias estruturas diferentes, assinale a opção abaixo que não é isômero da fórmula molecular C_7H_{16}.

a) 3 – etil pentano
b) Metil cicloexano
c) 2,2,3 – trimetil butano
d) Heptano
e) 2 – metil hexano

Resolução: Alternativa B.

Este pode ser resolvido a partir da determinação das fórmulas gerais dos hidrocarbonetos. O heptano, C_7H_{16}, corresponde aos alcanos, hidrocarbonetos com ligações saturadas. Dos compostos apresentados apenas o metilcicloexano não representa um alcano e sim um hidrocarboneto do tipo ciclano. Os ciclanos apresentam fórmula geral C_nH_{2n}.

Exemplo Aplicativo III

A isomeria óptica é um caso particular de isomeria espacial que só ocorre em moléculas quirais (assimétricas). O primeiro químico que separou um par de isômeros ópticos foi Louis Pasteur, em 1846. Os pares de isômeros ópticos são chamados enantiômeros: apesar de muito parecidos podem apresentar várias propriedades, como odor, sabor e propriedades químicas e biológicas completamente diferentes. Esses isômeros são denominados ópticos devido à propriedade que possuem de desviar o plano da luz polarizada. Dentre os compostos relacionados abaixo, qual deles apresenta isomeria óptica?

a) H_3C-CH(OH)-COOH
b) H_3C-COOH
c) H_3C-CH_2-CHO
d) H_3C-O-CH_2-CH_3
e) H_3C-$COOCH_3$

Resolução: **Alternativa A.**

H_3C-CH(OH)-COOH. É a única molécula assimétrica dentre as citadas. Reescrevendo a estrutura temos:

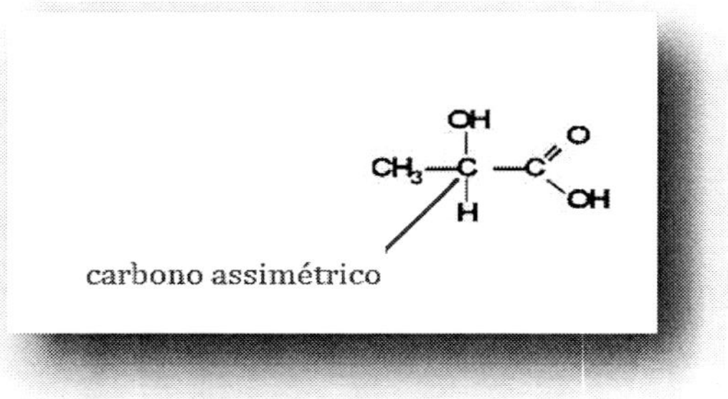

Exemplo Aplicativo III

As células musculares, em condições anaeróbias, produzem ácido lático a partir de ácido pirúvico, conforme a equação química abaixo.

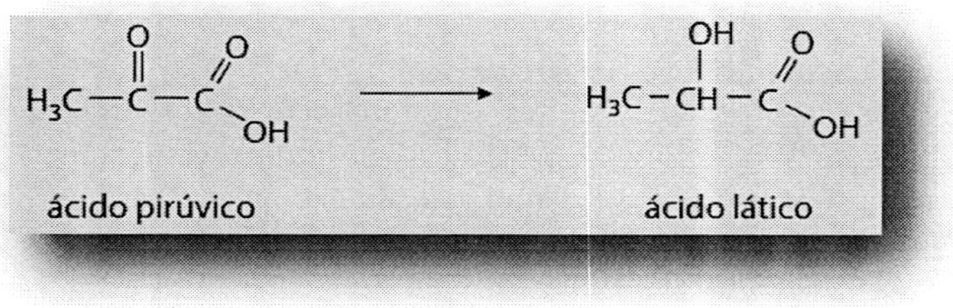

Pode-se verificar que, nessa reação, foram incorporados dois átomos de um determinado elemento químico, formando a molécula de ácido lático.

a) Indique o símbolo do elemento químico incorporado na reação e nomeie o grupamento funcional oxigenado presente nas moléculas dos dois ácidos.
b) Nomeie o composto que possui isomeria óptica e escreva a fórmula estrutural de seu isômero de posição.

Resolução:

Item a) Elemento químico incorporado na reação: Hidrogênio (H). O grupamento funcional presente em ambas moléculas se refere à carboxila.

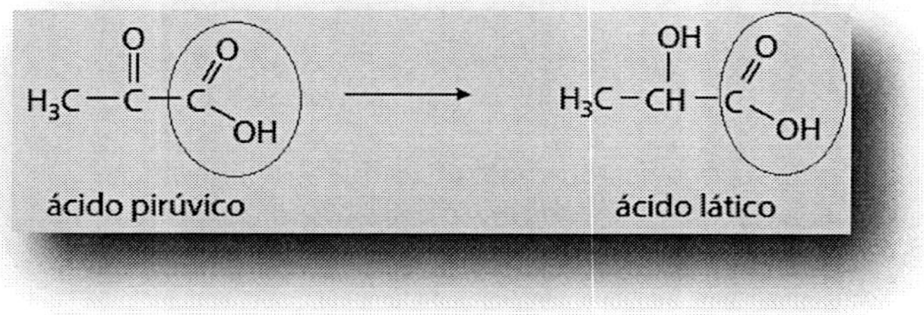

Item b) Composto que possui isomeria óptica: ácido lático.

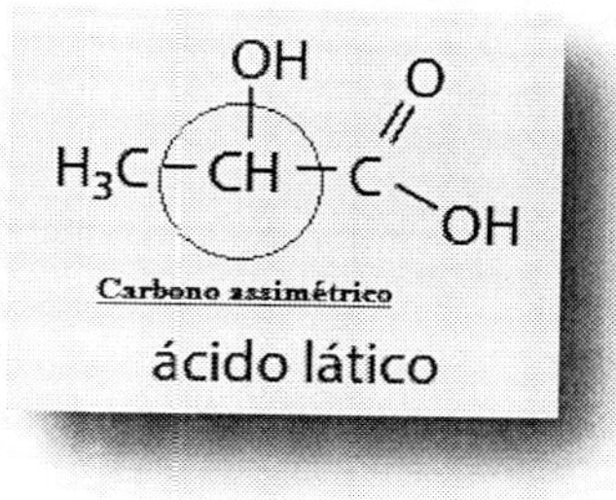

Isômero de posição:

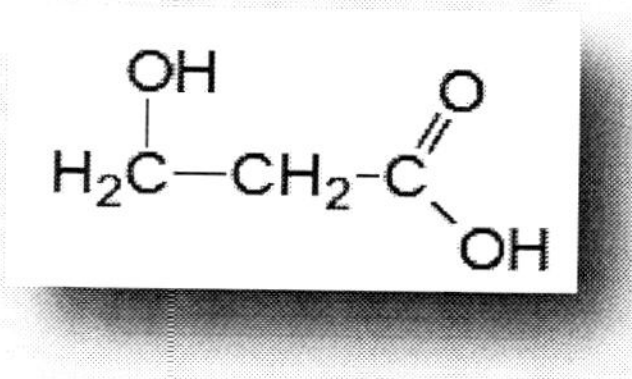

Exemplo Aplicativo IV

A partir da metade do século XIX, o composto cuja fórmula estrutural encontra-se representada a seguir, passou a ser empregado como analgésico e antitérmico. Porém, devido ao seu acentuado caráter ácido, provocava muita irritação no estômago dos pacientes que dele faziam uso.

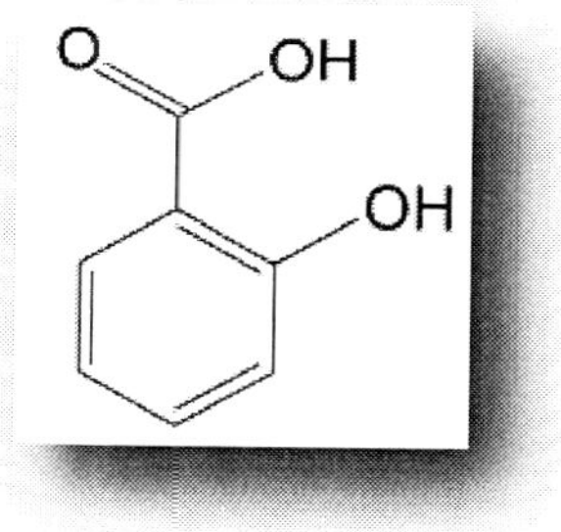

No final do mesmo século, foi sintetizado outro composto com propriedades medicinais similares e menos irritante para o estômago, por possuir caráter mais brando. Essa nova substância, largamente empregada até hoje, possui a seguinte fórmula estrutural:

a)

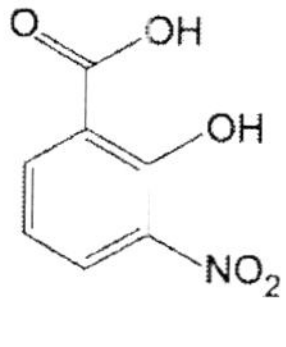

b)

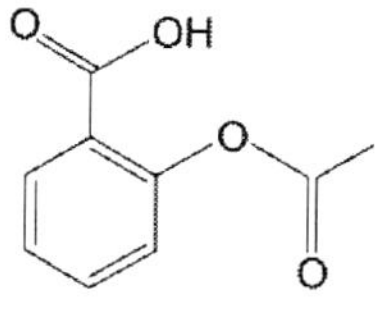

c)

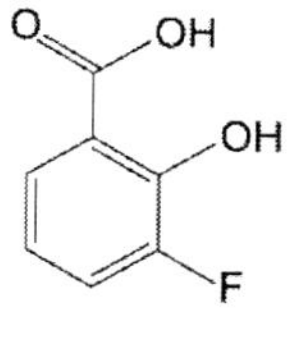

d)

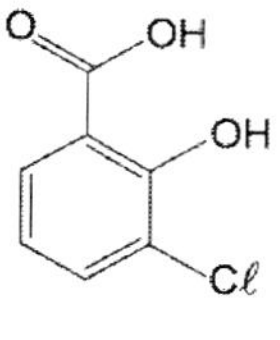

e)

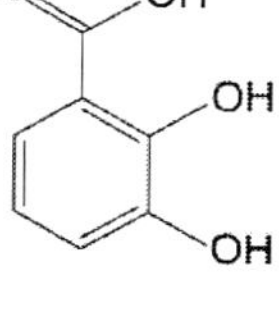

Resolução: Alternativa B.

Na alternativa A, as funções orgânicas presentes são as seguintes: ácido carboxílico e fenol.

Na alternativa B, as funções orgânicas presentes são as seguintes: ácido carboxílico e éster.

Na alternativa C, as funções orgânicas presentes são as seguintes: ácido carboxílico, fenol e a presença de um haleto, representado pelo flúor.

Na alternativa D, as funções orgânicas presentes são as seguintes: ácido carboxílico, fenol e a presença de um haleto, representado pelo cloro.

Na alternativa E, as funções orgânicas presentes são as seguintes: ácido carboxílico e a presença de dois fenóis.

Sabendo que a ordem crescente de acidez em compostos orgânicos segue a seguinte sequência: Álcool < água < fenol < ácido carboxílico. Logo, a função que apresenta maior caráter ácido mais brando é o composto B, pois trata-se do único composto que não apresenta em sua estrutura o fenol.

Exemplo Aplicativo V

Entre os compostos naturais, os ésteres são facilmente encontrados. Os mais simples apresentam odor agradável, como os exalados por flores e frutos. A síntese de ésteres é bastante promissora, devido a sua importância na indústria química e na de alimentos. Na indústria alimentícia, os ésteres imitam o sabor e o aroma de frutas (flavorizante e aromatizante) e são utilizados no preparo de doces, balas, sorvetes, sucos artificiais etc. Os ésteres são obtidos pela ação de um ácido orgânico ou inorgânico sobre um álcool, com liberação de água. Em um processo industrial de síntese de éster que utilize o ácido benzoico (aromático) na presença de etanol, os produtos formados serão:

a) Metanoato de metila e monóxido de carbono
b) Etanoato de etila e água
c) Benzaldeído e água
d) Benzoato de etila e água
e) Etanoato de fenila e gás carbônico.

Resolução: Alternativa D.
Ácido carboxílico + álcool → éster + água
Ácido Benzoico:

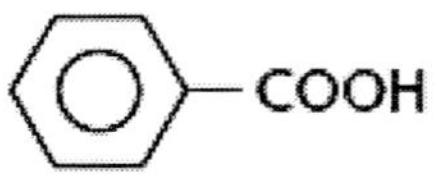

Etanol: $CH_3 - CH_2 - OH$
Equação química: $C_6H_5COOH + CH_3CH_2OH \rightarrow C_6H_5COOC_2H_5 + H_2O$
Ácido benzoico + etanol → benzoato de etila + água.

Exemplo Aplicativo VI

A figura a seguir representa a enzima acetilcolinesterase (AChE), e a reação química por ela catalisada. Essa enzima está presente em grande quantidade nos terminais nervosos colinérgicos, isto é, que liberam a acetilcolina. A função principal da AChE é degradar rapidamente a acetilcolina, de modo a terminar a neurotransmissão mediada por esse neurotransmissor.

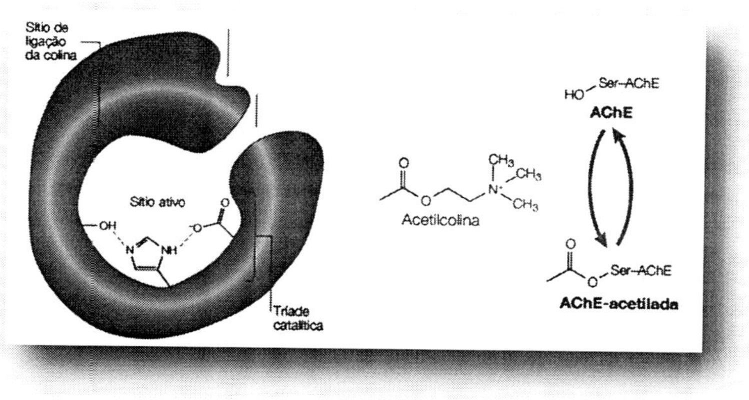

(SOREQ, H.; SEIDMAN, S. **Acetylcholinesterase:** new roles for na old actor. Nature Reviews Neuroscience 2. Abr. 2001. P. 294-302. Adaptado.)

Para que ocorra a reação, a acetilcolina interage com determinados aminoácidos da enzima, situados na tríade catalítica. Especificamente, uma serina sofre aceitação pela acetilcolina e, então, rapidamente gera dois produtos. Essa acetilação dura apenas milissegundos, o que explica a rapidez de ação da enzima. Substâncias inibidoras Ache, porém, podem modificar esse mesmo aminoácido de forma duradoura, impedindo, assim, o funcionamento normal da enzima. É o caso de alguns pesticidas como o Paraoxon, que fosforilam essa mesma serina. A fosforilação, ao contrário da acetilação, é dificilmente desfeita. A colina é obtida a partir da degradação da acetilcolina por uma enzima específica, a acetilcolinesterase, sendo, então, sequestrada para o interior do neurônio, a partir do líquido extracelular. Para que exerça sua função corretamente, a acetilcolina, bem como os demais neurotransmissores, deve ser removida ou inativa, de acordo com as demandas de tempo para cada resposta sináptica específica pretendida. Nesses processos, a enzima acetilcolinesterase, que catalisa a hidrólise da acetilcolina, liberando colina no líquido extracelular, pode ser reaproveitada para os processos de sínteses neuronais.

a) Faça a equação da reação da hidrólise da acetilcolina.
b) Quais as funções orgânicas presentes na molécula da colina?
c) Quais as funções orgânicas presentes na molécula da acetilcolina?

Resolução:

Item a) Equação química da reação da hidrólise da acetilcolina:

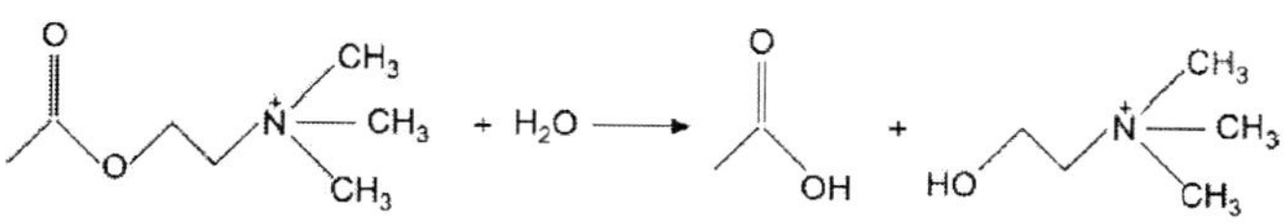

Item b) As funções orgânicas presentes na molécula da colina são as seguintes:

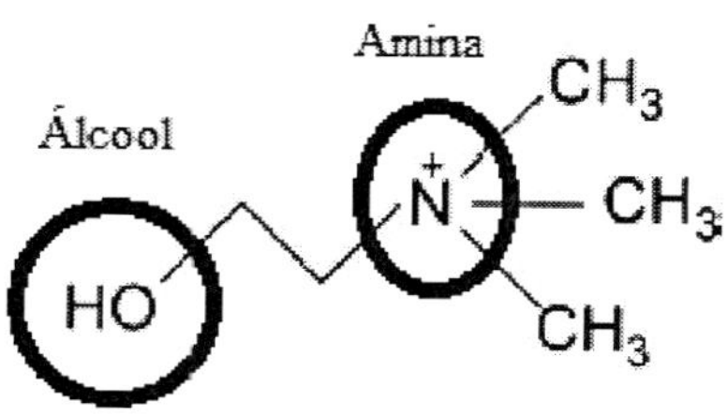

Item c) As funções orgânicas presentes na molécula da acetilcolina são as seguintes:

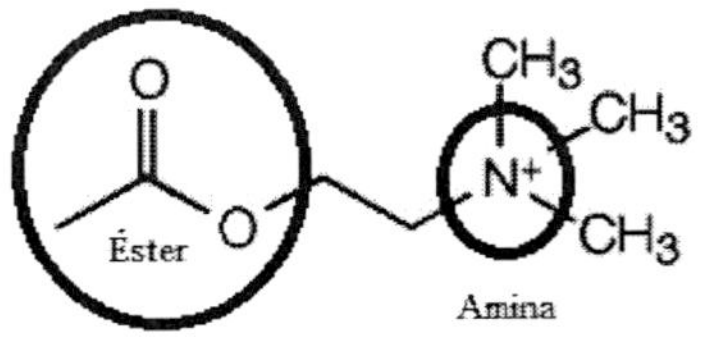

Exemplo Aplicativo VII

Cubano é um composto orgânico no qual todos os átomos de carbono são tetravalentes. A fórmula estrutural espacial desse composto tem a seguinte representação:

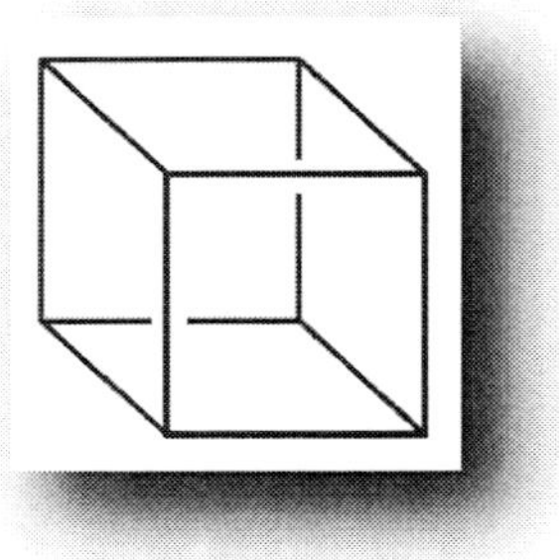

a) Apresente a fórmula molecular do cubano e nomeie sua função orgânica.
b) Calcule o número de moléculas presente em uma amostra de 5,2 g de cubano.

Resolução:
Item a) Fórmula molecular do cubano: C_8H_8. Função orgânica da molécula de cubano: Hidrocarboneto.

Item b) Cálculo do número de moléculas de cubano:
104 g ---------- 6 x 10^{23} moléculas
5,2 g ---------- X
X = 3 x 10^{22} moléculas de cubano.

Exemplo Aplicativo VIII

Em um laboratório farmacêutico, um medicamento é produzido por meio da reação química de substituição alifática entre o 2 – bromo – 1 – fenilpropano e amônia.
a) Utilizando as fórmulas estruturais, apresente a reação química de produção do medicamento.
b) Nomeie o tipo de ligação interatômica existente na amônia e determine o número de oxidação do nitrogênio presente nesta molécula.

Resolução:

Item a) Equação química orgânica:

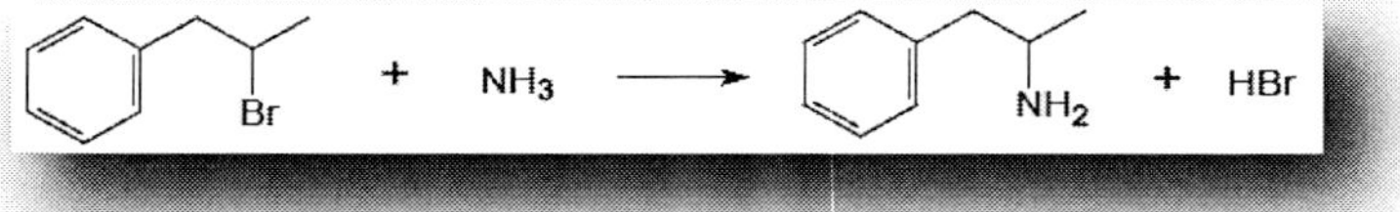

Item b) NH_3 (amônia ou também conhecido como gás amoníaco)
N = nitrogênio = ametal
H = hidrogênio +

Ametal + hidrogênio = ligação covalente polar (ΔE < 1,7).

Determinação do número de oxidação do átomo de nitrogênio (x): x + 3.(+1) = 0
x = - 3

Exemplo Aplicativo IX

Na desidratação intermolecular do etanol, ocorre a formação de um produto orgânico e de água. Em uma indústria, 460 kg de etanol foram processados, obtendo-se 296 kg do produto orgânico.
a) Apresente a fórmula estrutural plana do etanol e nomeie o produto orgânico formado.
b) Calcule o rendimento da reação e, também, a massa, em quilogramas, de água formada.

Resolução:
Item a) Fórmula estrutural plana do etanol:

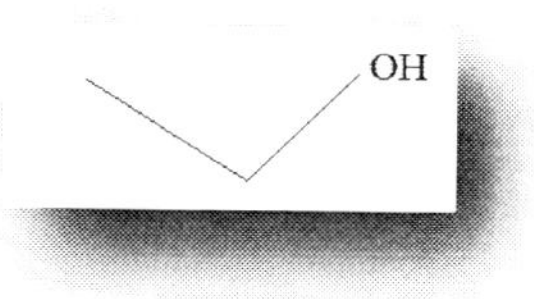

Fórmula molecular do etanol: C_2H_6O
Equação química orgânica intermolecular de um álcool:
Álcool → éter + água
Álcool = X (produto orgânico) + água
Etanol → etoxietano + água
X = $CH_3 - CH_2 - O - CH_2 - CH_3$ (etoxietano)
$CH_3 - CH_2 - OH \rightarrow CH_3 - CH_2 - O - CH_2 - CH_3 + H_2O$
$2\ C_2H_6O \rightarrow C_4H_{10}O + H_2O$

Item b) $2C_2H_6O \rightarrow C_4H_{10}O + H_2O$
Cálculo do rendimento (R) da reação:
2 mol de C_2H_6O ------------- 1 mol de $C_4H_{10}O$
2 mol x 46 $g.mol^{-1}$ ---------- 1 mol x 74 $g.mol^{-1}$ x **R**
460 kg ------------------------ 296 kg
R = 0,80 (80%)

Cálculo da massa de água (H_2O):
$2\ C_2H_6O \rightarrow C_4H_{10}O + H_2O$
1 mol de $C_4H_{10}O$ --------------- 1 mol de H_2O
1 mol x 74 $g.mol^{-1}$ ------------- 1 mol x 18 $g.mol^{-1}$
296 kg --------------------------- m_{H2O}
m_{H2O} = 72 kg

Exemplo Aplicativo X

Observe a fórmula estrutural do colesterol, substância transportada no sangue sob a forma de um éster.

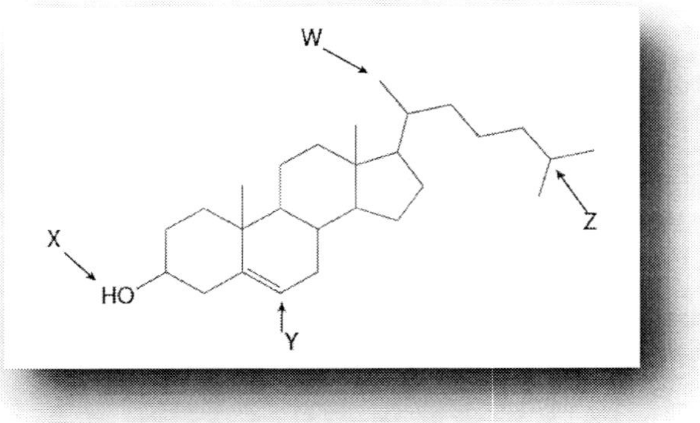

O grupamento funcional da molécula do colesterol que, ao reagir com um ácido carboxílico, forma esse éster, está indicado, na fórmula, pela seguinte letra:
a) W
b) X
c) Y
d) Z

Resolução: Alternativa B.
Equação química de esterificação: ácido carboxílico + álcool → éster + água.

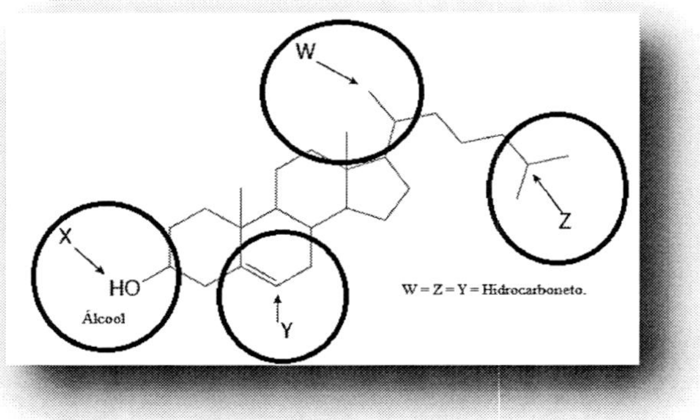

Exemplo Aplicativo XI

Existem vários isômeros com fórmula molecular C_7H_8O. Com esta informação, desenvolva os itens abaixo:
a) Escreva a fórmula estrutural de três destes compostos que apresentam isomeria de função e destaque aquele que apresenta maior caráter ácido;
b) Dentre as substâncias do item A, dê o nome daquela que apresenta o menor ponto de ebulição e justifique a sua resposta.

Resolução:

Item a) A ordem crescente de acidez em compostos orgânicos segue a seguinte sequência: **Álcool < água < fenol < ácido carboxílico.** Logo, a função que apresenta maior caráter ácido é o composto (c).

Composto (a): 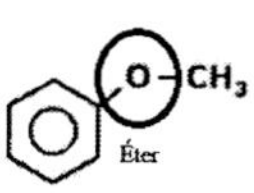

Composto (b): 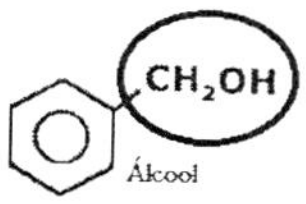

Composto (c): 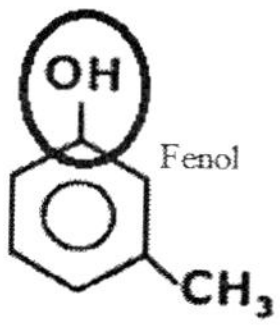

Item b) O composto (a), que apresenta função orgânica éter, vai apresentar menor ponto de ebulição, pois em sua estrutura não apresenta ligação hidrogênio, como os compostos (b) e (c).

Exemplo Aplicativo XII

A vitamina C é um nutriente extremamente importante para a fisiologia humana. No Brasil, o consumo de vitamina C sob a forma de concentrados vitamínicos ainda é bastante restrito devido aos altos preços, restando para a maioria da população o consumo via alimentos. A dosagem da vitamina C em alimentos tem, então, um papel crucial no que diz respeito aos estudos pós-colheita para a conservação e a minimização das perdas deste nutriente tão sensível. A estrutura do ácido ascórbico (vitamina C) é apresentada abaixo:

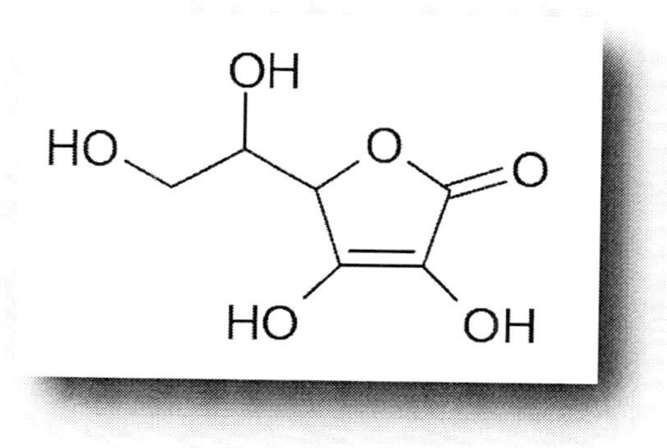

Figura I – Estrutura plana do ácido ascórbico.

A dosagem do ácido ascórbico nos alimentos pode ser realizada titulando-se amostras com soluções de iodo (I_2). O ácido ascórbico é oxidado a ácido deidroascórbico, conforme semirreação equacionada abaixo. O iodo se reduz a iodeto.

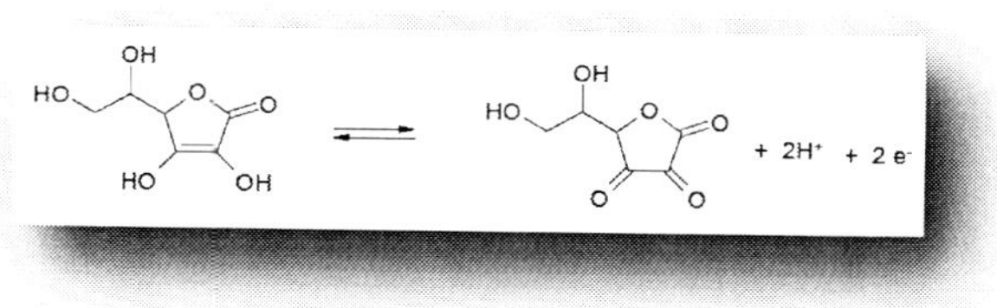

Figura II – Equilíbrio redox entre o ácido ascórbico e o ácido deidroascórbico.

a) Qual a fórmula centesimal do ácido ascórbico?
b) Quais as funções orgânicas na molécula do ácido ascórbico?
c) Qual o número de isômeros opticamente ativos para a estrutura plana mostrada na Figura I?
d) Equacione, utilizando fórmulas estruturais, a reação global de hidrólise do ácido deidroascórbico.

Resolução:

Item a)

Fórmula molecular do ácido ascórbico: $C_6H_8O_6$

Massa molar do ácido ascórbico:
<MM> = (6 x 12) + (8 x 1) + (6 x 16) = 176 g.mol^{-1}.

Cálculo percentual para o carbono:
176 g.mol^{-1} ---------- 100%
(6 x 12) --------------- $\%_C$
$\%_C$ = 40,90%.

Cálculo percentual para o hidrogênio:
176 g.mol^{-1} ---------- 100%
(8 x 1) ---------------- $\%_H$
$\%_H$ = 4,54%.

Cálculo percentual para o oxigênio:
176 g.mol^{-1} ---------- 100%
(6 x 16) --------------- $\%_O$
$\%_O$ = 54,54%.

Item b) As funções orgânicas presentes no ácido ascórbico são as seguintes:

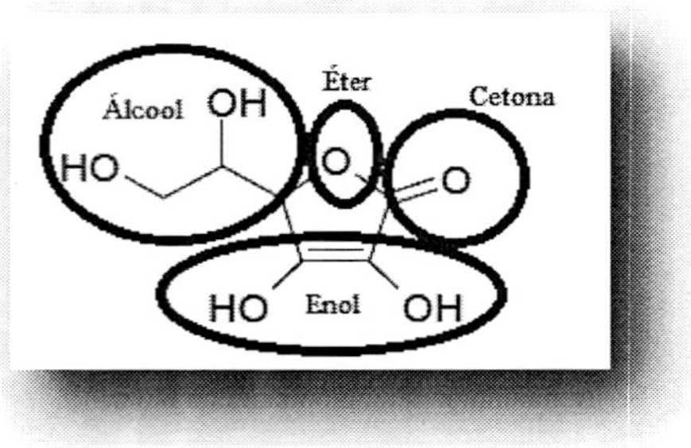

Item c) Dois carbonos assimétricos; Isômeros opticamente ativo: 2^2 = 4.
Item d) Equação química global de hidrólise do ácido deidroascórbico:

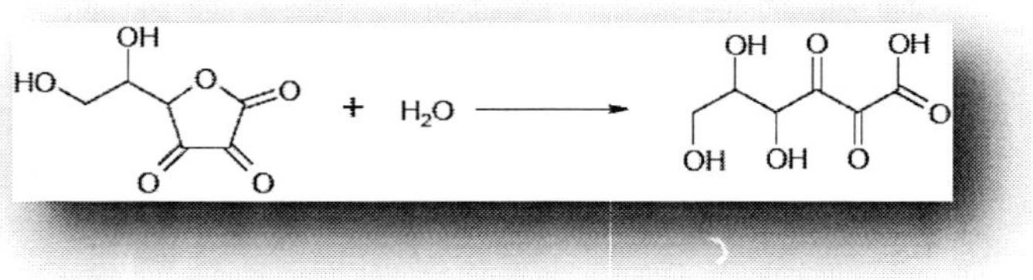

Exemplo Aplicativo XIII

Uma cadeia carbônica de gás n-butano pode ser classificada como:
a) Normal, saturada, acíclica e homogênea
b) Normal, insaturada, acíclica e heterogênea
c) Ramificada, saturada, cíclica e homogênea
d) Normal, insaturada, cíclica e heterogênea
e) Ramificada, insaturada, acíclica e homogênea

Resolução: Alternativa A.

A fórmula estrutural do butano (C_4H_{10}) está representada a seguir:

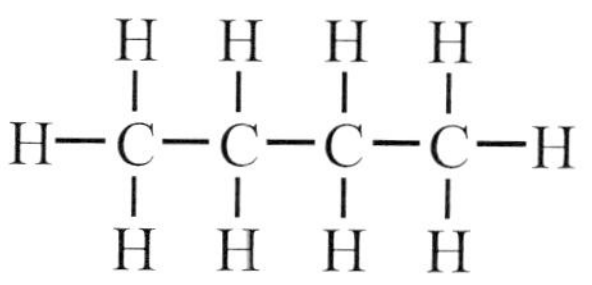

Classificação da cadeia carbônica do butano:
- Cadeia homogênea (entre os carbonos não apresenta nenhum heteroátomo);
- Cadeia Saturada = apenas ligações do tipo simples (sigma);
- Cadeia acíclica, aberta ou também conhecida como alifática;
- Cadeia normal (somente apresenta carbonos primários e secundários).

Exemplo Aplicativo XIV

O processo de oxidação de moléculas de glicose em células, visando a produção de ATP, segue, dependendo do tipo de célula, uma das três vias metabólicas apresentadas no fluxograma a seguir:

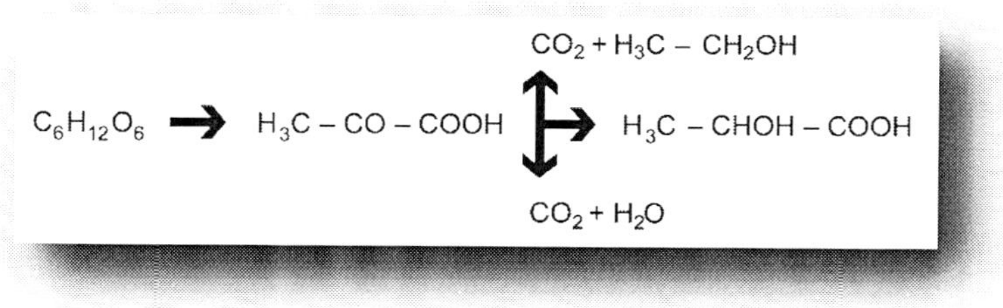

Assinale a alternativa que indica o número total de compostos orgânicos representados por fórmulas no fluxograma.
a) 6
b) 5
c) 4
d) 3
e) 2

Resolução: Alternativa C.
Os compostos orgânicos são quatro no seu total.

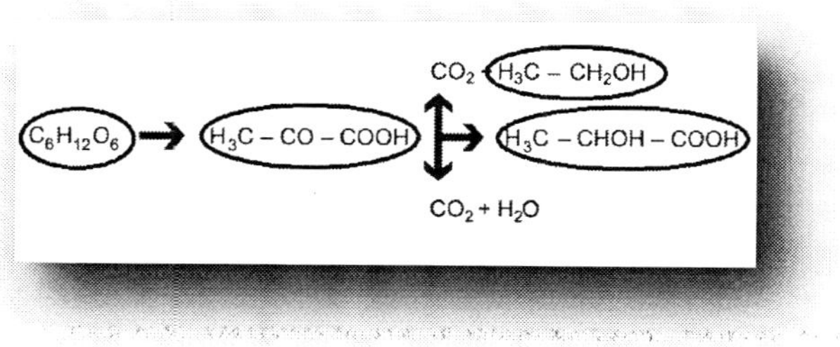

Exemplo Aplicativo XV

Dê a nomenclatura oficial para cada composto orgânico apresentado a seguir:

a)

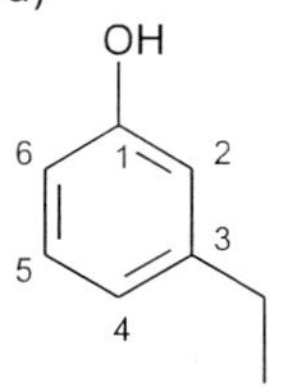

3-etilfenol ou 1-hidróxi-3-etilbenzeno ou m-etilfenol

b)

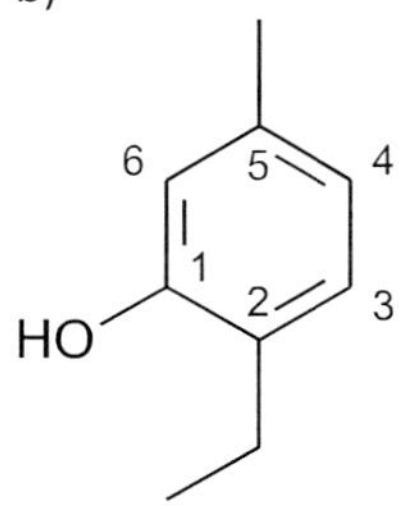

2-etil-5-metilfenol

c)

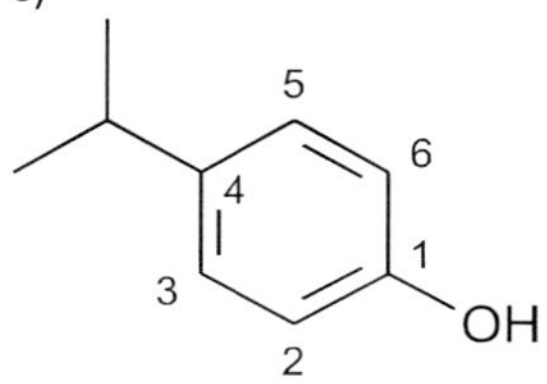

4-isopropilfenol ou 1-hidróxi-4-isopropilfenol ou p-isopropilfenol

d)

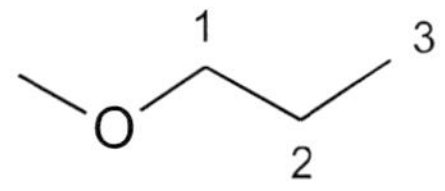

1-metoxipropano ou éter etílico e metílico

e)

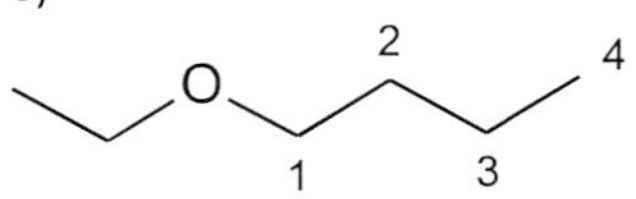

1-etoxibutano ou éter butílico e etílico

f)

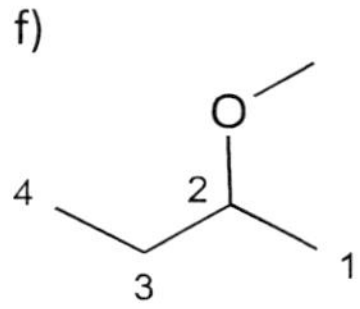

2-metoxibutano ou éter sec-butílico e metílico

g)

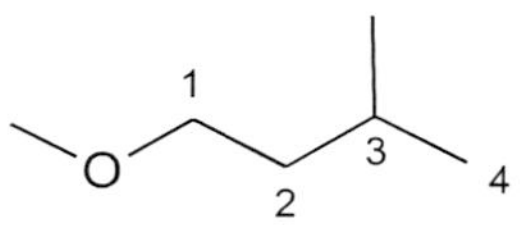

1-metoxi-3metilbutano

h)

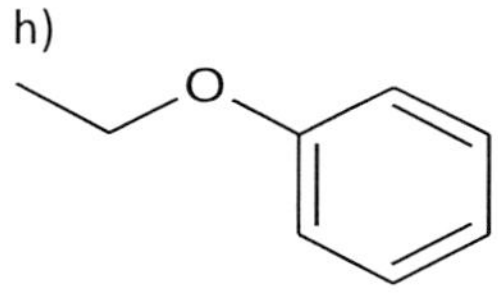

etoxibenzeno ou éter etílico e fenílico

i)

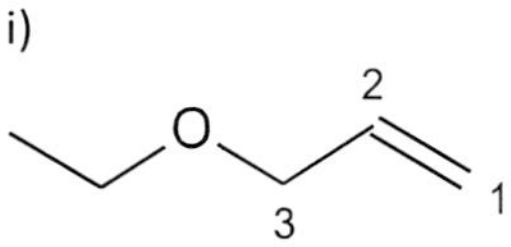

3-etoxiprop-1-eno

j)

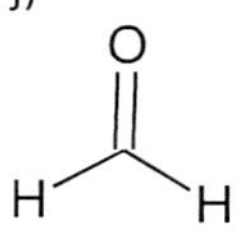

metanal (aldeído fórmico ou formaldeído)

l)

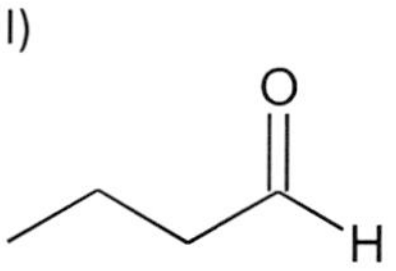

butanal

m)

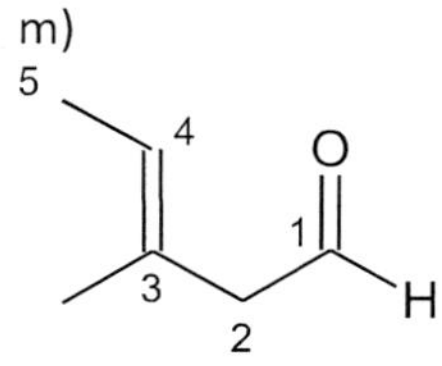

3-metilpent-3-enal

n)

o)

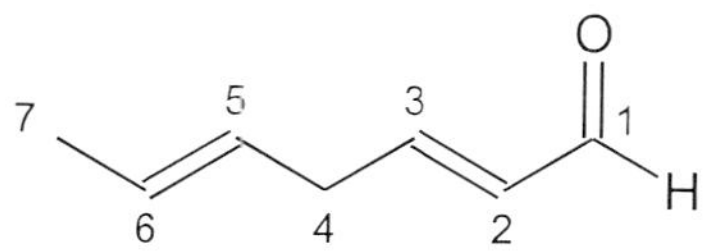
hept-2,5-d:enal

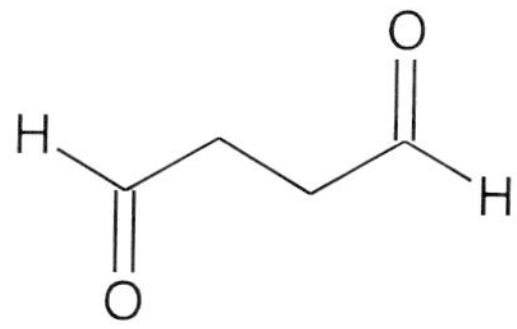
Butanodial

p)

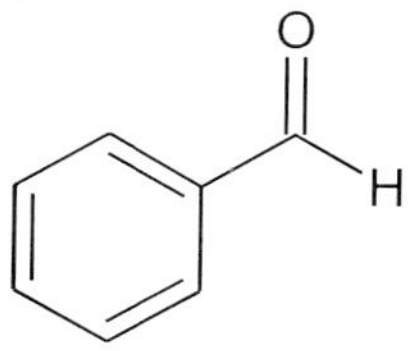
Aldeído benzoico ou benzaldeído

q)

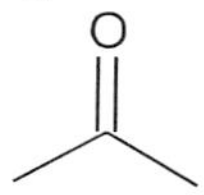
propanona

r)

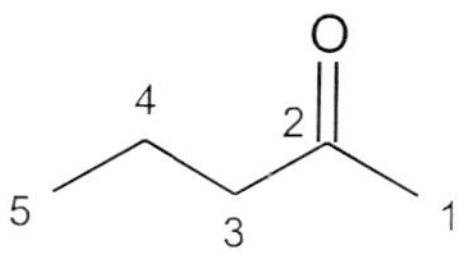
pentan-2-ona

s)

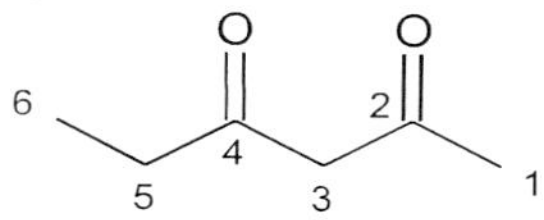
hexano-2,4-diona

t)

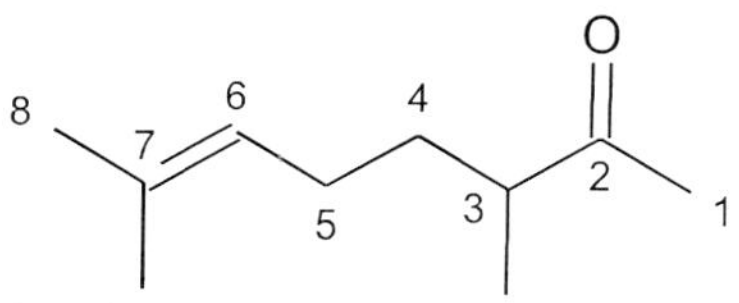
3,7-dimetiloctan-2-ona

u)

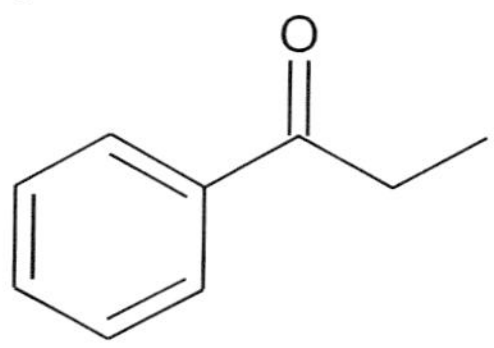
Etilfenilcetona ou cetona etílica e fenílica. Neste caso, pode-se utilizar uma nomenclatura na qual o grupamento carbonila é chamado de cetona

v)

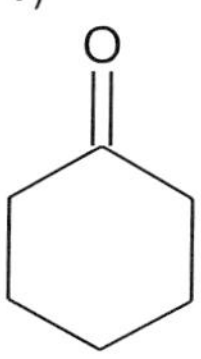
Cicloexanona

w)

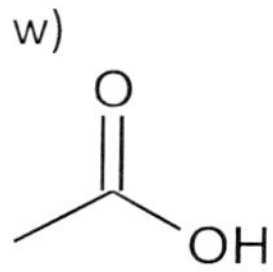
Ácido etanoico (ácido acético)

x)

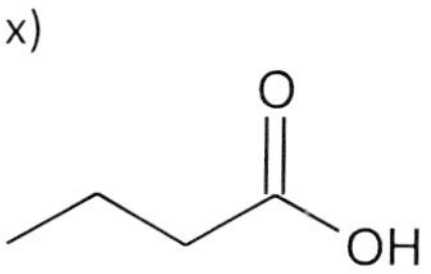
Ácido butanoico (ácido butírico)

y)

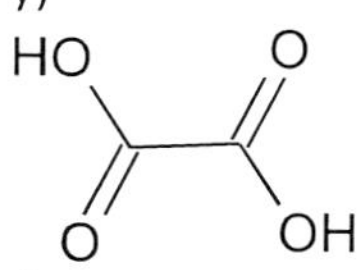
Ácido etanodioico

z)

aa)

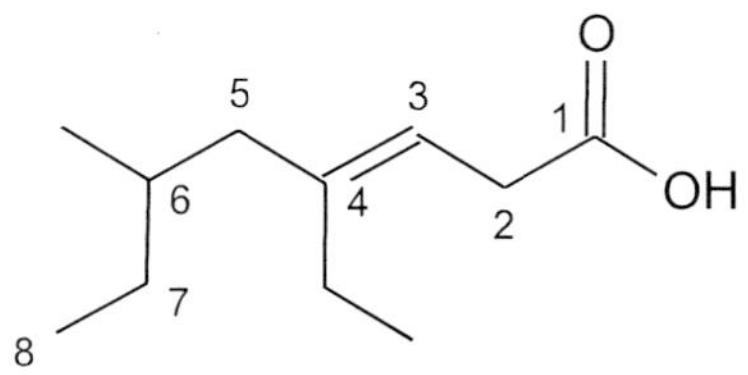

Ácido 4-etil-6-metiloct-3enoico

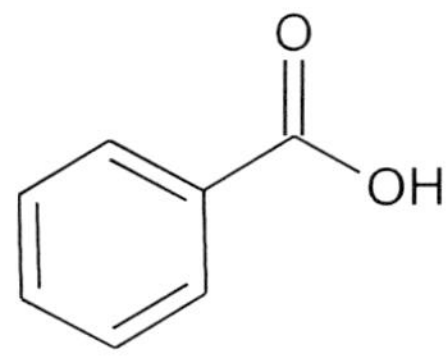

bb)

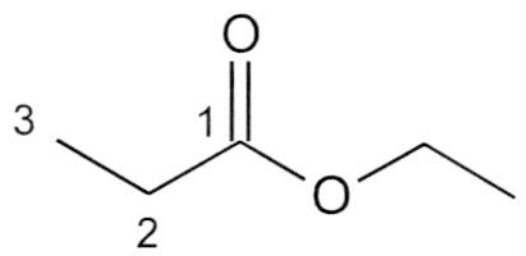

propanoato de etila

cc)

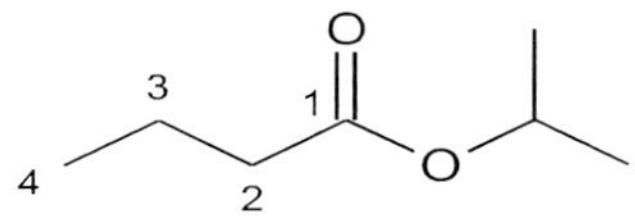

Butanoato de isopropila

dd)

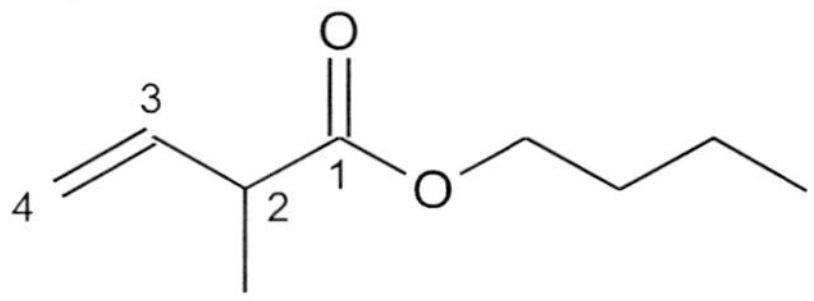

2-metilbut-3-enoato de butila

ee)

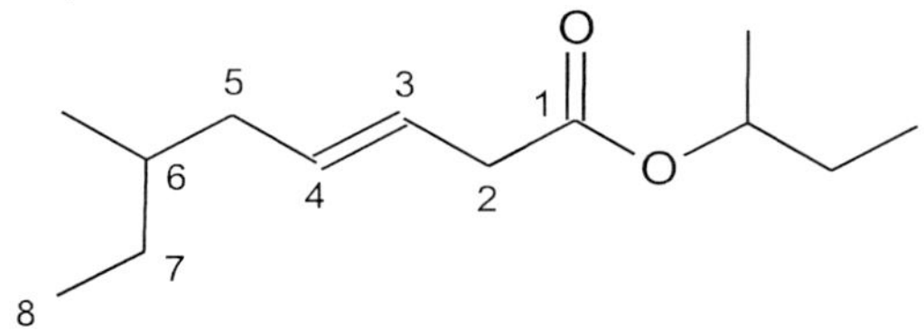

6-metiloct-3-enoato de sec-butila

ff)

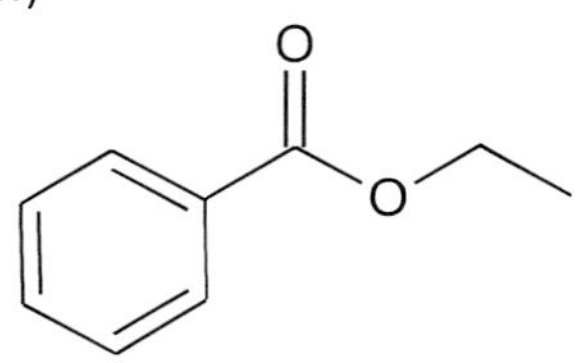

benzoato de etila

gg)

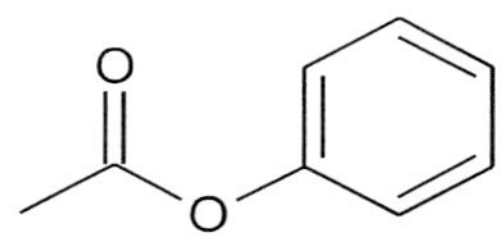

Etanoato de fenila (acetato de fenila)

hh) $H_3C - CH_2 - CH_2 - COONa$

Nomenclatura: butanoato de sódio

Exercícios de Fixação

Questão 01

(EsPCEx) Apesar de já terem sido considerados inertes, os alcanos são a base de muitos complexos industriais. Considerando a fórmula $(CH_3)_3CCHCH_3CH(CH_3)_2$, é correto afirmar que este alcano possui:

I. um carbono quiral
II. Uma cadeia linear
III. dois carbonos quartenários
IV. apenas carbono sp^3

São verdadeiras as afirmativas:

a) I e III
b) I e IV
c) II e III
d) II e IV
e) III e IV

Questão 02

(EsPCEx) Entre os compostos $H_3C\text{-}CH_2\text{-}O\text{-}CH_3$ e $H_3C\text{-}CH_2\text{-}CH_2\text{-}O\text{-}H$ ocorre isomeria plana de:

a) cadeia
b) função
c) compensação
d) posição

Questão 03

(EsPCEx) Considere as seguintes descrições de um composto orgânico:

I) o composto apresenta 7 (sete) átomos de carbono em sua cadeia carbônica, classificada como aberta, ramificada e insaturada;

II) a estrutura da cadeia carbônica apresenta 1 carbono com hibridização tipo sp, apenas 2 carbonos com hibridização tipo sp^2 e os demais carbonos com hibridização sp^3;

III) o composto é um álcool terciário. Considerando as características descritas acima e a nomenclatura de compostos orgânicos regulada pela União Internacional de Química Pura e Aplicada (IUPAC), uma possível nomenclatura para o composto que atenda essas descrições é:

a) 2-2-dimetil-pent-3-in-1-ol
b) 3-metil-hex-2-en-2-ol
c) 2-metil-hex-3,4-dien-2-ol
d) 3-metil-hex-2,4-dien-1-ol
e) 3-metil-pent-1,4-dien-3-ol

Questão 04

(EsPCEx) O composto representado pela fórmula estrutural, abaixo, pertence à função orgânica dos ácidos carboxílicos e apresenta alguns substituintes orgânicos, que correspondem a uma ramificação como parte de uma cadeia carbônica principal, mas, ao serem mostrados isoladamente, como estruturas que apresentam valência livre, são denominados radicais. (Texto adaptado de: Fonseca, Martha Reis Marques da, Química: química orgânica, pág 33, FTD, 2007).

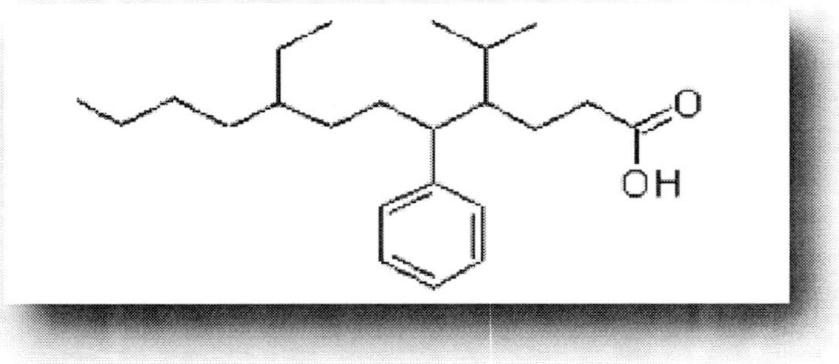

O nome dos substituintes orgânicos ligados respectivamente aos carbonos de número 4, 5 e 8 da cadeia principal, são:
a) etil, toluil e n-propil
b) butil, benzil e isobutil
c) metil, benzil e propil
d) isopropil, fenil e etil
e) butil, etil e isopropil

Questão 05

(EsPCEx) Um exemplo de isomeria de compensação é o formado pelo seguinte par de compostos orgânicos:
a) Álcool propílico e Álcool isopropílico.
b) Cis-buteno-2 e Trans-buteno-2.
c) Etoxi-etano e Metoxi-propano.
d) Metoxi-etano e Propanol-1.
e) Butano e Isobutano.

Questão 06

(EsPCEx) Um hidrocarboneto de cadeira carbônica alifática, homogênea, saturada apresenta um átomo de carbono secundário, dois átomos de carbono quaternário e nenhum átomo de carbono terciário. O número de hidrogênio nesta cadeia é:
a) 18
b) 9
c) 20
d) 10
e) 22

Questão 07

(EsPCEx) A tabela abaixo cria uma vinculação de uma ordem com a fórmula estrutural do composto orgânico, bem como o seu uso ou característica:

Ordem	Composto Orgânico	Uso ou Característica
1	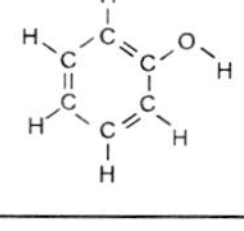	Produção de Desinfetantes e Medicamentos
2	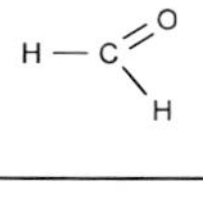	Conservante

3	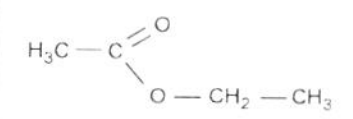	Essência de Maçã
4	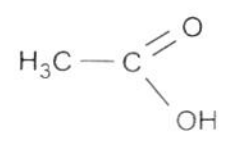	Componente do Vinagre
5	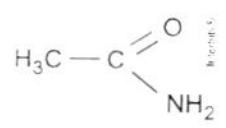	Matéria-Prima para Produção de Plástico

A alternativa correta que relaciona a ordem com o grupo funcional de cada composto orgânico é:

a) 1 – fenol; 2 – aldeído; 3 – éter; 4 – álcool; 5 – nitrocomposto.
b) 1 – álcool; 2 – fenol; 3 – cetona; 4 – éster; 5 – amida.
c) 1 – fenol; 2 – álcool; 3 – éter; 4 – ácido carboxílico; 5 – nitrocomposto.
d) 1 – álcool; 2 – cetona; 3 – éster; 4 – aldeído; 5 – amina.
e) 1 – fenol; 2 – aldeído; 3 – éster; 4 – ácido carboxílico; 5 – amida.

Questão 08

(EsPCEx) O composto denominado comercialmente por Aspartame é comumente utilizado como adoçante artificial, na sua versão enantiomérica denominada S,S-aspartamo. A nomenclatura oficial do Aspartame especificada pela União Internacional de Química Pura e Aplicada (IUPAC) é ácido 3-amino-4-[(1-benzil-2-metóxi-2-oxoetil)amino]-4-oxobutanóico e sua estrutura química de função mista pode ser vista abaixo.

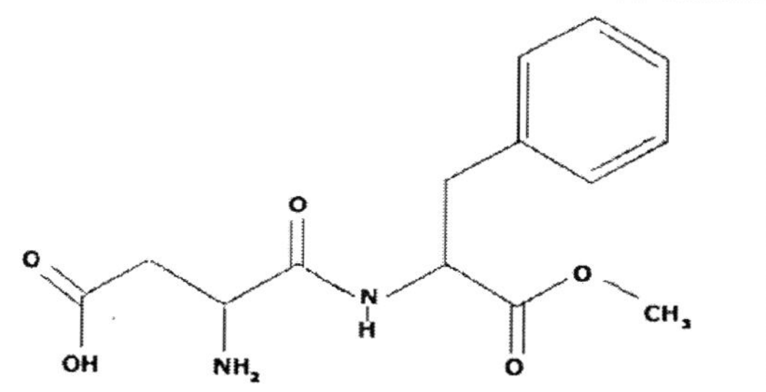

Estrutura do aspartame

A fórmula molecular e as funções orgânicas que podem ser reconhecidas na estrutura do Aspartame são:

a) $C_{14}H_{16}N_2O_4$; álcool; ácido carboxílico; amida; éter
b) $C_{12}H_{18}N_3O_5$; amina; álcool; cetona; éster
c) $C_{14}H_{18}N_2O_5$; amina; ácido carboxílico; amida; éster
d) $C_{13}H_{18}N_2O_4$; amida; ácido carboxílico; aldeído; éter
e) $C_{14}H_{16}N_3O_5$; nitrocomposto; aldeído; amida; cetona

Questão 09

(EsPCEx) O estradiol, o verdadeiro hormônio sexual feminino, é secretado pelos ovários e promove o desenvolvimento das características femininas secundárias que aparecem no início da puberdade. Por outro lado a testosterona, produzida nos testículos, é o hormônio que promove o desenvolvimento das características masculinas secundárias: o crescimento do pelo facial e do corpo, o aprofundamento da voz, o desenvolvimento muscular e a maturação dos órgãos sexuais masculinos. Esses hormônios têm as seguintes fórmulas estruturas:

estradiol

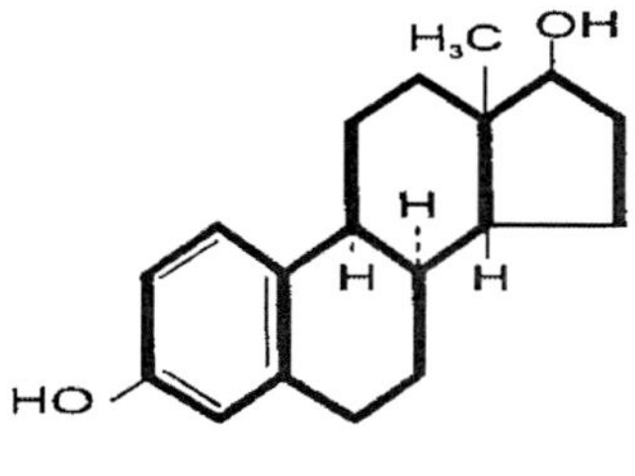

testosterona

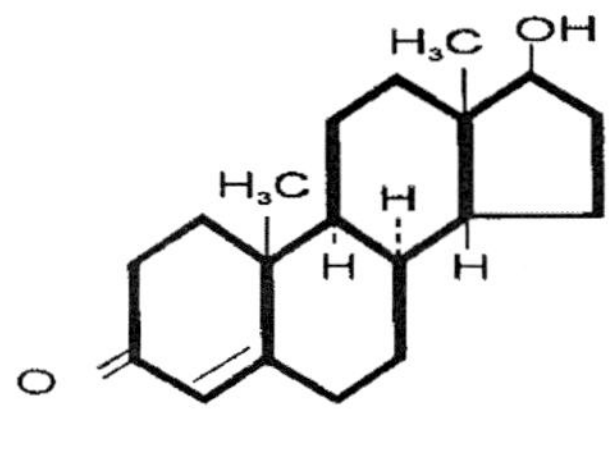

As afirmações abaixo referem-se a estes dois hormônios:
I – Ambos possuem 3 anéis aromáticos cada.
II – A testosterona possui as funções oxigenadas álcool e cetona.
III – O estradiol é um diálcool.
IV – Ambos possuem radical metila. São verdadeiras as afirmações:
a) I e II
b) I, III e IV
c) II, III e IV
d) II e IV
e) I, II, III e IV

Questão 10

(EsPCEx) Na fórmula estrutural do benzeno substituindo-se 2 hidrogênios opostos por radicais (grupos) carboxila, obtém-se a fórmula do ácido p-ftálico, importante para a fabricação de fibras sintéticas do tipo poliéster. Nesta fórmula encontramos a seguinte quantidade de carbonos sp^2(trigonais):
a) 5
b) 3
c) 2
d) 8
e) 6

Questão 11

(EsPCEx) O besouro bombardeiro (Brachynus creptans) possui uma arma química extremamente poderosa. Quando necessário, ele gera uma reação química em seu abdômen, liberando uma substância denominada de p-benzoquinona (ou 1,4-benzoquinona) na forma de um líquido quente e irritante, com emissão de um ruído semelhante a uma pequena explosão, dando origem ao seu nome peculiar.

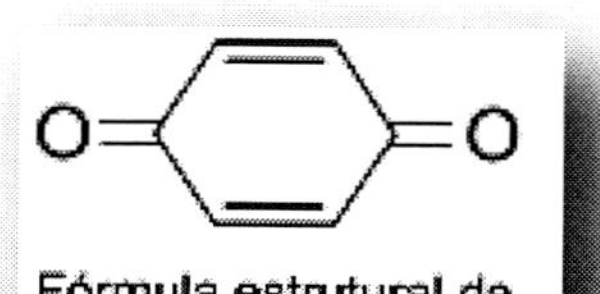

Fórmula estrutural da p-benzoquinona

Acerca dessa substância química, são feitas as seguintes afirmativas:
I. O nome oficial, segundo a União Internacional de Química Pura e Aplicada (IUPAC), da p-benzoquinona é ciclohexa-2,5-dien-1,4-diona.
II. Sua fórmula molecular é $C_6H_4O_2$.
III. Ela pertence à função fenol.
Das afirmativas feitas está(ão) correta(s) apenas:

a) I
b) II
c) III
d) I e II
e) II e III

Questão 12

(EsPCEx) A Aspirina foi um dos primeiros medicamentos sintéticos desenvolvido e ainda é um dos fármacos mais consumidos no mundo. Contém como princípio ativo o Ácido Acetilsalicílico (AAS), um analgésico e antipirético, de fórmula estrutural plana simplificada mostrada abaixo:

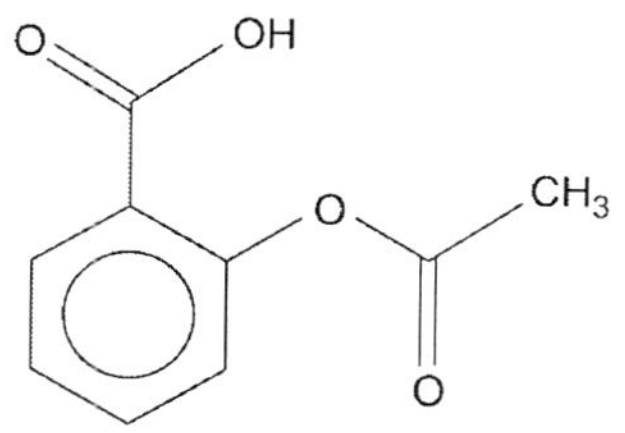

Fórmula estrutural plana do Ácido Acetilsalicílico

Considerando a fórmula estrutural plana simplificada do AAS, a alternativa que apresenta corretamente a fórmula molecular do composto e os grupos funcionais orgânicos presentes na estrutura é:

a) $C_9H_8O_4$; amina e ácido carboxílico
b) $C_{10}H_8O_4$; éster e ácido carboxílico
c) $C_9H_4O_4$; ácido carboxílico e éter
d) $C_{10}H_8O_4$; éster e álcool
e) $C_9H_8O_4$; éster e ácido carboxílico

Questão 13

(EsPCEx) A molécula do 2,2,3 trimetil pentano apresenta:

a) 2 carbonos primários, 1 secundário, 3 terciários e 2 quaternários
b) 2 carbonos primários, 3 secundários e 3 terciários
c) 5 carbonos primários, 1 secundário, 1 terciário e 1 quaternário
d) 3 carbonos primários, 3 secundários, 1 terciário e 1 quaternário
e) 5 carbonos primários e 3 secundários

Questão 14

(EsPCEx) Excluindo-se o grupo carbonila da fórmula de um éster, obtém-se a fórmula de um:

a) ácido carboxílico
b) éter
c) aldeído
d) alcano
e) alceno

Questão 15

(EsPCEx) Metóxi-etano e metanoato de etila:

a) não são isômeros
b) são isômeros de posição
c) são isômeros de função

d) são isômeros geométricos
e) são isômeros de cadeia

Questão 16

(EsPCEx) A molécula do propenoato de isopropila, além de outras características, apresenta cadeia carbônica
a) ramificada e nove átomos de hidrogênio
b) insaturada e dois átomos de carbono sp^2
c) heterogênea e dois átomos de carbono sp
d) aberta e três átomos de carbono lineares
e) heterogênea e três átomos de carbono trigonais

Questão 17

(QUESTÃO DESAFIO – INSTITUTO MILITAR DE ENGENHARIA) Quantos isômeros existem para o diclorofenol?
a) 3
b) 4
c) 5
d) 6
e) 7

Questão 18

(EsPCEx) Os ácidos orgânicos, conforme suas estruturas, são usados nas sínteses de corantes, perfumes, estampagens de tecidos, medicina, conservação de alimentos etc. Um deles é o ácido butenodioico, em cuja molécula existem:
a) 4 carbonos sp^2, 4 oxigênios e 4 hidrogênios
b) 4 carbonos sp^2, 4 oxigênios e 2 hidrogênios
c) 2 carbonos sp^2, 2 carbonos sp^3, 2 oxigênios e 2 hidrogênios
d) 2 carbonos sp^2, 2 carbonos sp^3, 4 oxigênios e 4 hidrogênios
e) 1 carbono sp, 2 carbonos sp^2, 1 carbono sp^3 e 4 hidrogênios

Questão 19

(EsPCEx) As essências de frutas com aromatizantes artificiais, como por exemplo: abacaxi (haexanoato de etila), morango (butanoato de etila), laranja (etanoato de octila), uva (heptanoato e metanoato de etila) e pera (etanoato de isopentila), são estéres, produtos da reação entre um álcool e um ácido carboxílico, com perda de água. Sobre os álcoois e ácidos originários das essências acima podemos afirmar que possuem respectivamente:
a) 8 e 2 carbonos (laranja)
b) 2 e 6 carbonos (pera)
c) 6 e 3 carbonos (abacaxi)
d) 4 e 3 carbonos (morango)
e) 3 e 7 carbonos (uva)

Questão 20

(EsPCEx) Tornou-se uma mania entre os alunos de diversas idades, o hábito de carregar no lugar da antiga borracha, o corretivo líquido. Muitos destes corretivos contêm diclorometano como solvente, que é prejudicial à saúde, por ser tóxico e muito volátil. Sua fórmula molecular é:
a) $(C_2H_2)Cl_2$
b) CH_2Cl_2
c) C_2Cl_2
d) $C_2H_2Cl_2$
e) CH_3CH_2Cl

Questão 21

(EsPCEx) O brometo de benzila, princípio ativo do gás lacrimogêneo tem fórmula molecular C_7H_7Br. A fórmula deste composto admite a seguinte quantidade de isômeros:

a) 2
b) 4
c) 5
d) 6
e) 8

Questão 22

(EsPCEx) Na final da década de 50, um medicamento chamado Talidomida foi prescrito em muitos países como tranquilizante. A fórmula do princípio ativo desse remédio encontra-se abaixo:

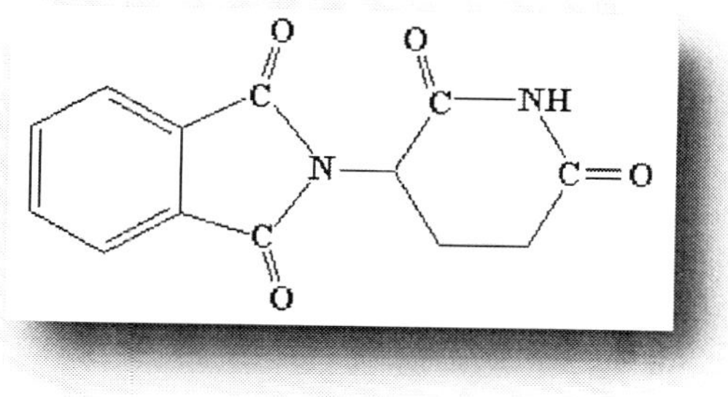

O número de carbonos com hibridização do tipo sp^3 presentes neste composto é:
a) 2
b) 3
c) 4
d) 5
e) 6

Questão 23

(EsPCEx) O aspartame é um adoçante artificial usado para adoçar bebidas e alimentos. Abaixo está representada a sua fórmula estrutural.

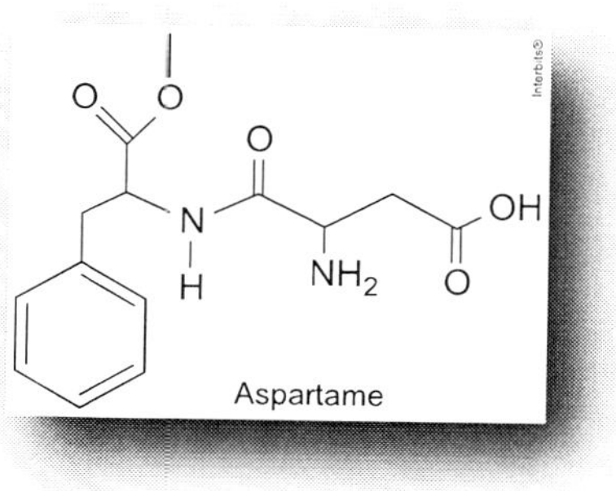

Sobre essa estrutura, são feitas as seguintes afirmações:

I. As funções orgânicas existentes na molécula dessa substância são características, apenas, de éter, amina, amida, ácido carboxílico e aldeído.
II. A fórmula molecular do aspartame é $C_{13}H_{15}N_2O_5$.
III. A função amina presente na molécula do aspartame é classificada como primária, porque só tem um hidrogênio substituído.
IV. A molécula de aspartame possui 7 carbonos com hibridização sp^3 e 4 carbonos com hibridização sp^2.
V. O aspartame possui 6 ligações π (pi) na sua estrutura. Das afirmações feitas está(ão) correta:

a) apenas I e III
b) apenas II e III
c) apenas III e V
d) apenas II e IV

e) apenas I e IV

Questão 24

(EsPCEx) Assinale a alternativa correta. Dados:

Elemento químico	C (Carbono)	N (Nitrogênio)	Cl (Cloro)	H (Hidrogênio)
Número Atômico	Z = 6	Z = 7	Z = 17	Z = 1

a) o metanol, cuja fórmula estrutural é $H_3C\text{-}OH$, apresenta quatro ligações do tipo π (pi);
b) o butano e o metilpropano apresentam a mesma fórmula molecular (C_4H_{10}) e a mesma massa molar de 58 g/mol e, por conseguinte, possuem iguais pontos de fusão e ebulição;
c) metano, etano e propano são constituintes de uma série homóloga de hidrocarbonetos;
d) uma cadeia carbônica homogênea é ramificada quando apresenta somente carbonos primários e secundários;
e) a união das estruturas dos radicais orgânicos etil e t-butil (terc-butil) gera um composto orgânico cuja estrutura é nomeada por 2 – metilhexano.

Questão 25

(EsPCEx) Um aluno, durante uma aula de química orgânica, apresentou um relatório em que indicava e associava alguns compostos orgânicos com o tipo de isomeria plana correspondente que eles apresentam. Ele fez as seguintes afirmativas acerca desses compostos e da isomeria correspondente:
I. os compostos butan-1-ol e butan-2-ol apresentam entre si isomeria de posição.
II. os compostos pent-2-eno e 2 metilbut-2-eno apresentam entre si isomeria de cadeia.
III. os compostos propanal e propanona apresentam entre si isomeria de compensação (metameria).
IV. os compostos etanoato de metila e metanoato de etila apresentam entre si isomeria de função.
Das afirmativas feitas pelo aluno, as que apresentam a correta relação química dos compostos orgânicos citados e o tipo de isomeria plana correspondente são apenas
a) I e II
b) I, II e III
c) II e IV
d) I, II e IV
e) III e IV

Questão 26

(EsPCEx) Muitas sínteses orgânicas podem ser realizadas como uma sequência de reações químicas. Considere a sequência de reações químicas representadas a seguir, como a monocloração de alcanos (1ª etapa) e a reação de haletos orgânicos com compostos aromáticos (2ª etapa).

$$\mathrm{A + Cl_2 \xrightarrow{luz} CH_3CH_2Cl + HCl}$$ (primeira etapa – cloração)

$$\mathrm{CH_3CH_2Cl + benzeno \xrightarrow{AlCl_3} B + HCl}$$ (segunda etapa – alquilação Friedel-Crafts)

Para obtenção de um haleto orgânico, na primeira etapa é feita uma reação de halogenação (*"substituição de hidrogênios de compostos orgânicos por átomos de haletos como o cloro, denominada de reação de cloração"*). Em seguida, na segunda etapa, é feito um processo conhecido por reação de alquilação Friedel-Crafts (*"reação de haletos orgânicos com compostos aromáticos ou, simplesmente, a ligação de grupos alquil à estrutura de compostos orgânicos como anéis aromáticos"*).
Acerca das substâncias correspondentes, representadas genericamente pelas letras "A" e "B", são feitas as seguintes afirmativas:
I. O nome (aceito pela IUPAC) da substância "A" é cloroetano.
II. O nome (aceito pela IUPAC) da substância "B" é o etilbenzeno.
III. Todos os carbonos da substância "B" apresentam hibridização sp^2

IV. A fórmula molecular da substância "B" é C_8H_{10}

V. O processo de alquilação, representado pela equação da reação na segunda etapa, pode ser classificado como reação de substituição. Assinale a alternativa que apresenta todas as afirmativas corretas, dentre as listadas acima.

a) I, II e III
b) II, III, IV e V
c) I, IV e V
d) II, IV e V
e) III e IV

Questão 27

(EsPCEx) Na ração operacional do Exército Brasileiro, é fornecida uma cartela contendo cinco comprimidos do composto dicloro isocianurato de sódio, também denominado de dicloro-s-triazinotriona de sódio ou trocloseno de sódio, dentre outros. Essa substância possui a função de desinfecção da água, visando potabilizá-la. Instruções na embalagem informam que se deve adicionar um comprimido para cada 1L de água a ser potabilizada, aguardando-se o tempo de 30 minutos para o consumo. A estrutura do dicloro isocianurato de sódio é representada a seguir:

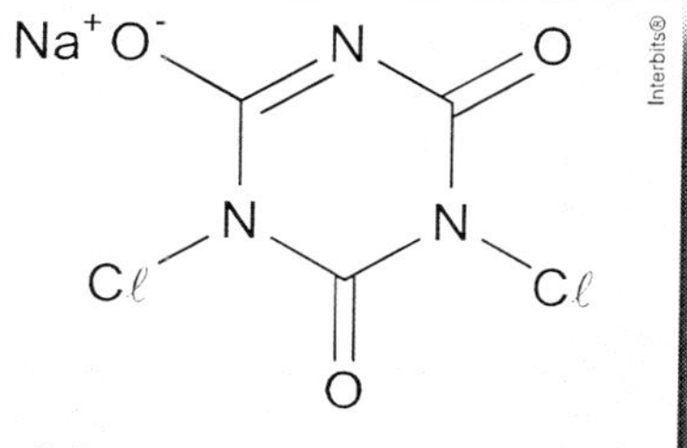

dicloro isocianurato de sódio

Considerando a estrutura apresentada e o texto, são feitas as seguintes afirmativas:

I. em sua estrutura encontra-se o grupo funcional representativo da função nitrocomposto.

II. todos os carbonos apresentados na estrutura possuem hibridização sp^2.

III. sua fórmula molecular é $C_3Cl_2N_3NaO_3$.

IV. Considerando-se um cantil operacional contendo 1000 mL de água, será necessário mais que uma unidade do comprimido para desinfecção completa dessa água. Das afirmativas feitas estão corretas apenas:

a) I e II
b) III e IV
c) II e III
d) I, III e IV
e) I, II e III

Questão 28

(EsPCEx) O polímero Kevlar® (poliparafenileno de tereftalamida), usado em materiais de proteção balística, foi descoberto pela química sueca Stephanie Kwolek, na tentativa de desenvolver um novo polímero para uso em pneus. Apresenta elevada resistência térmica e mecânica por suas cadeias estabelecerem uma rede polimérica, por meio de interações intermoleculares fortes. Pode ser sintetizado a partir da reação entre as substâncias 1,4-fenileno-diamina (1,4-diaminobenzeno) e ácido tereftálico (ácido 1,4-benzenodicarboxílico) como mostra a equação da reação a seguir:

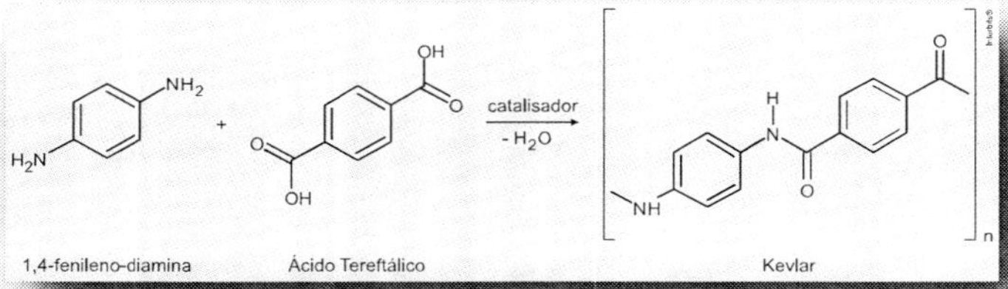

Com relação a esta reação e às estruturas apresentadas, são feitas as seguintes afirmativas:

I. a hibridização de todos os carbonos nas estruturas dos reagentes é do tipo sp^2

II. a reação de obtenção do poliparafenileno de tereftalamida é classificada como de substituição, por adicionar uma molécula de água à estrutura do polímero;

III. o Kevlar é uma substância iônica de alta massa molecular;

IV. a fórmula molecular da substância 1,4-fenileno-diamina é $C_6H_8N_2$;

V. as interações intermoleculares que mantêm as cadeias do Kevlar unidas, formando redes poliméricas, são do tipo ligações de hidrogênio (pontes de hidrogênio).

Estão corretas apenas as afirmativas

a) II e V
b) III e IV
c) I, IV e V
d) III, IV e V
e) I, II e IV

Questão 29

(EsPCEx) Acidulantes são substâncias utilizadas principalmente para intensificar o gosto ácido de bebidas e outros alimentos. Diversos são os ácidos empregados para essa finalidade. Alguns podem ser classificados como ácidos orgânicos e outros como ácidos inorgânicos. Dentre eles, estão os quatro descritos pelas fórmulas moleculares e estruturais abaixo.

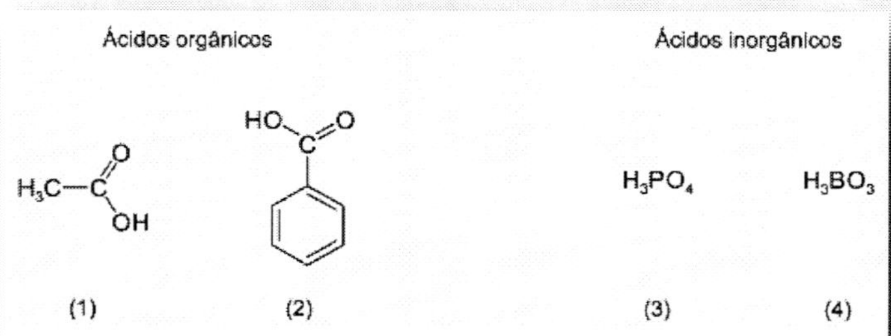

A alternativa que descreve, respectivamente, a correta nomenclatura oficial destes ácidos é:

a) 1 - Ácido etânico; 2 - Ácido fenólico; 3 - Ácido fosfórico; 4 - Ácido bórico
b) 1 - Ácido etanoico; 2 - Ácido benzoico; 3 - Ácido fosfórico; 4 - Ácido bórico
c) 1 - Ácido etanoico; 2 - Ácido benzílico; 3 - Ácido fosforoso; 4 - Ácido borático
d) 1 - Ácido propílico; 2 - Ácido benzílico; 3 - Ácido fosfático; 4 - Ácido boroso
e) 1 - Ácido etanoso; 2 - Ácido benzoico; 3 - Ácido fosforoso; 4 - Ácido bárico

Questão 30

(EsPCEx) Leia o texto a seguir e resolva a equação: "Quando se efetuam duas substituições em um anel aromático, verifica-se experimentalmente que a posição da segunda substituição do anel depende da estrutura do primeiro grupo substituinte, ou seja, o primeiro ligante do anel determinará a posição preferencial para a outra substituição. Esse fenômeno recebe o nome de dirigência e existem somente dois tipos de dirigentes: ortoparadirigentes e metadirigentes." Considere a monitoração de um composto hipotético de fórmula $C_6H_5X_1$ em presença de ácido sulfúrico como catalisador. Esta monitoração pode gerar como produtos os compostos A, B e C, cuja reação é representada abaixo:

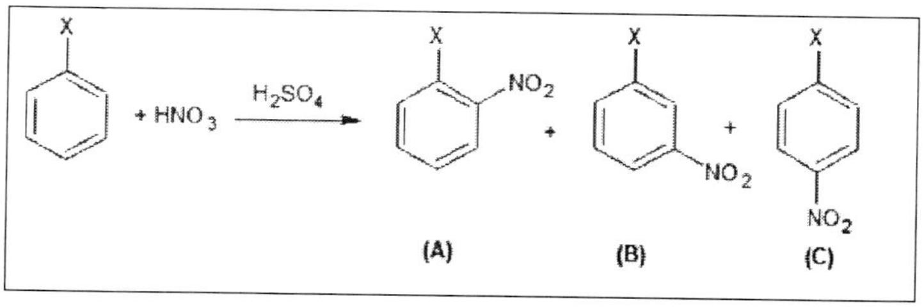

Acerca dessa reação e de seus compostos, são feitas as seguintes afirmativas:
I – Trata-se de uma reação de condensação.
II – Caso X seja um haleto, os compostos A e C serão os produtos preferencialmente formados na reação.
III – Caso X seja o grupo metila ($-CH_3$), o composto B será o produto preferencialmente formado na reação.
IV – Caso X seja o grupo nitro ($-NO_2$), o composto B será o produto preferencialmente formado na reação.
V – Os compostos A, B e C são isômeros de função.
a) I, II e III
b) I, III e V
c) II, IV e V
d) II e IV
e) III e IV

Questão 31

(EsPCEx) Leia o texto a seguir e resolva a questão: "A ozonólise utiliza ozônio (O_3) na presença de água (H_2O) e o zinco (Zn). O ozônio adiciona-se à dupla ligação do alqueno, originando um composto intermediário instável, denominado ozoneto ou ozonida. O ozoneto, por sua vez, se hidrolisa, originando aldeídos e/ou cetonas. A finalidade da utilização do zinco é evitar que o oxigênio, que pode ser produzido pela decomposição da água oxigenada, oxide o aldeído, transformando-o em ácido carboxílico." Sabe-se que a ozonólise de um alqueno genérico denominado A, produziu os compostos propanona e propanal como produtos, além da substância H_2O_2.

$$A + O_3 \xrightarrow[Zn]{H_2O} \text{propanona} + \text{propanal} + H_2O_2$$

A cerca desta reação e de seus reagentes e produtos, são feitas as seguintes afirmações:
I – De acordo com a IUPAC, o nome oficial da substância A é 2-metilpent-2-eno.
II- O nome da substância H_2O_2 é superóxido de hidrogênio. III – O grupo orgânico carbonila está presente nas três substâncias orgânicas (substância A, propanona e propanal)
IV – Os compostos A, propanona e propanal têm em sua estrutura ao menos um carbono com hibridização sp^2.
V – A cadeia carbônica da substância A é ramificada. Das afirmativas feitas, estão corretas apenas:
a) I e III
b) I, III e V
c) II, IV e V
d) II e IV
e) I, IV e V

Questão 32

(EsPCEx) Assinale a alternativa que apresenta as palavras que completam, correta e respectivamente, a seguinte frase: Quando duas moléculas diferentes são imagens espelhadas não sobreponíveis uma da outra, estas moléculas são consideradas ________; a condição para a ocorrência desta situação é que as moléculas sejam ________.
a) enantiômeros – simétricos
b) diastereoisômeros – simétricos
c) estereoisômeros – simétricos

d) enantiômeros – assimétricos
e) diastereoisômeros – assimétricos

Questão 33

(EsPCEx) Uma substância possui fórmula molecular hipotética X_nZ_m, em que X e Z representam genericamente os símbolos de seus elementos químicos constituintes e as letras **n** e **m** representam seus respectivos índices. Considere que X é o elemento de menor raio atômico do grupo 14 da Tabela Periódica, que Z é o único elemento que apresenta um isótopo sem nêutrons em seu núcleo, e que cada molécula da referida substância possui somente ligações do tipo sigma (σ) e cadeia aberta. Baseado nestas informações, são feitas as seguintes afirmativas:

I. A substância em questão é classificada como uma substância simples.

II. Caso n seja igual a 4 (quatro), a substância em questão possuirá 2 (dois) isômeros planos (constitucionais), e o que possuir cadeia normal ou for menos ramificado apresentará pontos de fusão e de ebulição maiores que o de cadeia mais ramificada.

III. As moléculas da substância em questão se atraem por meio de interações intermoleculares do tipo dipolo induzido-dipolo induzido.

IV. Se a substância em questão possuir somente 1 (um) átomo de carbono em cada uma de suas moléculas, sua massa molar será igual à massa molar da substância oxigênio. Das afirmativas feitas, estão corretas apenas:

a) I e II
b) I e IV
c) II e III
d) II e IV
e) III e IV

Exercícios de Fixação – Gabarito

Questão 01

(EsPCEx) Alternativa B.
Nomenclatura oficial: 2,2,3,4 tetrametilpentano.

Questão 02

(EsPCEx) Alternativa B. O primeiro composto orgânico é um éter e o segundo composto trata-se de um álcool. Logo a isomeria plana é do tipo funcional, uma vez que apresenta funções orgânicas distintas.

Questão 03

(EsPCEx) Alternativa C. A partir das informações informadas pela questão, o composto apresenta fórmula molecular $C_7H_{12}O$, que apresenta nomenclatura: 2 – metil-hexa-3,4-dien-2-ol.

Questão 04

(EsPCEx) Alternativa D.

As estruturas circuladas são as seguintes: etil, isopropil e fenil.

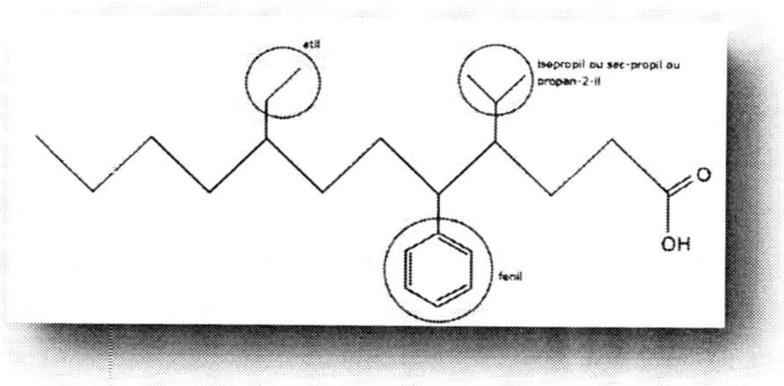

Questão 05

(EsPCEx) Alternativa C.
A isomeria de compensação ou também conhecida como metameria é um isômero em que apresenta a mesma fórmula molecular em que o heteroátomo encontra-se em posições distintas. A única alternativa que apresenta esta característica é a alternativa C.

Estrutura 1: $CH_3 - CH_2 - O - CH_2 - CH_3$ (Etoxi-etano)
Estrutura 2: $CH_3 - O - CH_2 - CH_2 - CH_3$ (Metoxi-propano)

Questão 06

(EsPCEx) Alternativa C.
A estrutura orgânica que tem um átomo de carbono secundário, dois átomos de carbono quaternário e nenhum átomo de carbono terciário apresenta a seguinte nomenclatura: 2,2,3,3 – tetrametilpentano. Para esta estrutura há vinte (20) átomos de hidrogênio.

Questão 07

(EsPCEx) Alternativa E. A tabela abaixo apresenta as funções orgânicas dos compostos apresentados.

Ordem	Composto Orgânico	Função Orgânica
1	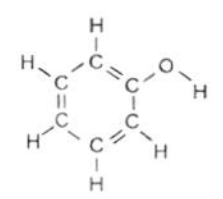	Fenol
2	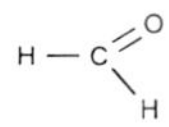	Aldeído
3	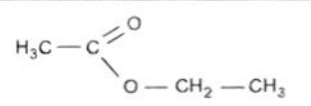	Éster
4	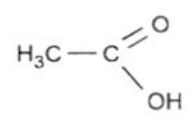	Ácido carboxílico
5	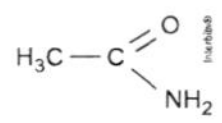	Amida

Questão 08

(EsPCEx) Alternativa C.
As funções apresentadas são as seguintes: 1 – ácido carboxílico; 2 – amina; 3 – amida; 4 – éster. Fórmula molecular do Aspartame: $C_{14}H_{18}N_2O_5$.

Questão 09

(EsPCEx) Alternativa D.
I. Falso. Somente o estradiol apresenta uma cadeia aromática.
II. Verdadeiro.
III. Falso. O estradiol apresenta como funções: álcool e fenol.
IV. Verdadeiro.

Questão 10

(EsPCEx) Alternativa D. O composto mencionado é o ácido p-ftálico. Este composto orgânico apresenta oito carbonos com hidridização do tipo sp^2.

Questão 11

(EsPCEx) Alternativa D.
O nome oficial deste composto orgânico é ciclohexa-2,5-dien-1,4-diona, que apresenta fórmula molecular $C_6H_4O_2$, apresentando uma vez que a molécula possui 6 átomos de carbono, 4 átomos de hidrogênio e 2 átomos de oxigênio, uma vez que esta molécula apresenta função orgânica cetona.

Questão 12

(EsPCEx) Alternativa E.
Observando a estrutura orgânica do ácido acetilsalicílico, observamos que as funções orgânicas presentes são as seguintes: Ácido carboxílico e éster. A fórmula molecular deste composto $C_9H_8O_4$.

Questão 13

(EsPCEx) Alternativa C.
No alcano 2,2,3 trimetil pentano, há cinco carbonos primários, um carbono secundário, um carbono terciário e um carbono quaternário.

Questão 14

(EsPCEx) Alternativa B.
Excluindo a carbonila (C = O) do éster, a fórmula orgânica se reduz para um éter,

Questão 15

(EsPCEx) Alternativa A.
O metóxi-etano é um éter que apresenta fórmula molécula C_3H_8O e o metanoato de etila apresenta fórmula molecular $C_3H_6O_2$. Como as fórmulas moleculares são distintas, ambos os compostos não apresentam isomeria.

Questão 16

(EsPCEx) Alternativa B.
Nesta estrutura orgânica a fórmula molecular é $C_6H_{10}O_2$.
Sua estrutura pode ser representada da seguinte maneira: CH_2=CH-COO-CH$(CH_3)_2$. Classificando esta estrutura orgânica:
Aberta ou alifática, heterogênea, insaturada, dois carbonos com hibridização sp^2.

Questão 17

(EsPCEx) Alternativa D.

Questão 18

(EsPCEx) Alternativa A.
Nesta estrutura orgânica a fórmula molecular é $C_4H_4O_4$.
Sua estrutura pode ser representada da seguinte maneira: HOOC - CH=CH - COOH.

Questão 19

(EsPCEx) Alternativa A. A tabela abaixo apresenta o número de átomos de carbonos provenientes do álcool e átomos de carbonos provenientes dos ácidos, para cada fruta apresentada.

Fruta	Nome do composto	Número de átomos de carbono provenientes do álcool	Número de átomos de carbono provenientes do ácido
Laranja	Etanoato de octila	8	2
Pera	Etanoato de isopentila	5	2
Abacaxi	Hexanoato de etila	2	6
Morango	Butanoato de etila	2	4
Uva	Heptanoato e metanoato de etila	2 e 2 (respectivamente)	7 e 1 (respectivamente)

Questão 20

(EsPCEx) Alternativa B. Fórmula molecular do diclorometano = CH_2Cl_2.

Questão 21

(EsPCEx) Alternativa A.

Questão 22

(EsPCEx) Alternativa B. Os carbonos com hibridização do tipo sp^3 estão apresentados na molécula a seguir.

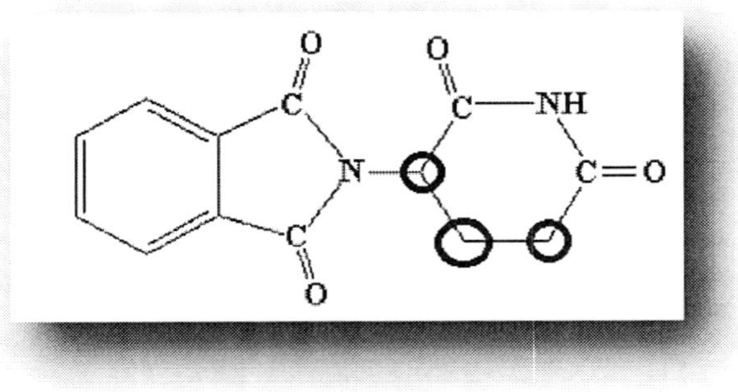

Questão 23

(EsPCEx) Alternativa C.

I. Falso. As funções orgânicas presentes são as seguintes: éster, amida, amina e ácido carboxílico.

II. Falso. Contando os elementos químicos presentes na estrutura do Aspartame, a fórmula molecular é $C_{13}H_{15}N_2O_5$.

III. Verdadeiro.

IV. Falso. Há cinco carbonos que realizam ligações simples, apresentando hibridização sp^3.

V. Verdadeiro.

Questão 24

(EsPCEx) Alternativa C.

Questão 25

(EsPCEx) Alternativa A.

[I] Correta. Os compostos butan-1-ol e butan-2-ol apresentam entre si isomeria de posição (a posição do grupo OH é diferente).

[II] Correta. Os compostos pent-2-eno (cadeia não ramificada) e 2 metilbut-2-eno (cadeia ramificada) apresentam entre si isomeria de cadeia.

[III] Incorreta. Os compostos propanal (aldeído) e propanona (cetona) apresentam entre si isomeria de função.

[IV] Incorreta. Os compostos etanoato de metila e metanoato de etila apresentam entre si isomeria de compensação ou metameria.

Questão 26

(EsPCEx) Alternativa D.

[I] Incorreta. O nome (aceito pela IUPAC) da substância "A" é etano.

[II] Correta. O nome (aceito pela IUPAC) da substância "B" é o etilbenzeno.

[III] Incorreta. Na substância B existem átomos de carbono com hibridização sp^2 e sp^3.

[IV] Correta. A fórmula molecular da substância "B" é C_8H_{10}.

[V] Correta. O processo de alquilação, representado pela equação da reação na segunda etapa, pode ser classificado como reação de substituição.

Questão 27

(EsPCEx) Alternativa C.

[I] Incorreta. Em sua estrutura encontra-se o grupo funcional representativo da função imida.

[II] Correta. Todos os carbonos apresentados na estrutura possuem hibridização sp^2.

[III] Correta. Sua fórmula molecular é $C_3Cl_2N_3NaO_3$.

[IV] Incorreta. Instruções na embalagem informam que se deve adicionar um comprimido para cada 1L (1000 mL) água.

Questão 28

(EsPCEx) Alternativa C.

[I] Correta. A hibridização de todos os carbonos nas estruturas dos reagentes é do tipo sp^2
[II] Incorreta. A reação de obtenção do poliparafenileno de tereftalamida é classificada como de condensação, pois ocorre a saída de água no processo.
[III] Incorreta. O Kevlar é uma substância covalente de alta massa molecular.
[IV] Correta. A fórmula molecular da substância 1,4-fenileno-diamina é $C_6H_8N_2$.
[V] Correta. As interações intermoleculares que mantêm as cadeias do Kevlar unidas, formando redes poliméricas, são do tipo ligações de hidrogênio (pontes de hidrogênio).

Questão 29

(EsPCEx) Alternativa B.

Questão 30

(EsPCEx) Alternativa D.
Item I) Falso. Trata-se de um processo que acarreta uma reação de substituição eletrofílica.
Item II) Verdadeiro. Os haletos presentes na molécula atuam como grupos orto/para dirigentes em reações de substituição eletrofílica.
Item III) Falso. O grupo metil atua como grupo orto/para dirigente em processos que acarretam reações de substituição eletrofílica.
Item IV) Verdadeiro. O grupo nitro atua como grupo meta dirigente em processos com reações de substituição eletrofílica.
Item V) Falso. Os compostos orgânicos mencionados, A, B e C são isômeros de posição.

Questão 31

(EsPCEx) Alternativa E.

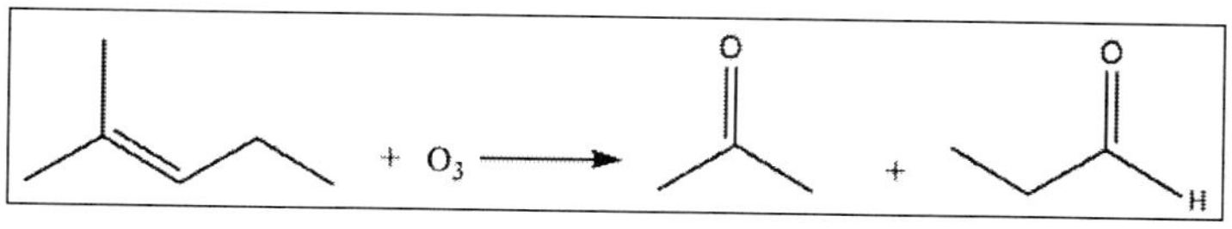

Item I) Verdadeiro. Nomenclatura: 2-metilpent-2-eno
Item II) Falso. A nomenclatura do óxido corresponde ao peróxido de hidrogênio.
Item III) Falso. A substância A é um hidrocarboneto, não possui carbonila.
Item IV) Verdadeiro. Todos os carbonos com a exceção de um apresentam hibridização sp^2.
Item V) Verdadeiro. Há uma ramificação metil no carbono 2.

Questão 32

(EsPCEx) Alternativa D.
Define-se compostos orgânicos como enantiômeros aqueles que apresentam isômeros opticamente ativos, ou seja, compostos orgânicos que apresentam pelo menos um carbono assimétrico, em que a mesma molécula representa a imagem especular um do outro e diante disso são compostos sobreponíveis.

Questão 33

(EsPCEx) Alternativa C.
X = Menor raio atômico (grupo 14/4A)
Z = hidrogênio
X_nZ_m = hidrocarboneto (ligação do tipo sigma – simples)

Item I) Falso. Sendo uma molécula composta por X e Z, trata-se de uma substância composta.
Item II) Verdadeiro. Para uma fórmula molecular C_4H_{10} há dois compostos isômeros, que se trata do butano e do metil-propano.
Item III) Verdadeiro. Sendo a molécula orgânica, sua interação é do tipo dipolo-induzido.

Item IV) Falso.

Referências Bibliográficas

FELTRE, R. Fundamentos de Química: vol. único. 4ª.ed. São Paulo: Moderna, 2005. 700 p.
NABUCO, J. R. P. & BARROS, R. V. Química Geral e Inorgânica: segundo grau, Rio de Janeiro: Ao Livro Técnico, 1978.
NABUCO, J. R. P. & BARROS, R. V. Físico-Química: segundo grau, Rio de Janeiro: Ao Livro Técnico, 1979.
Site do exército brasileiro. http://www.espcex.eb.mil.br/

CAPÍTULO 18. APÊNDICE

APÊNDICE A - ALGUMAS CONSTANTES NECESSÁRIAS

a) Unidade de massa atômica (u): 1u = 1,6606 x 10^{-24} g

b) Número de Avogadro (N): 6,0221415 x 10^{23} mol^{-1}

c) Constante universal dos gases (R): 8,3145 $J.mol^{-1}.K^{-1}$ = 8,3145 $Pa.m^3.K^{-1}.mol^{-1}.K^{-1}$ = 0,08206 $atm.L.mol^{-1}.K^{-1}$; 1,987 $cal.mol^{-1}.K^{-1}$ = 8,3145 $kPa.dm^3.mol^{-1}.K^{-1}$

d) Constante de Boltzmann (k): 1,3806 x 10^{-23} $m^2.kg.s^{-2}.K^{-1}$

e) Constante de Faraday (F): 96485 $C.mol^{-1}$

f) Constante de Planck (h): 6,626 x 10^{-34} $J.s^{-1}$

g) Elétron-volt (1 eV): 1,60218 x 10^{-19} J

h) Massa do elétron (m_{e-}): 9,11 x 10^{-31} kg

i) Massa do prótron (m_{p+}): 1,67 x 10^{-27} kg

j) Massa do nêutron (m_n): 1,67 x 10^{-27} kg

k) Aceleração da gravidade (g): 9,98 $m.s^{-2}$

l) Volume molar (V_m): 22,4 $L.mol^{-1}$

m) Carga eletrônica (e^-): 1,60218 x 10^{-19} Coulombs

n) Valor do pi (π): 3,1415

o) Raio de Bohr: 5,29 x 10^{-18} J

ALGUNS FATORES DE CONVERSÃO IMPORTANTES COM BASE NO SI - VOLUME

a) 1 litro = 10^{-3} m^3

b) 1 litro = 1000 cm^3

c) 1 mililitro = 10^{-3} L

d) 1 litro = 1 dm^3

e) 1 litro = 1000 mL

ALGUNS FATORES DE CONVERSÃO IMPORTANTES COM BASE NO SI - PRESSÃO

a) 1 atm = 760 mmHg

b) 1 atm = 760 torr

c) 1 atm = 101325 Pa

d) 1 atm = 1,01325 bar

e) 1 atm = 14,70 psia (libras por polegada quadrada)

f) 1 torr = 1 mmHg

ALGUNS FATORES DE CONVERSÃO IMPORTANTES COM BASE NO SI - COMPRIMENTO

a) 1 km = 1000 m

b) 1 m = 100 cm

c) 1 cm = 10^{-2} m

d) 1 m = 39,37 polegadas

e) 1 jarda = 0,9144 m

f) 1 milha = 1,609 km

g) 1 polegada = 2,54 cm

h) 1 mícron = 1,0 x 10^{-6} m

i) 1 Ângstrom = 1,0 x 10^{-10} m

j) 1 nanômetro = 1,0 x 10^{-9} m

k) 1 picômetro = 1,0 x 10^{-12} m

ALGUNS FATORES DE CONVERSÃO IMPORTANTES COM BASE NO SI - MASSA

a) 1 kg = 1000 g
b) 1 g = 10^{-3} kg
c) 1 g = 1000 mg
d) 1 mg = 10^{-3} g
e) 1 libra = 453,59 g
f) 1 tonelada = 1000 kg
g) 1 tonelada = 10^{6} g
h) 1u = 1,6606 x 10^{-24} g
i) 1 tonelada = 2000 lb

ALGUNS FATORES DE CONVERSÃO IMPORTANTES COM BASE NO SI - ENERGIA

a) 1 caloria = 4,18 Joule
b) 1 caloria = 4,13 x 10^{-2} atm.L
c) 1 Joule = 1,0 x 10^{7} ergs
d) 1 elétron-volts = 1,6022 x 10^{-19} Joule
e) 1 elétron-volts = 96,485 kJ.mol^{-1}
f) 1 atm.L = 101,325 Joules

APÊNDICE B – DISTINÇÃO ENTRE PILHA GALVÂNICA E ELETRÓLISE

Propriedades	Pilhas Galvânicas	Processo de Eletrólise
Espontaneidade	Processo espontâneo	Processo não espontâneo
Quanto ao uso de ponte salina	Utiliza	Não utiliza
Fluxo de elétrons	Sai do ânodo para o cátodo	Sai do ânodo para o cátodo
Diferença de potencial	$E > 0$	$E < 0$

APÊNDICE C – TABELA PERIÓDICA DOS ELEMENTOS QUÍMICOS

Key:

113 Nh Nihonium [278]	atomic number Symbol name atomic weight [in parenthesis for the radioactive element]

1	2	3	4	5	6	7	8	9	10	11	12	13	14	15	16	17	18
1 H Hydrogen 1.00798																	2 He Helium 4.002602
3 Li Lithium 6.968	4 Be Beryllium 9.012183											5 B Boron 10.814	6 C Carbon 12.0106	7 N Nitrogen 14.00686	8 O Oxygen 15.9994	9 F Fluorine 18.998403	10 Ne Neon 20.1797
11 Na Sodium 22.989769	12 Mg Magnesium 24.306											13 Al Aluminium 26.981539	14 Si Silicon 28.085	15 P Phosphorus 30.973762	16 S Sulfur 32.068	17 Cl Chlorine 35.452	18 Ar Argon 39.948
19 K Potassium 39.0983	20 Ca Calcium 40.078	21 Sc Scandium 44.955908	22 Ti Titanium 47.867	23 V Vanadium 50.9415	24 Cr Chromium 51.9961	25 Mn Manganese 54.938044	26 Fe Iron 55.845	27 Co Cobalt 58.933194	28 Ni Nickel 58.6934	29 Cu Copper 63.546	30 Zn Zinc 65.38	31 Ga Gallium 69.723	32 Ge Germanium 72.630	33 As Arsenic 74.921595	34 Se Selenium 78.971	35 Br Bromine 79.904	36 Kr Krypton 83.798
37 Rb Rubidium 85.4678	38 Sr Strontium 87.62	39 Y Yttrium 88.90584	40 Zr Zirconium 91.224	41 Nb Niobium 92.90637	42 Mo Molybdenum 95.95	43 Tc Technetium [99]	44 Ru Ruthenium 101.07	45 Rh Rhodium 102.90550	46 Pd Palladium 106.42	47 Ag Silver 107.8682	48 Cd Cadmium 112.414	49 In Indium 114.818	50 Sn Tin 118.710	51 Sb Antimony 121.760	52 Te Tellurium 127.60	53 I Iodine 126.90447	54 Xe Xenon 131.293
55 Cs Caesium 132.905452	56 Ba Barium 137.327	57-71 La-Lu Lanthanoids	72 Hf Hafnium 178.49	73 Ta Tantalum 180.94788	74 W Tungsten 183.84	75 Re Rhenium 186.207	76 Os Osmium 190.23	77 Ir Iridium 192.217	78 Pt Platinum 195.084	79 Au Gold 196.966569	80 Hg Mercury 200.592	81 Tl Thallium 204.384	82 Pb Lead 207.2	83 Bi Bismuth 208.98040	84 Po Polonium [210]	85 At Astatine [210]	86 Rn Radon [222]
87 Fr Francium [223]	88 Ra Radium [226]	89-103 Ac-Lr Actinoids	104 Rf Rutherfordium [267]	105 Db Dubnium [268]	106 Sg Seaborgium [271]	107 Bh Bohrium [272]	108 Hs Hassium [277]	109 Mt Meitnerium [276]	110 Ds Darmstadtium [281]	111 Rg Roentgenium [280]	112 Cn Copernicium [285]	113 Nh Nihonium [278]	114 Fl Flerovium [289]	115 Mc Moscovium [289]	116 Lv Livermorium [293]	117 Ts Tennessine [293]	118 Og Oganesson [294]

57-71 La-Lu Lanthanoids:	57 La Lanthanum 138.90547	58 Ce Cerium 140.116	59 Pr Praseodymium 140.90766	60 Nd Neodymium 144.242	61 Pm Promethium [145]	62 Sm Samarium 150.36	63 Eu Europium 151.964	64 Gd Gadolinium 157.25	65 Tb Terbium 158.92535	66 Dy Dysprosium 162.500	67 Ho Holmium 164.93033	68 Er Erbium 167.259	69 Tm Thulium 168.93422	70 Yb Ytterbium 173.045	71 Lu Lutetium 174.9668
89-103 Ac-Lr Actinoids:	89 Ac Actinium [227]	90 Th Thorium 232.0377	91 Pa Protactinium 231.03588	92 U Uranium 238.02891	93 Np Neptunium [237]	94 Pu Plutonium [239]	95 Am Americium [243]	96 Cm Curium [247]	97 Bk Berkelium [247]	98 Cf Californium [252]	99 Es Einsteinium [252]	100 Fm Fermium [257]	101 Md Mendelevium [258]	102 No Nobelium [259]	103 Lr Lawrencium [262]

Impressão e acabamento
Gráfica da Editora Ciência Moderna Ltda.
Tel: (21) 2201 - 6662